21世纪全国高职高专工学结合型规划教材

建 筑 识 图

主　　编　邓志勇　贺良国
副主编　姚金伟　唐忠平
参　　编　谭勇锋　王更生
　　　　　崔逸琼　封奎洋
主　　审　王玉靖

内容简介

本书反映建筑工程行业如何识图的问题，结合大量工程实例，并参阅国家部委最新联合颁布的标准，系统地阐述了建筑工程识图的基础知识和建设工程识图实践的主要内容，包括民用房屋建筑相关知识、民用房屋建筑图纸、建筑施工图识图基础知识、结构施工图识图基础知识、某小区住宅楼识图实践、某技术学院教学综合大楼识图实践和某国税局办公楼识图实践。

本书采用全新体例编写，除附有大量工程案例外，还增加了知识点滴、特别提示及引例等模块。此外，每章后面还附有多种类型的习题供读者练习。通过对本书的学习，读者可以掌握建筑工程识图的基本理论和操作技能，具备阅读不同类型建筑物图纸的能力。

本书既可作为高职高专院校建筑工程类相关专业的教材和指导书，也可作为土建施工类及工程管理类各专业职业资格考试的培训教材，还可为备考从业和执业资格考试的人员提供参考。

图书在版编目(CIP)数据

建筑识图/邓志勇，贺良国主编. —北京：北京大学出版社，2013.1
(21世纪全国高职高专工学结合型规划教材)
ISBN 978-7-301-21893-8

Ⅰ.①建… Ⅱ.①邓…②贺… Ⅲ.①建筑制图—识别—高等职业教育—教材 Ⅳ.①TU204

中国版本图书馆CIP数据核字(2013)第002440号

书　　名：建筑识图
著作责任者：邓志勇　贺良国　主编
策 划 编 辑：赖　青　王红樱
责 任 编 辑：王红樱
标 准 书 号：ISBN 978-7-301-21893-8/TU·0302
出 版 发 行：北京大学出版社
地　　址：北京市海淀区成府路205号　100871
网　　址：http://www.pup.cn　新浪官方微博：@北京大学出版社
电 子 信 箱：pup_6@163.com
电　　话：邮购部62752015　发行部62750672　编辑部62750667　出版部62754962
印　刷　者：北京虎彩文化传播有限公司
经　销　者：新华书店
787毫米×1092毫米　16开本　16.75印张　387千字
2013年1月第1版　　2020年8月第5次印刷
定　　价：35.00元

未经许可，不得以任何方式复制或抄袭本书之部分或全部内容。

版权所有，侵权必究

举报电话：010-62752024　电子信箱：fd@pup.pku.edu.cn

北大版·高职高专土建系列规划教材
专家编审指导委员会

主　　任：于世玮（山西建筑职业技术学院）

副 主 任：范文昭（山西建筑职业技术学院）

委　　员：（按姓名拼音排序）

丁　胜（湖南城建职业技术学院）

郝　俊（内蒙古建筑职业技术学院）

胡六星（湖南城建职业技术学院）

李永光（内蒙古建筑职业技术学院）

马景善（浙江同济科技职业学院）

王秀花（内蒙古建筑职业技术学院）

王云江（浙江建设职业技术学院）

危道军（湖北城建职业技术学院）

吴承霞（河南建筑职业技术学院）

吴明军（四川建筑职业技术学院）

夏万爽（邢台职业技术学院）

徐锡权（日照职业技术学院）

杨甲奇（四川交通职业技术学院）

战启芳（石家庄铁路职业技术学院）

郑　伟（湖南城建职业技术学院）

朱吉顶（河南工业职业技术学院）

特邀顾问：何　辉（浙江建设职业技术学院）

姚谨英（四川绵阳水电学校）

北大版·高职高专土建系列规划教材

专家编审指导委员会专业分委会

建筑工程技术专业分委会

主　任：吴承霞　吴明军

副主任：郝　俊　徐锡权　马景善　战启芳　郑　伟

委　员：（按姓名拼音排序）

白丽红　陈东佐　邓庆阳　范优铭　李　伟

刘晓平　鲁有柱　孟胜国　石立安　王美芬

王渊辉　肖明和　叶海青　叶　腾　叶　雯

于全发　曾庆军　张　敏　张　勇　赵华玮

郑仁贵　钟汉华　朱永祥

工程管理专业分委会

主　任：危道军

副主任：胡六星　李永光　杨甲奇

委　员：（按姓名拼音排序）

冯　钢　冯松山　姜新春　赖先志　李柏林

李洪军　刘志麟　林滨滨　时　思　斯　庆

宋　健　孙　刚　唐茂华　韦盛泉　吴孟红

辛艳红　鄢维峰　杨庆丰　余景良　赵建军

钟振宇　周业梅

建筑设计专业分委会

主　任：丁　胜

副主任：夏万爽　朱吉顶

委　员：（按姓名拼音排序）

戴碧锋　宋劲军　脱忠伟　王　蕾

肖伦斌　余　辉　张　峰　赵志文

市政工程专业分委会

主　任：王秀花

副主任：王云江

委　员：（按姓名拼音排序）

侴金贵　胡红英　来丽芳　刘　江　刘水林

刘　雨　刘宗波　杨仲元　张晓战

前　言

本书是“21世纪全国高职高专工学结合型规划教材”之一。为适应21世纪职业技术教育发展的需要，培养建筑行业具备建筑识图能力的专业技术管理应用型人才，我们结合建筑企业的需求编写了本书。

本书内容共分7章，主要包括民用房屋建筑相关知识，民用房屋建筑图纸，建筑施工图识图基础知识，结构施工图识图基础知识，某小区住宅楼识图实践，某技术学院教学综合大楼识图实践，某国税局办公楼大楼识图实践。

本书内容可按照64～90学时安排，推荐学时分配：第1章2～4学时；第2章14～20学时；第3章10～14学时；第4章14～16学时；第5章8～12学时；第6章8～12学时；第7章8～12学时。教师可根据专业的需要灵活安排学时，课堂重点讲解每章主要知识模块，章节中的知识点滴、引例等模块可安排学生课后阅读和练习。

本书突破了已有相关教材的知识框架，注重理论与实践相结合，采用全新编写体例，内容丰富，案例翔实，并附有多种类型的习题供读者选用。

本书由邓志勇、贺良国担任主编，由姚金伟、唐忠平担任副主编，全书由邓志勇负责统稿。本书具体章节编写分工为：宁波城市职业技术学院贺良国编写第1章；浙江工商职业技术学院姚金伟编写第2章；浙江工商职业技术学院邓志勇编写第3章和第5章；浙江工商职业技术学院唐忠平编写第4章；浙江康达建筑有限公司谭勇锋和浙江工商职业技术学院封奎洋共同编写第6章，浙江康达建筑有限公司王更生和浙江工商职业技术学院崔逸琼共同编写第7章。浙江工商职业技术学院王玉靖老师对本书进行了审读，并提出了很多宝贵意见；宁波建设集团的曹荣波为本书的编写提供了大量的工程实例；浙江工商职业技术学院汪洋老师对本书的编写工作也提供了很大的帮助，在此一并表示感谢！

本书在编写过程中，参考和引用了国内外大量文献资料，在此谨向原书作者表示衷心感谢。由于编者水平有限，本书难免存在不足和疏漏之处，敬请各位读者批评指正。

编　者

2012年11月

目录

第1章 民用房屋建筑相关知识

教学目标

本章讲述了民用房屋建筑有关知识，重点介绍了民用房屋的组成、民用房屋各组成部分作用、民用房屋按不同标准的分类及分级、生态民用房屋建筑的相关知识。通过本章的学习，学生应熟练掌握民用房屋的组成、生态民用房屋建筑的相关知识。

教学要求

能力目标	知识要点	权重
掌握民用房屋的组成	民用房屋的组成	30%
了解民用房屋各组成部分作用	民用房屋各组成部分作用	10%
了解民用房屋按不同标准的分类及分级	民用房屋按不同标准的分类及分级	20%
掌握生态民用房屋建筑的相关知识	生态民用房屋建筑的相关知识	40%

章节导读

在工作和学生中，为了看懂和绘制房屋建筑施工图，首先需要了解图纸所指的对象——房屋建筑。房屋建筑如何组成的，各组成部分有什么样的作用，房屋建筑依据一定的标准如何分类和分级，面向未来的生态民用建筑是什么样子的，本章将一一为你阐述。

知识点滴

中国传统民居——土楼

中国传统民居——土楼主要分布地区为福建、广东、江西等省。土楼是客家自三国两晋以来，以唐宋和明清几个时期为主，为逃避北方战乱而迁移南方的中原移民的住宅。土楼的种类、分布于客家民系的分布形态是一致的。客家大体上居住于广东、福建、江西三省接壤地区，以及广西、台湾、海南等省区，这些地区的土质多属“红壤”，质地黏重，有较大的韧性，不像中原的沙质土壤那样疏松，经加工便可夯筑起高大的楼墙。该地区有山地又盛产硬木和竹林，硬木用于建房，竹片则提供了相当于建筑骨架的拉筋，同时，由于地理和气候的原因，客家由原来的麦作文化改为稻作文化，从而糯米、红糖是就地取材的最好凝固剂。这几种建筑材料和砂石、石灰一起，构筑成丰富多彩的各式土楼，表 1-1 是六种主要土楼类型及分布区域，如图 1.1 所示为土楼代表——永定土楼的俯视图。

表 1-1　六种主要土楼类型及分布区域

土楼类型	福建	广东	江西	其他地区	客家民系
五凤	闽西各县；闽北各县；漳州等地	粤东	赣南	广西、贵州、云南、湖南、四川、台湾	早期开发地区或处于客家文明腹地的纯客家
凹字形	闽西各县、闽南平和、南靖、诏安、华安等	粤东	赣南	少见	
圆	闽西永定、龙岩、上杭、漳平；闽西南平和、诏安、南靖、云霄等	粤东嘉应梅县、大埔、平远、五华、潮州	赣南	罕见	客家边缘的或与其他民系交界的客家乡社
方	闽西所有县；闽北各县、闽南诏安、平和、南靖、云霄、同安及闽东闽清	粤东嘉应、潮州、南雄及深圳、香港	赣南南康、宁都、瑞金等	少见	
半圆	平和、诏安、龙岩、南靖、永安	大埔、蕉岭等	少见	少见	清代及近代客家姓氏家族在大土楼之外的新发展
八卦	永定、漳浦、华安、诏安	粤东	少见	少见	

图 1.1 永定土楼的俯视图

1.1 民用房屋的组成及作用

引例

如图 1.2 所示为某别墅图，你能指出这幢别墅的各个组成部分吗？如果能，请说出各自所起的作用。

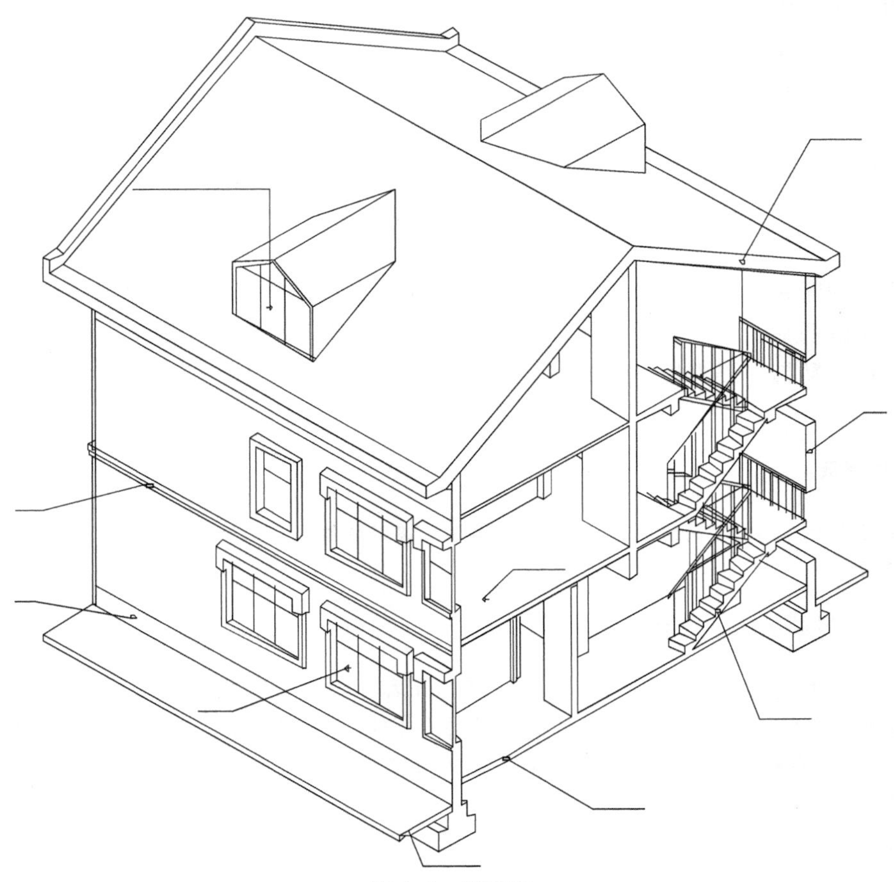

图 1.2 别墅图

1.1.1 房屋建筑中的建筑术语

建筑：一是一种人工创造的空间环境，具有双重属性，一是实用性(属社会产品)；二是艺术性(精神产品)。通常认为建筑是建筑物和构筑物的总称。

建筑物：供人们生产、生活或进行其他活动的房屋或场所，如住宅、学校、办公楼、影剧院、体育馆、工厂的车间等，习惯上也称为建筑。

构筑物：人们不在其中生产、生活的建筑，如水坝、水塔、蓄水池、烟囱等。

建筑构造：研究一般房屋的组成，各组成部分的构造原理和构造方法。

横墙：沿建筑宽度方向的墙。

纵墙：沿建筑长度方向的墙。

进深：纵墙之间的距离，以轴线为基准。

开间：横墙之间的距离，轴线为基准。

山墙：外横墙。

女儿墙：外墙从屋顶上高出屋面的部分。

层高：相邻两层的地坪高度差。

净高：构件下表面与地坪(楼地板)的高度差。

建筑面积：建筑所占面积×层数。

使用面积：房间内的净面积。

交通面积：建筑物中用于通行的面积。

构件面积：建筑构件所占用的面积。

绝对标高：青岛市外黄海海平面年平均高度为+0.000 标高。

相对标高：建筑物底层室内地坪为+0.000 标高。

1.1.2 房屋的组成

虽然各种房屋的使用要求、空间组合、外形处理、结构形式和规模大小等各有不同，但基本上是由基础、墙、柱、楼面、屋面、门窗、楼梯以及台阶、散水、阳台、走廊、天沟、雨水管、勒脚、踢脚板等组成(图 1.3 和图 1.4)。

特别提示

除了以上的住宅和别墅的组成外，还有其他类型的建筑物组成，比如教学楼、办公楼等，它们的构造会有些不同。

1.1.3 房屋各部分组成作用

基础起着承受和传递荷载的作用；屋顶、外墙、雨篷等起着隔热、保温、避风遮雨的作用；屋面、天沟、雨水管、散水等起着排水的作用；台阶、门、走廊、楼梯起着沟通房屋内外、上下交通的作用；窗则主要用于采光和通风；墙裙、勒脚、踢脚板等起着保护墙身的作用。

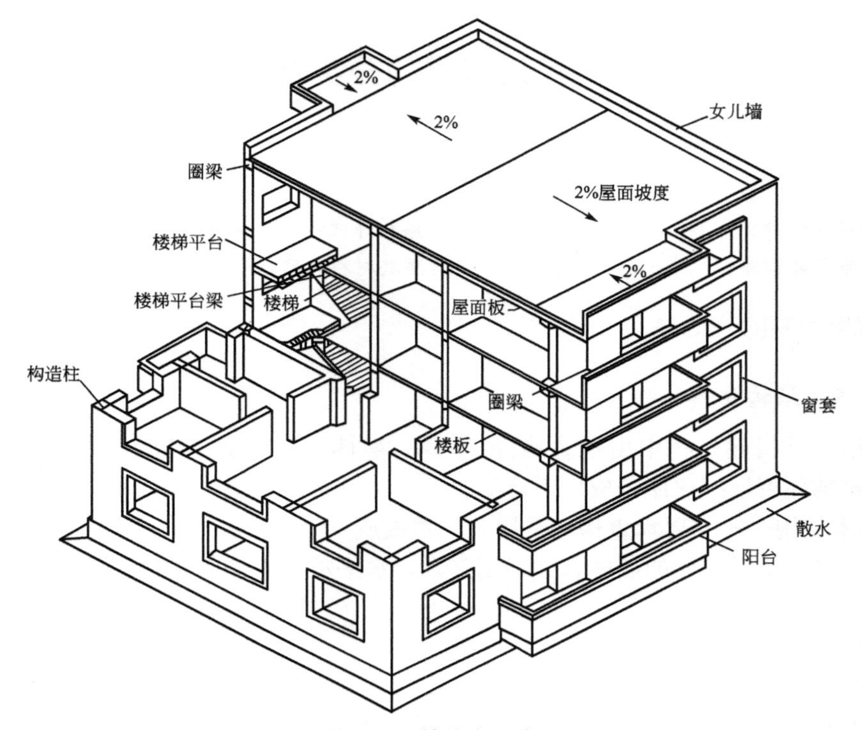

图 1.3 某住宅组成

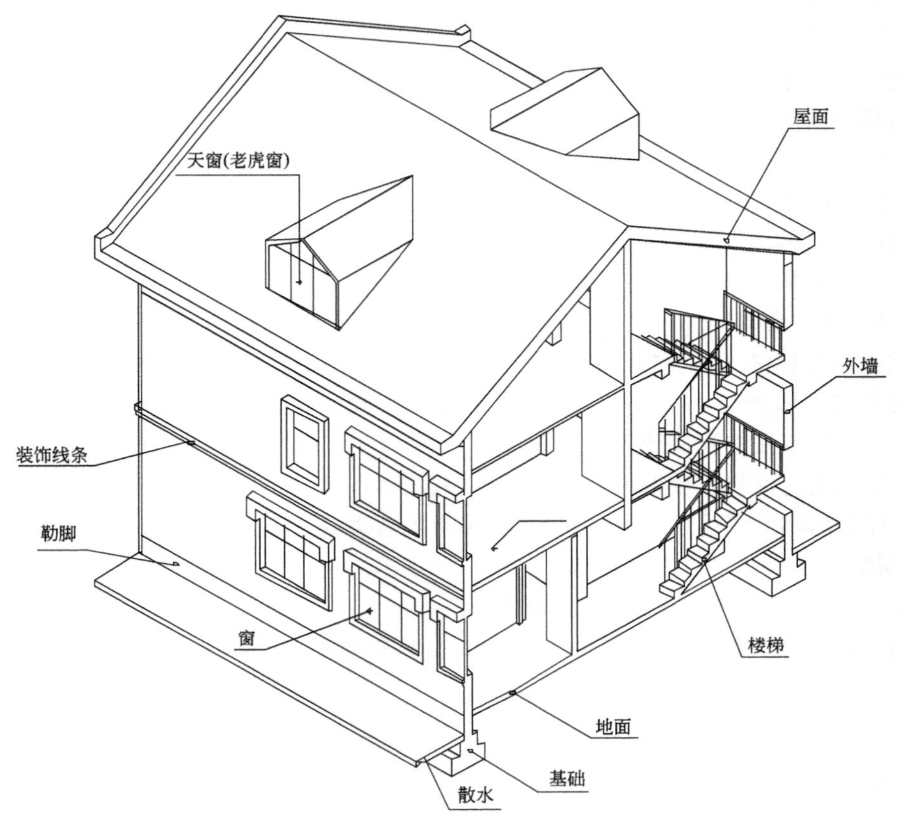

图 1.4 某别墅组成

1.2 民用房屋的分类及分级

引例

观察校园内的建筑，举例说明哪些是钢筋混凝土结构建筑？哪些是钢结构建筑？哪些是砖混结构建筑？哪些是钢混结构建筑？除此之外校园内还有其他哪些材料的建筑？

1.2.1 民用房屋的分类

1. 按建筑结构分类

建筑结构是指建筑物中由承重构件(基础、墙体、柱、梁、楼板、屋架等)组成的体系。按建筑结构可以把房屋分成以下分类。

1) 砖木结构——主要承重构件是用砖、木做成

描述：竖向承重构件的墙体和柱采用砖砌，水平承重构件的楼板、屋架采用木材，其特点如下。

(1) 层数较低，一般在3层以下。

(2) 1949年以前建造的城镇居民住宅。

(3) 20世纪50—60年代建造的民用房屋和简易房屋，大多为这种结构。

举例：① 农村的房子；② 带木楼梯的小二楼。

2) 砖混结构

描述：竖向承重构件采用砖墙或砖柱，水平承重构件采用钢筋混凝土楼板、屋顶板，其中也包括少量的屋顶采用木屋架，其特点如下：

(1) 建造层数一般在6层以下，造价较低。

(2) 抗震性能较差，开间和进深的尺寸及层高都受到一定的限制。这类建筑物正逐步被钢筋混凝土结构的建筑物所替代。

举例：一般家庭的普通居民楼。

3) 钢筋混凝土结构

描述：承重构件如梁、板、柱、墙(剪力墙)、屋架等，是由钢筋和混凝土两大材料构成。其围护构件如外墙、隔墙等，是由轻质砖或其他砌体做成，其特点如下：

(1) 一般出现在中高层建筑中。

(2) 结构适应性强抗震性能好，耐用年限较长。

(3) 厅和居间的墙可以打开(但公产房不得随意拆改)。

4) 钢结构

描述：主要承重构件均是用钢材制成。

特点：建造成本较高，多用于高层公共建筑和跨度大的工业建筑，如体育馆、影剧院、跨度大的工业厂房等。

2. 按建筑物(住宅)的层数分类

(1) 低层建筑：1～3层。

(2) 多层建筑：4～6层。

(3) 中高层建筑：7～9 层。
(4) 高层建筑：10 层以上。

特别提示

在日常生活中，经常听到小高层建筑，小高层建筑指 9～11 层建筑物。

3. 按房型分(其他房型都是从这集中演变来的)

(1) 一室(直门、中独、偏独)。
(2) 两室(一厅、两厅)。
(3) 三室(一厅、两厅)。
(4) 其他(多室、别墅、平房、老楼、拆间、独厨、错层、跃层)。

4. 按房屋建筑用途分

(1) 住宅。
(2) 商用。

5. 按建筑物使用性质分类

(1) 居住建筑。
(2) 公共建筑。
(3) 工业建筑。
(4) 农业建筑。
居住建筑和公共建筑通常又被称为民用建筑。

6. 按建筑施工方法分类

(1) 现浇、现砌式建筑：这种建筑物的主要承重构件均是在施工现场浇筑和砌筑而成。
(2) 预制、装配式建筑：这种建筑物的主要承重构件均是在加工厂制成预制构件，在施工现场进行装配而成。
(3) 部分现浇现砌、部分装配式建筑：这种建筑物的一部分构件(如墙体)是在施工现场浇筑或砌筑而成，一部分构件(如楼板、楼梯)是采用在加工厂制成的预制构件。

7. 按建筑朝向分

(1) 阳面，阴面，东照，西照。
(2) 南北向，东西向。
(3) 金角，银角，铜角，铁角。

1.2.2 房屋建筑等级划分

按耐火等级分级(依据主要构件燃烧性能和耐火极限)分为四级，见表 1-2。耐火极限是指标准耐火试验，从受火作用到失去稳定性或完整性或绝热性为止的时间(小时)。燃烧性能主要分为三类：非燃烧体、难燃烧体和燃烧体。

表 1-2 按耐火等级分级

构件名称		耐火等级			
		一级	二级	三级	四级
墙	防火墙	不燃烧体 3.00	不燃烧体 3.00	不燃烧体 3.00	不燃烧体 3.00
	承重墙	不燃烧体 3.00	不燃烧体 2.50	不燃烧体 2.00	难燃烧体 0.50
	非承重外墙	不燃烧体 1.00	不燃烧体 1.00	不燃烧体 0.50	燃烧体
	楼梯间的墙、电梯井的墙、住宅单元之间的墙、住宅分户墙	不燃烧体 2.00	不燃烧体 2.00	不燃烧体 1.50	难燃烧体 0.50
	疏散走道两侧的隔墙	不燃烧体 1.00	不燃烧体 1.00	不燃烧体 0.50	难燃烧体 0.25
	房间隔墙	不燃烧体 0.75	不燃烧体 0.50	难燃烧体 0.50	难燃烧体 0.25
柱		不燃烧体 3.00	不燃烧体 2.50	不燃烧体 2.00	难燃烧体 0.50
梁		不燃烧体 2.00	不燃烧体 1.50	不燃烧体 1.00	难燃烧体 0.50
楼板		不燃烧体 1.50	不燃烧体 1.00	不燃烧体 0.50	燃烧体
屋顶承重构件		不燃烧体 1.50	不燃烧体 1.00	燃烧体	燃烧体
疏散楼梯		不燃烧体 1.50	不燃烧体 1.00	不燃烧体 0.50	燃烧体
吊顶(包括吊顶搁栅)		不燃烧体 0.25	难燃烧体 0.25	难燃烧体 0.15	燃烧体

1.3 生态民用房屋建筑的相关知识

引例

(1) 什么是绿色建筑？观察自己居住的地方有哪些绿色建筑？

(2) 什么是节能建筑？观察自己居住的地方有哪些节能建筑？

1.3.1 绿色建筑

1. 绿色建筑的含义

绿色建筑是指在建筑的全寿命周期内，最大限度地节约资源(节能，节地，节水，节材)，保护环境和减少污染，为人们提供健康，适用和高效的使用空间，与自然和谐共生的建筑。

2. 绿色建筑设计原则和要求

1) 节约能源

充分利用太阳能，采用节能的建筑围护结构以及采暖和空调，减少采暖和空调的使用，根据自然通风的原理设置风冷系统，使建筑能够有效地利用夏季的主导风向。

2) 节约资源

在建筑设计、建造和建筑材料的选择中，均考虑资源的合理使用和处置。要减少资源的使用，力求使资源可再生利用。节约水资源，包括绿化的节约用水。

3）回归自然

绿色建筑外部要强调与周边环境相融合，和谐一致、动静互补，做到保护自然生态环境。舒适和健康的生活环境要求建筑内部不使用对人体有害的建筑材料和装修材料。室内空气清新，温、湿度适当，使居住者感觉良好，身心健康。绿色建筑的建造特点包括：对建筑的地理条件有明确的要求，土壤中不存在有毒、有害的物质；绿色建筑应尽量采用天然材料；建筑中采用的木材、树皮、竹材、石块、石灰、油漆等，要经过检验处理，确保对人体无害；绿色建筑还要根据地理条件，设置太阳能采暖、热水、发电及风力发电装置，以充分利用环境提供的天然可再生能源如图1.5所示。

图1.5 某绿色建筑

1.3.2 节能建筑

1. 节能建筑的含义

节能建筑是指遵循气候设计和节能的基本方法，对建筑规划分区、群体和单体、建筑朝向、间距、太阳辐射、风向以及外部空间环境进行研究后，设计出的低能耗建筑。其主要指标有：建筑规划和平面布局要有利于自然通风，绿化率不低于35%。

2. 节能建筑设计原则和要求

1）节能建筑设计应贯彻“因地制宜”的设计原则

这里所指的“地”主要是指建筑物所在地的气候特征。宁波属典型的夏热冬冷地区，其气候特征，主要表现为夏季闷热，冬季湿冷。因此，宁波地区的节能建筑，必须适应宁波地区的气候特征，既不能照搬严寒地区的建筑形式，也不能照搬夏热冬暖的海洋性气候地区的建筑形式，更不能照搬四季如春的温和气候地区的建筑形式，适应宁波地区气候特征的节能建筑，其基本要求如下：

（1）建筑物尽量采用南北朝向布置。否则，须加强建筑围护结构的保温隔热性能而需增大建筑成本。

（2）建筑群之间和建筑物室内，夏季要有良好的自然通风，建筑群不应采用周边式布局形式。低层建筑应置于夏季主导风向的迎风面(南向)；多屋建筑置于中间；高层建筑布置在最后面(北向)，否则，高层建筑的底层应局部架空并组织好建筑群间的自然通风。

(3) 按相关设计标准的规定，尽量加大建筑物之间的间距，尽量减少建筑群间的硬化地面，推广植草砖地面，提高绿地率，加强由落叶乔木、常绿灌木及地面植被组成的空间立体绿化体系，以便由树冠和地面植被阻挡、吸收大部分的太阳直射辐射，减小地面对建筑物的反射辐射，降低区域的夏季环境温度，减轻区域的热岛现象。

(4) 应控制建筑物的体形系数不超过节能设计标准的规定。即尽量减少外墙的凸凹面和架空楼板，不应设置外墙洞口处无窗户的凸(飘)窗，坡屋顶宜设置结构平顶棚或降低坡度，应采用封闭式楼梯间等。当体形系数超过标准的规定时，应加强围护结构的热工性能，计算建筑物的采暖空调能耗并不得超过标准的规定。

(5) 不应设置大窗户，窗户大小以满足采光要求为限。门窗玻璃应采用普通透明玻璃或淡色低辐射镀膜玻璃的中空玻璃，居住建筑和办公建筑不应采用可见光透光率低的深色镀膜玻璃或着色玻璃。门窗型材应采用塑料型材、断热彩钢及断热铝合金型材，不得采用非断热铝合金及彩钢型材。还要求外门外窗具有良好的气密性、水密性、不小于 30dB 的隔声性能和不小于 2.5kPa 的抗风压性能。

(6) 屋顶和外墙既要保温又要隔热，其保温隔热性能应符合建筑节能设计标准的规定，还要防止保温层渗水、内部结露和发霉。屋顶和外墙，不能采用单一的轻质材料和空心砌块材料(保温好，隔热很差)，最适合采用厚实材料加轻质材料的复合构造做法。

(7) 屋顶和外墙的外表面，宜采用浅色饰面层，不宜采用黑色、深绿、深红等深色饰面层，否则应加大屋顶和外墙保温隔热层的厚度，计算其夏季的内表面计算温度并不超过 36.9℃，宜低于 35℃。

(8) 加强分户墙和楼地面的保温性能，使其符合建筑节能设计标准的规定。居室及办公室楼地面面层的吸热指数还应符合民用建筑热工设计规范的规定。

(9) 设有集中采暖、空调的节能建筑，应选用高效、低能耗的设备与系统，不得采用直接电热式采暖设备和装置，应设置分室温度控制装置，住宅建筑必须设置分户热(冷)量计量设施。

2) 建筑外围护结构的热工设计应贯彻超前性原则

现行建筑节能设计标准对建筑外围护结构热工性能的规定性指标，水平较低，仅仅是实现现阶段节能 50%目标的需要，距离舒适性建筑的要求甚远，与发达国家的差距很大。随着我国经济的发展，建筑节能设计标准将分阶段予以修改，建筑外围护结构的热工性能会逐步提高。由于建筑的使用年限长，到时按新标准再对既有建筑实施节能改造是很困难的，因此应贯彻超前性原则，特别是夏季酷热地区，建筑外围护结构(屋顶、外墙、外门、外窗)的热工性能指标应突破节能设计标准规定的最低要求，予以适当加强，应控制屋顶和外墙的夏季内表面计算温度。

3) 建筑设计者要有社会责任感

社会上的人每做一件事，就自觉或不自觉地承担了一份社会责任，工程设计更是如此。设计单位和设计人员设计一项工程，工程自施工建设开始，设计者就开始对它承担起终身的社会责任。工程责任的范围广，责任重大，所负责任的时间长(直至设计使用周期止)。因为能源是我国的战略物资和经济发展的动力，又是后代人生存的必要条件，建筑节能是贯彻国家节约能源法和可持续发展战略的大事，所以节能建筑的设计者又实际上承担了一份牵涉国家发展战略和后代人生存条件的社会责任。

3. 中国的建筑节能

中国的建筑节能起步于20世纪80年代。改革开放后，建筑业在墙体改革及新型墙体材料方面有了发展。与此同时，一批高能耗的高档旅馆、公寓和商场出现了。如何在发展中降低建筑能耗，使之与当时能源供应较紧缺的现状相协调，成为相关部门关注的重点。为此，建筑节能工作首先从减少采暖能耗开始，1986年建设部(现改名为住房和城乡建设部，简称住建部)颁布了《民用建筑节能设计标准》，要求新建居住建筑在1980年当地通用设计能耗水平基础上节能30%，《民用建筑节能设计标准》是我国第一部建筑节能设计标准，它的颁布，标志着我国建筑节能进入新阶段。以它提出的指标为目标，建筑节能的设计、节能技术纷纷发展起来，一系列的标准和法规先后制定。20世纪90年代，建筑节能的地位进一步提高，节能工作有效开展。1990年，建设部提出“节能、节水、节材、节地”的战略目标。1994年在《中国21世纪议程》中，建筑节能作为项目之一被郑重提出；从1994年起，国家对北方节能建筑实施免征固定资产投资方向调节税，一批节能小区相继建成。1995年《民用建筑节能设计标准》修订并于次年执行，修订后的《民用建筑节能设计标准》将第二阶段建筑节能指标提高到50%。同年，建设部发布《建筑节能“九五”计划和2010年规划》，这个专门的规划以及1996年9月建设部发布的《建筑节能技术政策》和《市政公用事业节能技术政策》，为其后建筑节能的发展明确了方向，同时也表明建筑节能地位的空前提高。建筑节能的地位最终由1998年1月1日实施的《中华人民共和国节约能源法》确定下来，建筑节能成为这部法律中明确规定的内容。21世纪的到来，在科学发展观的指引下，建设领域明确了必须走资源节约型、环境友好型的新型工业化道路，建设科技工作将“四节一环保”作为科技攻关的主要方向，取得了明显效果。目前我国已初步建立起了以节能50%为目标的建筑节能设计标准体系，部分地区执行更高的65%的节能标准。2008年《民用建筑能效测评标识管理暂行办法》、《民用建筑节能条例》等施行，《民用建筑节能条例》的颁布，标志着我国民用建筑节能标准体系已基本形成，基本实现对民用建筑领域的全面覆盖。在国务院办公厅《2009年节能减排工作安排》中规定，2009年年底施工阶段执行节能强制性标准比例提高到90%以上。除新建建筑外，既有建筑的节能改造也有效开展起来，并取得了一批成果和经验。而兼顾土地资源节约、室内环境优化、居住人的健康、节能节水节材等方面的目标绿色建筑，成为新世纪建筑节能发展的亮点。如图1.6所示为某节能建筑。

图1.6 某节能建筑

本章小结

本章重点介绍了民用房屋的组成、民用房屋各组成部分的作用、民用房屋按不同标准的分类及分级、生态民用房屋建筑的相关知识。本章具体内容包括：房屋建筑中的建筑术语、房屋的组成、房屋各组成部分的作用、房屋的分类、房屋的分级、绿色建筑、节能建筑。本章教学目标是使学生掌握民用房屋的组成、生态民用房屋建筑的相关知识。

习　　题

一、简答题

(1) 房屋建筑由哪几部分组成？

(2) 基础在房屋建筑的哪个部位？有何作用？

(3) 房屋建筑按照层数可以分为哪几类？

(4) 房屋建筑按照耐火等级可以分为哪几级？

(5) 绿色建筑有何特点？

(6) 节能建筑有何特点？

二、填空题

(1) 建筑按使用性质分为________、________和________。

(2) 建筑按规模和数量分为________和________。

(3) 低层数建筑的层数为________，多层建筑的层数为________，高层建筑指建筑层数为________和总高度为________的建筑。

(4) 燃烧性能主要分为________、________和________。

(5) 节能建筑绿化率不少于________。

(6) 建筑外围护结构的热工设计应贯彻________原则。

三、单选题

(1) 建筑物按照使用性质可分为(　　)。

注：1. 工业建筑 2. 公共建筑 3. 民用建筑 4. 农业建筑

A. 1、2、3　　B. 2、3、4　　C. 1、3、4　　D. 1、2、4

(2) 组成房屋的围护构件有(　　)。

A. 屋顶、门窗、墙　　B. 屋顶、楼梯、墙

C. 屋顶、楼梯、门窗　　D. 基础、门窗、墙

(3) 组成房屋各部分的构件归纳起来是(　　)两方面的作用。

A. 围护作用、通风采光作用　　B. 通风采光作用、承重作用

C. 围护作用、承重作用　　D. 通风采光作用、通行作用

(4) 建筑是指(　　)的总称。

A. 建筑物　　B. 构筑物

C. 建筑物、构筑物　　D. 建造物、构造物

(5) 判断建筑构件是否达到耐火极限的具体条件是(　　)。

注：1. 构件是否失去支持能力 2. 构件是否被破坏 3. 构件是否失去完整性 4. 构件是否燃烧

A. 1、2、3　　B. 2、3、5　　C. 3、4、5　　D. 2、3、4

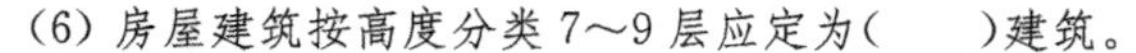

(6) 房屋建筑按高度分类 7～9 层应定为(　　)建筑。

A. 低层　　B. 中高层　　C. 多层　　D. 超高层

(7) 建筑工程的基本组成中，承担建筑物全部荷载的组成部分是(　　)。

A. 基础　　B. 梁柱　　C. 墙柱　　D. 地基

(8) 下列结构形式中，(　　)结构的抗震性能最好。

A. 砖混　　B. 剪力墙　　C. 排架　　D. 框架

(9) 砖混结构荷载传递途径为(　　)。

A. 屋盖楼板→承重墙体→砖基础→地基

B. 屋盖楼板→隔断墙→地基→基础

C. 墙→楼板→基础→地基

D. 楼盖板→承重墙→地基→基础

四、实训题

(1) 看如图 1.7 所示的 5 号住宅楼图，回答问题。

① 5 号住宅楼按使用性质分类属于(　　　)，按规模和数量分类属于(　　)，按层数或总高度分类属于(　　)，按主体结构材料分类属于(　　　)。

② 5 号住宅楼由哪些构件组成？将你看到的都写下来。

③ 分析 5 号住宅楼的构件传力途径。

(2) 看如图 1.8 所示的 3 号教学楼图，回答问题。

图 1.7　5 号住宅楼

图 1.8　3 号教学楼

① 3 号教学楼按使用性质分类属于(　　　)，按规模和数量分类属于(　　)，主体结构材料分类属于(　　　)。

② 3 号教学楼由哪些构件组成？将你看到的都写下来。

③ 分析 3 号教学楼的构件传力途径。

第2章

民用房屋建筑图纸

教学目标

本章首先介绍建筑施工图纸的有关知识，接着介绍建筑图纸的表达方式正投影法，重点介绍点和直线的投影、平面投影、基本体的投影、组合体投影、剖面图与断面图。通过本章的学习，学生应熟练掌握点和直线的投影、平面投影、基本体的投影、组合体投影、剖面图与断面图。

教学要求

能力目标	知识要点	权重
了解建筑施工图纸的有关知识	施工图纸一些规定	10%
掌握点和直线的投影、平面投影	点和直线的投影、平面投影	20%
掌握基本体的投影	平面基本体投影、曲面基本体投影	20%
掌握组合体投影	组合体投影	20%
掌握剖面图与断面图绘制	剖面图与断面图绘制	30%

章节导读

工程图纸是工程界的技术语言，是表达工程设计和指导工程施工必不可少的重要依据，是具有法律效力的正式文件，也是重要的技术档案文件。工程图纸设计一般是由业主通过招标投标选择具有相应资格的设计单位，并与之签订设计合同，进行委托设计的(按有关规定可以不招标投标的设计项目，可以直接委托)。

房屋的建筑施工图是将一幢拟建房屋的内外形状和大小，以及各部分的结构、构造等内容，按照“国标”的规定，用正投影方法详细准确地画出的图样。它是用以指导施工的一套图纸，所以又称为“施工图”。建筑施工图是指导施工、计算工程量、编制预算和施工进度计划的依据。

知识点滴

汉长安城的建设

汉长安城是在秦咸阳原有离宫——兴乐宫的基础上建立起来的如图 2.1 所示。由于长安城是利用原

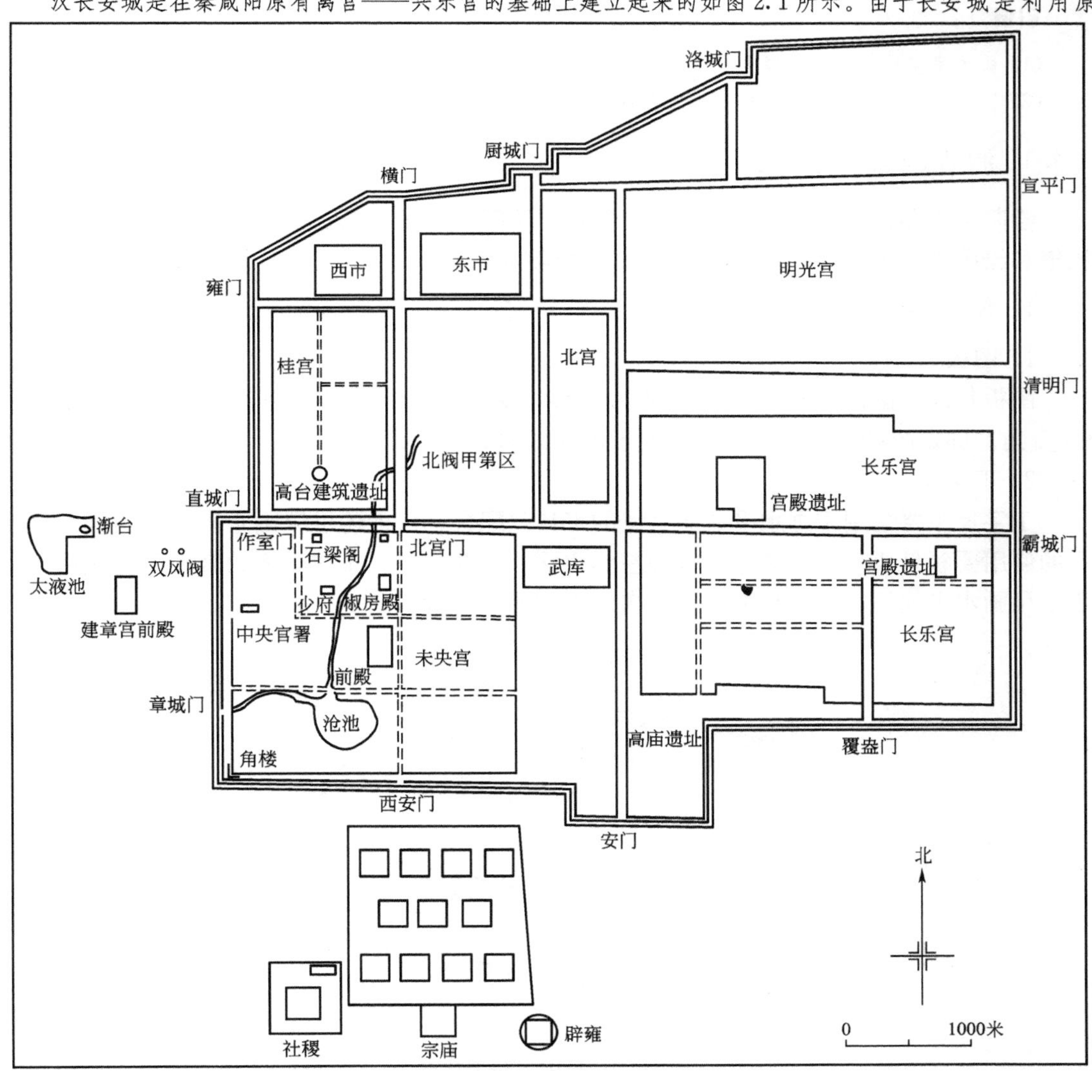

图 2.1　汉长安城平面图

有基础逐步扩建的，而且北面靠近渭水，所以城市布局并不规则，未央宫偏于西南侧，正门向北，直对横门、横桥，形成一条轴线。大臣的甲第区在北厥外；大街东西还分布着9个市场；未央宫东厥外是武库和长乐宫。这两座宫殿都位于龙首原上，是长安城中地势最高之处，北侧靠近渭水地势较低处，布置着北宫、桂宫、明光宫以及市场和居民的闾里。

长安城每面都有三座门，其中东面靠北的宣平门是通往东都洛阳的必经之路，所以这一带居民稠密。向北经横桥去渭北的横门，正对未央宫正门，又是去渭北各地的咽喉，所以街市特别热闹。

汉长安城的另一特点是在东南与北面郊区设置了7座城市——陵邑，所谓“七星伴月”，这些陵邑都是从各地强制迁移富豪之家来此居住，用以削弱地方势力，加强中央集权。这一组以长安为中心的城市群，其总人口数当不下于100万人。

2.1 民用房屋建筑图纸的介绍

引例

(1) 民用房屋建筑图纸图幅大小是多少？

(2) 民用房屋建筑图纸图框格式是怎么样的？

2.1.1 制图工具和仪器用法

绘制工程图样常用的工具主要有：图板、丁字尺、三角板、曲线板、比例尺以及绘图铅笔和绘图橡皮等。绘图仪器主要有：直线笔(画墨线用)、圆规和分规等。

1. 常用的绘图工具和用法

1) 图板

图板是固定图纸用的工具。板面为矩形，要求板面要平整，边框要平直，四角均为90°直角。固定图纸时位置要适中以便于画图如图2.2所示。

2) 丁字尺

丁字尺主要是用于画水平方向直线的工具。配合三角板还可以画垂直线和斜线。丁字尺的使用要领是要将尺头紧靠图板的左侧边框，不准将尺头靠在图板的其他侧向使用。用丁字尺画水平线的顺序是自上而下依次画出如图2.2所示。

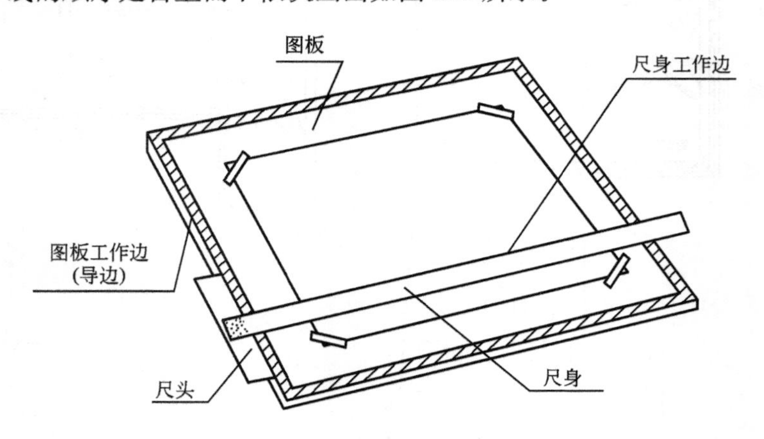

图2.2 绘图板和丁字尺

3）三角板

三角板一付是两块，一块是有 30°、60°角的直角三角形；另一块是有两个 45°角的直角等腰三角形。用三角板可以画垂直线或 30°、45°、60°的斜线，两块三角板配合可以画 15°、75°等斜线，还可以推画出任意方向的平行线如图 2.3 所示。

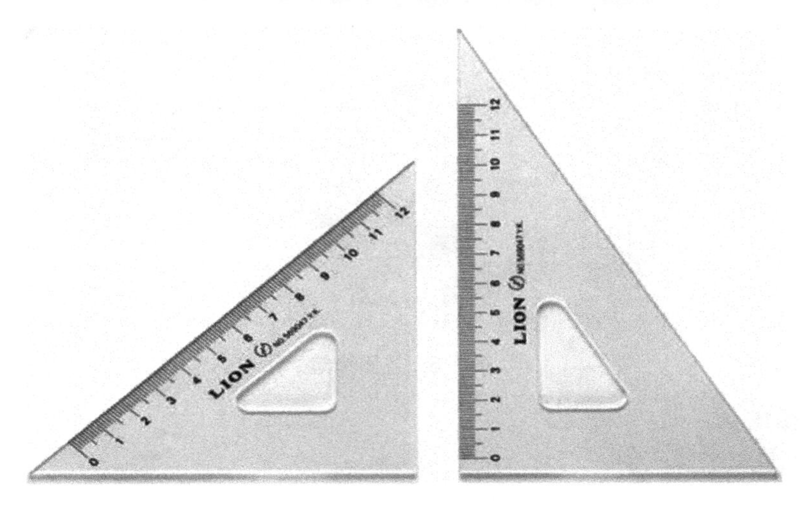

图 2.3　三角板

4）比例尺

常用的比例尺呈三棱柱形状，又称三棱尺，在它的三个棱面上，刻有六种不同的常用比例刻度，如 1∶100、1∶200、1∶300、1∶400、1∶500、1∶600 如图 2.4 所示。

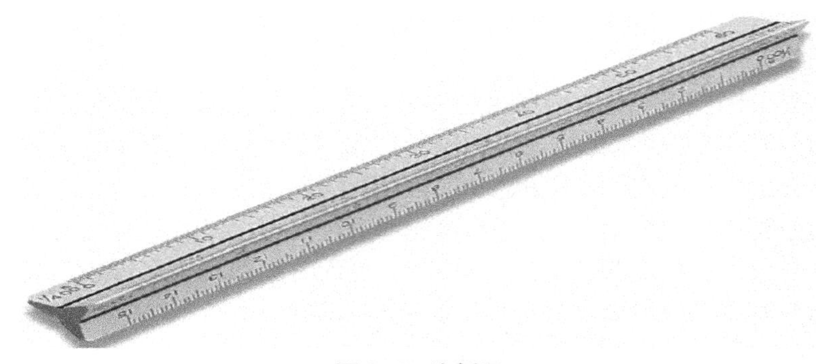

图 2.4　比例尺

5）曲线板

曲线板是用来画非圆曲线的工具如图 2.5 所示。

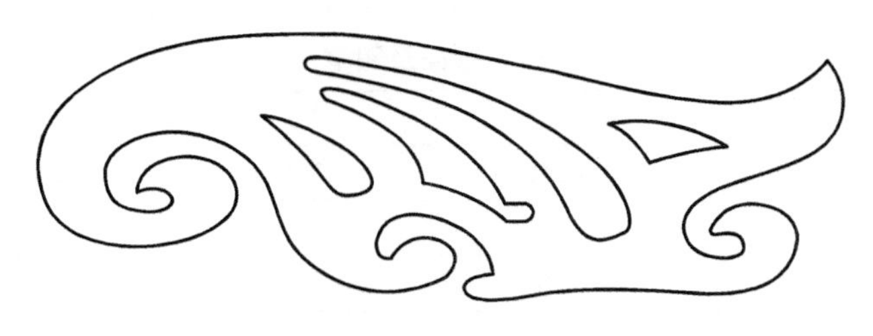

图 2.5　曲线板

6）绘图铅笔

绘图铅笔的铅芯有软硬之分。“B”表示软铅芯，“H”表示硬铅芯。常用的绘图铅笔有“H”、“HB”、“B”等。削铅笔时以图 2.6 所示为宜。

图 2.6　绘图铅笔

7）绘图橡皮

绘图橡皮是用来修改的。

8）圆规

圆规是用来画铅笔线或墨线圆及圆弧的仪器。

9）其他

还有建筑绘图模板、擦图片、软毛刷等工具。

2.1.2　图纸幅面、线型、字体、尺寸标注

1. 国家制图标准简介

图样是工程界表达和交流技术思想的共同语言。因此图样的绘制必须遵守统一的规范，这个统一的规范就是国家标准，简称国标，用 GB 或 GB/T 表示。根据建设部《关于印发一九九八年工程建设国家标准制定、修订计划的通知》的要求，由建设部会同有关部门共同对《房屋建筑制图统一标准》等六项标准进行修订，经有关部门会审，现批准《房屋建筑制图统一标准》(GB/T 50001—2001)、《总图制图标准》(GB/T 50103—2001)、《建筑制图标准》(GB/T 50104—2001)、《建筑结构制图标准》(GB/T 50105—2001)、《给水排水制图标准》(GB/T 50106—2001)和《暖通空调制图标准》(GB/T 50114—2001)为国家标准。这些国家标准于 2001 - 11 - 01 发布，2002 - 03 - 01 实施。

2. 幅面

(1) 幅面。指图纸本身的大小和规格，有 0#、1#、2#、3#、4# 见表 2 - 1。

表 2 - 1　幅面及图框尺寸

幅面代号	A0	A1	A2	A3	A4
$B \times L$	841×1189	594×841	420×594	297×420	210×297
e	20		10		
c	10			5	
a	25				

特别提示

除了以上几种基本的图纸幅面外，此外还有其他的非正式的图幅，比如A2加长型（420×743）、A3加长型（297×630）等。

（2）图框。图纸上所供绘图范围的边线。

（3）标题栏。位于图纸的右下角，注明设计单位、设计日期、工程名称、图名、图号和负责人签字。

（4）图纸使用的两种形式。横式幅面和立式幅面如图2.7所示。

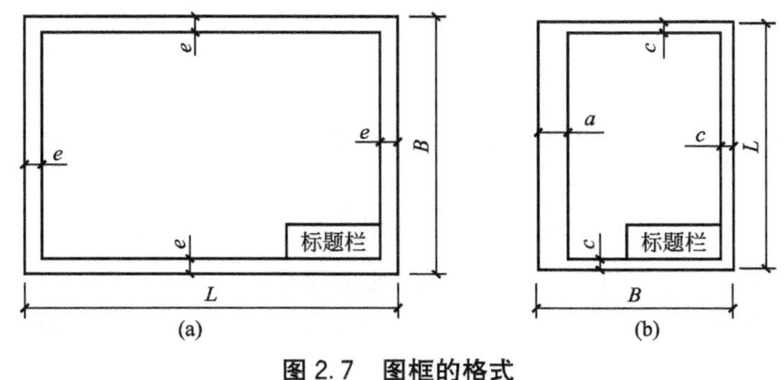

图2.7 图框的格式

3. 图线

（1）图线。画在图纸上的线条统称为图线。图线的两个基本特性是线型和线宽见表2-2。

表2-2 工程建设常用图线

线名及代码		线型	一般用途
实线 01	粗	————————	主要可见轮廓线
	中	————————	可见轮廓线
	细	————————	可见轮廓线、图例线等
虚线 02	粗	- - - - - - - -	见有关专业制图标准
	中	- - - - - - - -	不可见轮廓线
	细	- - - - - - - -	不可见轮廓线、图例线等
点画线 04	粗	——·——·——·——	见有关专业制图标准
	中	——·——·——·——	见有关专业制图标准
	细	——·——·——·——	中心线、对称线等
双点画线 05	粗	——··——··——··——	见有关专业制图标准
	中	——··——··——··——	见有关专业制图标准
	细	——··——··——··——	假想轮廓线、成型前原始轮廓线
图线的组合		——∧∨——∧∨——	断开界线
波浪线 01 变形		～～～～	断开界线

(2) 注意事项。

① 同一张图纸内，相同比例的各图样。应选用相同的线宽组。

② 相互平行的图线，其间隙不宜小于其中的粗线宽度，且不宜小于 0.7mm。

③ 虚线、单点长画线或双点长画线的线段长度和间隙，宜各自相等。

④ 单点长画线或双点长画线，当在较小图线中绘制有困难时，可用实线代替。

⑤ 单点长画线或双点长画线的两端，不应是点。点画线与点画线交接或点画线与其他图线交接时，应是线段交接。

⑥ 虚线与虚线交接或虚线与其他图线交接时，应是线段交接。虚线为实线的延长线时，不得与实线连接。

⑦ 图线不得与文字、数字或符号重叠、混淆，不可避免时，应首先保证文字等的清晰。

4. 字体

(1) 图纸上所书写的文字、数字或符号等，均应笔画清晰、字体端正、排列整齐；标点符号应清楚正确。

(2) 文字的字高，应从如下系列中选用：3.5mm、5mm、7mm、10mm、14mm、20mm。如需书写更大的字，其高度因按$\sqrt{2}$的比值递增。

(3) 图样及说明中的汉字，宜采用长仿宋字，高度与宽度的关系应符合如下规定(高度/宽度=3/2)。

(4) 仿宋字的特点：横平竖直、起落分明、笔锋满格、布局均匀。

(5) 拉丁字母和数字可写成竖体字或斜体字，如写成斜体字，其斜度应是从字的底线逆时针向上倾斜 75°，字体的高度不应小于 2.5mm。

(6) 拉丁字母 I、O、Z 不宜在图中使用，以防与数字 1、0、2 混淆。

5. 尺寸标注

工程图样的大小由尺寸来界定，尺寸的标注包括尺寸界线、尺寸线、尺寸起止符号、尺寸数字如图 2.8 所示。

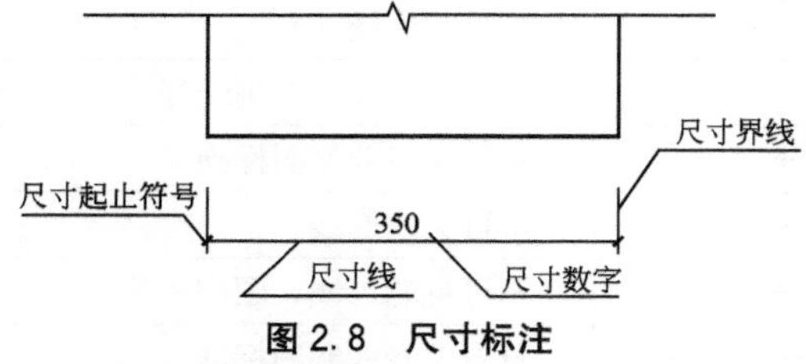

图 2.8　尺寸标注

(1) 尺寸界线——细实线，垂直与被标注的轮廓线(有时可用轮廓线做尺寸线)。

(2) 尺寸线——细实线，平行与被标注的轮廓线(图纸上的任何图线不得作为尺寸线)。

(3) 尺寸起止符号——中粗短斜线，倾斜方向从尺寸界线顺时针旋转 45°，长度为 2～3mm。

(4) 尺寸数字——尺寸数字标注在尺寸线上方。

同一图纸，尺寸数字应大小相同。多道尺寸标注时，第一道尺寸线距最外轮廓线距离 15mm，相邻两道尺寸线间距 8mm。

6. 比例

图样的比例，应为图形与实物相对应的线性尺寸之比。例如 1∶1 是表示图形大小与实物大小相同。1∶100 是表示 100m 在图形中按比例缩小只画成 1m。比例的大小，系指比值的大小，如 1∶50 大于 1∶100。比例应以阿拉伯数字表示，如 1∶1、1∶2、1∶100 等。比例宜注写在图名的右侧，其字号应比图名的字号小一号或小二号如图 2.9 所示。

三层平面图 1:100

图 2.9 比例的注写方式

比例尺上刻度所注的长度，就代表了要度量的实物长度。1∶100 比例尺上 1m 的刻度，就代表了 1m 的实长。因为上的实际长度只有 10mm 即 1cm，所以用这种比例尺画出图形尺寸是实物的一百分之一，它们之间的比例关系为 1∶100。尺上每一小格代表 0.1m。在 1∶200 的尺面上，每小格代表 0.2m，一大格代表 1m。在 1∶500 的尺面上，每小格代表 0.5m，一大格代表 1m。

2.2 民用房屋建筑图纸的表达——正投影

引例

(1) 绘制工程图纸，一般采用哪种投影法？

(2) 一栋房屋可以看成是一个组合体，该组合体由哪些几何元素组成？

2.2.1 投影基本知识

1. 投影法

在日常生活中，我们见到光线照射物体在地面或墙上产生影子的现象。人们利用这种日常现象，总结抽象出在平面上表达空间物体的形状和大小的方法，这种方法称作投影法。

2. 投影法分类

1) 中心投影法

投射线从投影中心发射对物体作投影的方法称作中心投影法，如图 2.10 所示，中心投影图通常称作透视图。

2) 平行投影法

用相互平行的投射线对物体作投影的方法称作平行投影法。根据投射线与投影面的角度关系，又可分为两种。

(1) 正投影法。相互平行的投射线垂直于投影面，称作正投影法，如图 2.11 所示。用这种方法画得的图形称作正投影图。

(2) 斜投影法。相互平行的投射线倾斜于投影面，称作斜投影法如图 2.12 所示。画形体的正投影图时，可见的轮廓用实线表示，被遮挡的不可见轮廓用虚线表示。由于正投影图能反映形体的真实形状和大小，因此，其是工程图样广为采用的基本作图方法。

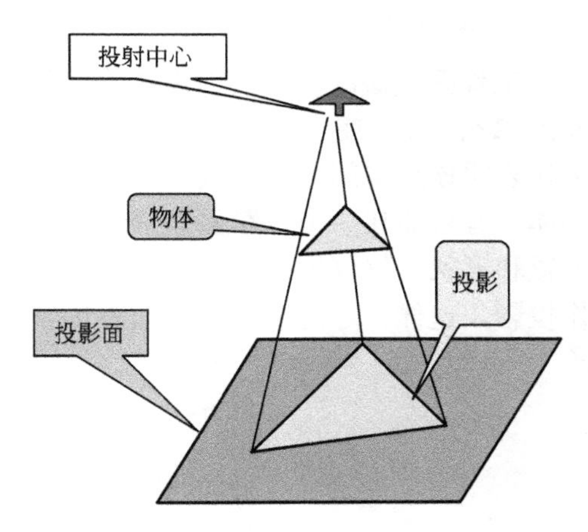

图 2.10 中心投影法

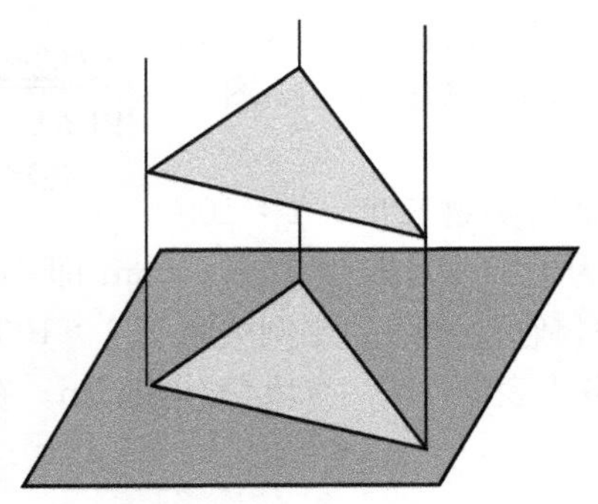
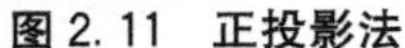
图 2.11 正投影法

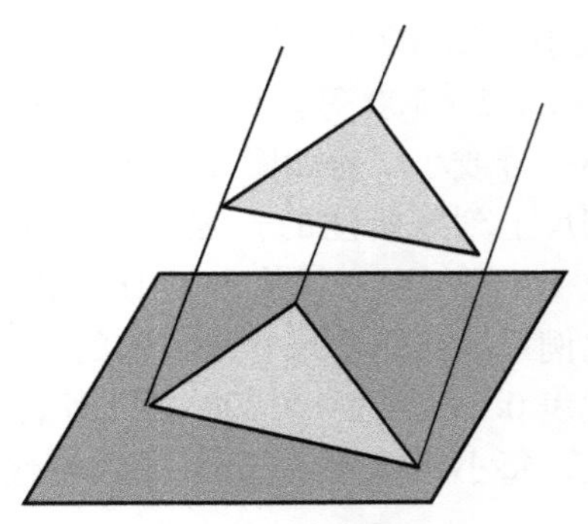
图 2.12 斜投影法

3. 正投影的基本性质

组成形体的基本几何元素是点、线、面。了解点、直线和平面形的正投影的基本性质，有助于读者更好地理解和掌握画形体正投影图的内在规律和基本方法。点、直线、平面形的正投影的基本特性如下。

(1) 同素性。点的投影仍是点，直线的投影一般情况下仍是直线，投影结果仍保留其原有几何元素的特性。

(2) 从属性。若点在直线上(点∈直线)，则该点的投影必定在直线的投影上，投影结果仍保留其原有从属关系不变。

(3) 积聚性。平行于投射线(⊥于投影面)的空间直线，其投影积聚为一个点；平行于投射线(⊥于投影面)的平面形，其投影积聚为一直线。

(4) 可量性。当空间线段平行于投影面时，其投影反映空间线段的方向和实长；当空间的平面图形平行于投影面时，其投影反映空间平面图形的真实形状和大小。

(5) 类似性。倾斜于投影面的空间线段，其投影仍为线段，但投影线长度(在正投影中)短于空间线段的实长；倾斜于投影面的平面图形，其投影为原平面图形的类似形(属于同类，但不相等，也不相似)。

(6) 平行性。空间平行两直线的投影仍保持互相平行的关系。

4. 工程中常用的四种投影图

工程图应该准确无误地表达空间物体的真实形状和大小，从图 2.13 中可以看出，空间点 $A2$、$A3$…在水平面的影都重合在 a 的位置，可见，根据点在一个投影面的投影是能确切表明该点空间所在的具体位置的。进而从图 2.14 中可以看出，空间三个不同形状的物体，有可能在一个投影面上得到同样的投影图。综上所述，要想确切地表明物体的具体位置和形状，仅仅依靠一个投影图往往是不够的。因此，需要两个投影面，从不同的方向作投影，这样，才能准确无误地表达空间物体的确切位置、形状和大小。

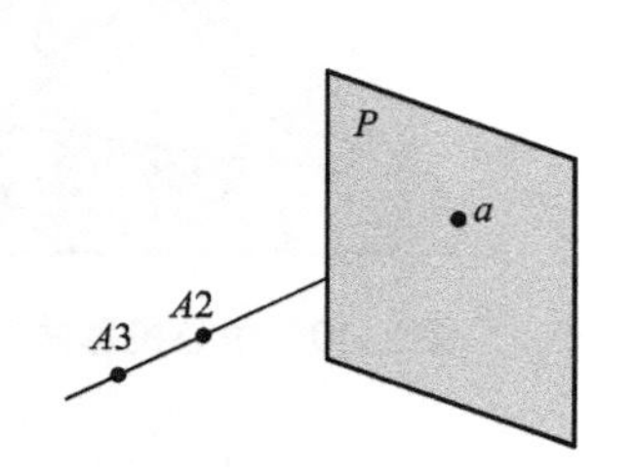

图 2.13 不同点在投影面上投影

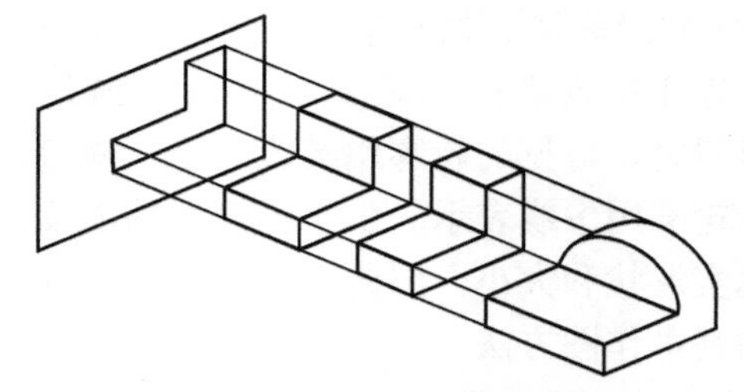
图 2.14 不同物体在投影面上投影

下面初步介绍一下工程中常用的 4 种投影图。

1）正投影图

用正投影法将物体从前后、左右、上下等不同方向(根据物体复杂程度而定)分别向互相垂直的投影面上作投影，每个投影面上各得到一个相应的投影图，如图 2.15 所示。然后，把三个投影面按照一定规则展开，所得的图形称作正投影图。

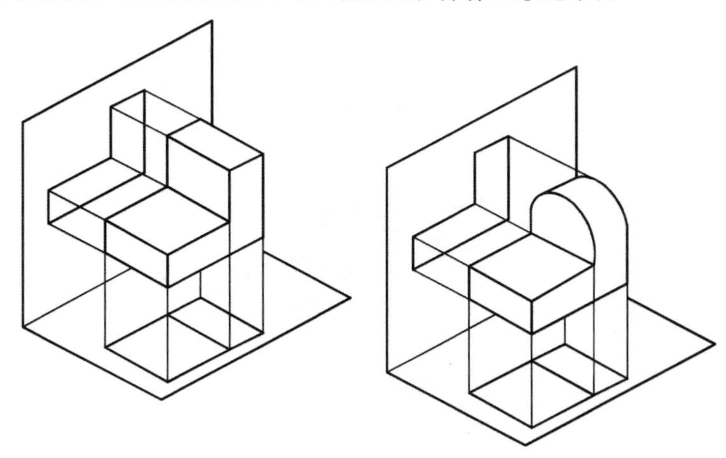

图 2.15　不同物体在投影面上正投影

正投影图的优点是能够反映物体的真实形状和大小，符合施工、生产的需要，因此，《房屋建筑制图统一标准》中规定，把正投影法作为绘制建筑工程图样的主要方法，正投影图是土建施工图纸的基本形式。正投影图的缺点是直观性较差。

2）轴测投影图

用平行投影法，选用特定的投射方向(能够兼顾物体的三个主要侧面)。往单一的投影面上做投影，所得的图形称作轴测投影图，如图 2.16 所示。这种投影图的特点，是能够在一个图形中同时表达出物体的长、宽、高三度。而且在投射中，物体的三个轴向(左右、前后、上下）在轴测图中有规律性，可以计算和量度，由此而被称作轴测投影图。这种投影图的优点是立体感较强，所以在土建工程图纸中有时用作辅助性图样，以弥补正投影图的不足。

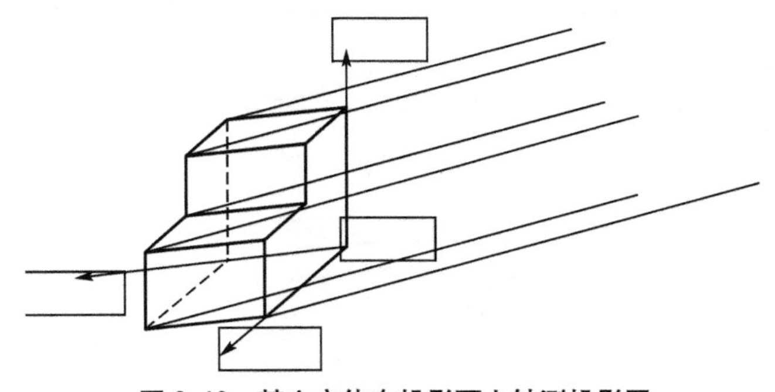

图 2.16　某立方体在投影面上轴测投影图

特别提示

随着图形技术发展，三维图形正在越来越成为热点，其实，物体三维图形和轴测投影图是差不多的。

3）透视图

透视图是用中心投影法得出的图形。这种图样接近人的视觉形象，真实感比较强，具有近似照片的效果(图 2.17)，在土建工程规划设计中用作表现图。这种图的缺点是度量性较差，而且作图也比较复杂。

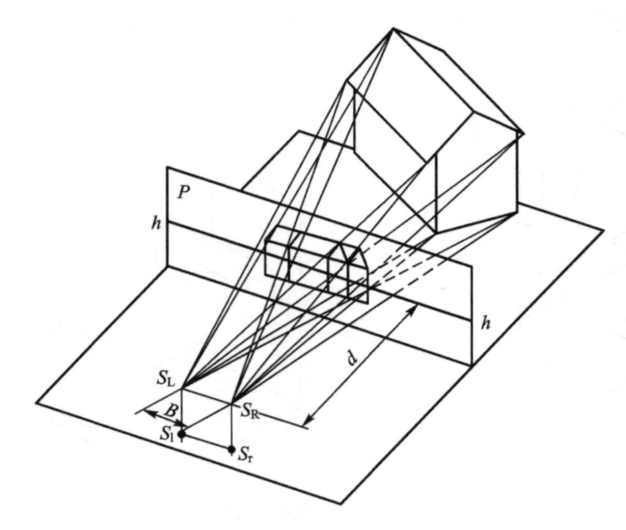

图 2.17　某房屋中心投影图

4）标高投影图

标高投影是带有标高数字的单面正投影图(图 2.18)。

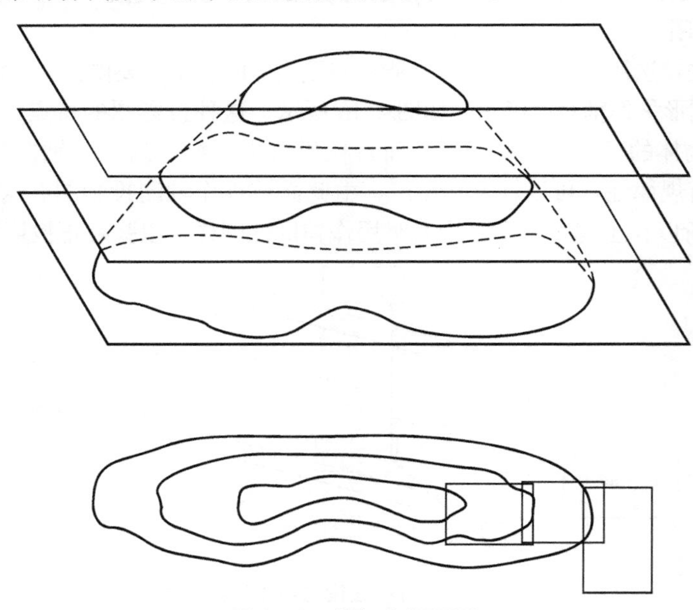

图 2.18　某标高投影图

5. 三面正投影图

1）三投影面体系的建立

我们采用三个互相垂直的平面作为投影面如图 2.19 所示，构成三投影面体系。水平位置的平面称作水平投影面(简称平面)，用字母 H 表示；正对方向的平面称作正立投影面简称立面)，用字母 V 表示；位于右侧与 H、V 面均垂直的平面称作侧立投影面(简称侧面)，用字母 W 表示。

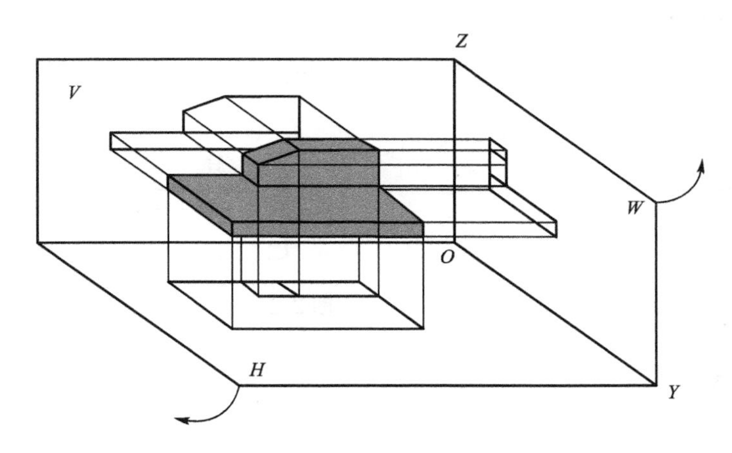

图 2.19　某组合体三面投影图

2) 投影图的形成

将物体置于 H 之上，V 之前，W 之左的空间(第一分角)如图 2.19 所示，按箭头指明的投射方向分别向三个面作正投影。在 H 面所得的图形称作平面投影图(简称平面图)，在 V 面所得的图形称作立面投影图(简称立面图)，在 W 面所得的图形称作侧面投影图(简称侧面图)。

3) 投影面的展开

上述得到的三面投影图，仍然位于三个不同方向的空间平面上，因此，还需要将三个投影面展开，目的是使 H、V、W 同处在一个平面(图纸) 上。根据《房屋建筑制图统一标准》的有关规定，投影面的展开必须按照统一的规则即：V 面不动；H 面绕 OX 轴向下旋转 90°；W 面绕 OZ 轴向右旋转 90°；这时，H 与 W 重合于 V 面。表示投影面范围的边线省略不画，如图 2.19 展开投影面以后，投影图如图 2.20 所示。

4) 三面投影图的关系

从三投影面体系图 2.21 中不难看出，空间的左右、前后、上下三个方向，可以分别由 OX 轴、OY 轴和 OZ 轴的方向来代表。换言之，在投影图中，凡是与 OX 轴平行的直线，反映的是空间左右方向的直线；凡是与 OY 轴平行的直线，反映的是空间前后方向的直线；凡是与 OZ 轴平行的直线，反映的是空间上下方向的直线。在画物体的投影图时，习惯上使物体的长、宽、高三组棱线分别平行于 OX、OY、OZ 轴，因此，物体的长度可以沿着与 OX 轴平行的方向量取，而在平面和立面图中显示实长；物体的宽度可以沿着与 OY 轴平行的方向量取，而在平面和侧面图中显示实长；物体的高可以沿着与 OZ 轴平行的方向量取，而在立面和侧面图中显示实长。平、立、侧三面投影图中，每一个投影图含有两个量，三个投影图之间，保持着量的统一性和图形的对应关系，概括地说，就是“长对正，高平齐，宽相等”，如图 2.21 所示表明了三面投影图的“三等关系”。

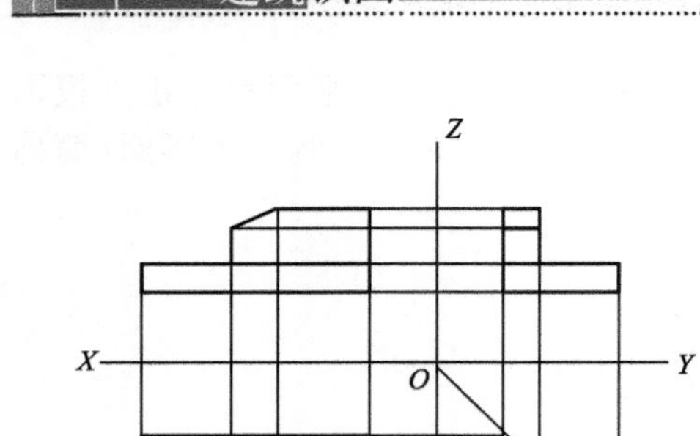

图 2.20　某组合体三面投影展开图

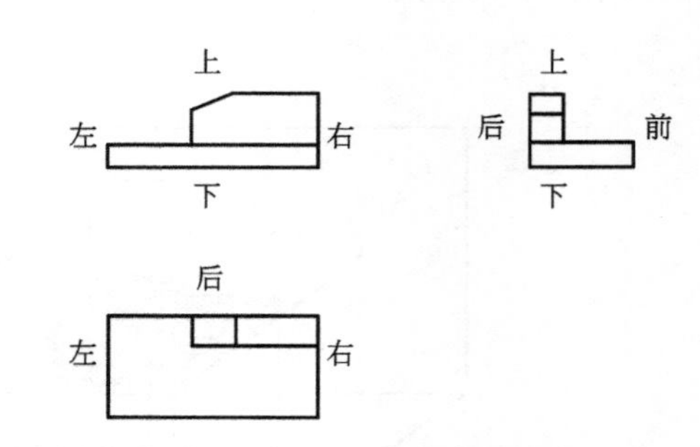

图 2.21　某组合体三面投影展开图位置关系

2.2.2　点和直线的投影

1. 点的投影

1）多面投影的形成

点在一个投影面中的投影不能够反映点在空间的位置，因此，点的投影需要利用相互垂直的两个或三个投影面体系，作出多面正投影。

2）点在两个投影面体系中的投影(图 2.22)

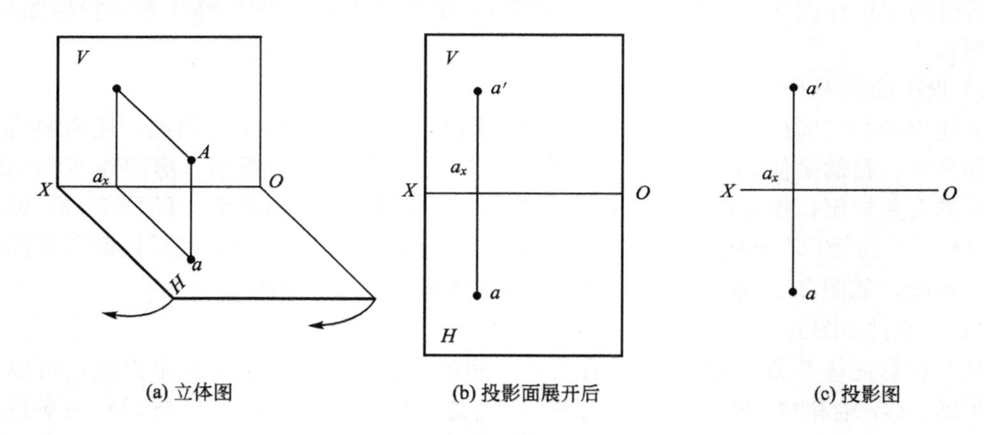

(a) 立体图　(b) 投影面展开后　(c) 投影图

图 2.22　点在两面体系中的投影

投影特性：

(1) 点的正面投影和水平投影连线垂直 OX 轴，即 $a'a \perp OX$；

(2) 点的正面投影到 OX 轴的距离，反映该点到 H 面的距离，点的水平投影到 OX 轴的距离，反映该点到 V 面的距离，即 $a'a_x = Aa$，$aa_x = Aa'$。

3）点在三个投影面体系中的投影

点在两面投影体系已能确定该点的空间位置，但为了更清楚地表达某些形体，有时需要在两投影面体系基础上，再增加一个与 H 面及 V 面垂直的侧立的投影面 W 面，形成三面投影体系如图 2.23 所示。

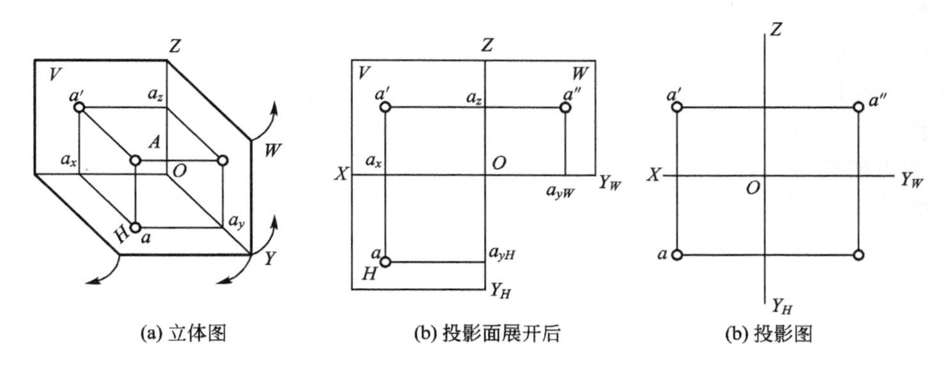

图 2.23　点在三面体系中的投影

投影特性：

(1) $a'a \perp OX$，$a'a'' \perp OZ$，$aa_{yH} \perp OYH$，$a''a_{yW} \perp OYW$。

(2) $a'a_x = Aa$，$aa_x = Aa'$，$a'a_z = Aa''$。

4) 点的投影与坐标

根据点的三面投影可以确定点在空间位置，点在空间的位置也可以由直角坐标值来确定。

点的正面投影由点的 X、Z 坐标决定，点的水平投影由点的 X、Y 坐标决定，点的侧面投影由点的 Y、Z 坐标决定。

例题：已知点 A(20，15，10)、B(30，10，0)、C(15，0，0)求作各点的三面投影。

分析：由于 $ZB=0$，所以 B 点在 H 面上，$YC=0$，$ZC=0$，则点 C 在 X 轴上。在 OX 轴上量取 $oa_x=20$。

过 a_x 作 $aa' \perp OX$ 轴，并使 $aa_x=15$，$a'a_z=10$；过 a' 作 $aa'' \perp OZ$ 轴，并使 $a''a_z=aa_x$，a，a'，a''即为所求 A 点的三面投影(图 2.24)。

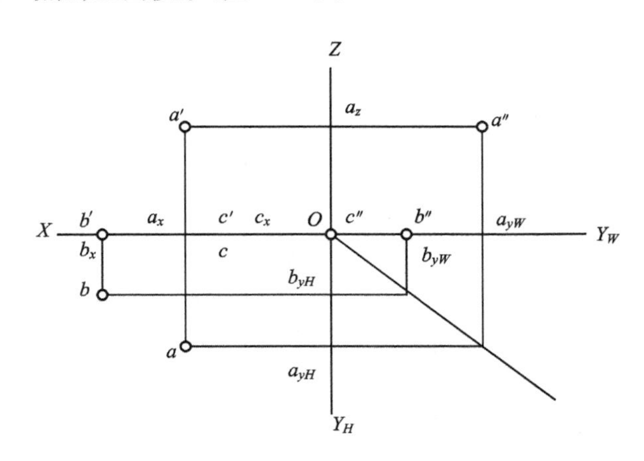

图 2.24　根据点的坐标求点的投影

作 B 点的投影：

在 OX 轴上量取 $ob_x=30$；

过 b_x 作 $bb' \perp OX$ 轴，并使 $b'b_x=0$，$bb_x=10$，由于 $ZB=0$，b'，b_x 重合。即 b'在 X 轴上；因为 $ZB=0$，b'在 OY_W 轴上，在该轴上量取 $Ob_{yW}=10$，得 b''，则 b、b'、b''即为所

求 B 点的三面投影。

作 C 点的投影：

在 OX 轴上量取 $Ocx=15$。

由于 $Yc=0$，$Zc=0$，c、c'都在 OX 轴上，与 c 重合，c''与原点 O 重合。

5）两点的相对位置

空间点的相对位置，可以利用两点在同面投影的坐标来判断，其中左右由 X 坐标差判别，上下由 Z 坐标差判别，前后由 Y 坐标差判别如图 2.25 所示。

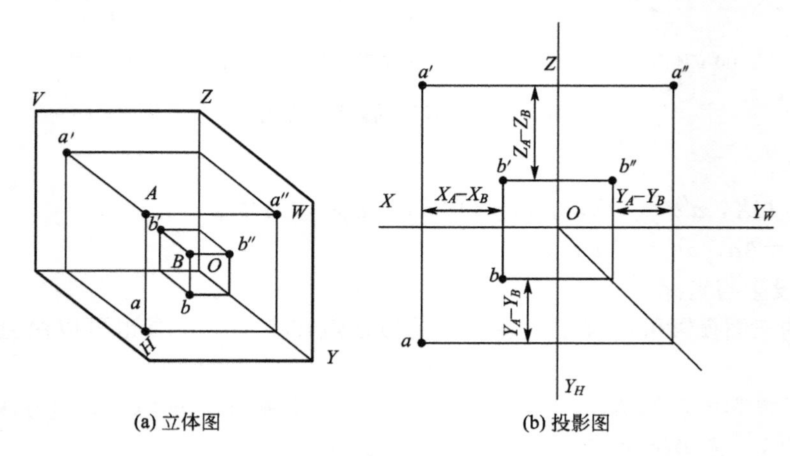

(a) 立体图　　(b) 投影图

图 2.25　两点间的相对位置

$Z_a>Z_b$，A 点在 B 点上方；$Y_a>Y_b$，A 点在 B 点的前方；$X_a>X_b$，A 点在 B 点的左方。所以，A 点在 B 点的左前上方。

6）重影点

当空间两点位于垂直于某个投影面的同一投影线上时，两点在该投影面上的投影重合，称为重影点如图 2.26 所示。

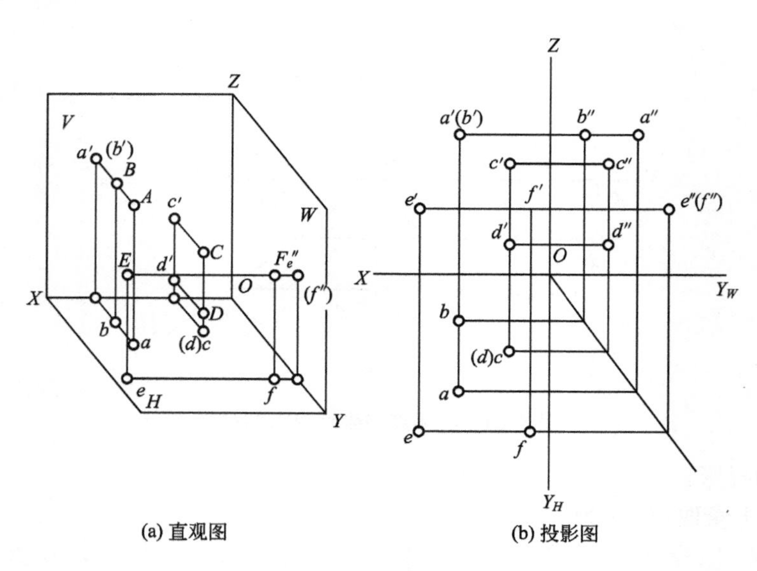

(a) 直观图　　(b) 投影图

图 2.26　重影点

2. 直线投影

1）直线的投影的定义

直线可以由线上的两点确定，所以直线的投影就是点的投影，然后将点的同面投影连接，即为直线的投影如图 2.27 所示。

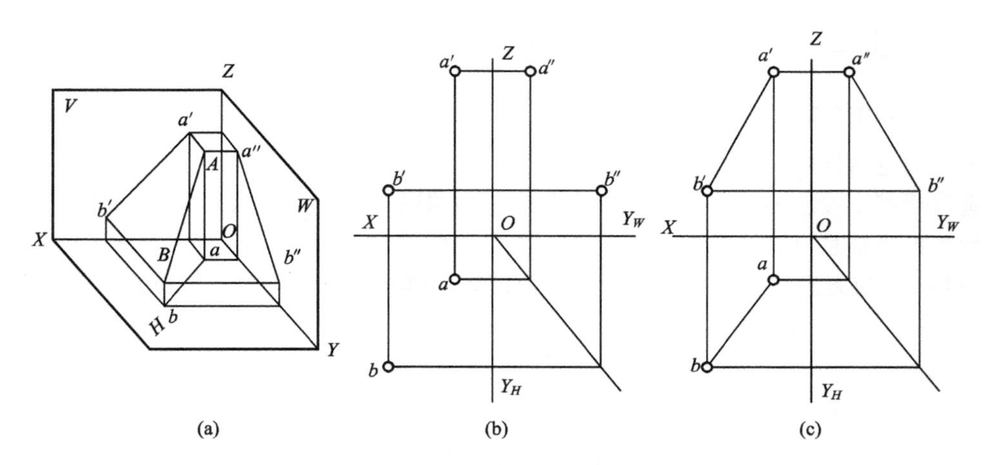

图 2.27 直线的三面投影

2）各种位置直线的投影

(1) 投影面平行线。直线平行于一个投影面与另外两个投影面倾斜时，称为投影面平行线。

正平线——平行于 V 面倾斜于 H、W 面，如图 2.28 所示

水平线——平行于 H 面倾斜于 V、W 面，如图 2.29 所示；

侧平线——平行于 W 面倾斜于 H、V 面，如图 2.30 所示。

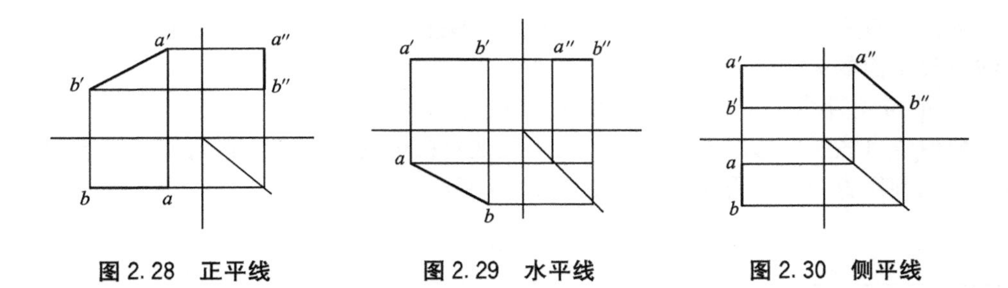

图 2.28 正平线 图 2.29 水平线 图 2.30 侧平线

投影面平行线特性：

平行于某个投影面，在某个投影面上的投影反映该直线的实长，而且投影与投影轴的夹角，也反映了该直线对另两个投影面的夹角，而另外两个投影都是类似形，比实长要短。

(2) 投影面垂直线。直线垂直于一个投影面与另外两个投影面平行时，称为投影面垂直线。

正垂线——垂直于 V 面平行于 H、W 面，如图 2.31 所示。

铅垂线——垂直于 H 面平行于 V、W 面，如图 2.32 所示。

侧垂线——垂直于 W 面平行于 V、H 面，如图 2.33 所示。

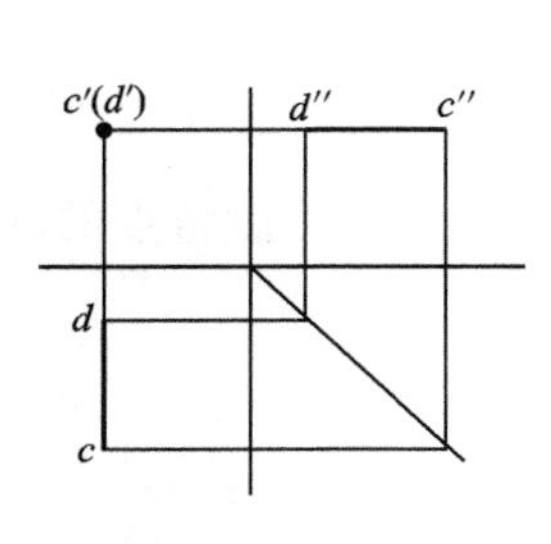

图 2.31　正垂线

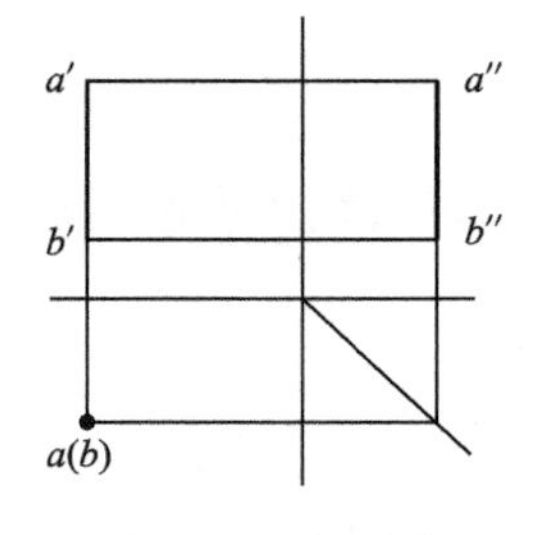

图 2.32　铅垂线

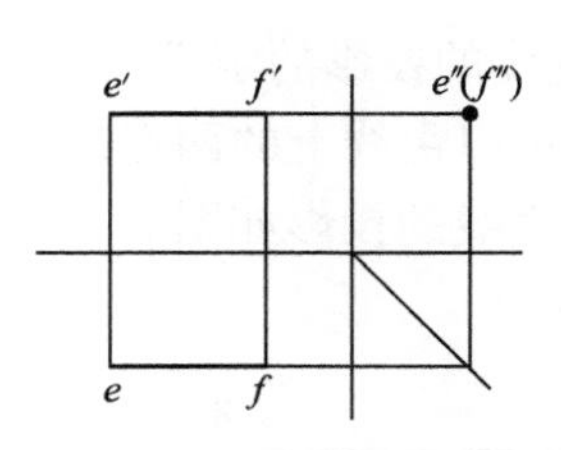

图 2.33　侧垂线

投影面垂直线特性：

垂直于某个投影面，在某个投影面上的投影积聚成一个点，而另外两个投影面上的投影平行于投影轴且反映实长。

(3) 一般位置直线。直线与三个投影面都处于倾斜位置，称为一般位置直线如图 2.34 所示。

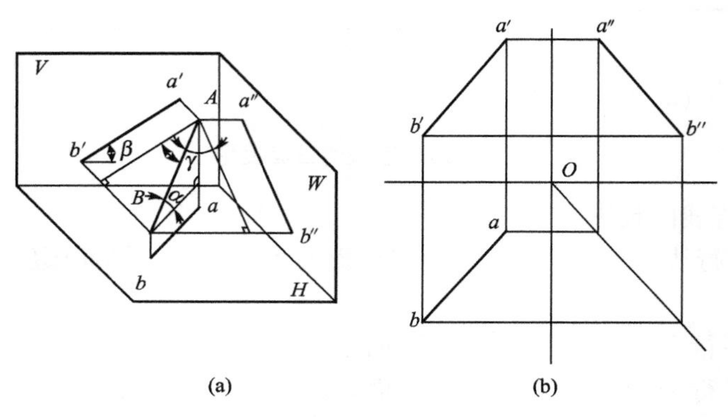

图 2.34　一般位置直线

一般位置直线在三个投影面上的投影都不反映实长，而且与投影轴的夹角也不反映空间直线对投影面的夹角。

3) 一般位置直线的实长及其与投影面的夹角

一般位置直线的投影既不反映实长又不反映对投影面的真实倾斜角度。要求的实长和夹角，我们利用直角三角形法求得，如图 2.35 所示。

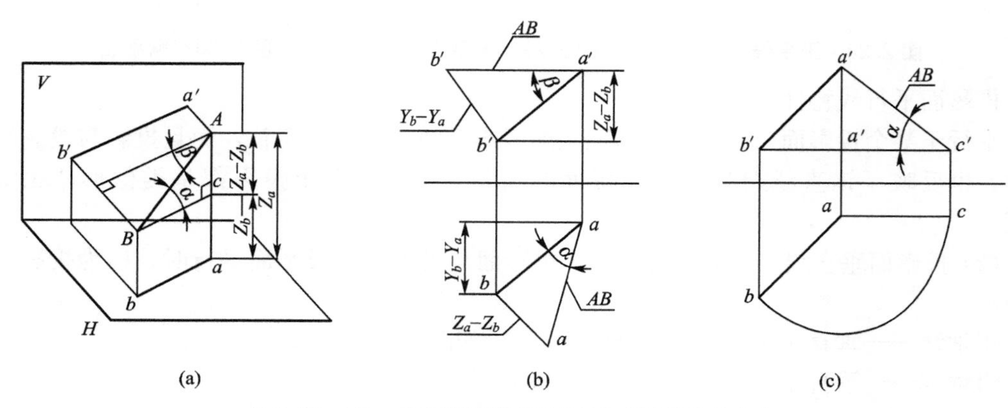

图 2.35　求一般位置直线的实长及对投影面的夹角

4）直线上点的投影

如果点在直线上，则点的各个投影必在该直线的同面投影上，并将直线的各个投影分割成和空间相同的比例，如图 2.36 所示。

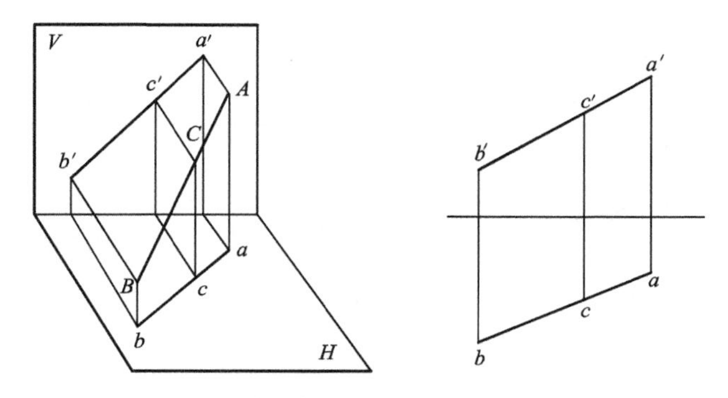

图 2.36 直线上的点

5）两直线的相对位置

(1) 两直线平行，如图 2.37 所示。

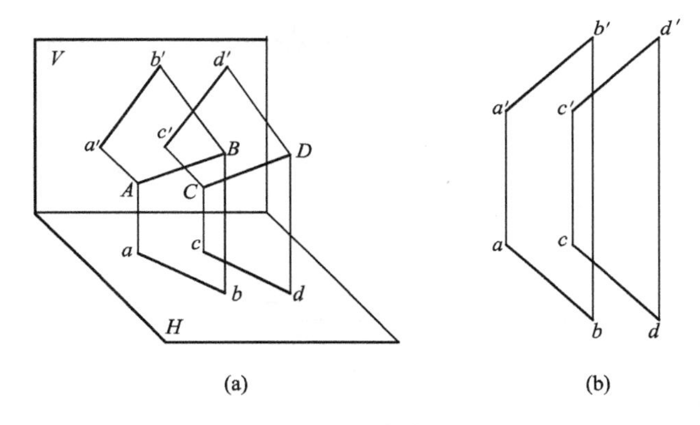

图 2.37 两直线平行

两直线空间平行，投影面上的投影也相互平行。

(2) 两直线相交，如图 2.38 所示。

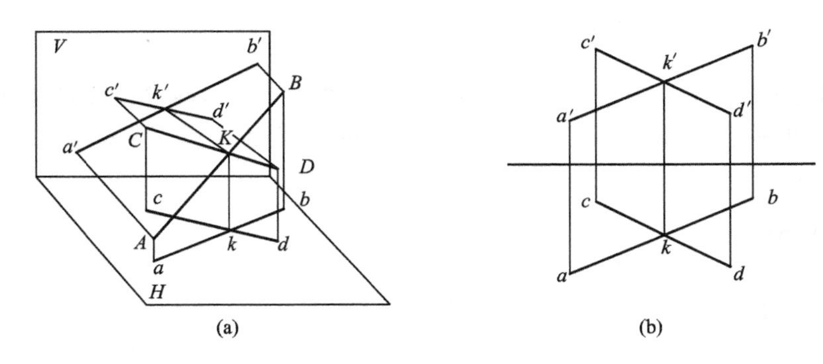

图 2.38 两直线相交

空间两直线相交，交点 K 是两直线的共有点，K 点的投影，符合点的投影规律。

(3) 两直线交叉，如图 2.39 所示。

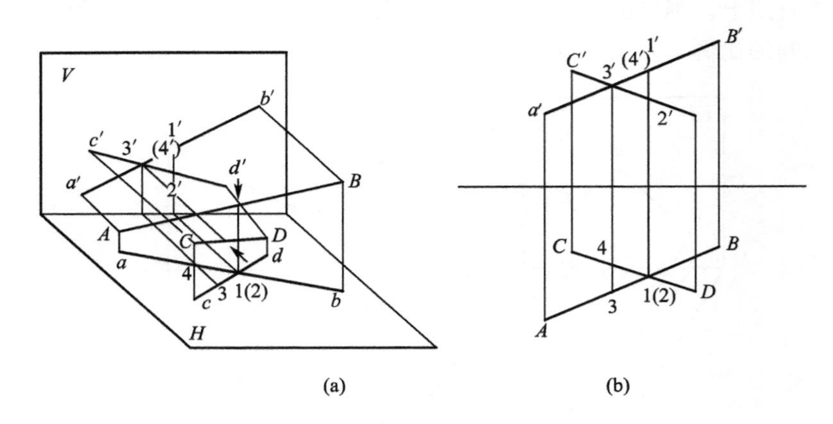

图 2.39　两直线交叉

空间两直线不平行又不相交时称为交叉。交叉两直线的同面投影可能相交，但它们各个投影的交点不符合点的投影规律。

6) 两直线垂直相交

空间两直线垂直相交，其中有一直线平行于某投影面时，则两直线在所平行的投影面上的投影反映直角，如图 2.40 所示。

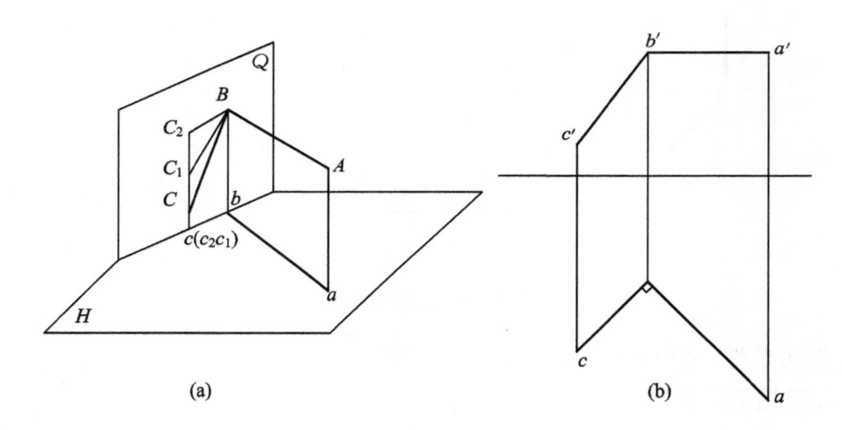

图 2.40　垂直相交两直线的投影

证明：因为 $AB \perp BC$，$AB \perp Bb$，所以 AB 必垂直于 BC 和 Bb 决定的平面 Q 及 Q 面上过垂足 B 的任何一直线($BC1$、$BC2\cdots$)，因 $AB /\!/ ab$ 故 ab 也必垂直于 Q 面过垂足 b 的任一直线，即 $ab \perp bc$。

2.2.3　平面的投影

1. 平面的表示法

(1) 用几何元素表示平面(图 2.41)。

(2) 用迹线表示平面(图 2.42)。

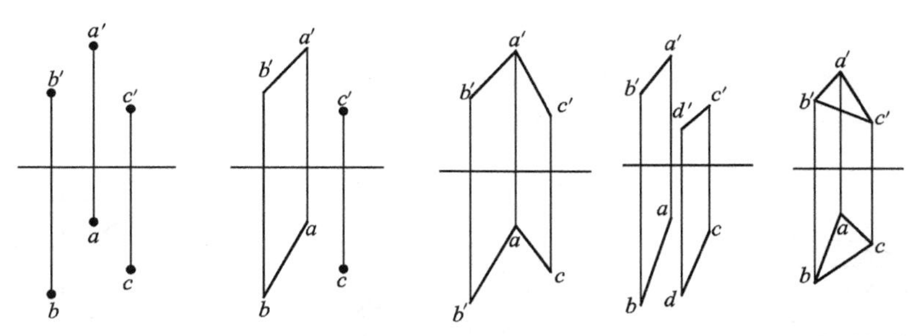

图 2.41 用几何元素表示平面

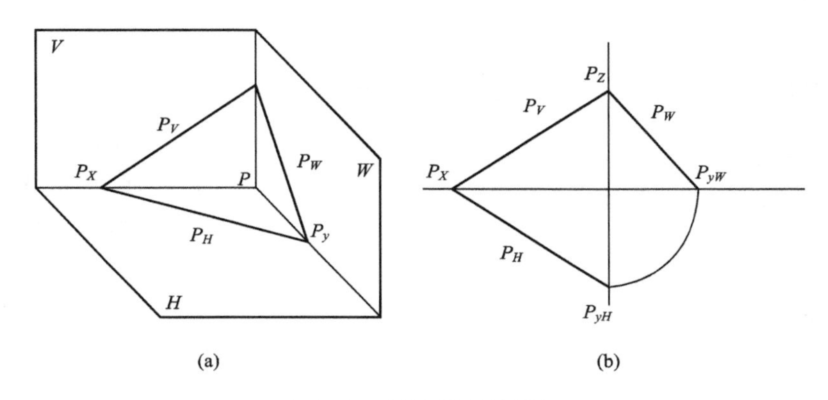

图 2.42 用迹线表示平面

2. 各种位置平面的投影

1) 投影面平行面

平面在三投影面体系中，平行于一个投影面，而垂直于另外两个投影面。

正平面——平行于 V 面而垂直于 H、W 面，如图 2.43 所示。

水平面——平行于 H 面而垂直于 V、W 面，如图 2.44 所示。

侧平面——平行于 W 面而垂直于 H、V 面，如图 2.45 所示。

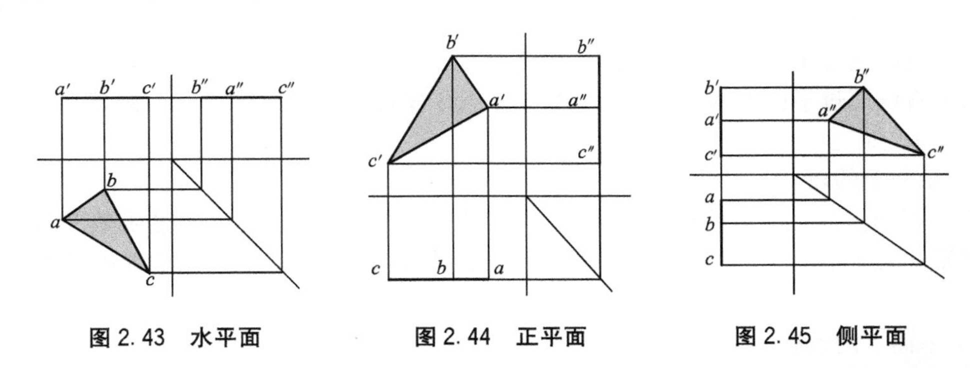

图 2.43 水平面　　图 2.44 正平面　　图 2.45 侧平面

投影面平行面特性：平面在所平行的投影面上的投影反映实形，其余的投影都是平行于投影轴的直线。

2) 投影面垂直面

在三投影面体系中，垂直于一个投影面，而对另外两投影面倾斜的平面。

正垂面——垂直 V 面而倾斜于 H、W 面，如图 2.46 所示。

铅垂面——垂直 H 面而倾斜于 V、W 面，如图 2.47 所示。

侧垂面——垂直 W 面而倾斜于 V、H 面，如图 2.48 所示。

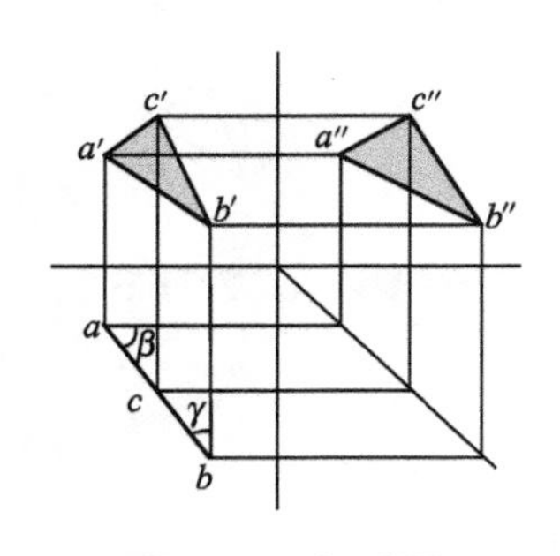

图 2.46　铅垂面

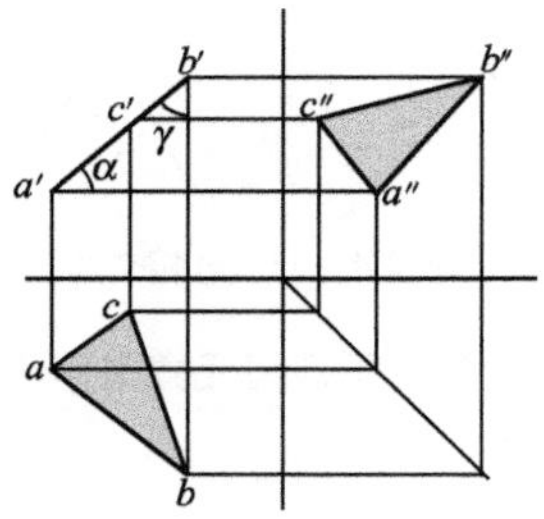

图 2.47　正垂面

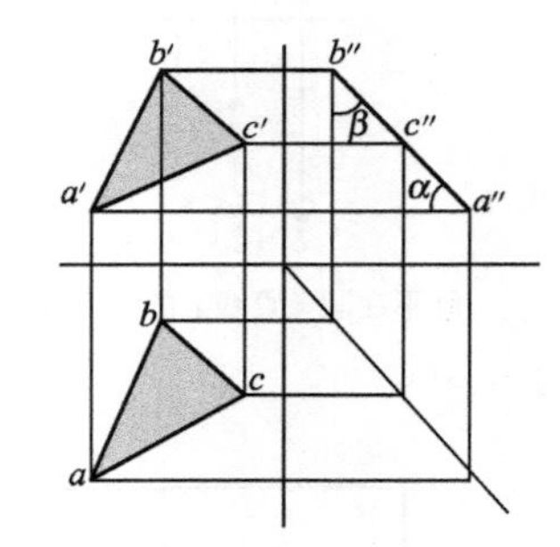

图 2.48　侧垂面

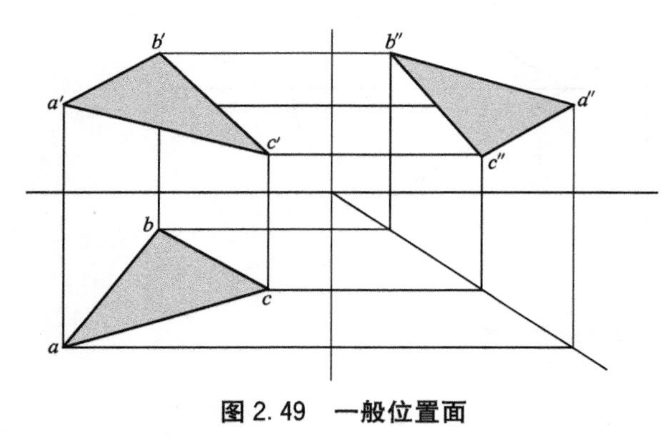

图 2.49　一般位置面

投影面垂直面特性：平面在所垂直的投影上的投影积聚成一直线，该直线与投影轴的夹角，就是该平面对另外两个投影面的真实倾角，而另外两个投影面上的投影是该平面的类似形。

3）一般位置平面(图 2.49)

平面对三个投影面都倾斜。

平面对三个投影面的相对位置分析可得出平面的投影特性。

(1) 平面垂直于投影面时，它在该投影面上的投影积聚成一条直线——积聚性。

(2) 平面平行于投影面时，它在该投影面上的投影反映实形——实形性。

(3) 平面倾斜于投影面时，它在该投影面上的投影为类似图形——类似性。

3. 平面上的直线和点

1）平面上的直线

(1) 直线通过平面上的已知两点，则该直线在该平面上。

(2) 直线通过平面上的一已知点，且又平行于平面上的一已知直线，则该直线在该平面上。

2）平面上的点

点在平面上的几何条件是：如果点在平面上的一已知直线上，则该点必在平面上，因此在平面上找点时，必须先要在平面上取含该点的辅助直线，然后在所作辅助直线上求点。

3）平面上的投影面的平行线

平面上的投影面平行线的投影，既有投影面平行线具有的特性，又要满足直线在平面上的几何条件。

例题：已知三角形 ABC 的两面投影，在三角形 ABC 平面上取一点 K，使 K 点在 A 点之下 15mm，在 A 点之前 13mm，试求 K 点的两面投影如图 2.50 所示。

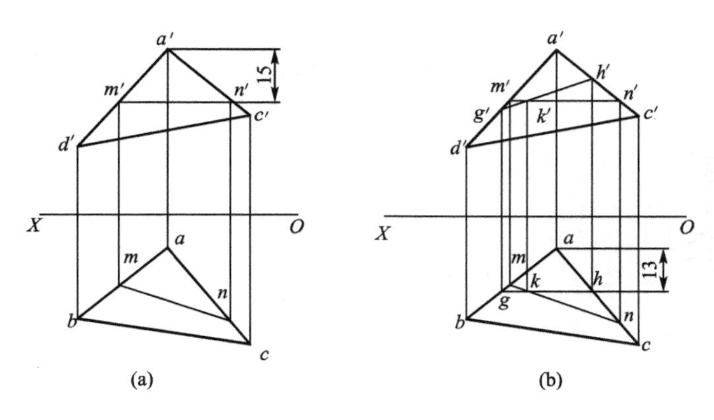

图 2.50 平面上取点

分析：由已知条件可知K点在A点之下15mm，在A点之前13mm，可以利用平面上的投影面平行线作辅助线求得。K点在A点之下15mm，可利用平面上的水平线，K点在A点之前13mm，可利用平面上的正平线，K点必在两直线的交点上。

作法：①从a'向下量取15mm，作一平行于OX轴的直线，与$a'b'$交于m'，与$a'c'$交于n'；②求水平线MN的水平投影m、n；③从a向前量取13mm，作一平行于OX轴的直线，与ab交于g，与ac交于h，则mn与gh的交点即为k；④由g、h求g'、h'，则$g'h'$与$m'n'$交于k'，k'即为所求。

4. 平面上的最大斜度线

属于定平面且垂直于该平面的投影面平行线的直线，称为该平面的最大斜度线。平面上垂直于水平线的直线，称为平面上对H面的最大斜度线；垂直于正平线的直线，称为平面上对V面的最大斜度线；垂直于侧平线的直线，称为平面上对W面的最大斜度线。

2.2.4 平面立体投影

1. 棱柱

棱柱体由若干个棱面及顶面和底面组成，它的棱线相互平行。顶面和底面为正多边形的直棱柱，称为正棱柱。常见的棱柱有三棱柱、四棱柱、六棱柱等。

1）棱柱的三视图，以五棱柱为例(图2.51)

五棱柱的顶面和底面平行于H面，它在水平面上的投影反映实形且重合在一起，而他们的正面投影及侧面投影分别积聚为水平方向的直线段。

五棱柱的后侧棱面EE_1D_1D为一正平面，在正平面上投影反映其实形，EE_1、DD_1直线在正面上投影不可见，其水平投影及侧面投影积聚成直线段。

五棱柱的另外四个侧棱面都是铅垂面，其水平投影分别汇聚成直线段，而正面投影及侧面投影均为比实形小的类似体。

2）棱柱表面上取点

在立体表面上取点，就是根据立体表面上的已知点的一个投影求出它的另外投影。由于平面立体的各个表面均为平面，所以其原理与方法与在平面上取点相同，下面以六棱柱为例。如图2.52中为正六棱柱的三面投影图，正六棱柱的顶面和底面为水平面，前后两

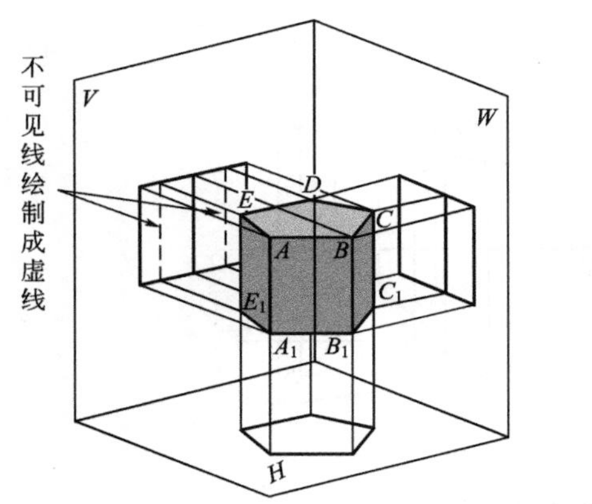

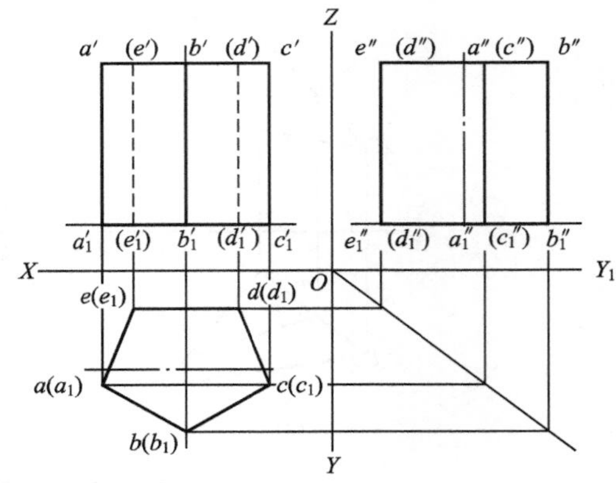

图 2.51　五棱柱三视图及投影

侧棱柱面为正平面，其他四个侧棱面均为铅垂面。正六棱柱的前后对称，左右也对称。若已知六棱柱表面 M 点的正面投影 m'，六棱柱底面上 N 点的水平投影 n，求两点其余投影。

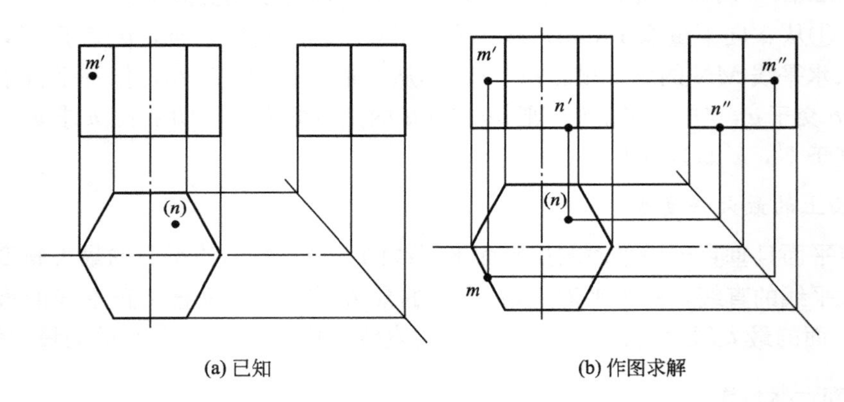

图 2.52　六棱柱表面上取点

求 M 点投影，如图 2.52 所示，首先确定 M 点在哪一个棱面上，由于 M 点可见，故 M 点属于六棱柱左前棱面，此棱面为铅垂面，水平投影具有积聚性，因此可由 m' 向下作辅助线直接求出水平投影 m，再借助投影关系求出侧面投影 m''。求 N 点投影，确定 N 点所在面，水平投影不可见，可知 N 点位于下端面，此面是水平面，在正平面和侧平面上投影具有积聚性，所以可直接求得 N 点的其他投影。

2. 棱锥

棱锥的底面为多边形，各侧面为若干具有公共顶点的三角形。从棱锥顶点到底面的距离叫做锥高。当棱锥底面为正多边形，各侧面是全等的等腰三角形时，称为正棱锥。常见的棱锥有三棱锥、四棱锥、六棱锥。

1) 棱锥的两视图及其投影，以三棱锥例(图 2.53)

三棱锥的底面 ABC 平行于平面 H 在水平投影上反映真实形状；BCS 垂直于 V 面，在正平面上投影为一条直线。作图时应先画出底面△ABC 的三面投影，再作出锥顶 S 的三面投影，然后连接各棱线，完成斜三棱柱的三面投影图。棱线可见性则需要通过具体情况分析进行判断。

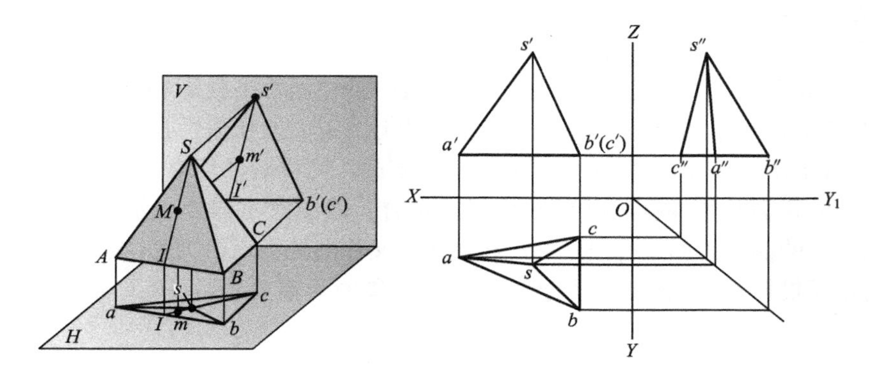

图 2.53 三棱锥两视图及投影

2）三棱锥表面上取点

若已知三棱锥表面上两点 M 和 N 的正面投影，求其水平投影和侧面投影。求 M 点的水平投影和侧面投影，从所给出的 M 点的正面投影不可见，可知 M 点位于 BCS 面上，BCS 面为侧垂面，在侧面投影上具有积聚性，我们可以直接得出 m''，利用投影关系可求得 m。求 N 点的水平投影和侧面投影，分析 N 点位于 SAC 面上，可过 N 点作辅助直线 SI，可求得 SI 的水平投影和正面投影，N 属于 SI 上的一点，可使用求直线上一点的方法求得 N 点水平投影，使用投影关系求得侧面投影，如图 2.54 所示。

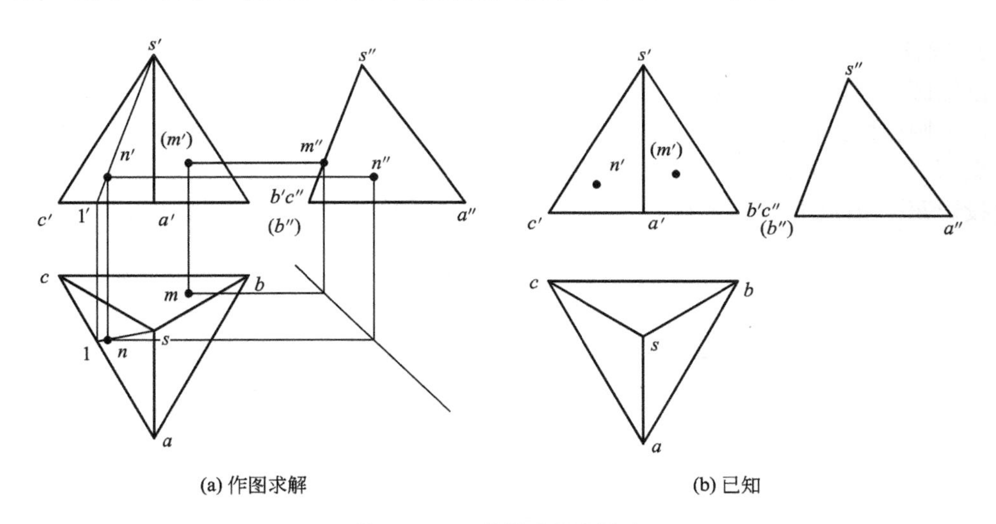

图 2.54 三棱锥表面上取点

2.2.5 曲面立体的投影

曲面立体的表面是由一母线绕定轴旋转而成的，故称作曲面立体，也称为回转体。常见的回转体有圆柱、圆锥、球和圆环等。

1. 圆柱

1）圆柱面的形成及投影

圆柱面可看作一条直线 AB 围绕与它平行的轴线 OO 回转而成。OO 称为回转轴，直

线 AB 称为母线，母线转至任一位置时称为素线。这种由一条母线绕轴回转而形成的表面称为回转面，由回转面构成的立体称为回转体。圆柱体的上下底面为水平面，故水平投影为圆，反映真实图形，而其正、侧面投影为直线。圆柱面水平投影积聚为圆，正面投影和侧面投影为矩形，矩形的上、下两边分别为圆柱上下端面的积聚性投影。最左侧素线 AA_1 和最右侧素线 BB_1 的正面投影线分别为 $a'a_1'$ 和 $b'b_1'$，又称圆柱面对 V 面的投影的轮廓线。AA_1 与 BB_1 的正面投影与圆柱线的正面投影重合，画图时不需要表示。最前素线 CC_1 和最后素线 DD_1 的侧面投影线分别为 $c''c_1''$ 和 $d''d_1''$，又称圆柱面对 W 面的投影的轮廓线。CC_1 与 DD_1 的正面投影与圆柱线的正面投影重合，画图时不需要表示(图 2.55)。

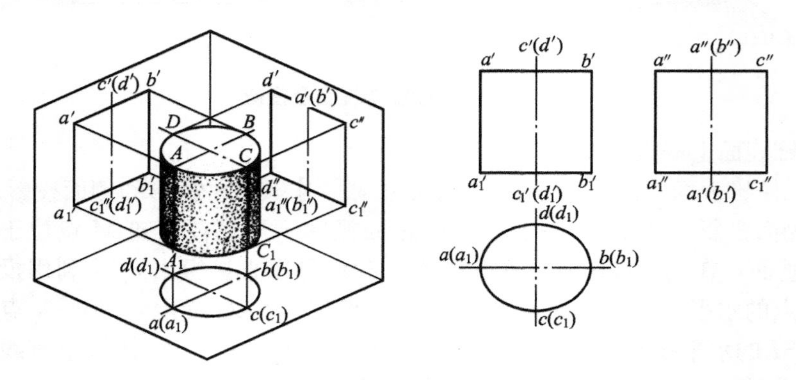

图 2.55　圆柱三视图及投影

2）圆柱表面上取点

已知圆柱表面上的一点 K 在正面上的投影为 k'，现作它的其余两投影。

由于圆柱面上的水平投影有积聚性，因此点 K 的水平投影应在圆周上，因为 k' 可见所以点 K 在前半个圆柱上，由此得到 K 的水平投影 k，然后根据 k'、k 便可求得点 K 的侧面投影 k'''，因点 K 在右半圆柱上，k'' 不可见，应加括号表示不可见性(图 2.56)。

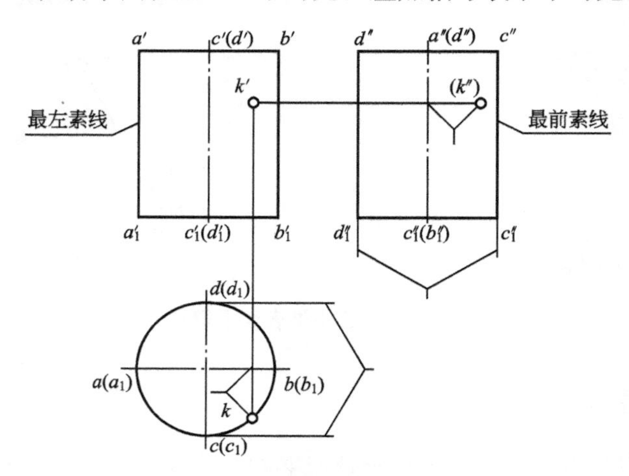

图 2.56　圆柱表面上取点

2. 圆锥

1）圆锥的投影(图 2.57)

圆锥的水平投影为一个圆，这个圆既是圆锥平行于 H 面的底圆的实形，又是圆锥面的水平投影；圆锥面的正面投影与侧面投影都是等腰三角形，三角形的底边为圆锥底圆平面有积聚性的投影如图 2.57 所示。正面投影中三角形的左右两腰 $s'a'$和 $s'b'$分别为圆锥面上最左素线 SA 和最右素线 SB 的正面投影，又称为圆锥面对 V 面投影的轮廓线，SA 和 SB 的侧面投影与圆锥轴线的侧面投影重合，画图时不需要表示。侧面投影中三角形的前后两腰 $s''c''$和 $s''d''$分别为圆锥面上最前素线 SC 和最后素线 SD 的侧面投影，又称为圆锥面对 W 面投影的轮廓线，SC 和 SD 的正面投影与圆锥轴线的正面投影重合，画图时不需要表示。作图时应首先用点画线画出轴线的各个投影及圆的对称中心线，然后画出水平投影上反映圆锥底面的圆，完成圆锥的其他投影，最后加深可见线。

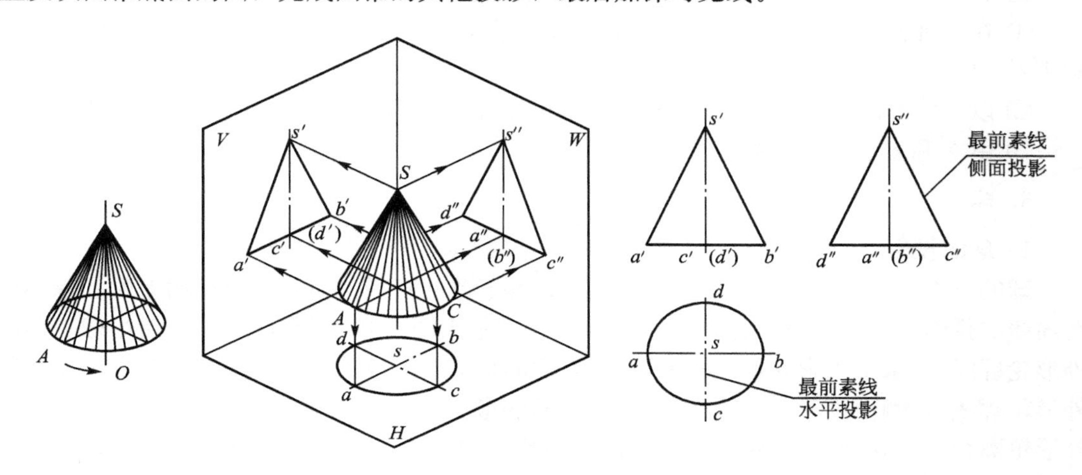

图 2.57　圆锥投影

2）圆锥表面上的点

由于圆锥的三个投影都没有积聚性，因此，若根据圆锥面上点的一个投影求做该点的其他投影时，必须借助于圆锥面上的辅助线，作辅助线的方法有两种如图 5.58 所示。

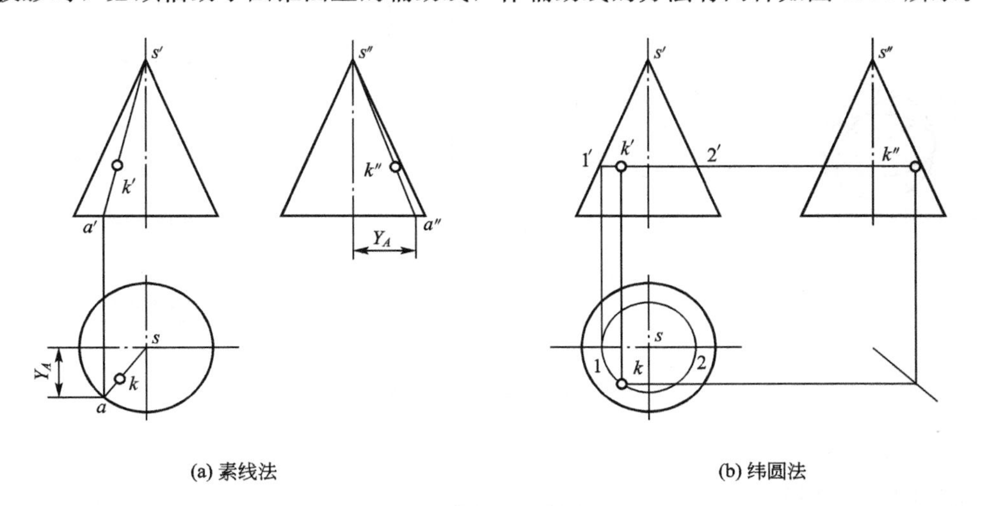

图 2.58　圆锥表面找点的方法

（1）素线法。过锥顶作辅助素线。已知圆锥面上的一点 K 的正面投影 k'，求作它的水平投影 k 和侧面投影 k''。解题步骤如下。

① 在圆锥面上过点 K 及锥顶 S 作辅助素线 SA，即过点 K 的已知投影 k' 作 $s'a'$，并求出其水平投影 sa。

② 按“宽相等”关系求出侧面投影 $s''a''$。

③ 判断可见性：根据 k' 点在直线 SA 上的位置求出 k 及 k'' 点的位置，K 在左半圆锥上，所以 k'' 可见。

(2) 纬圆法。用垂直于回转体轴线的截平面截切回转体，其交线一定是圆，称为“纬圆”，通过纬圆求解点位置的方法称为纬圆法。

已知圆锥面上的一点 K 的正面投影，求解其他两个方向的投影。解题步骤如下。

① 在圆锥面上过 K 点作水平纬圆，其水平投影反映真实形状，过 k' 作纬圆的正面投影 $1'2'$，即过 k' 作轴线的垂线 $1'2'$。

② 以 $1'2'$ 为直径，以 s 为圆心画圆，求得纬圆的水平投影 12，则 k 必在此圆周 12 上。

③ 由 k' 和 k 通过投影关系求得 k''。

3. 球

1) 球的投影

球的三面投影均为大小相等的圆，其直径等于球的直径，但三个投影面上的圆是不同转向线的投影。正面投影 a' 是球面平行于 V 面的最大圆 A 的投影(区分前、后半球表面的外形轮廓线)；水平投影 b 是球面平行于 H 面的最大圆 B 的投影(区分上、下半球表面的外形轮廓线)；侧面投影 c'' 是球面平行于 W 面的最大圆 C 的投影(区分左、右半球表面的外形轮廓线)。作图时首先用点画线画出各投影的对称中心线，然后画出与球等直径的圆如图 2.59 所示。

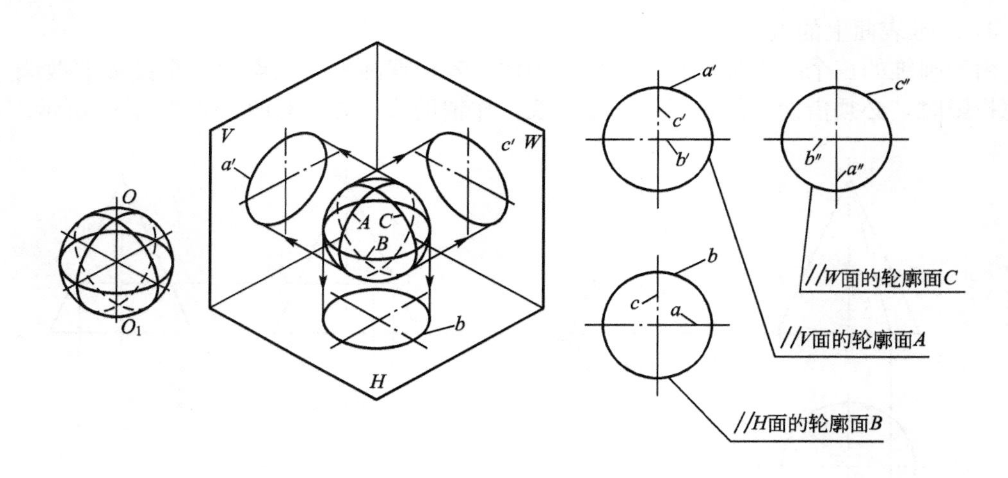

图 2.59 球的投影

2) 球面上取点

由于圆的三个投影都无积聚性，所以在球面上取点、线，除特殊点可直接求出外，其余均需用辅助圆画法，并注明可见性。

已知圆球和球面上一点 M 的水平投影 m，求点 M 的其余两个投影面投影，作图方法如图 2.60 所示。

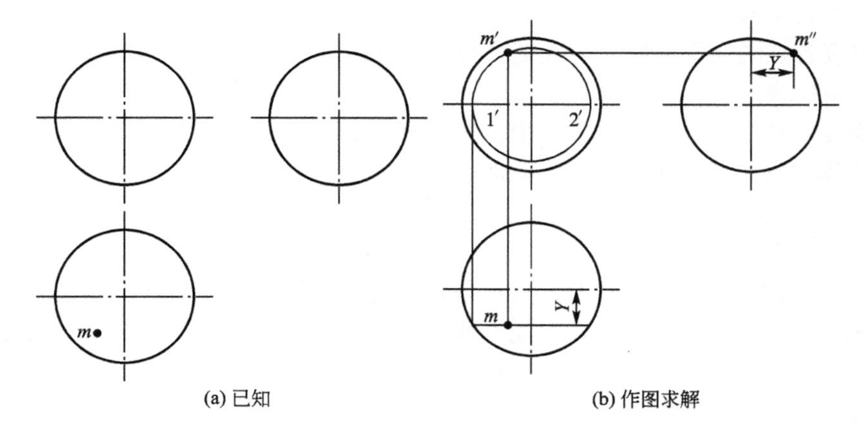

(a) 已知 (b) 作图求解

图 2.60 球面上取点

根据 m 可确定点 M 在上半球面的左前部，过 M 点作一平行于 V 的辅助圆，m'点一定在该圆周上，求得 m'，由点 M 在前半球上，可知 m'可见。

由 m'及 m 根据三面点投影关系求得 m''，由点 M 在左半球上可知 m''可见。

2.2.6 平面与平面立体相交

平面立体被单个或多个平面切割后，既具有平面立体的形状特性，又具有截平面的平面特征。因此在看图或画图时，一般应先从反映平面立体特征视图的多边形线框出发，想象出完整的平面立体形状并画出其投影，然后再根据截平面的空间位置，想象出截平面的形状并画出投影。平面立体上切口的画法，常利用平面特性中“类似形”这一投影特性来作图。

例题：已知被平面 P'截切的三棱锥，完成它的其余视图绘制。具体步骤如下(图 2.61)。

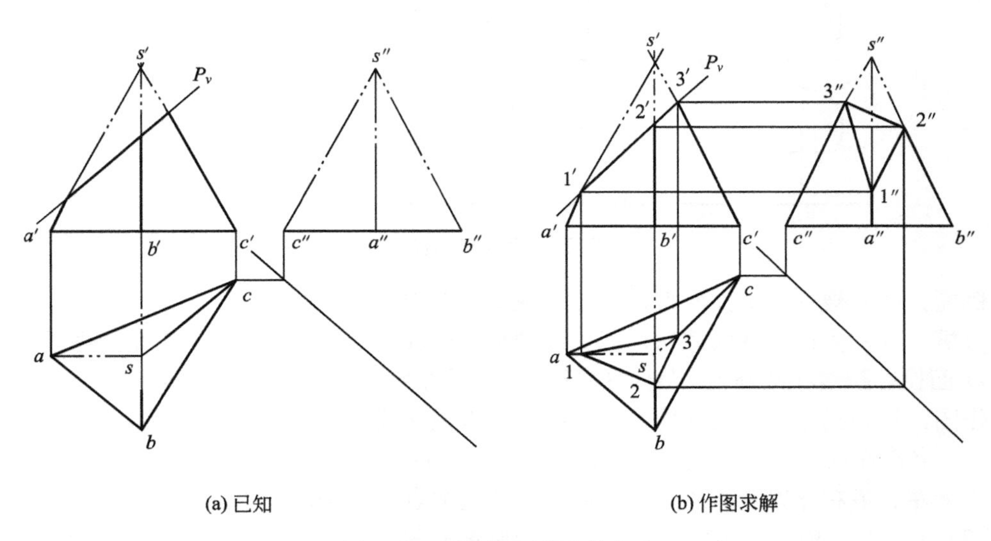

(a) 已知 (b) 作图求解

图 2.61 平面与平面立体相交

(1) 设 P_v8 与 $s'a'$、$s'b'$、$s'c'$的交点 1′、2′、3′为截平面与各棱线的交点Ⅰ、Ⅱ、Ⅲ的正面投影。

(2) 根据线上取点的方法，求出 1、2、3 和 1″、2″、3″。

(3) 连接各点的同面投影即为截交线的三个投影。

(4) 补全棱线的投影，加深视图。

不难看出，截平面与三棱锥的三个棱边均有一个交点，截交线是一个三角形，找出三个点在各投影中的位置就可以绘制出截面投影。

2.2.7 平面与回转体相交

曲面立体的截交线，一般情况下是一条封闭的平面曲线。作图时，须先求出若干个共有点的投影，然后用曲线将它们依次光滑地连接起来，即为截交线的投影。截交线的形状由回转体表面的性质和截平面对回转体的相对位置而决定的。

1. 平面与圆柱体相交(图 2.62)

平面与圆柱体相交，可根据截平面与圆柱体轴线的相对位置不同，截交线的形状有三种情况。

平行于轴线	垂直于轴线	倾斜于轴线
矩形	圆	椭圆

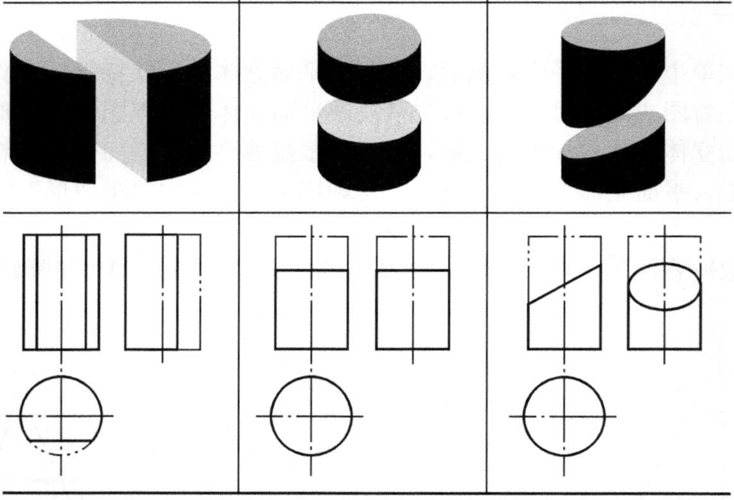

图 2.62 平面与圆柱相交

例题：圆柱被一正垂面所截，已知主视图和俯视图，求左视图。

分析：圆柱体被正垂面截切，截交线的是一椭圆。此截交线椭圆的 V 投影积聚为一直线，H 面投影积聚在圆周上，W 面的投影是椭圆需要求出，如图 2.63 所示。

作图：先画出完整的圆柱体的左视图，再求截交线的侧面投影，步骤如下。

(1) 求特殊点。特殊点主要是转向轮廓线上的共有点，截交线上最高、最低、最前、最后、最左、最右点以及能决定截交线形状特性的点，如椭圆长短轴端点等。

(2) Ⅰ、Ⅱ为椭圆的短轴，Ⅲ、Ⅳ为椭圆的长轴，点Ⅰ和点Ⅱ分别位于圆柱的最左、最右素线上，Ⅰ为最低点，Ⅱ为最高点。点Ⅲ和Ⅳ分别位于圆柱的最前和最后素线上。它们的正面投影 1′、2′、3′、4′和水平投影 1、2、3、4 可直接标出来。由两投影可求出侧面投影 1″、2″、3″、4″。

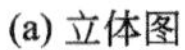
(a) 立体图

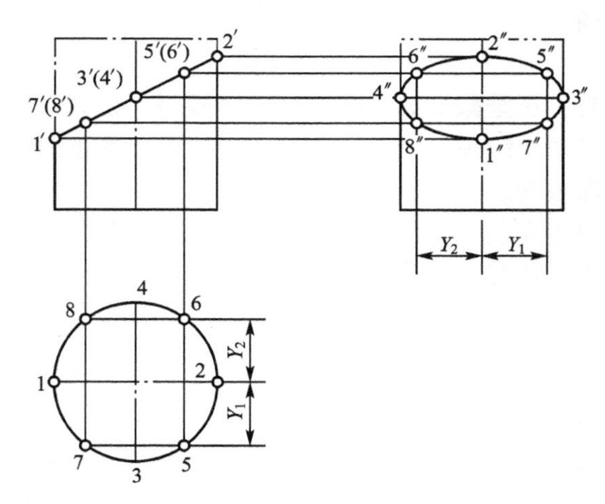

(b) 作图求解

图 2.63　平面与圆柱相交范例

(3) 求一般点。为使作图准确，还须作出若干一般点。在特殊点之间再找几个一般点，如Ⅴ、Ⅵ、Ⅶ、Ⅷ，根据它们的正面投影 5′、6′、7′、8′和水平投影 5、6、7、8，即可求出侧面投影 5″、6″、7″、8″。

(4) 判断可见性、连线。用曲线板依次光滑连接各点的侧面投影，即得截交线的侧面投影。

(5) 加深侧投影面的轮廓线至 3″、4″，完成截交线的侧面投影。

2. 平面与圆锥相交

根据截平面与圆锥的相对位置不同，平面与圆锥相交的截交线有五种情况见表 2-3。

表 2-3　平面与圆锥相交截交线的五种情况

位置	垂直于轴线	倾斜于轴线	平行于轴线	平行于一条素线	过锥顶
形状	圆	椭圆	双曲线和直线段	抛物线和直线段	两相交直线
立体图					
投影图		P_V O			

例题：已知被正垂面截切掉左上方一块的圆，根据图中已经完成的水平投影画出侧面投影。

分析：正垂截平面与圆锥的轴线倾斜，且截平面与圆锥轴线的夹角大于圆锥的锥顶半角，所以截交线是一个椭圆，且截交线椭圆的正面投影重合在正垂截平面的积聚性投影直线上。即截交线的正面投影已知，截交线的水平投影和侧面投影均为椭圆，但不反映实形。可应用在圆锥表面上取点的方法，求出椭圆上诸点的水平投影和侧面投影，然后将它们依次光滑连接，如图 2.64 所示。

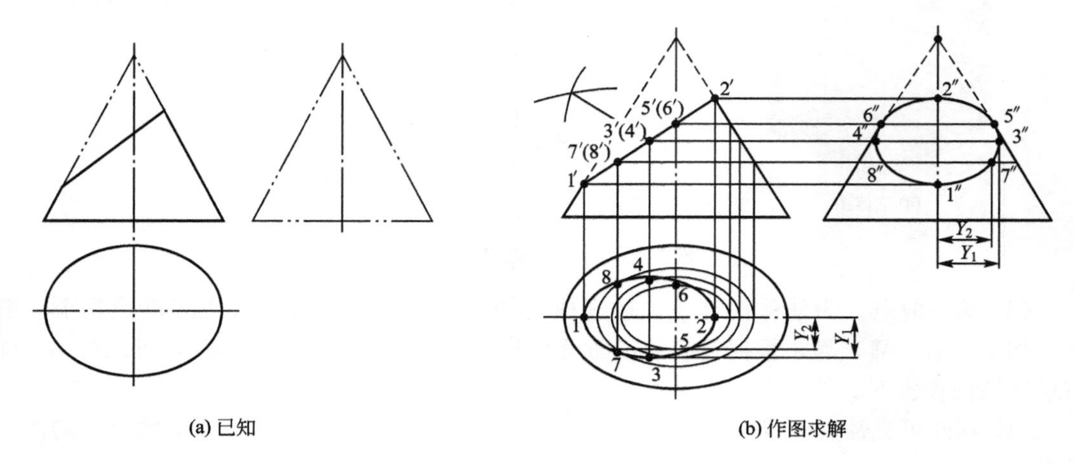

(a) 已知　　　　(b) 作图求解

图 2.64　平面与圆锥相交范例

作图步骤：

(1) 求特殊点。由正面投影可知，1′、2′分别是截交线上的最底(最左)、最高(最右)点Ⅰ、Ⅱ的正面投影，它们也是圆锥面最左、最右素线上的点，还是空间椭圆的长轴端点；取1′2′的中点，即得空间椭圆短轴两端点Ⅲ、Ⅳ的重合的正面投影 3′(4′)；5′(6′)则是截交线上在圆锥最前、最后素线上的点Ⅴ、Ⅵ的正面投影。根据圆锥面上取点的方法，可分别求出这 6 个特殊点的水平投影和侧面投影。

(2) 求一般点。为了准确地画出截交线的投影，可求作一般点Ⅶ、Ⅷ，它们的正面投影重合，再根据辅助纬圆法求出它们的水平投影和侧面投影。

(3) 判别可见性并连线。圆锥的上面部分被截切掉，截平面左低右高，截交线的水平投影和侧面投影均可见，用粗实线依次光滑地连接各点的同面投影即可。

(4) 分析圆锥的外形轮廓线。圆锥最前、最后两根素线的上部均被截切掉了，其侧面投影应画到截切点 5″、6″为止。圆锥的底面圆没有被截切，其侧面投影是完整的，用粗实线画出。

2.2.8　组合体投影

1. 组合体投影图的绘制

组合体是由若干个基本几何体组合而成的。常见的基本几何体是棱柱、棱锥、圆柱、圆锥、球等。

表达组合体一般情况下是画三投影图。从投影的角度讲，三投影图已能唯一地确定形体。当形体比较简单时，只画三投影图中的两个就够了；个别情况与尺寸相配合，仅画一个投影图也能表达形体。当形体比较复杂或形状特殊时，画投影图难于把形体表达清楚，可选用其他的投影图来表达形体。这里主要是指三投影图，它是表达组合体的基础。

2. 组合体的分类

组合体的组合方式可以是叠加、相贯、相切、切割等多种形式。

(1) 叠加式。把组合体看成由若干个基本形体叠加而成，如图 2.65(a)所示。

(2) 切割式。组合体是由一个大的基本形体经过若干次切割而成，如图 2.65(b)所示。

(3) 混合式：把组合体看成既有叠加又有切割所组成，如图 2.65(c)所示。

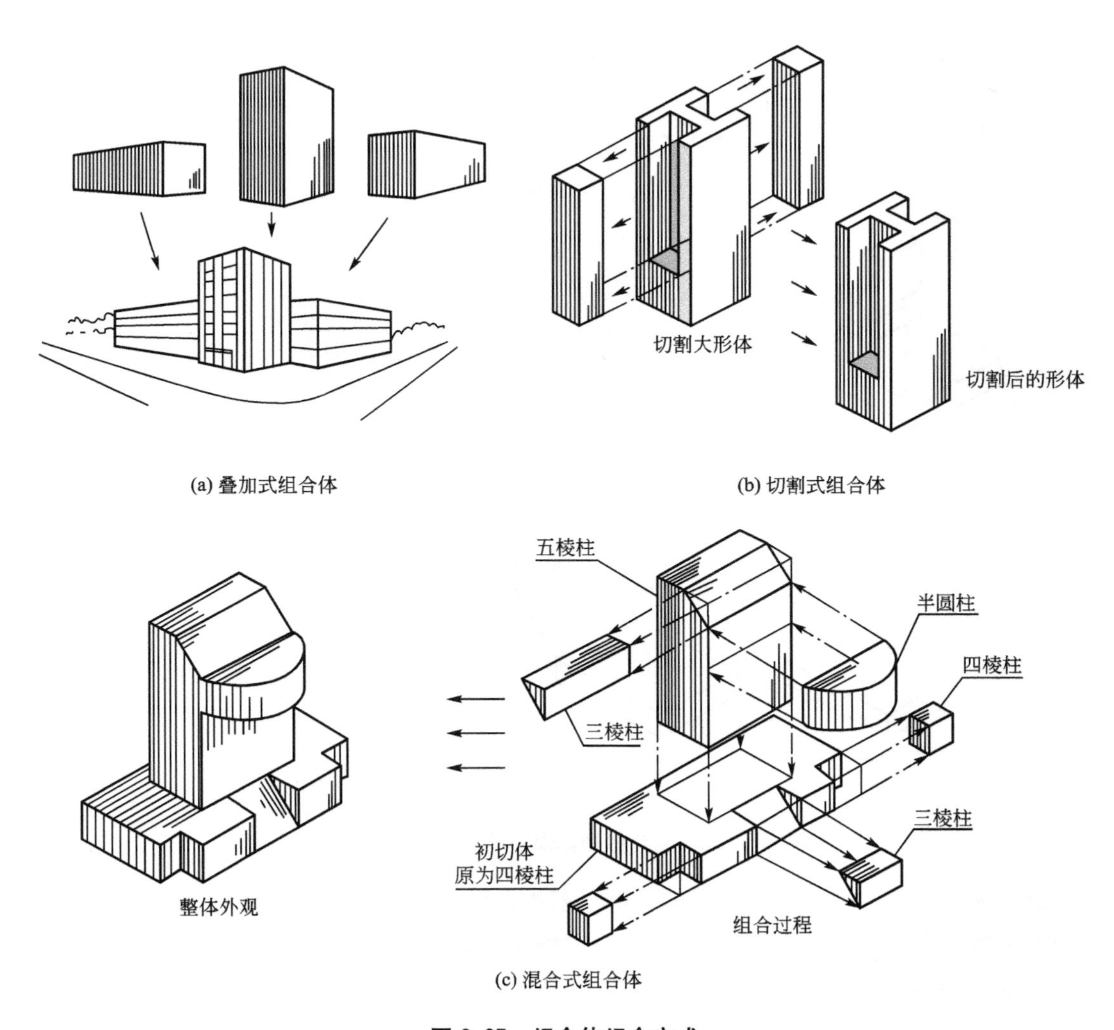

(a) 叠加式组合体

(b) 切割式组合体

(c) 混合式组合体

图 2.65 组合体组合方式

3. 组合体的表面连接关系及相互之间位置关系

所谓连接关系，就是指基本形体组合成组合体时，各基本形体表面间真实的相互关系。组合体的表面连接关系主要有：两表面相互平齐、相切、相交和不平齐，如图 2.66 所示。

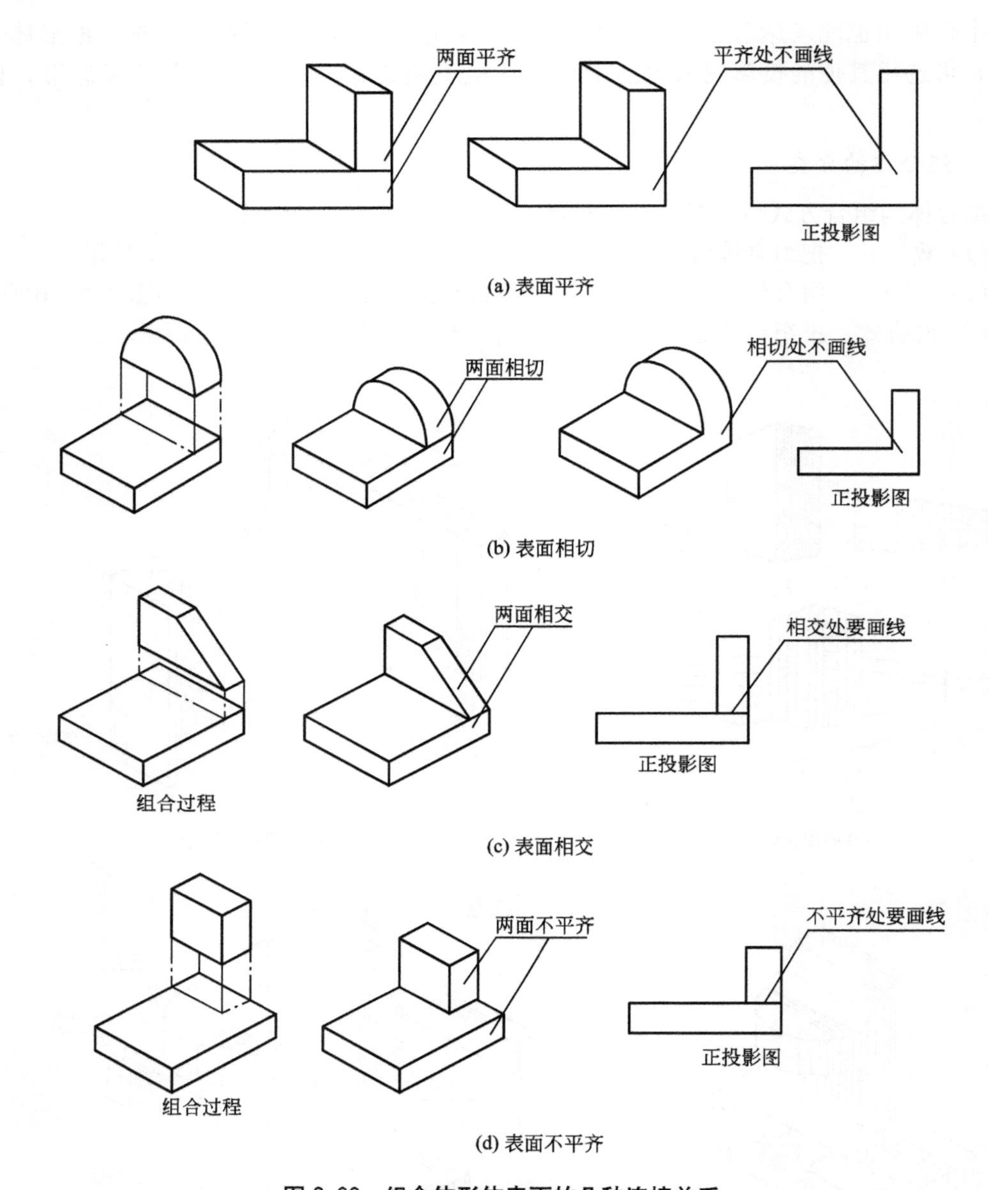

图 2.66　组合体形体表面的几种连接关系

组合体是由基本形体组合而成的，所以基本形体之间除表面连接关系以外，还有相互之间的位置关系。如图 2.67 所示叠加式组合体组合过程中的几种位置关系。

4. 组合体投影绘图

1) 投影图的确定

(1) 确定形体的放置位置和正面投影方向。投影图随形体放置和正面投影方向的不同而改变。一般形体应按自然位置放置，与正面投影方向的确定相结合，一旦正面投影方向确定了，其他投影图的方向也就相应的确定了。其原则是使形体各组成部分的实形及相互间关系的特征尽量多的在正面投影图中显现出来；并尽量减少各投影图中的虚线；同时考虑到合理利用图纸。以图 2.68(a)所示挡土墙为例，四个方向都可以作为正面投影方向，

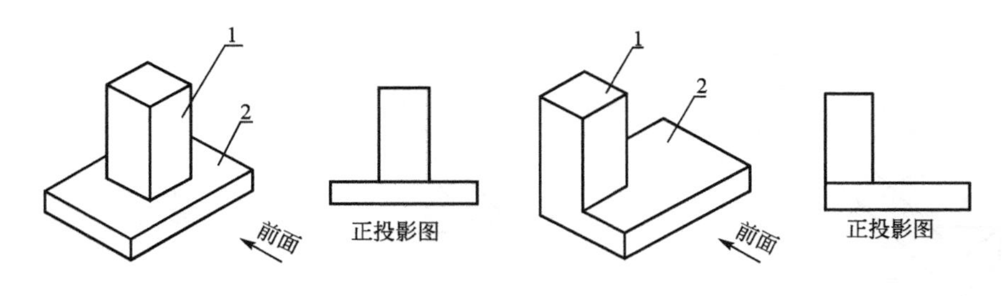

(a) 1号形体在2号形体的上方中部　　(b) 1号形体在2号形体的左右上方

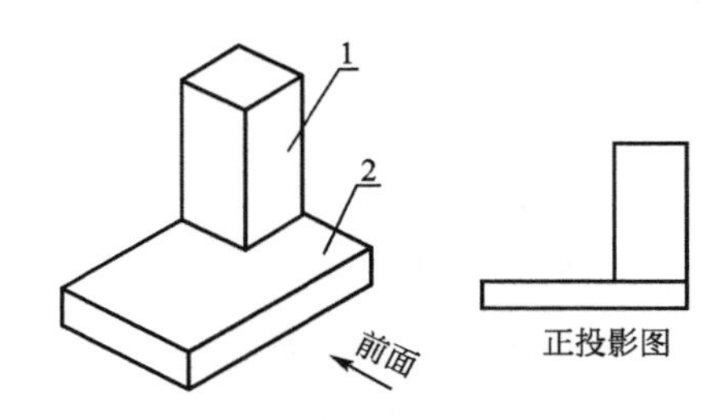

(c) 1号形体在2号形体的右后上方

图 2.67　组合体形体的位置关系

但比较起来 V 向反应形体的特征要比其他三向更充分一些，它既能反映支板和底板的形状特征，又能表达出立墙和底板之间的相对位置，因此选 V 向正面投影方向较好。

(2) 确定投影图数量。原则是：在把形体表达足够充分的前提下，尽量减少投影图，能用两个投影图的就不用三个投影图。

2) 绘制投影图的步骤

为能准确、迅速、清晰地画出组合体的三面投影图，一般应按如下步骤进行。

(1) 进行形体分析。弄清组合体是由哪些基本几何体以何种形式组合而成。他们之间的相对位置及其形状特征如何。

(2) 进行投影分析，确定投影方案。

(3) 根据物体的大小和复杂程度，确定图样的比例和图纸的幅面，并用中心线、对称线或基线，定出各投影在图纸上的位置。

(4) 逐个画出各组成部分的投影。对每个组成部分，应先画反映形状特征的投影(如圆柱、圆锥反映圆的投影)，再画其他投影。画图时，要特别注意各部分的组合关系。

(5) 检查所画的投影图是否正确。各投影之间是否符合“长对正，高平齐，宽相等”的投影规律；组合体的投影图是否有多线或漏线现象；截交线、相贯线的求法是否正确等。

(6) 按规定线性加深。

例题：画出图 2.68(a)所示挡土墙的三面投影图。

分析：该挡土墙由长方体底板、竖放长方体板和竖放三棱柱三部分叠加而成[图 2.68(b)]。

作图：

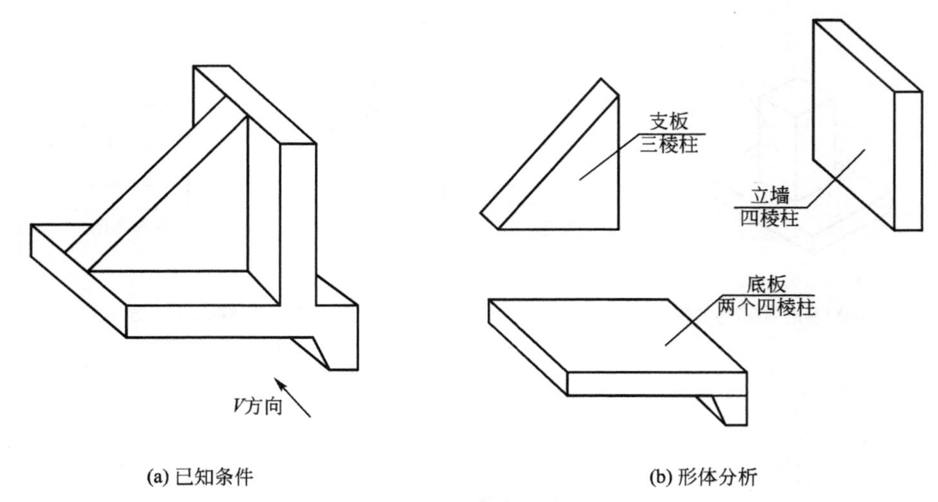

(a) 已知条件　　(b) 形体分析

图 2.68　挡土墙的立体图

（1）确定投影方案。以 V 向作为正面投影方向［图 2.68(a)］，这样可明显地反映各部分的组合关系，各投影均无虚线，图纸利用也较合理。

（2）逐个画出三部分的三面投影［图 2.69(a)、(b)、(c)］。画竖放三棱柱时，应先画反映形状特征的正面投影。

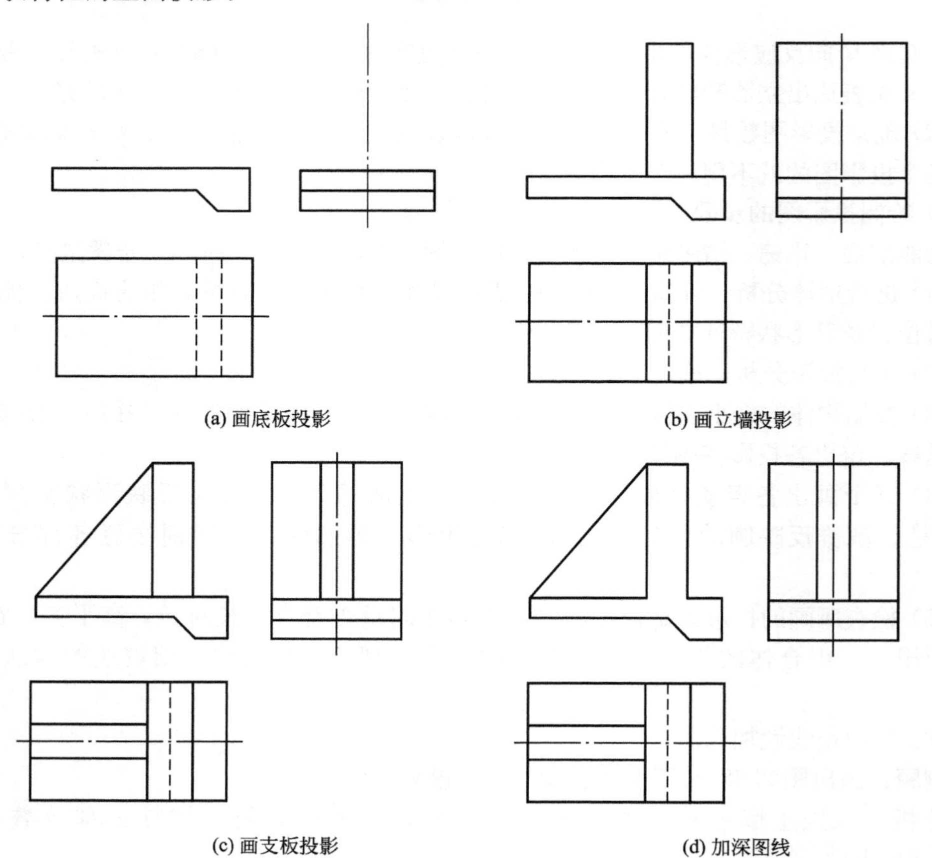

(a) 画底板投影　　(b) 画立墙投影

(c) 画支板投影　　(d) 加深图线

图 2.69　挡土墙的三面投影图的画法

(3) 检查投影图是否正确。

(4) 加深。因该投影图均为可见轮廓线，应全部用粗实线加深［图 2.69(d)］。

3) 绘图的注意事项

(1) 在三面正投影图中，三个面上的投影图共同反映同一个形体，所以它们必然符合“长对正、高平齐、宽相等”的关系。

(2) 因为形体是三维空间的立体，投影图是二维平面的图形，所以在投影图中必然有：

① 正立面图反映形体的上下左右关系和正面形状，不反映形体的前后关系。

② 水平面图反映形体的前后左右关系和顶面形状，不反映形体的上下关系。

③ 侧立面图反映形体的上下前后关系和左面形状，不反映形体的左右关系。

5. 组合体的尺寸标注

形体的形状用投影图表示，而形体的大小则用尺寸确定，两者缺一不可如图 2.70 和图 2.71 所示。大家都知道是挡土墙的投影，但是不清楚这挡土墙多大。因此，必须正确的标注尺寸。

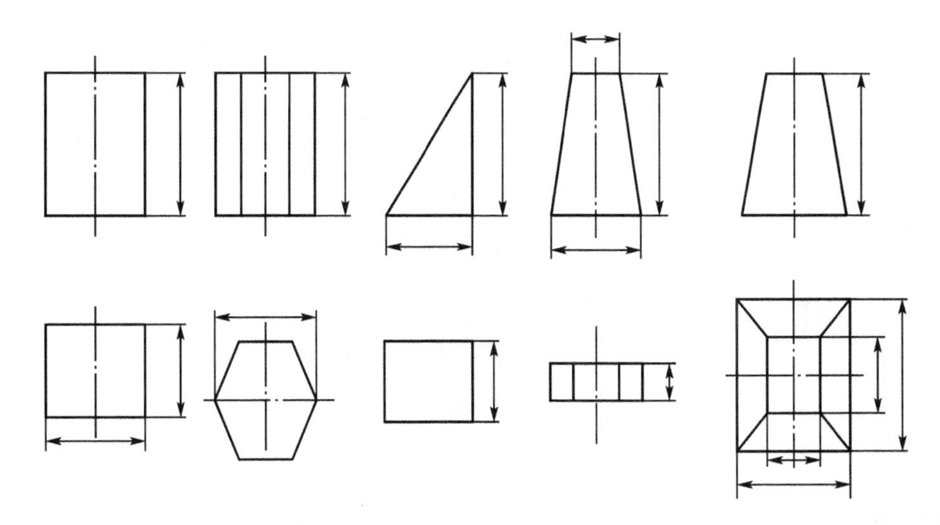

图 2.70 平面立体的定形尺寸

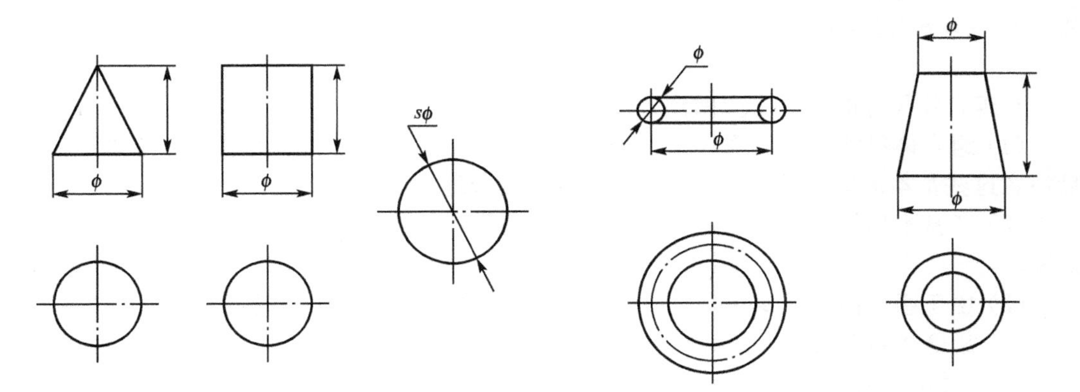

图 2.71 曲面立体的定型尺寸

1）尺寸标注的基本原则

组合体尺寸标注总的基本原则是：尺寸标注应完整、清晰、合理，并符合国家标准中关于尺寸注法的有关规定。

2）尺寸的种类

为做到尺寸标注完整，可按形体分析的方法，把组合体尺寸分为 3 类，即定形尺寸、定位尺寸和总体尺寸。

（1）定形尺寸。用于确定组合体中各基本体自身大小的尺寸。

（2）定位尺寸。用于确定组合体中各基本形体之间相互位置的尺寸，如图 2.72 所示。

（3）总体尺寸。确定组合体总长、总宽、总高的外包尺寸，如图 2.72 所示。

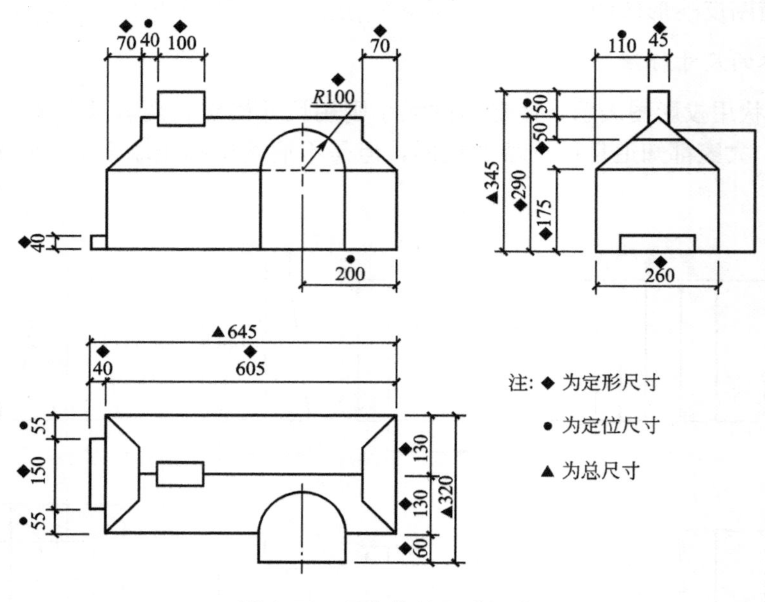

图 2.72　组合体的尺寸标注

特别提示

组合体尺寸标注，可以分外部尺寸标注和内部尺寸标注。外部尺寸可以是一道或者两道、三道尺寸，尺寸由内向外是先小后大，内部尺寸一般是一道尺寸。

在组合体尺寸的标注中应做到：

（1）组合体尺寸标注前需进行形体分析，弄清反映在投影图上的有哪些基本形体，然后注意这些基本形体的尺寸标注要求，做到简洁合理。

（2）各基本形体之间的定位尺寸一定要先选好定位基准，再行标注，做到心中有数不遗漏。

（3）由于组合体形状变化多，定形、定位和总体尺寸有时可以相互兼代。

（4）组合体各项尺寸一般只标注一次。

3）尺寸的布置原则

确定了应标注哪些尺寸后，还应考虑尺寸如何配置，才能达到明显、清晰、整齐等要求。除遵照“国标”的有关规定外，还要注意如下几点。

(1) 尺寸应尽量注在最能反映形体特征的图上，尽量避免在虚线上标注尺寸。

(2) 表示同一部位的尺寸应尽量集中标注。

(3) 尺寸尽可能注在图形之外，但为了避免尺寸界线过长或与过多的图线相交，在不影响图形清晰的情况下，也可以注在图形内部。

(4) 与两个投影图相关的共有尺寸，应尽量标注在两个图形之间。

(5) 尺寸要布置恰当，排列整齐。在标注同一方向的几排直线尺寸时，要做到间隔均匀，由小到大向外排列，以免尺寸线与尺寸界线相交。

(6) 标注定位尺寸时，应该在长、宽、高三个方向分别选定尺寸基准。通常以组合体底面、大端面、对称面、回转体轴线等作为尺寸基准。

6. 组合体投影图的识读

读图就是根据物体的投影图，通过分析，想象出物体的空间形状。读图和画图是紧密联系在一起的，不会读图也就画不了图，读图是基础。

1）读图应具备的基本知识

(1) 熟练运用“三等”关系。在投影图中，形体的三个投影图不论是整体还是局部都具有“长对正、高平齐、宽相等”的三等关系。用好这三等关系是读图的关键。

(2) 灵活运用方位关系。掌握形体前后、左右、上下六个方向在投影图中的相对位置，可以帮助我们理解组合体中的基本形体在组合体中的部位。例如平面图只反映形体前后、左右的关系和形体顶面的形状，不反映上下关系；正立面图只反映形体上下、左右的关系和形体正面的形状，不反映前后的关系；左侧立面图只反映形体前后、上下关系和形体左侧面的形状，不反映左右关系。

(3) 基本形体的投影特征。掌握基本形体的投影特征，这是阅读组合体投影图必不可少的基本知识，例如三棱柱、四棱柱、四棱台等的投影特征和圆柱、圆台的投影特征。掌握了这些基本形体的投影特征，便于利用形体分析法来阅读组合体的投影图。

(4) 各种位置直线、平面的投影特征。各种位置直线包括一般线和特殊位置线，特殊位置线包括投影面的平行线和投影面的垂直线。各种位置平面包括一般面和特殊位置平面，特殊位置平面又包括投影面的平行面和投影面的垂直面。掌握各种位置直线和各种位置直线的投影，以便于用线面分析法来阅读组合体的投影图。

(5) 线条、线框的含义。投影图中线条的含义不仅仅是形体上棱线的投影，投影图中线框的含义也不仅仅是表示一个平面的投影。

线条的含义可能是下面三种情况之一：

① 表示形体上两个面的交线(棱线)的投影。

② 表示形体上平面的积聚投影。

③ 表示曲面体的转向轮廓线的投影。

分析线条含义的目的在于明确投影图中的线条是形体上的棱线、轮廓线的投影还是平面的积聚投影。

线框的含义可能是下面三种情况之一：

① 一个封闭的线框表示一个面，包括平面和曲面。

② 一个封闭的线框表示两个或两个以上的重影。

③ 一个封闭线框还可以表示一个通孔的投影。

相邻两个线框则表示两个面相交，或表示两个面互相错开。

分析线框含义的目的在于明确投影图中的线框是代表一个面的投影还是两个或两个以上面的投影重合及通孔的投影，以及线框所代表的面在组合体上的相对位置。

(6) 尺寸标注。根据三等关系，从相同的尺寸和相对应的位置，可以帮助我们理解图意，明确各基本形体在组合体中的相对位置。

2) 读图的方法

读图的基本方法，可概括为形体分析法、线面分析法和画轴测图等方法。

(1) 形体分析法。就是在组合体投影图上分析其组合方式、组合体中各基本体的投影特性、表面连接以及相互位置关系，然后综合起来想象组合体空间形状的分析方法如图 2.73 所示。

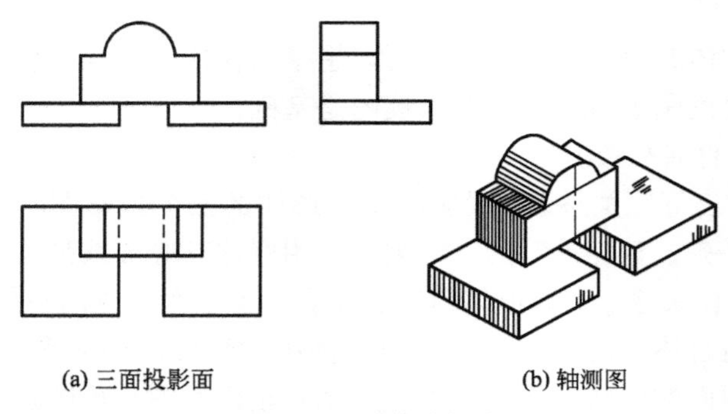

(a) 三面投影面　　(b) 轴测图

图 2.73　形体分析法

(2) 线面分析法。它是由直线、平面的投影特性，分析投影图中某条线或某个线框的空间意义，从而想象其空间形状，最后联想出组合体整体形状的分析方法如图 2.74 所示。

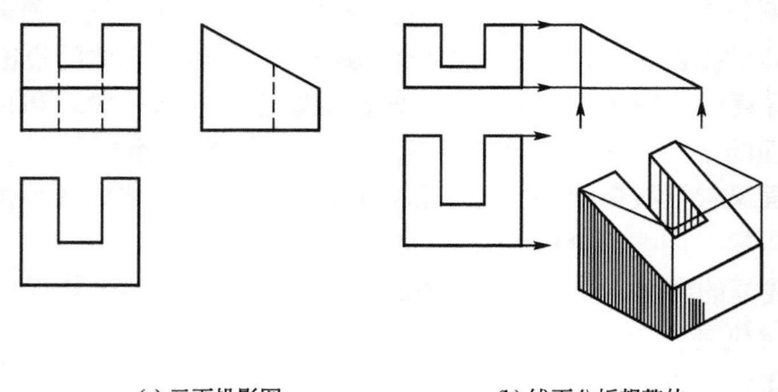

(a) 三面投影图　　(b) 线面分析想整体

图 2.74　线面分析法

(3) 画轴测图法。是利用画出正投影图的轴测图，来想象和确定组合体的空间形状的方法。实践证明，此法是初学者容易掌握的辅助识图方法，同时也是一种常用的图示形式。

3) 读图的步骤

总的读图步骤可归纳为“四先四后”。即先粗看后细看，先用形体分析法后用线面分析法，先外部(实线)后内部(虚线)，先整体后局部。

例题：如图 2.75(a)所示，已知形体的正面投影和侧面投影，求水平投影。

分析：根据形体的正面投影和侧面投影，可以想象出形体的大致形状，如图 2.75(b)所示，该形体为一个棱柱被切去一个长方体凹槽和一个半圆柱凹槽而成，画该形体的水平投影时，可以先画出原先棱柱的水平投影，然后标注出两个凹槽部分，尤其要注意底面半圆柱凹槽的 H 面投影不可见，需用虚线画出。

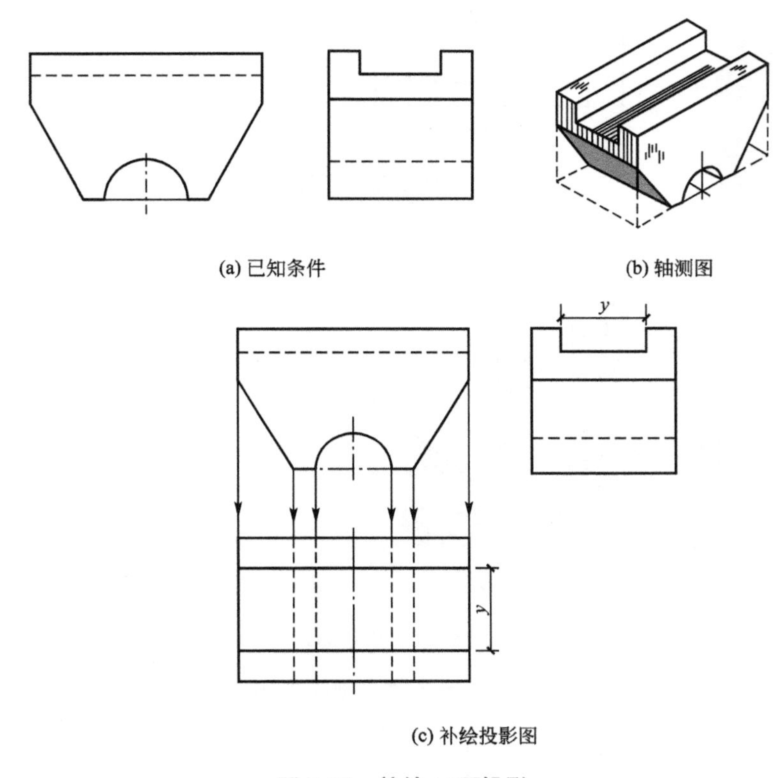

(a) 已知条件　　(b) 轴测图

(c) 补绘投影图

图 2.75　补绘 H 面投影

2.3　剖面图与断面图

引例

(1) 剖面图和断面图相同点和不同点在哪里？

(2) W 向或者 V 向剖面图和组合体 W 面投影，或者 W 面投影有何区别？

2.3.1　剖视的方法

1. 剖视图的概念

在画形体投影图时，形体上不可见的轮廓线在投影图上需用虚线画出。假想地将形体剖开，让它的内部构造显露出来，使形体的不可见部分变为可见部分，从而可用实线表示其形状。如图 2.76 所示，双杯基础的三面投影图假想用两个平面 P 和 Q 将基础剖开，如图 2.77 和图 2.78 所示。

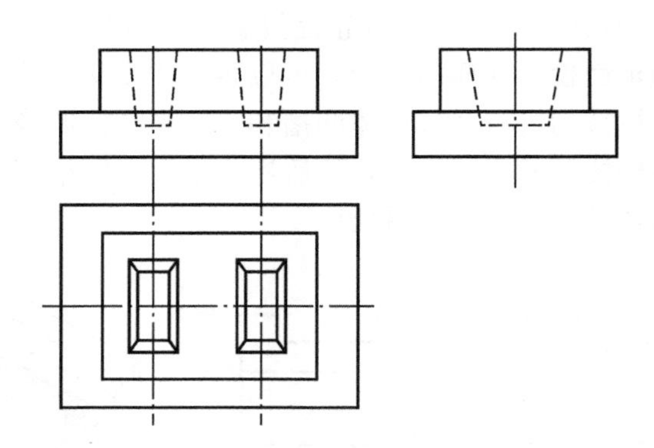

图 2.76　双杯基础的三面投影图

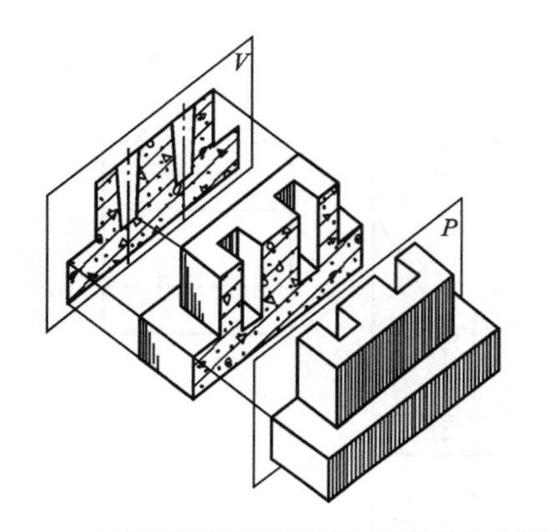

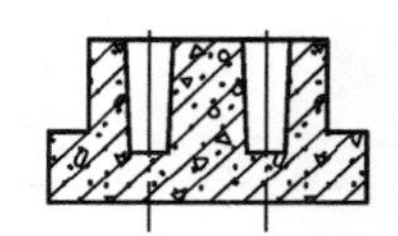

(a) 假想用剖切平面P剖开基础并向V面进行投影　(b) 基础的V向剖面图

图 2.77　平面 P 将基础剖开剖面图

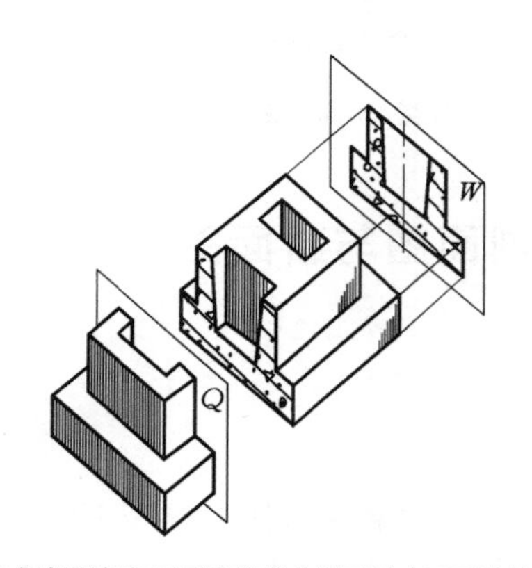

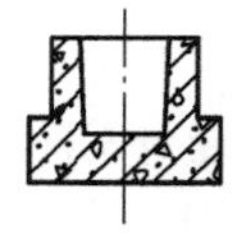

(a) 假想用剖切平面Q将基础剖开并向W面进行投影　(b) 基础的W向剖面图

图 2.78　平面 Q 将基础剖开剖面图

2. 剖视图画法

1）画法

确定剖切平面的位置和数量，画剖面图时，应选择适当的剖切平面位置，使剖切后画出的图形能确切、全面地反映所要表达部分的真实形状。选择的剖切平面应平行于投影面，并且通过形体的对称面或孔的轴线。一个形体，有时需画几个剖面图，但应根据形体的复杂程度而定。

2）断面图与剖面图的区别

（1）断面图只画出物体被剖切后剖切平面与形体接触的那部分，即只画出截断面的图形，而剖面图则画出被剖切后剩余部分的投影，如图 2.79(b)所示。

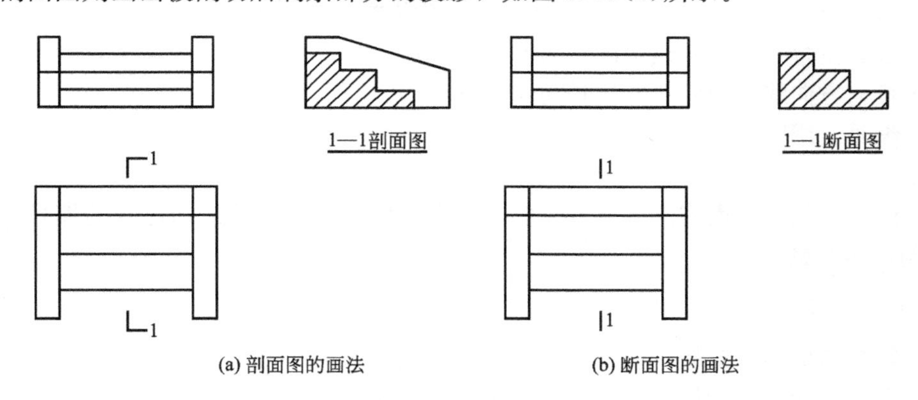

图 2.79 台阶的剖面图与断面图

（2）断面图和剖面图的符号也有不同，断面图的剖切符号只画长度 6～10mm 的粗实线作为剖切位置线，不画剖视方向线，编号写在投影方向的一侧。

3）画剖面图应注意的问题

由于剖面图的剖切是假想的，所以除剖面图外，其他投影图仍应完整画出。当剖切平面通过肋、支撑板时，该部分按不剖绘制。如图 2.80 所示正投影图改画剖面图时，肋部按不剖画出。剖切平面应避免与形体表面重合，不能避免时，重合表面按不剖画出如图 2.81 所示。

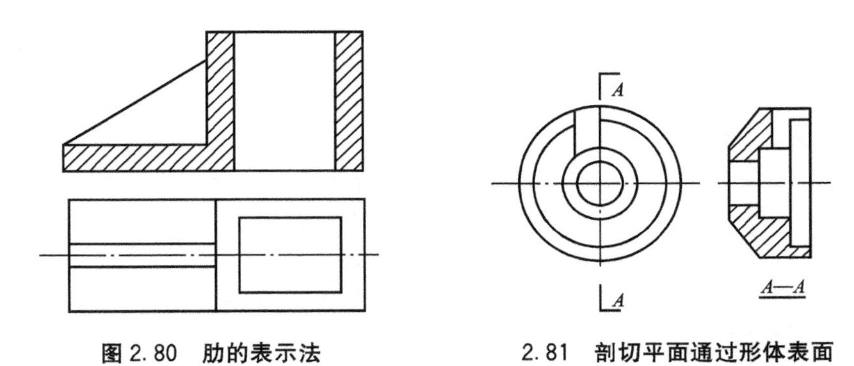

图 2.80 肋的表示法　　2.81 剖切平面通过形体表面

4）相关规定

（1）画出剖切面切到部分的图形(断面)，以及沿投射方向看到的部分。即：画出剖面图包括剩余部分可见轮廓线，断面轮廓线用粗实线绘制。剖切面没有剖切到、但沿投射方向可以看到的部分，用中实线绘制。

（2）在断面上应画出建筑材料图例，以区分断面与非断面部分。当不需要表明建筑材料的种类时，可用间隔均匀的 45°细实线表示的剖面线绘制。在同一组合体的各个图样中，断面上的图例线应间隔相等、方向相同。

2.3.2 剖面图

1. 剖面图的标注

用剖面图配合其他视图表达形体时，为了便于读图，要将剖面图中的剖切位置和投射方向在图样中加以说明，即剖面图的标注。标注主要注意三要素。

(1) 剖切位置线。粗实线绘制长为 6～10mm。

(2) 投射方向线。粗实线绘制长为 4～6mm。

(3) 编号。用阿拉伯数字，按顺序由左至右、由下至上连续编排，并注在投射方向线的端部。

(4) 图名：位于剖面图的下方或一侧，写上与该图相对应的剖切符号的编号。在图名下方画与之等长的粗实线。

2. 剖面图标注应注意的问题

(1) 转折的剖切位置线，应在转角的外侧加注与该符号相同的编号。

(2) 剖面图如与被剖切图样不在同一张图纸内时，可在剖切位置线的另一侧注明其所在图纸的编号。

(3) 建(构)筑物剖面图的剖切符号宜注在±0.000 标高的平面图上(详见建筑施工图)。

(4) 对下列剖面图可以不标注剖切符号：剖切平面通过形体对称面所绘制的剖面图；习惯的剖切位置，如房屋建筑图中的平面图(通过门窗洞口的水平面剖切而成)。

3. 剖面图的种类

由于形体的形状不同，对形体作剖面图时所剖切的位置和作图方法也不同，通常所采用的剖面图有全剖面图、半剖面图、阶梯剖面图、局部剖面图(分层剖面图)和展开剖面图 5 种。

1) 全剖面图

不对称的建筑形体，或虽然对称但外形比较简单，或在另一个投影中已将它的外形表达清楚时，可假想用一个剖切平面将形体全部剖开，然后画出形体的剖面图，该剖面图称为全剖面图如图 2.82 所示。

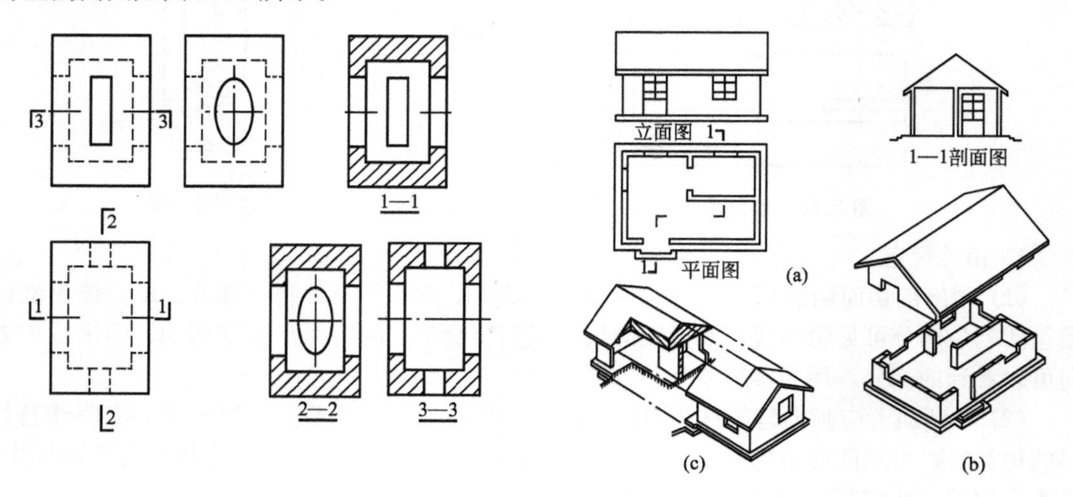

图 2.82 全剖面图

2）半剖面图

如果被剖切的形体是对称的，画图时常把投影图的一半画成剖面图，另一半画形体的外形图，这个组合而成的投影图叫半剖面图。如图 2.83 所示为一个杯形基础的半剖面图。在正面投影和侧面投影中，都采用了半剖面图的画法，以表示基础的内部构造和外部形状。

注意：

在画半剖面图时应

(1) 半剖面图适用于内、外形状均需表达的对称形体。

(2) 在半剖面中，剖面图与投影图之间，规定用形体的对称中心线(细单点长画线)为分界线，宜画上对称符号。

(3) 习惯上，当对称中心线是竖直时，半个剖面画在投影图的右侧；当对称中心线是水平时，半剖面画在投影图的下侧。

(4) 由于形体的对称性，在半剖面图中，表达外形部分的视图内的虚线应省略不画。

(5) 半剖面图的标注方法与全剖面图相同。

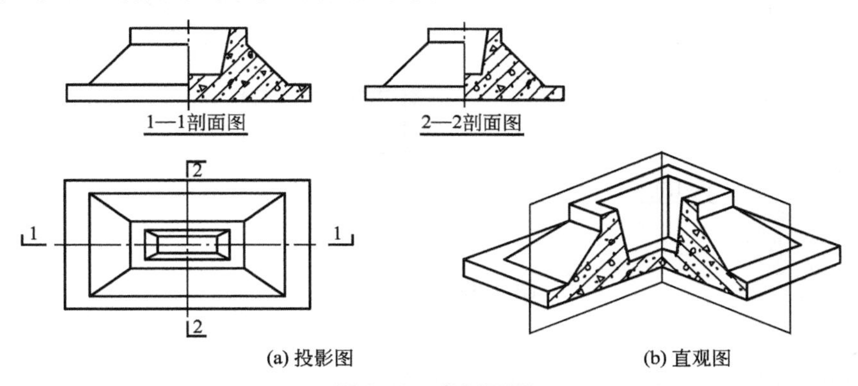

(a) 投影图　(b) 直观图

图 2.83　半剖面图

例题：画出形体的水平半剖面图，如图 2.84 所示。

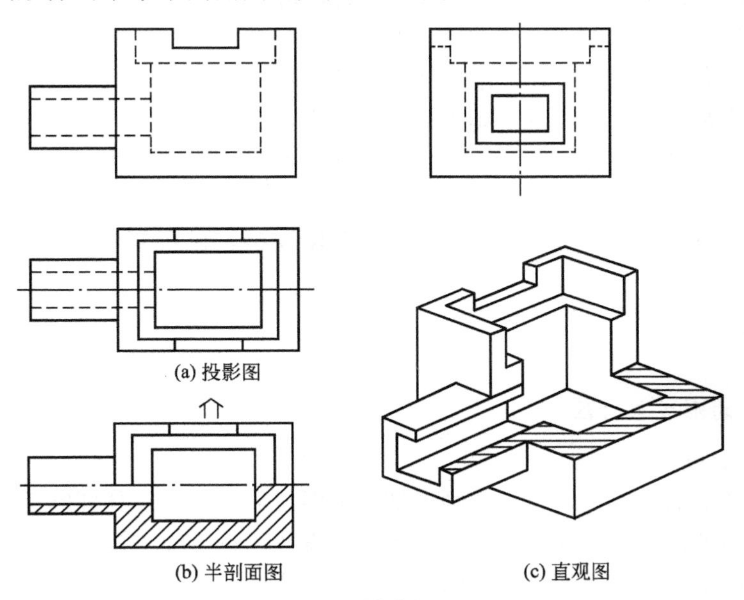

(a) 投影图

(b) 半剖面图　(c) 直观图

图 2.84　绘半剖面图

3）阶梯剖面图

（1）形成。用两个或两个以上平行的剖切平面剖开形体后所得到的剖面图，称为阶梯剖面图。

（2）举例。如图 2.85 所示该形体上有两个前后位置不同、形状各异的孔洞，两孔的轴线不在同一正平面内，用一个剖切平面难以同时通过两个孔洞轴线。为此采用两个互相平行的平面 P_1 和 P_2 作为剖切平面，并将形体完全剖开，将剩余部分往 V 面投影就形成阶梯剖面图。

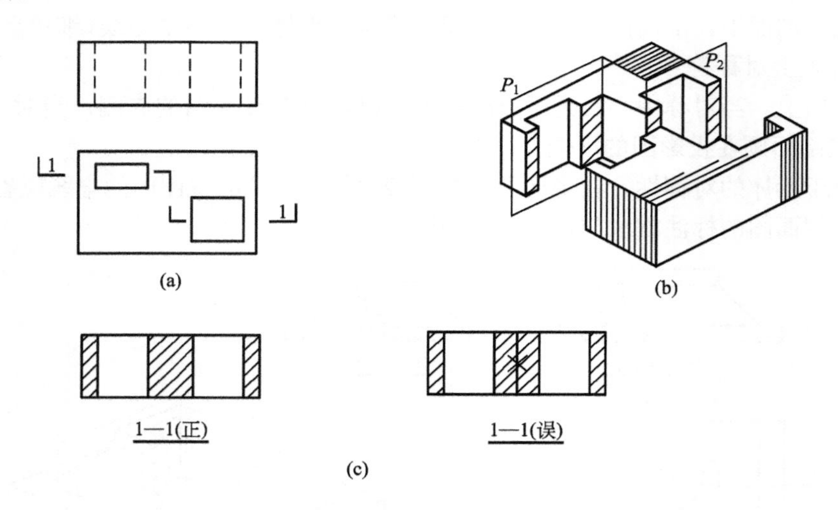

图 2.85　阶梯剖面图

注意：

（1）剖切是假想的，不应画出转折处的分界线。

（2）在标注时，在两剖切平面转角的外侧加注与剖切符号相同的编号。

（3）当剖切位置明显，又不致引起误解时，转折处允许省略标注数字(或字母)。

4）局部剖面图

（1）形成。当建筑形体的外形比较复杂，完全剖开后无法表达清楚它的外形时，可以保留原视图的大部分，而只将局部地方画成剖面图，这种剖面图称为局部剖面图。

局部剖面图与原视图之间，用徒手画的波浪线分界。波浪线不应与任何图线重合（图 2.86）。

（2）适用。局部剖面图常用于外部形状比较复杂，仅仅需要表达局部内部的建筑形体。

2.3.3　断面图

1. 断面图的形成与标注

1）断面的形成

假想用剖切平面将形体切开，仅画出剖切平面与形体接触部分即断面的形状，所得到的图形称为断面图，简称断面。断面图常常用于表达建筑工程中梁、板、柱的某一部位的断面真形，也用于表达建筑形体的内部形状如图 2.87 所示。

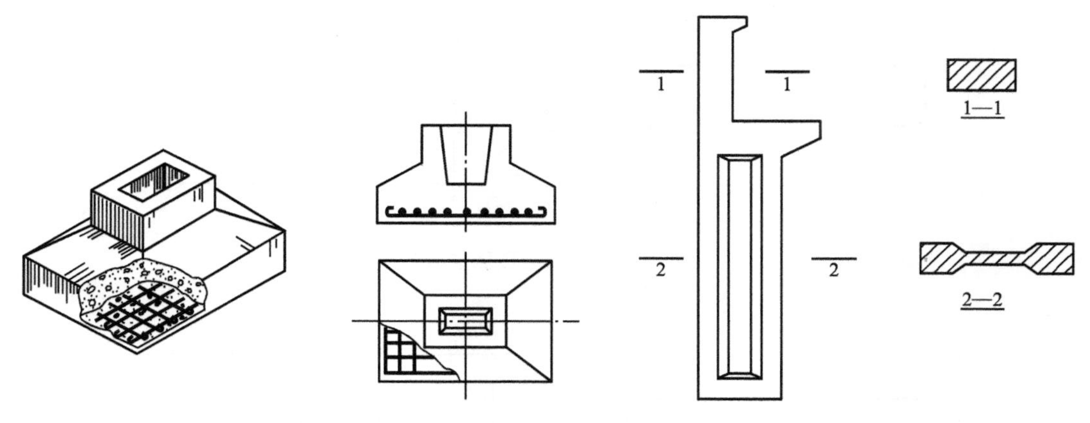

图 2.86 局部剖面图　　图 2.87 断面的形成

2）标注

(1) 剖切位置线。粗实线绘制，长为 6～10mm。

(2) 编号。宜采用阿拉伯数字，按顺序连续编排，并注写在剖切位置线的一侧，编号所在的一侧即为该断面的投射方向。

(3) 图名。位于剖面图的下方或一侧，写上与该图相对应的剖切符号的编号。在图名下方画与之等长的粗实线，如 1—1 断面图、2—2 断面图等。

2. 断面图的种类

1）移出断面

将形体某一部分剖切后所形成的断面图移画于主投影图的一侧，称为移出断面如图 2.88 所示。

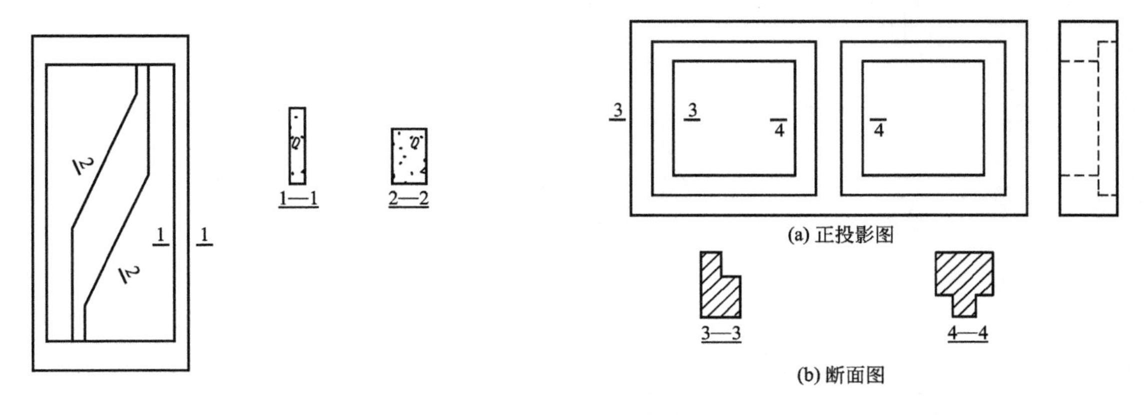

图 2.88 移出断面图的画法

2）中断断面

对于单一的长向杆件，也可在杆件投影图的某一处用折断线断开，然后将断面图画于其中，如图 2.89 所示。

3）重合断面

将断面图直接画于投影图中，两者重合在一起的称为重合断面，如图 2.90 所示。

例题： 作钢筋混凝土梁的 1—1、2—2、3—3 断面图，如图 2.91 所示。

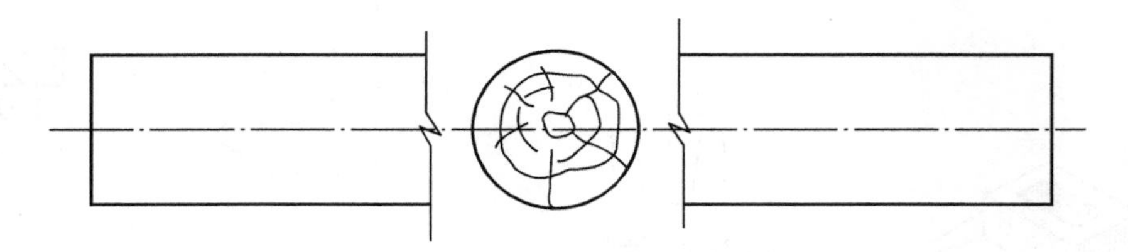

图 2.89　中断断面图的画法

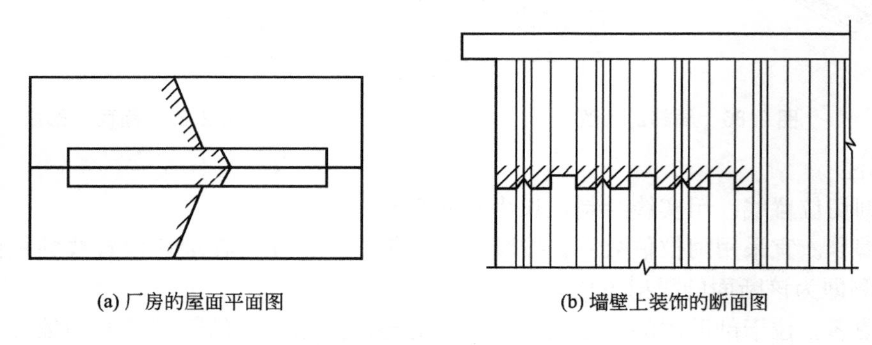

图 2.90　断面图与投影图重合

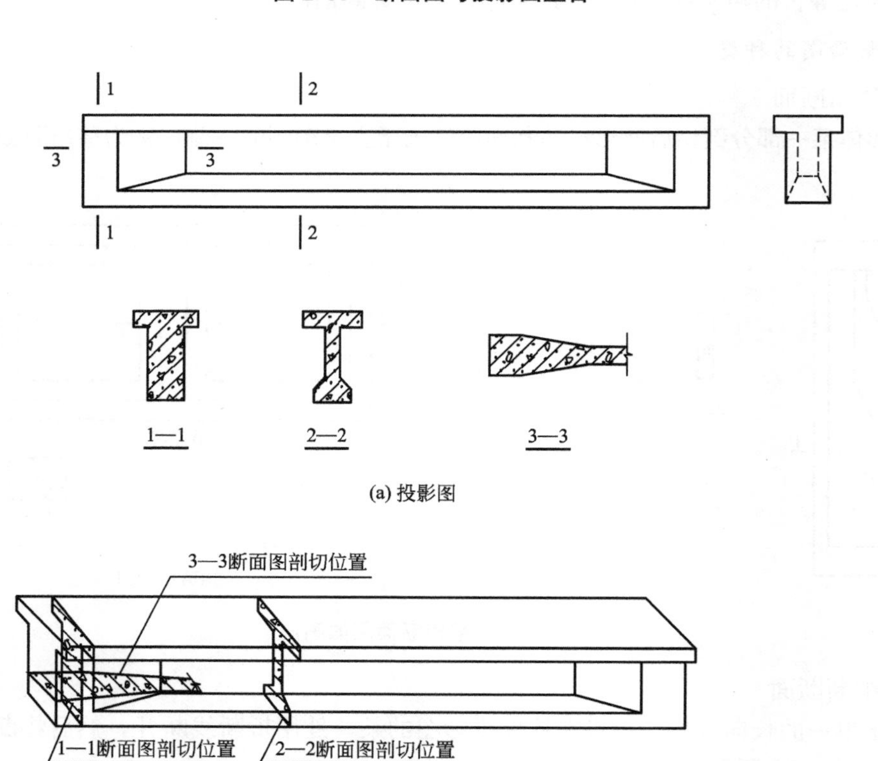

图 2.91　钢筋混凝土梁的投影图

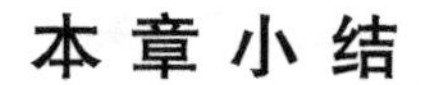

本章小结

本章重点介绍了建筑施工图纸相关知识，由于图纸是工程师的语言，因此熟悉图纸的相关规定，正投影的相关知识是必备的识图基础。

本章具体内容包括：制图工具和仪器用法；图纸幅面、线型、字体、尺寸标注相关规定；点、线、面投影；平面基本体投影；组合体投影；剖面图与断面图。

本章的教学目标是掌握图纸幅面、线型、字体、尺寸标注相关规定；掌握点、线、面投影基本知识；掌握平面基本体投影基本知识；掌握组合体投影的看图和绘制；掌握剖面图和断面图绘制。

习　　题

一、问答题

(1) 什么是组合体？组合体组合形式有哪些？

(2) 基本视图相互之间有怎样的位置关系？

(3) 什么是素线法和纬圆法？

(4) 一圆锥被平面截交，分别能够得到哪几类截交面？

(5) 点线面的投影规律各是什么？

(6) 三个投影各反映物体的哪几个方向的情况？

(7) 如何判断两直线、两平面的相对位置关系？

二、填空题

(1) 图纸上的汉字宜采用______。

(2) 六种特殊位置直线分别是____________________。

(3) 棱柱的底面为______面。

(4) 三视图之间的度量对应关系是____________________。

(5) 组合体组合形式有____________________。

(6) 图样上的尺寸，由________线、________线、尺寸数字和尺寸起止符号组成。

(7) 在制图中应选用规定的线型，可见轮廓线用____________线，虚线是用于__________线，中心线、对称线就用________________线。

(8) 绘图板是用来固定______________，丁字尺是用来画______________。

(9) 点的投影永远是______________。

三、单选题

(1) 已知点 $A(5, 10, 20)$ 和点 $B(2, 15, 25)$，关于点 A 和点 B 的相对位置，判断正确的是(　　)。

A. 点 A 在点 B 前面

B. 点 B 在点 A 上方，且重影于 V 面上

C. 点 A 在点 B 前方，且重影 在 OZ 轴上

D. 点 B 在点 A 前面

(2) 正垂面的 H 面投影(　　)。

A. 呈类似形

B. 积聚为一直线

C. 反映平面对 W 面的倾角

D. 反映平面对 H 面的倾角

四、作图题

(1) 已知$E(20, 10, 15)$如图2.92所示，过E作一实长为20mm的正垂线EF，F在E前。

(2) 根据已知投影，完成五边形$ABCDE$的正面投影(图2.93)。

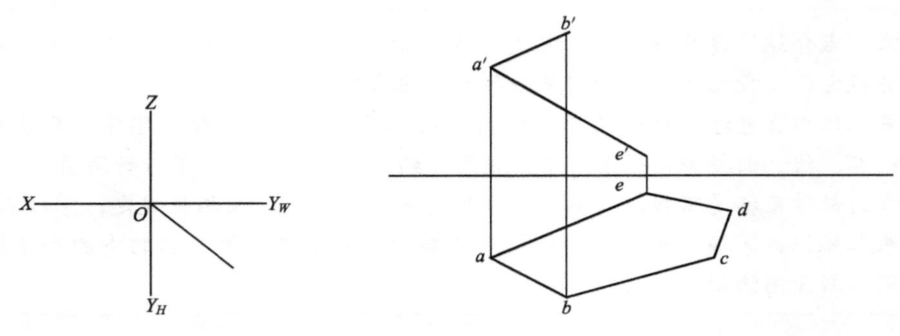

图2.92　图题(1)图

图2.93　图题(2)图

(3) 求作圆锥体上A点的正面投影(图2.94)。

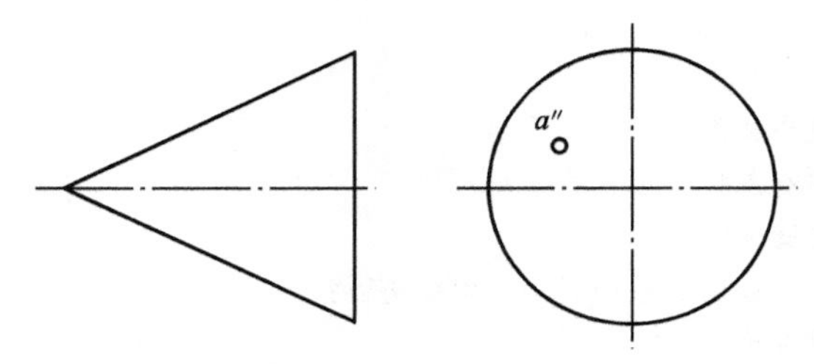

图2.94　图题(3)图

(4) 作出立体的第三视图(图2.95)。

(5) 求作形体表面上A、B、C、D四点的另外两面投影(图2.96)。

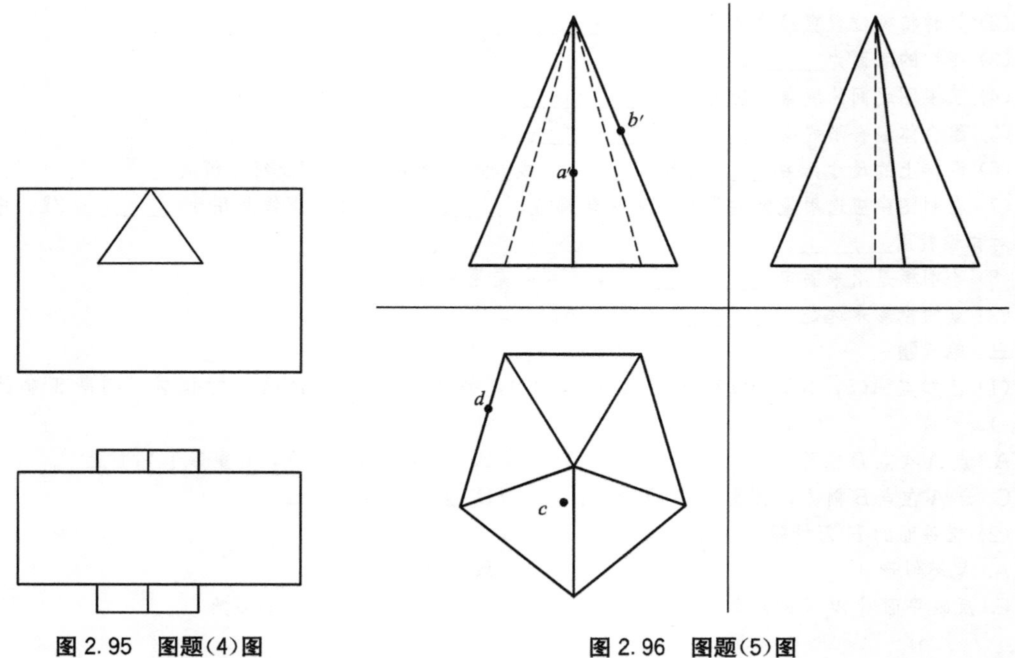

图2.95　图题(4)图

图2.96　图题(5)图

(6) 求作正平线 AB 的三面投影(图 2.97)。已知点 A 距 H 面为 15，距 V 面为 5，距 W 面为 10，AB 与 V 面夹角为 30°，实长为 30，点 B 在点 A 的左前方。

(7) 已知曲面体的两个投影补绘第三投影(图 2.98)，并根据其表面上点和曲线的一个投影，求作其他两个投影。

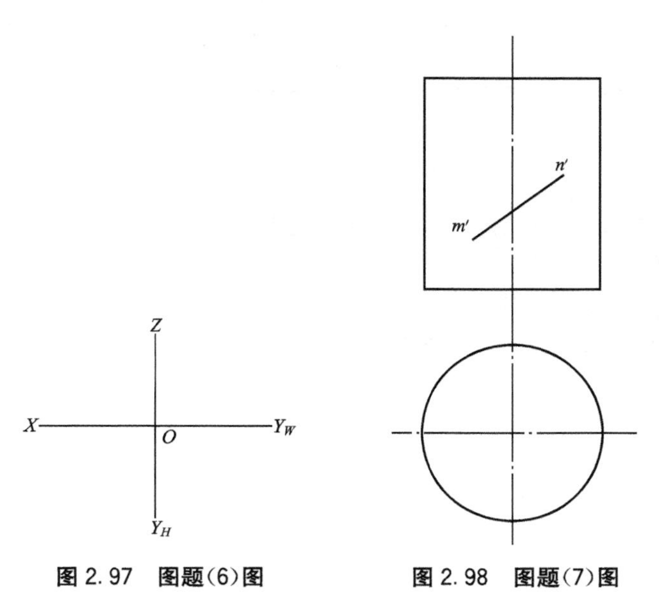

图 2.97　图题(6)图　　　　图 2.98　图题(7)图

五、判断题(图 2.99)，判断两条直线位置关系。

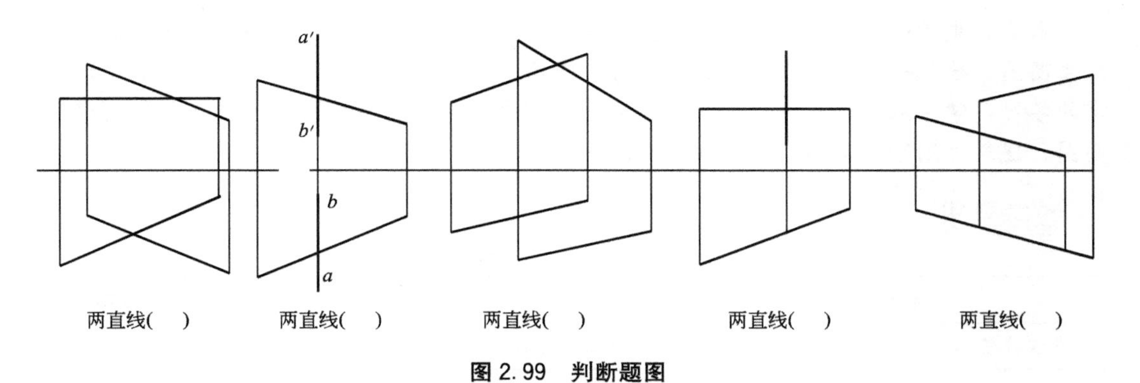

图 2.99　判断题图

第3章

建筑施工图识图基础知识

教学目标

本章首先讲述了建筑施工图的有关知识，重点介绍了建筑总平面图、建筑平面图、建筑立面图、建筑剖面图、建筑详图的概念，图示方法，读图、绘图的步骤和方法。通过本章的学习，学生应熟练掌握识读和绘制建筑总平面图、建筑平面图、建筑立面图、建筑剖面图、建筑详图等施工图的步骤和方法。

教学要求

能力目标	知识要点	权重
掌握建筑总平面图的识读和绘制	建筑总平面图	10%
掌握建筑平面图的识读和绘制	建筑平面图	30%
掌握建筑立面图、建筑剖面图的识读和绘制	建筑立面图、建筑剖面图	30%
掌握建筑详图的识读和绘制	楼梯详图、外墙墙身详图	30%

章节导读

工程图纸是工程界的技术语言，是表达工程设计和指导工程施工必不可少的重要依据，是具有法律效力的正式文件，也是重要的技术档案文件。工程图纸设计一般是由业主通过招标投标选择具有相应资格的设计单位，并与之签订设计合同，进行委托设计的(按有关规定可以不招标投标的设计项目，可以直接委托)。

房屋的建筑施工图是将一幢拟建房屋的内外形状和大小，以及各部分的结构、构造等内容，按照“国标”的规定，用正投影方法详细准确地画出的图样。它是用以指导施工的一套图纸，所以又称为“施工图”。建筑施工图是指导施工、计算工程量、编制预算和施工进度计划的依据。

知识点滴

中国古代住宅形制的演进

中国古代住宅经过几千年的发展，其形制演进的过程如下。

1) 汉魏住宅形制

一种是继承庭院式，根据墓葬出土的画像石、画像砖、明器陶屋等实物可见，规模较小的住宅有三合院，L形住房和围墙形成的“口”字形及前后院形成的“日”字形院。中等规模的住宅如四川成都出土的画像砖，右侧有门、堂、院两重，是住宅的主要部分；左侧为附属建筑，院亦有两重，后院中有方形高楼1座。这种类型均是在庭院的基础上发展而成的，有的是前后扩展院落增多，有的向两侧扩展，并设有高楼，有向高处发展的意图。

另一种是创建新制——坞壁，即平地建坞，围墙环绕，前后开门，坞内建望楼，四隅建角楼，略如城制。坞主多为豪强地主，借助坞壁加强防御，组织私家武装。到黄巾起义时，著名的坞壁有许褚壁、白超壁、合水坞、白马坞等。

2) 隋唐五代

从北魏时期，贵族住宅的大门用庑殿式顶和鸱尾，围墙上有成排的直棂窗，内侧建有围绕着庭院的走廊。至隋唐五代，住宅仍常用直棂窗绕成庭院。宅第大门有些采用乌头门形式，有些仍用庑殿顶。

3) 宋元明清

到宋代，城市的里坊制解体，城市结构和布局起了根本变化，城市住宅形制亦呈多样化。以《清明上河图》所描绘的北宋汴梁为例，平面十分自由，有院子闭合、院前设门的，有沿街开店，后屋为宅的，有两座或三座横列的房屋中间联以穿堂呈工字形的等。宋代院落周围为了增加居住面积，多以廊屋代替回廊。前大门进入后以影壁相隔，形成标准的四合院。南宋江南住宅庭院园林化，依山就水建宅筑院。对后世江南城市住宅和私家园林的建造有很大影响。北京后英房元代住宅遗址的考古发现，证明元代住宅还有用工字形平面构成主屋的。

明清两代，北方住宅以北京四合院为代表，按南北纵轴线对称地布置房屋和院落；江南地区的住宅，则以封闭式院落为单位，沿轴线布置，但方向并非一定的正南正北。大型住宅有中、左、右三组纵列的院落组群，宅后或宅左或宅右建造花园，创造了一优美而适宜人居的城市住宅生活环境。

3.1 建筑施工图基本知识介绍

引例

(1) 如图3.1所示为某檐沟详图，请指出图中常用符号的名称和用途。

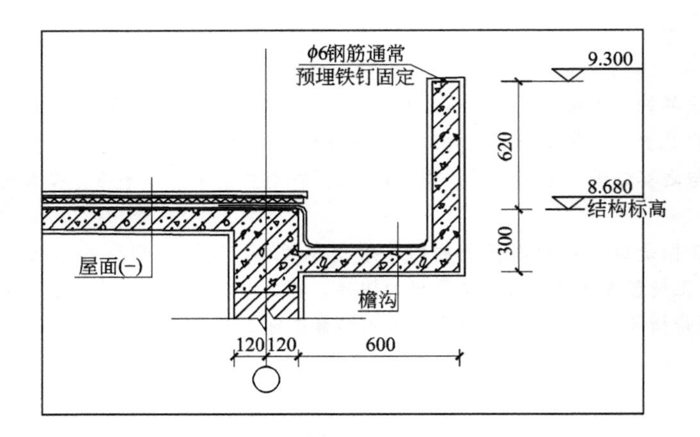

图 3.1　某檐沟详图

(2) 请标出如图 3.2 所示中定位轴线的编号。

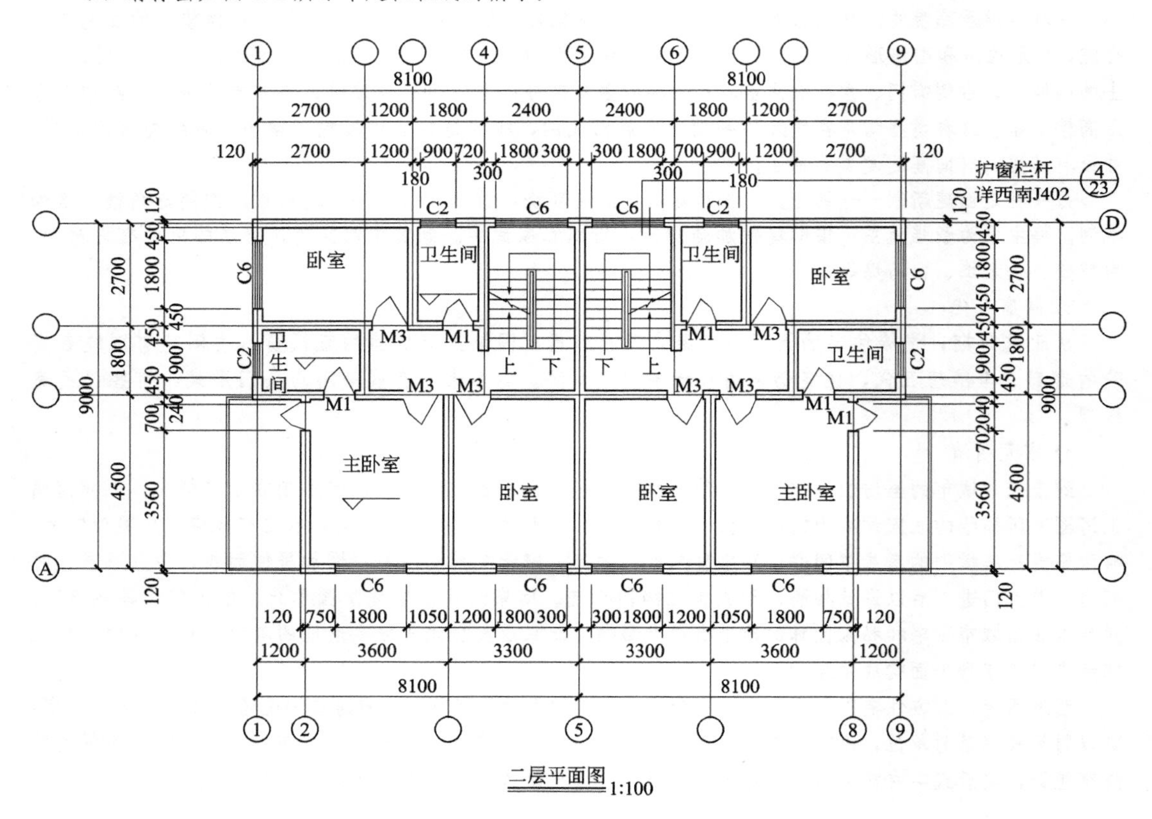

图 3.2　某房屋二层平面图

3.1.1　施工图的产生

房屋建造需两个阶段：设计和施工。房屋建筑图(施工图)的设计也需两个阶段：初步设计、施工图设计［对一些复杂工程，还应增加技术设计(扩大初步设计)阶段，为调节各

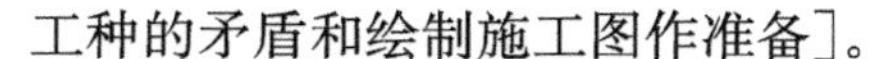

工种的矛盾和绘制施工图作准备]。

1）初步设计阶段

（1）设计前的准备。

（2）方案设计。

（3）绘制初步设计图。

2）施工图设计阶段

是将已经批准的初步设计图，按照施工的要求给予具体化。

3.1.2 施工图的图示特点

（1）施工图中的各图样，主要是用正投影法绘制。

（2）房屋形体较大，施工图一般采用较小比例绘制。

（3）由于房屋的构、配件和材料种类较多，国家制图标准规定了一系列相应的符号和图例。

3.1.3 施工图中常用的符号

1. 定位轴线

用来确定主要承重结构和构件(承重墙、梁、柱、屋架、基础等)的位置，以便施工时定位放线和查阅图纸。

1）国标规定定位轴线的绘制

线型：细单点长画线。

轴线编号的圆：细实线，直径 8mm(用模板绘制，不能徒手绘制)。

编号(以平面图为例)：水平方向，从左向右依次用阿拉伯数字编写(图 3.3)。竖直方向，从下向上依次用大写拉丁字母编写(不能用 I、O、Z，以免与数字 1、0、2 混淆)。

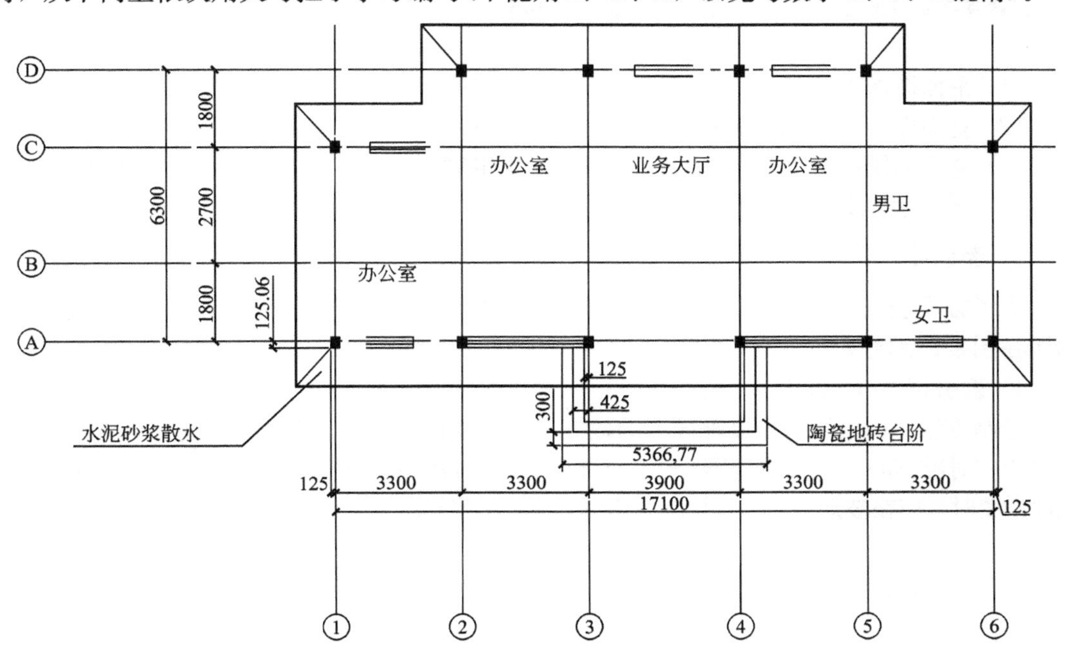

图 3.3 定位轴线编号顺序

2）标注位置

图样对称时，一般标注在图样的下方和左侧；图样不对称时，以下方和左侧为主，上方和有方也要标注。

3）分轴线的标注

对应次要承重构件，不用单独划为一个编号，可以用分轴线表示(图 3.4)。表示方法：用分数进行编号，以前一轴线编号为分母，阿拉伯数字(1、2、3)为分子依次编写。

4）详图中的轴向编号

轴线编号的圆：直径 10mm，细实线绘制(用模板绘制)。当某一详图适用几个轴线时，其表示方法。

2. 标高符号(图 3.5)

在总平面图、平面图、立面图、剖面图上，经常有需要标注高度的地方。不同图样上的标高符号的绘制各不相同(图 3.6 和图 3.7)。

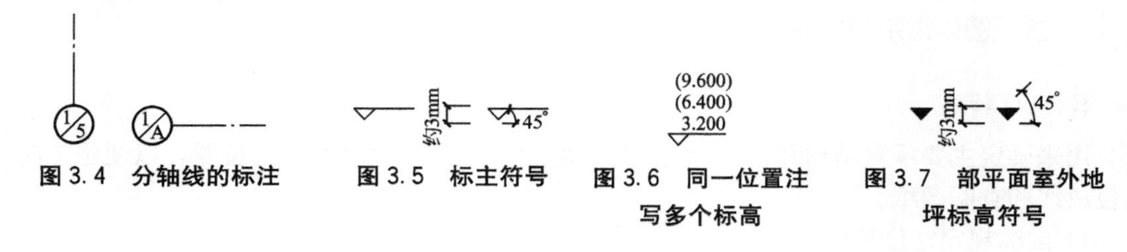

图 3.4　分轴线的标注　　图 3.5　标主符号　　图 3.6　同一位置注写多个标高　　图 3.7　部平面室外地坪标高符号

特别提示

总平面图中室外标高和建筑平面图上的标高符号是不同的，总平面室外地坪标高要涂黑，保留两位小数；建筑平面图上的标高符号不涂黑，保留三位小数。

(1) 平面图的标高符号：用相对标高，保留三位小数。

(2) 立面图、剖面图的标高符号：用相对标高，保留三位小数。

(3) 总平面图的标高符号(室内、室外)：用绝对标高，保留两位小数；如标高数字前有“—”号，表示该完成面低于零点标高。

3. 索引符号和详图符号

为了方便查找构件详图，用索引符号可以清楚地表示出详图的编号、详图的位置和详图所在图纸的编号。

1）索引符号(图 3.8)

绘制方法：引出线指在要画详图的地方，引出线的另一端为细实线、直径 10mm 的圆，引出线应对准圆心。在圆内过圆心画一水平细实线，将圆分为两个半圆。当索引符号用于索引剖面详图时，应在被剖切的部位绘制剖切位置线，引出线所在一侧应为投射方向（图 3.9)。

图 3.8　索引符号　　图 3.9　用于索引剖面详图的索引符号

编号方法：若详图与被索引的图样不在同一张图纸上，则上半圆用阿拉伯数字表示详图的编号，下半圆用阿拉伯数字表示详图所在图纸的图纸号(图 3.10)；若详图与被索引的图样在同一张图纸上，则下半圆中间画一水平细实线(图 3.11)；如详图为标准图集上的详图，应在索引符号水平直径的延长线上加注标准图集的编号(图 3.12)。

3.10 详图与被索引的图样不在同一张图纸上

3.11 详图与被索引的图样在同一张图纸上

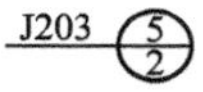

图 3.12 详图在标准图集上

2) 详图符号

表示详图的位置和编号。

绘制方法(粗实线，直径 14mm)：当详图与被索引的图样不在同一张图纸上时，过圆心画一水平细实线，上半圆用阿拉伯数字表示详图的编号，下半圆用阿拉伯数字表示被索引图纸的图纸号(图 3.13)。当详图与被索引的图样在同一张图纸上时，圆内不画水平细实线，圆内用阿拉伯数字表示详图的编号(图 3.14)。

3) 零件、钢筋、杆件、设备等的编号(图 3.15)

绘制方法：细实线，直径 6mm。

3.13 详图与被索引的图样在不同一张图纸上

3.14 详图与被索引的图样在同一张图纸上

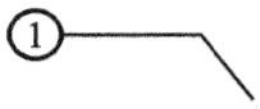

图 3.15 零件、钢筋、杆件、设备等的编号

编号方法：用阿拉伯数字依次编号。

4. 指北针或风玫瑰——指示建筑物的朝向（图 3.16 和图 3.17）

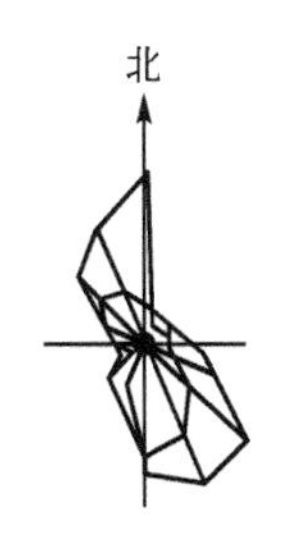

图 3.16 风玫瑰图

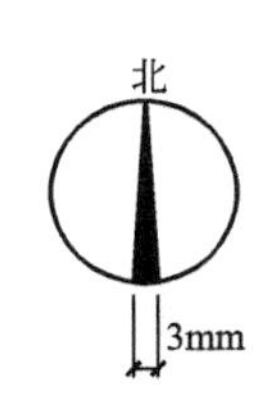

图 3.17 指北针

绘制方法：细实线，直径 24mm。指针尖指向北，指针尾部宽度为直径的 1/8，约 3mm。需用较大直径绘制指北针时，指针尾部宽度取直径的 1/8。

5. 引出线

引出线应以细实线绘制，宜采用水平方向的直线、与水平方向成 30°、45°、60°、90°的直线，或经上述角度再折为水平线。文字说明宜注写在水平线的上方，如图 3.18(a)所示，也可注写在水平线的端部，如图 3.18(b)、(c)所示。同时引出几个相同部分的引出线，宜互相平行，也可画成集中于一点的放射线，如图 3.19 所示。

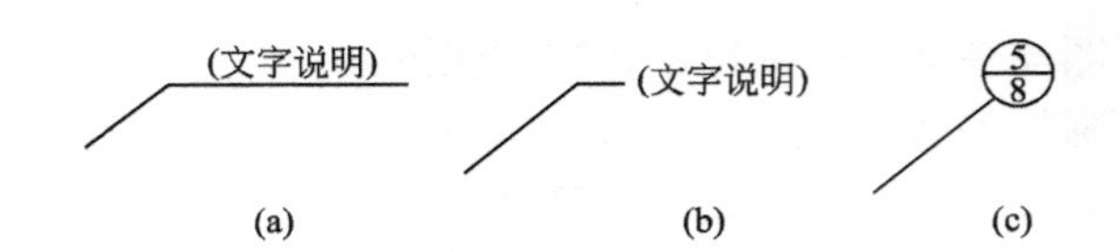

图 3.18　引出线注写方式(1)

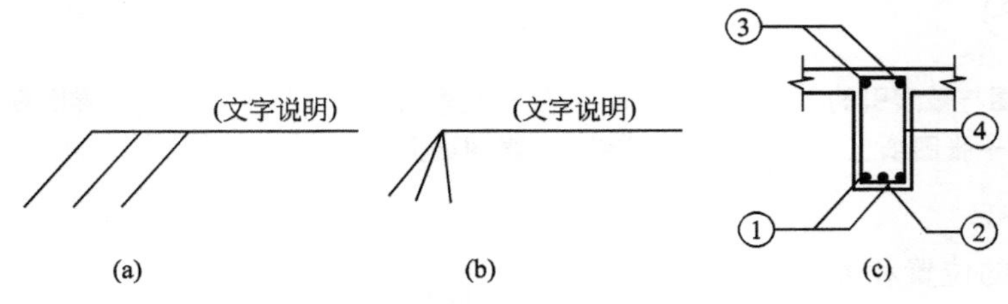

图 3.19　引出线注写方式(2)

6. 图形折断符号

1）直线折断

当图形采用直线折断时，其折断符号为折断线，它经过被折断的图面，如图 3.20(a)所示。

2）曲线折断

对圆形构件的图形折断，其折断符号为曲线，如图 3.20(b)所示。

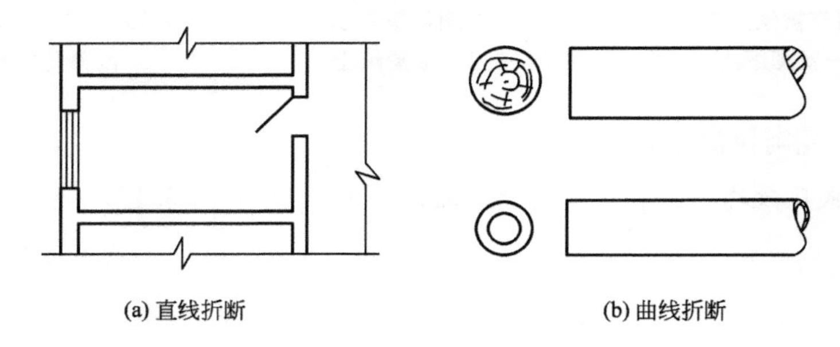

图 3.20　图形折断符号

7. 坡度标注

在房屋施工图中，其倾斜部分通常加注坡度符号，一般用箭头表示。箭头应指向下坡方向，坡度的大小用数字注写在箭头上方，如图 3.21(a)、(b)所示。对于坡度较大的坡屋面、屋架等，可用直角三角形的形式标注它的坡度，如图 3.21(c)所示。

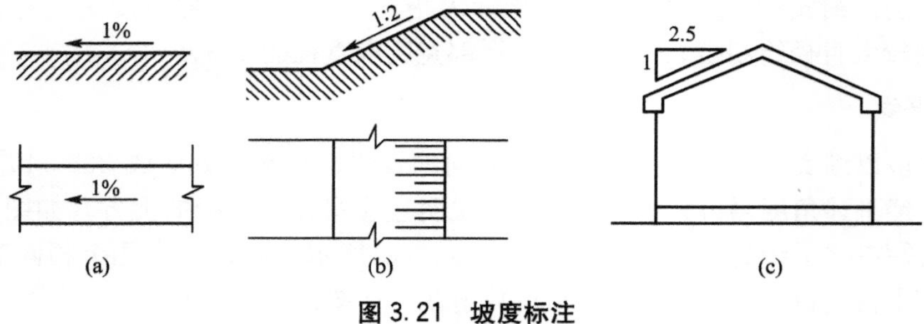

图 3.21　坡度标注

8. 建筑图例

常见建筑图例见表 3－1。

表 3－1　常见建筑图例

名称	图例	说明	名称	图例	说明
自然土壤 夯实土壤		包括各种自然土壤 45°左右细实线	毛石		形象一些
普通砖		45°细实线，间距 2～6mm。断面较窄可涂红	木材		形象一些
金属		45°细实线，双线间距＝1mm，两双线间距2～6mm	混凝土		1. 三角形要闭合，大小要适中 2. 45°细实线，间距2～6mm 3. 如断面较窄，可涂黑
砂、灰土		轮廓附近点密一些	钢筋混凝土		

3.1.4　施工图首页

建筑施工图主要包括施工图首页、平面图、立面图、剖面图、建筑详图等。施工图中除各种图样外，还包括图纸目录、设计说明、工程做法表、门窗统计表等文字性说明。这部分内容通常集中编写，放于施工图的前部，一些中小工程内容较少时，可以全部绘制于施工图的第一张图纸上，成为施工图首页。施工图首页服务于全套图纸，但习惯上由建筑设计人员编写，可认为是建筑施工图的一部分。

1. 图纸目录

图纸目录的主要作用是便于查找图纸，常置于全套图的首页，一般以表格形式编写，说明该套施工图有几类，各类图纸分别有几张，每张图纸的图名、图号、图幅大小等。表 3－2为某市北山小区 1＃住宅楼工程的图纸目录实例。

表 3－2　某市北山小区 1＃住宅楼工程的图纸目录

顺序号	图号	图名	张数	备注
1	JS－01	建筑、结施　目录	1	
2	JS－02	施工总说明　门窗表节能表	1	
3	JS－03	一层平面图	1	
4	JS－04	二层平面图	1	
5	JS－05	三层平面图	1	
6	JS－06	四层平面图	1	
7	JS－07	五层平面图	1	
8	JS－08	六层平面图	1	
9	JS－09	阁楼平面图	1	
10	JS－10	屋顶　机房平面图	1	

（续）

顺序号	图号	图名	张数	备注
11	JS-11	1-11　立面图	1	
12	JS-12	11-1　立面图	1	
13	JS-13	B-H　立面图	1	
14	JS-14	1-1 剖面图	1	
15	JS-15	2-2 剖面图	1	
16	JS-16-1	节点(一)	1	原 16 号图分为两张
17	JS-16-2	节点(一)		
18	JS-17-1	节点(二)　窗详图	1	原 17 号图分为两张
19	JS-17-2	节点(二)		
20	JS-18-1	楼梯详图	1	原 18 号图分为两张
21	JS-18-2	楼梯详图		

2. 设计说明

建筑设计说明主要用于说明建筑概况、设计依据、施工要求及需要特别注意的事项等。有时，其他专业的设计说明可以和建筑设计说明合并为整套图纸的总说明，放置于所有施工图的最前面。以下为某市北山小区 1 号住宅楼工程的设计说明实例。

建筑施工图设计说明

1) 设计依据

(1) 本工程的建设审批单位已通过的规划设计。

(2) 甲方通过的建筑单体方案。

(3) 建设单位提供的用地红线坐标图、用地现状图。

(4) 依据现行国家有关规范、规定及标准。

① 建筑工程设计文件编制深度规定建质 [2003] 84 号。

②《民用建筑设计通则》(GB 50352—2005)。

③《建筑设计防火规范》(GBJ 50016—2006)。

④《住宅设计规范》(GB 50096—1999)(2003 年版)。

⑤《河南省居住建筑节能设计标准》(DBJ 41/071—2006)。

⑥《住宅建筑规范》(GBJ 50368—2005)。

⑦ 其他有关国家及地方的规范和规定。

(5) 场地条件：达到“三通一平”，地下水位无侵蚀性。

(6) 依据各有关专业提出的施工图设计资料、地质勘测资料。

2) 项目概况

(1) 本工程为平煤集团八矿北山小区 1 号住宅楼施工图，建筑定位见总平面图。

(2) 本工程建筑结构形式为砖混结构，建筑结构的类别为丙类，结构合理。使用年限为 50 年，抗震设防烈度为 6 度。

(3) 建筑耐火等级为二级。

(4) 建筑层数、高度：地上 5 层，楼梯间出屋面，建筑高度 17.3m。

(5) 本工程总建筑面积 1300m²，建筑基底面积 260m²。

(6) 其他指标：住宅套型数量为 20 户。

3) 设计范围

本施工图设计仅为北山小区 1 号住宅楼工程单体部分施工图设计，室外详细工程及配套建筑见另行设计。

4) 建筑定位坐标及标高

(1) 建筑物相对标高±0.000 对应之绝对标高，根据规划和满足地基持力层确定。

(2) 各层标注标高为完成面标高(建筑标高)，屋面标高为结构标高。

(3) 本工程标高以 m 为单位，总平面尺寸以 m 为单位，其他尺寸以 mm 为单位。

5) 墙体工程

(1) 墙体的基础部分见结施。

(2) 混合结构的承重砌体墙详见建施图。

(3) 砌体采用 240mm 厚承重(多孔砖)非粘土砖，用 M10 砂浆砌筑，其构造和技术要求详见结施，外墙外保温见节能设计，内墙采用保温砂浆抹面。

(4) 墙身防潮层：在室内地坪下约 60mm 处做 20mm 厚 1：2 水泥砂浆内加 3%～5%防水剂的墙身防潮层(在此标高为钢筋混凝土构造，或下为砌石构造时可不做)，在室内地坪变化处防潮层应重叠 500mm，并在有高低差埋土一侧墙身做 20mm 厚 1：2 水泥砂浆防潮层，如埋土侧为室外，还应刷 1.5mm 厚聚氨酯防水涂料(或其他防潮材料)。

(5) 墙体留洞及封堵。

① 砌筑墙预留洞见建施和设备图。

② 砌筑墙体预留洞过梁见结施说明。

③ 预留洞的封堵：混凝土墙留洞的封堵见结施，其余砌筑墙留洞待管道设备安装完后，用 C15 细石混凝土填实。

6) 楼地面工程

(1) 所有卫生间、厨房楼地面均比同层楼地面标高低 20mm。

(2) 卫生间楼地面向地漏处做 0.5%的坡。

(3) 内墙阳角做 1：2 水泥砂浆护角，高度与门洞齐，做法详见 05YJ7R6(1/14)。

7) 屋面工程

(1) 本工程的屋面防水等级为二级，防水层合理使用年限为 15 年，做法见屋顶平面图。

(2) 屋面做法及屋面节点索引见建施“屋面排雨平面图”，露台、雨篷等见“各层平面”及有关详图。

(3) 屋面排水组织见屋顶平面图，内排水雨水管见水施图，外排雨水斗、雨水管采用 PVC 管，除图中另有注明者外，雨水管的公称直径均为 DN100。

(4) 隔气层的设置：本工程的屋面设置隔气层，其构造见 05YJ1 屋 3。

8) 门窗

(1) 建筑外门窗抗风压性能分级为三级，气密性能分级为 3 级，水密性能分级为 3 级，温度性能分级为 7 级，隔声性能分级为 3 级。

(2) 门窗玻璃的选用应遵照《建筑玻璃应用技术规程》(JGJ 113—2003)和《建筑安全玻璃管理规定》及地方主管部门的有关规定。

(3) 门窗立面均表示洞口尺寸，门窗加工尺寸要按照装修面厚度由承包商予以调整。

（4）门窗立樘：外门窗立樘详见墙身节点图，内门窗立樘除图中另有注明者外，双向平开门立樘墙中，单向平开门立樘开启方向立樘墙面平。

（5）门窗选料、颜色、玻璃见“门窗表”附注。

（6）木门：木门洞口尺寸、樘数详见门窗表，其制作材料及要求均详见 05YJ4－1 说明及做法。

（7）塑钢门窗：采用灰色高级塑钢型材框料，窗及阳台门采用 80 系列，其他推拉门采用 70 系列，双层中空玻璃，(6＋6＋6) 厚 Low－E 玻璃，其制作、安装均应满足 05YJ4－1 说明及做法要求。

（8）不同朝向窗墙比外窗传热系数应满足 DBJ 41/071—2006 的有关规定。

（9）一层门窗防盗设施由甲方自定。

9）外装修工程

（1）外装修设计和做法索引见“立面图”及外墙详图。

（2）承包商进行二次设计轻钢结构、装饰物等，经确认后，向建筑设计单位提供预埋件的设置要求。

（3）设有外墙外保温的建筑构造详见索引标准图及外墙详图。

（4）外装修选用的各项材料其材质、规格、颜色等，均由施工单位提供样板，经建设和设计单位确认后进行封样，并据此验收。

（5）所有外墙水平阳角下沿线脚均做滴水线，做法详见建筑构造及配件明细表。

10）内装修工程

（1）内装修工程执行《建筑内部装修设计防火规范》(GB 50222—1995)，楼地面部分执行《建筑地面设计规范》(GB 50037—1996)。

（2）楼地面构造交接处和地坪高度变化处，除图中另有注明者外均位于齐平门扇开启面处。

（3）凡设有地漏房间应做防水层，图中未注明整个房间做坡度的，均在地漏周围 1m 范围内做 1%～2%坡度坡向地漏；有水房间的楼地面应低于相邻房间 20mm。

11）油漆涂料工程

（1）内装修选用的各项材料，均由施工单位制作样板和选样，经确认后进行封样，并据此进行验收。

（2）室内装修所采用的油漆涂料见“室内装修做法表”；所有预埋木构件和木砖均需做防腐。

（3）木门油漆选用乳白色调和漆，做法为 05YJ－1 第 77 页涂 1。

（4）楼梯扶手选用绿色清漆，做法为 05YJ－1 第 77 页涂 1；栏杆采用绿色调和漆，做法为 05YJ－1 第 77 页涂 1。

（5）室内外各项露明金属件的油漆为刷防锈漆 2 道后再做同室内外部位相同颜色的漆，做法为 05YJ1 第 77 页涂 1(钢构件除锈后先刷红丹防锈漆一道)。

（6）各项油漆均由施工单位制作样板，经确认后进行封样，并据此进行验收。

12）室外工程

（1）外挑檐、雨篷、室外台阶、坡道、散水做法见建筑构造及配件明细表。

（2）水簸箕采用为 05YJ5－1 第 33 页 4。

13）建筑设备、设施工程

（1）卫生洁具、成品隔断由建设单位与设计单位商定，并应与施工配合。

(2) 厨房设备由甲方自定。

(3) 灯具等影响美观的器具须经建设单位与设计单位确认样品后，方可批量加工、安装。

14) 其他施工中注意事项

(1) 图中所选用标准图中有对结构工种的预埋件、预留洞，如楼梯、平台钢栏杆、门窗、建筑配件等，本图所标注的各种预留洞与预埋件应与各工种密切配合后，确认无误方可施工。

(2) 两种材料的墙体交接处，应根据饰面材质在做饰面前加钉金属网在施工中加贴玻璃丝网格布，防止裂缝。

(3) 预埋木砖及贴邻墙体的木质面均做防腐处理，露明铁件均做防锈处理。

(4) 门窗过梁见结施。

(5) 楼板留洞的封堵：待设备管线安装完毕后，用C20细石混凝土封堵密实。

(6) 施工中应严格执行国家各项施工质量验收规范。

(7) 所有室外雨篷、挑檐及外挑构件均须做滴水线，做法参见建筑构造及配件明细表。

(8) 各层楼、地面除图纸注明外均做120mm高踢脚线，材料做法同相连楼、地面。

(9) 本设计中有关装饰材料、颜色、规格于施工前应做样板，由业主、设计院共同研究确定。

(10) 严禁未经设计确认和有关部门批准擅自改动承重结构、主要使用功能或建筑外观，不得拆改水、暖、电、燃气、通信等配套设施。

(11) 建设单位应在住宅交付使用时提供给用户“住宅使用说明书”和“住宅质量保证书”。

(12) 本设计文件凡未详尽之处，均按国家施工规程及验收规范处理，施工中对设计图纸不明确处应及时向设计院反映，由业主、设计院、施工单位及监理公司协商。

(13) 本次设计只含一般室内装饰设计。

(14) 由于用地有较大高差，场地竖向处理时应符合规划规范要求，以免对建筑造成影响。

3. 门窗表

为了方便门窗的下料、制作和安装，需将建筑的门窗进行编号，统计汇总后列成表格。门窗统计表用于说明门窗类型，每种类型的名称、洞口尺寸、每层数量和总数量以及可选用的标准图集、其他备注等。表3-3为某市北山小区1号住宅楼工程的门窗表实例。

表3-3 某市北山小区1号住宅楼工程的门窗规格

门窗规格				
类别	设计编号	洞口尺寸(宽×高)	参考图集	备注
铝合金窗	C1815	1800×1500	铝合金窗参见详图做法参见03J603－280B系列80A系列	黑色外框　详见大样
	C2118	2100×1800		黑色外框　详见大样
	C1510	1500×1000		黑色外框　详见大样
	C1515	1500×1500		黑色外框　详见大样
	C0915	900×1500		黑色外框　详见大样
	C2019	2000×1950		黑色外框　详见大样　固定窗
	C0405	400×500		黑色外框　详见大样

（续）

门窗规格				
类别	设计编号	洞口尺寸(宽×高)	参考图集	备注
门	DZM1	2360×2100	08GJ17	电子对讲门
	FHM1021	1000×2100	GB 14102—2005	乙级防火门
	FHM1221	1200×2100	GB 14102—2005	乙级防火门
	M3024	3000×2400	铝合金门窗参见详图做法参见 03J603-2	黑色外框　详见大样
	M0924	9000×2400		黑色外框　详见大样
	M3022	3000×2200		黑色外框　详见大样

4. 工程做法表

对房屋的屋面、楼地面、顶棚、内外墙面、踢脚、墙裙、散水、台阶等建筑细部，根据其构造做法可以绘出详图进行局部图示，也可以用列成表格的方法集中加以说明，这种表格称为工程做法。当大量引用通用图集中的标准做法时，使用工程做法表十分方便高效。工程做法表的内容一般包括：工程构造的部位、名称、做法及备注说明等，因为多数工程做法属于房屋的基本土建装修，所以又称为建筑装修表。表 3-4 为某市北山小区 1 号住宅楼工程的工程做法表实例。

表 3-4　某市北山小区 1 号住宅楼工程的工程做法

编号	名称	做法
散水	混凝土散水	做法见浙 J18-95 第 3 页 5
台阶	砖砌台阶	做法见浙 J18-95 第 5 页 5
暗沟		做法见浙 J18-95 第 4 页 5
地面(一)	客厅 车库 杂物间	13 厚 1∶1.5 水泥砂浆面层压光
		12 厚 1∶2.5 水泥砂浆底层
		纯水泥砂浆一道
		70 厚 C15 混凝土垫层
		80 厚压实碎石
		素土夯实
地面(二)	厨房	13 厚 1∶1.5 水泥砂浆面层压光(内掺 5%防水剂)
		12 厚 1∶2.5 水泥砂浆底层(内掺 5%防水剂)
		纯水泥砂浆一道
		防水加强措施：在墙根部预先浇筑 210 高 C20 素混凝土(内掺 3%防水剂)，厚度与墙同宽。穿楼板套管高出地面 50，套管周边 200 范围涂 1.5 厚聚氨酯防水涂料加强层

编号	名称	做法
地面(二)	厨房	70 厚 C15 混凝土垫层
		80 厚压实碎石
		素土夯实
地面(三)	卫生间	13 厚 1∶1.5 水泥砂浆面层压光(内掺 5%防水剂)
		12 厚 1∶2.5 水泥砂浆底层(内掺 5%降水剂)
		1∶5mm 厚聚氨酯防水涂料，四周卷起 250 高(表面撒干砂)，卫生间淋浴房，浴缸墙面处翻起 1800 高(表面撒干砂)
		防水加强措施：在墙根部预先浇筑 210 高 C20 素混凝土(内掺 3% 防水剂)，厚度与墙同宽，穿楼板套管高出地面 50，套管周边 200 范围涂 1.5 厚聚氨酯防水涂料加强层
		70 厚 C15 混凝土垫层
		80 厚压实碎石
		素土夯实

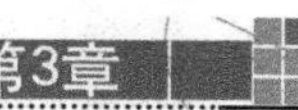

（续）

编号	名称	做法
屋面（一）	瓦屋面	水泥瓦(顺水条及挂瓦条同结构混凝土板，充分固定)
		40×30 顺水条@500，30×30 挂瓦条
		40 厚挤塑聚苯保温隔热板(嵌入顺水条中)
		4 厚 SBS 高聚物改性沥青防水卷材一道
		2 厚高分子涂膜 20 厚 1∶3 水泥砂浆找平
		现浇钢筋混凝土屋面板
屋面（二）	上人屋面（露台）	40 厚 C20 细石混凝土（内配 ϕ4@150 双向)
		油毡一层
		40 厚挤塑聚苯保温隔热板
		4 厚 SBS 高聚物改性沥青防水卷材一道
		2 厚高分子涂膜
		20 厚 1∶3 水泥砂浆找平
		现浇钢筋混凝土屋面板
屋面（三）	非上人屋面	20 厚 1∶2 水泥砂浆(编织钢丝网片一层)
		油毡一层
		40 厚挤塑聚苯保温隔热板
		4 厚 SBS 高聚物改性沥青防水卷材一道
		2 厚高分子涂膜
		20 厚 1∶3 水泥砂浆找平
		现浇钢筋混凝土屋面板
楼面（一）	卧室走道	13 厚 1∶1.5 水泥砂浆面层压光
		12 厚 1∶2.5 水泥砂浆底层
		纯水泥沙浆一道
		钢筋混凝土楼板
楼面（三）	厨房	13 厚 1∶1.5 水泥砂浆面层压光(内掺 5%防水剂)
		12 厚 1∶2.5 水泥砂浆底层(内掺 5%防水剂)
		纯水泥砂浆一道
露面（三）	厨房	防水加强措施：在墙根部预先浇筑 210 高 C20 素混凝土(内掺 3%防水剂)，厚度与墙同宽。穿楼板套管高出地面 50，套管周边 200 范围涂 1.5 厚聚氨酯防水涂料加强层
		钢筋混凝土楼面
楼面（五）	卫生间	13 厚 1∶1.5 水泥砂浆面层压光(内掺 5%防水剂)
		12 厚 1∶2.5 水泥砂浆底层(内掺 5%防水剂)
		纯水泥砂浆一道
		1∶5mm 厚聚酯脂防水涂料，四周卷起 250 高(表面撒干砂)，卫生间淋浴房、浴缸墙面处翻起 1800 高(表面撒干砂)
		防水加强措施：在墙根部预先浇筑 210 高 C20 素混凝土(内掺 3%防水剂)，厚度与墙同宽。穿楼板套管高出地面 50，套管周边 200 范围涂 1.5 厚聚氨酯防水涂料加强层
		钢筋混凝土楼面
顶棚（一）	客厅 卧室 厨房 卫生间 车库	刷水性耐擦洗涂料
		满刮 2 厚面层耐水腻子找平
		板底满刮 3 厚底基防裂腻子、分遍找平
		5 厚 1∶0.5∶3 水泥石灰膏砂浆打底压实赶平
		钢筋混凝土结构面
顶棚（二）	阳台	外墙涂料两道
		满刮 2 厚面层耐水腻子找平
		板底满刮 3 厚底基防裂腻子分遍找平
		5 厚 1∶0.5∶3 水泥石灰膏砂浆打底压实赶平
		钢筋混凝土结构面
外墙（一）	面砖（或涂料）饰面外墙	面砖或外墙涂料
		弹性底涂、柔性腻子

（续）

编号	名称	做法
外墙（一）	面砖（或涂料）饰面外墙	混凝土与砖墙连接处钉钢丝网(宽度300)
		混凝土表面刷SN－2型混凝土界面剂
		240厚粘土多孔砖
外墙（二）	女儿墙内侧	外墙涂料两道
		批3厚滑石粉粉面
		20厚1∶2防水水泥砂浆抹平
		混凝土与砖墙连接处钉钢丝网(宽度300)
		混凝土表面刷SN－2型混凝土界面剂
		240厚粘土多孔砖

编号	名称	做法
内墙（一）	客厅、卧室	6厚1∶2.5水泥砂浆底层
		14厚1∶3水泥砂浆分层抹平
		混凝土与砖墙连接处钉钢丝网(宽度300)
		砌体
内墙（二）	卫生间厨房	20厚1∶2.5防水水泥砂浆
		(分两次抹灰面层做拉细毛处理)
		混凝土与砖墙连接处钉钢丝网(宽度300)
		砌体
踢脚（一）	水泥踢脚(120高)	8厚1∶2水泥砂浆罩面，压实赶光
		12厚1∶3水泥砂浆找平

3.1.5 阅读施工图的步骤

阅读施工图之前除了具备投影知识和形体表达方法外，还应熟识施工图中常用的各种图例和符号。

(1) 看图纸的目录，了解整套图纸的分类及每类图纸的张数。

(2) 按照目录通读一遍，了解工程概况(建设地点、环境、建筑物大小、结构形式、建设时间等)。

(3) 根据负责内容，仔细阅读相关类别的图纸。阅读时，应按照先整体后局部，先文字后图样，先图形后尺寸的原则进行。

3.2 建筑施工总平面图识图基础知识

引例

(1) 指出如图3.22所示例代表的含义。

(2) 指出如图3.23所示中两种标高符号各自的使用范围。

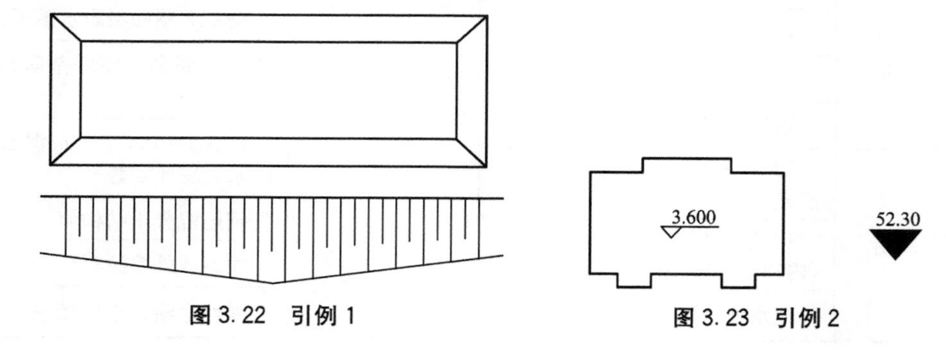

图3.22　引例1

图3.23　引例2

3.2.1 形成及用途

(1) 形成：将拟建工程四周一定范围内的新建、拟建、原有和拆除的建(构)筑物连同其周围的地形地貌(道路、绿化、土坡、池塘等)，用水平投影方法和相应的图例所画出的图样，为总平面图(总平面布置图)。

(2) 用途：可以反映出上述建筑的形状、位置、朝向以及与周围环境的关系，它是新建筑物施工定位、土方设计、施工总平面图设计的重要依据。

3.2.2 总平面图中常用的图例

常用的比例有 1∶500、1∶1000、1∶2000。

3.2.3 图示内容

(1) 图名、比例、指北针、风玫瑰图(风向频率玫瑰图)、图例。风向频率玫瑰图：根据某一地区多年平均统计的各个方向吹风次数的百分数值，按一定比例绘制，一般多用八个或十六个罗盘方位表示。有风玫瑰图，可以不要指北针。

(2) 附近地形(等高线)地貌(道路、水沟、池塘、土坡等)。

(3) 新建建筑(隐蔽工程用虚线)的定位(可以用坐标网或相互关系尺寸表示)、名称(或编号)、层数和室内外标高。层数：低层建筑可用相应数量的小黑点或阿拉伯数字表示。高层建筑用阿拉伯数字表示。

(4) 相邻原有建筑、拆除建筑的位置或范围。

(5) 绿化、管道布置。

3.2.4 总平面图的阅读要点

(1) 看总平面图的比例及有关文字说明。

(2) 由图名了解工程性质、由等高线了解地形地势。

(3) 看新建建筑物的层数及室内外标高。

(4) 根据原有建筑物及道路了解新建建筑物的周围环境和位置。

(5) 根据指北针、风玫瑰图分别制制建筑物的朝向及当地常年风向。

3.2.5 总平面图图例 (表 3-5)

表 3-5 建筑总平面图图例

名称	图例	说明
新建的建筑物		(1) 上图为不画出入口图例，下图为画出入口图例 (2) 需要时，可在图形内右上角以圆点或数字表示，层数(高层宜用数字) (3) 用粗实线表示
原有的建筑物		(1) 应注明拟利用者 (2) 用细实线表示

（续）

名称	图例	说明
计划扩建预留地或建筑物		用中粗虚线表示
拆除的建筑物		用细实线表示
挡土墙		被挡土在“凸出”的一侧
围墙及大门		(1) 上图为实体性质围墙，下图为通透性质围墙 (2) 如仅表示围墙时，不画大门
原有的道路		
室内标高		
室外标高		室外标高也可采用等高线表示
散状材料露天堆场		
填挖边坡		(1) 边坡较长时，可在一端或两端局部表示 (2) 下边线为虚线表示填方
护坡		

3.3 建筑平面图识图基础知识

引例

读下面的建筑施工图(图 3.24)，做以下题。

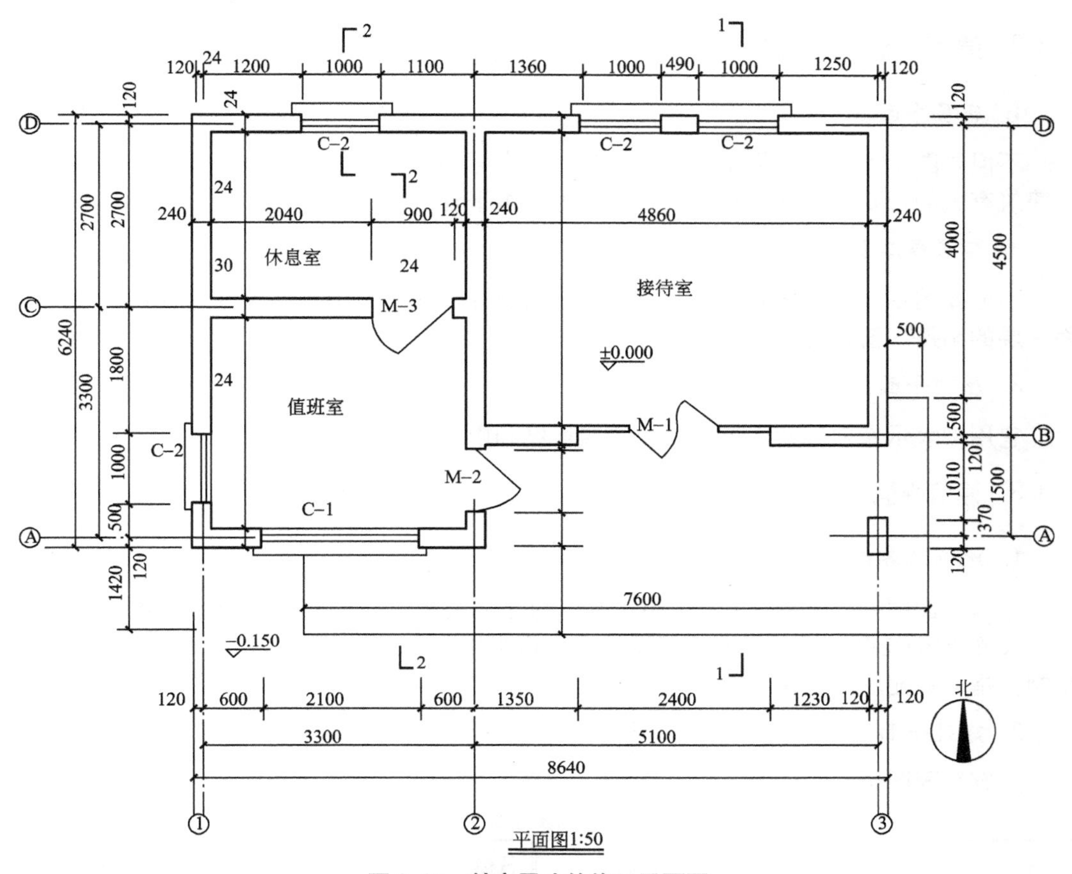

图 3.24 某房屋建筑施工平面图

(1) 休息室的开间是多少？进深是多少？

(2) 该建筑施工图的图名是什么？比例多少？

(3) 房屋长度总尺寸是多少？宽度总尺寸是多少？

(4) 简述房间的布置、用途及交通联系。

(5) 简述门窗的数量及型号和长度尺寸。

(6) 简述剖切符号的制图规定。

3.3.1 建筑平面图的形成及作用

(1) 形成：沿各层的门、窗洞口(通常离本层楼、地面约 1.2m，在上行的第一个梯段内)的水平剖切面，将建筑剖开成若干段，并将其用直接正投影法投射到 *H* 面的剖面图，即为相应层的平面图。各层平面图只是相应“段”的水平投影。若中间各层平面组合、结构布置、构造情况等完全相同，则只需画一个具有代表性的平面图，即“标准层平面图”。将建筑通过其顶层门窗洞口水平剖开，剖切面以上到屋面部分，直接正投影投射到 *H* 面，即屋顶平面图。

(2) 作用：反映房屋的平面形状、大小和房间的布局；门窗洞口的位置、尺寸；墙、柱的尺寸及使用的材料，是概预算、备料及施工中放线、砌墙、设备安装等的重要依据。

3.3.2　建筑平面图图示内容

1. 底层平面图

不但要图示本层的房间布置及墙、柱、门窗等构配件的位置、尺寸以外，还要图示与本建筑有关的台阶、散水、花池及垃圾箱等的水平外形图。

2. 二层或二层以上楼层平面图

不但要图示本层的房间布置及墙、柱、门窗等构配件的位置、尺寸以外，还要图示下面一层的雨篷、窗楣等构件水平外形图。

3. 屋顶平面图

它用来表示屋面的排水方向、分水线坡度和雨水管位置等。

3.3.3　建筑平面图规定画法

1. 比例及朝向

建筑平面图一般采用 1∶200～1∶100 的比例绘制；当内容较少时，屋顶平面图常按 1∶200 的比例绘制；局部平面图根据需要，可采用 1∶100、1∶50、1∶20、1∶10 等比例绘制。指北针显示了建筑物的朝向。

2. 建筑平面图中常用的建筑配件图例

建筑平面图中常用的建筑配件图例，见表 3－6。

表 3－6　建筑平面图中部分建筑配件图例

名称	图例	名称	图例	名称	图例	名称	图例
单扇门		推拉门		固定窗		推拉窗	
通风道		烟道		坑槽		孔洞	
楼梯平面图	下 上 底层　下 上 中间层　下 顶层			坐便器		水池	
				墙预留洞	宽×高或φ 底(高或中心)标高××.×××		

3. 定位轴线及其编号

定位轴线主要用来确定建筑结构和构件的位置，从而确定房间的开间和进深。

4. 图线

(1) 粗实线：被剖切平面剖到的墙、柱的断面轮廓线。

(2) 中实线：门的开启线、尺寸起止符号。

(3) 细实线：未剖到的构件轮廓线(如：台阶、散水、窗台、各种用具设施)、尺寸线。

(4) 单点长划线：定位轴线。

5. 尺寸

1) 外部尺寸(三道)

(1) 总尺寸：标注建筑物的最外轮廓尺寸。

(2) 轴线尺寸：定位轴线间的距离，了解房间的开间和进深。

(3) 细部尺寸：标注门、窗、柱的宽度以及细部构件的尺寸。细部尺寸距离图样最外轮廓线约为 15mm，三道尺寸线之间的距离约为 8mm。

2) 内部尺寸

表示房间内部门窗洞口、各种设施的大小及位置。

6. 门窗编号

门窗一般位于墙体上，与墙体共同分隔空间。门的位置还显示了建筑的交通组织。门窗实际是墙体上的洞口，多数可以被剖切到，绘制时将此处墙线断开，以相应图例显示。对于不能剖切到的高窗，则不断开墙线，用虚线绘制。门窗应编号，编号直接注写于门窗旁边(门——M1、M2、M3…窗——C1、C2、C3…)一般情况，在首页或平面图同页图纸上，附有门窗表如图 3.25 所示。

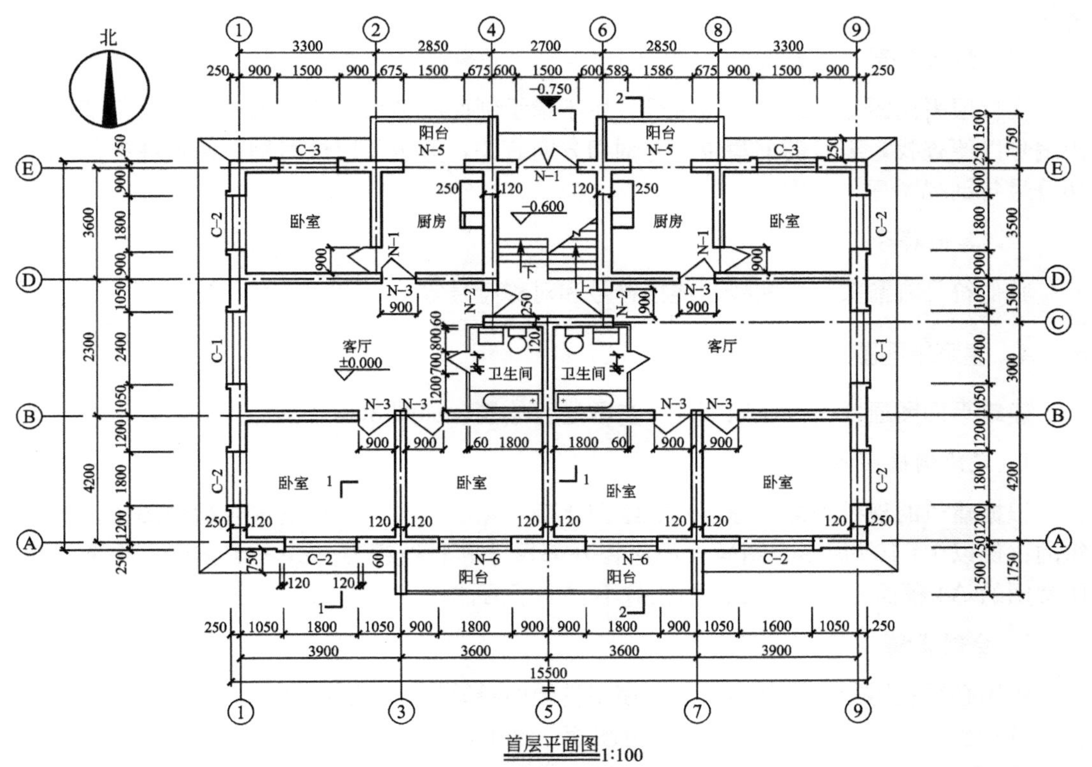

图 3.25 某房屋建筑平面图

7. 抹灰层、材料图例

(1) 比例大于 1∶50 的平面图，应画出抹灰层，并宜画出材料图例。

(2) 比例等于 1∶50 的平面图，抹灰层的面层线应根据需要而定。

(3) 比例小于 1∶50 的平面图，可不画出抹灰层。

(4) 比例为 1∶100～1∶200 的平面图，可画简化的材料图例(如砌体墙涂红、钢筋混凝土涂黑等)。

(5) 比例小于 1∶200 的平面图，可不画材料图例，面层线可不画出。

8. 标高

建筑平面图中应标注主要楼地面的完成面标高。一般取底层室内地坪为零点标高，其他各处室内楼地面，凡竖向位置不同，都应标注其相对标高。底层平面图还应标注室外标高。

9. 文字说明

常见的文字说明有图名、比例、房间名称或编号、门窗编号、构配件名称、做法引注等。

10. 索引符号

图中如需另画详图或引用标准图集来表达局部构造，应在图中的相应部位以索引符号索引，包括剖切索引和指向索引。相同的建筑构造或配件，索引符号可仅在一处绘出。

11. 剖切符号

在首层平面图上应绘制剖切符号，用于指示剖面图剖切位置及剖视方向。剖切符号应当编号以便查找，编号的书写位置与剖切方向有关，旁边还应注写剖面图所在的图纸。剖切符号与剖视图逐一对应。

12. 其他符号

其他符号有箭头、折断线、连接符号和对称符号等。

3.3.4 建筑平面图的绘图步骤

建筑平面图通常可按照以下 3 个步骤进行绘制，如图 3.26 所示。

1. 定比例选图幅

根据建筑的规模和复杂程度确定绘图比例，然后按图样大小挑选合适的图幅。普通建筑的比例以 1∶100 居多，图样大小应将外部尺寸和轴线编号一并考虑在内。除图纸目录所常用的 A4 幅面外，一套图的图幅数不宜多于两种。

2. 绘制底稿

底稿必须利用绘图工具和仪器，使用稍硬的铅笔按如下顺序绘制。

(1) 绘制图框和标题栏，均匀布置图面，绘出定位轴线。

(2) 绘出全部墙、柱断面和门窗洞口，同时补全未定轴线的次要的非承重墙。

(3) 绘出所有的建筑构配件、卫生器具的图例或外形轮廓。

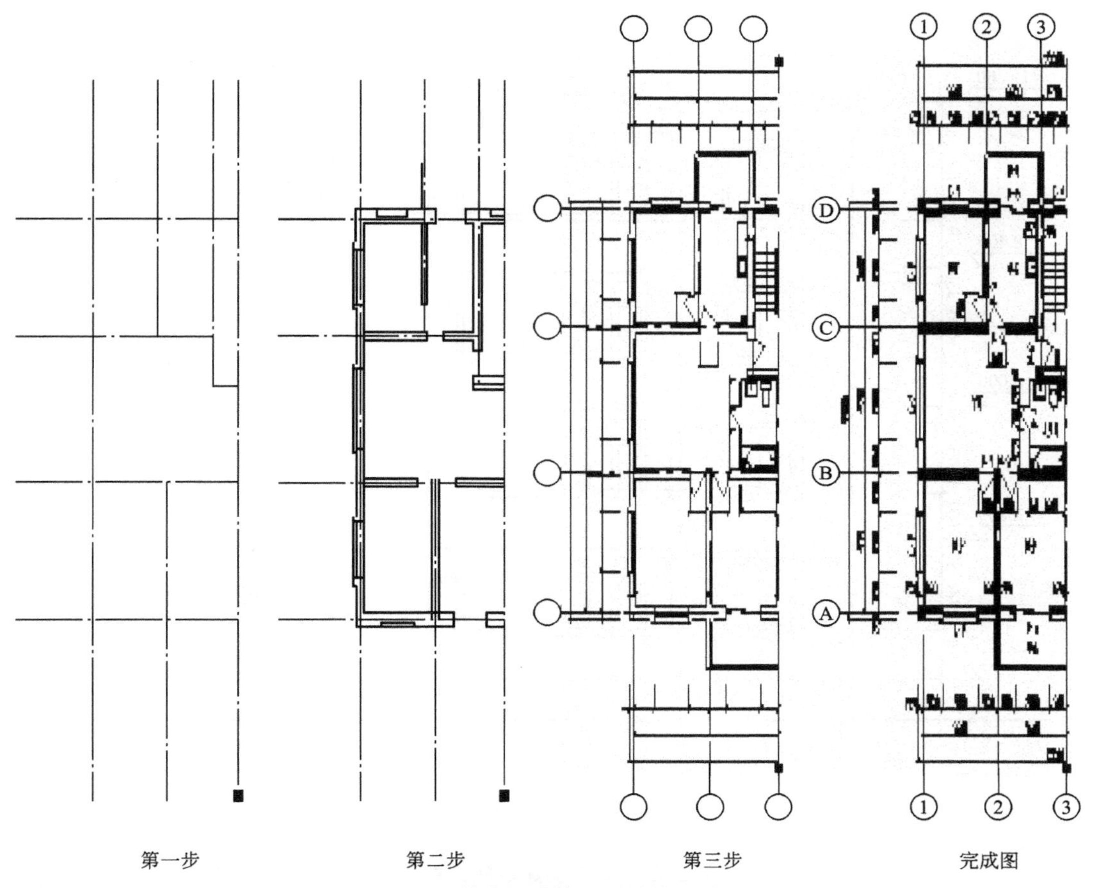

图 3.26 某房屋建筑平面图绘图过程

(4) 标注尺寸和符号。

(5) 安排好书写文字及标注尺寸的位置。

3. 校核，加深图线

加深图线应按照从上到下、从左到右、从细线到粗线的步骤进行，作为最终的成果图，应极为认真仔细。图线的宽度 b，应根据图样的复杂程度和比例，按《房屋建筑制图统一标准》(GB/T 50001—2001)中图线的规定选用。绘制较简单的图样时，可采用两种线宽的线宽组，其线宽比宜为 b、$0.25b$。

3.4 建筑立面图和建筑剖面图识图基础知识

引例

读下面的建筑施工立面图(图 3.27)，做以下题。

(1) 该建筑施工图的图名是什么？比例多少？

(2) 外墙勒脚是什么材料做的？

(3) 图中该房屋第一层窗台标高是多少？

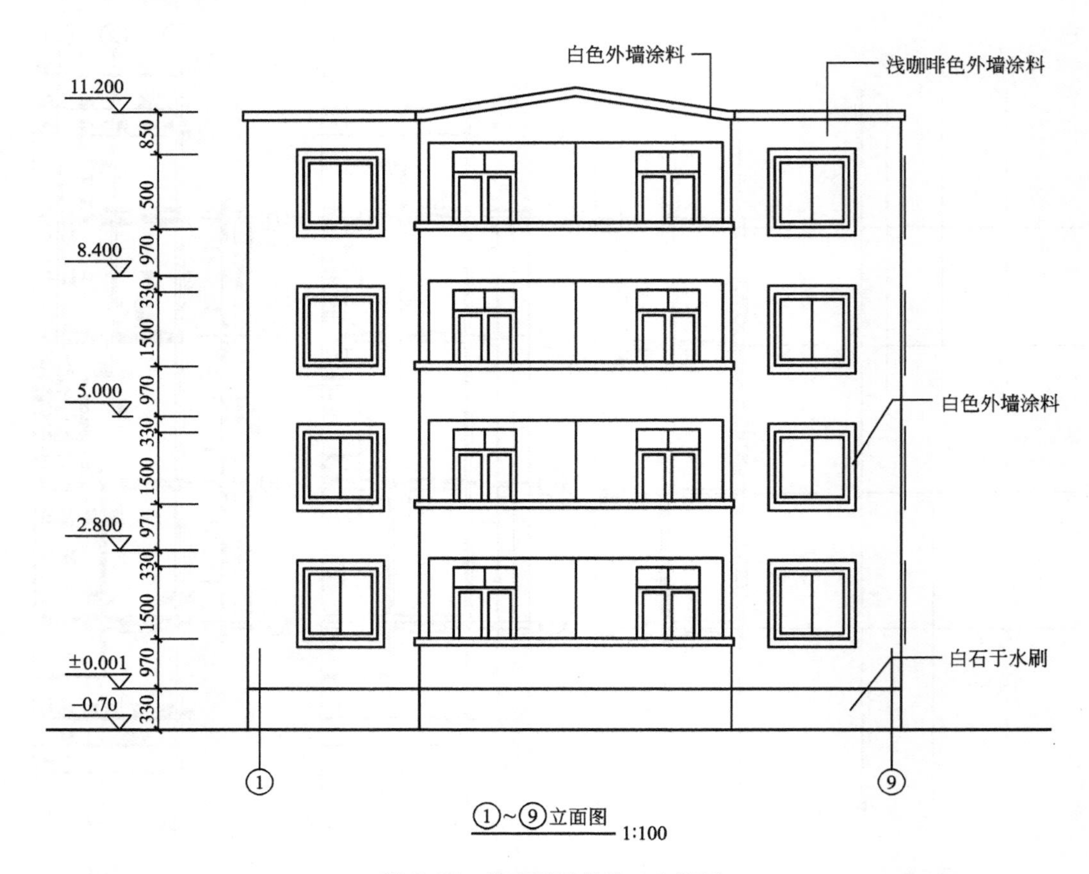

图 3.27　某房屋建筑施工立面图

3.4.1　建筑立面图概述

假设在建筑物四周放置4个竖直投影面，即V面、W面、V面的平行面和W面的平行面。建筑物向这四个投影面作正投影所得到的图样，统称为建筑立面图。投影面的位置并不固定，可以根据建筑物的形状确定，以方便、清晰地表达建筑形体为准，一般选择与建筑主体走向相一致。建筑立面图与屋顶平面图共同组成了建筑的多面投影图，在工程中主要用来表明房屋的外形外貌，反映房屋的高度、层数，屋顶的形式，墙面的做法，门窗的形式、大小和位置，以及窗台、阳台、雨篷、檐口、勒脚、台阶等构造和配件各部位的标高。

3.4.2　建筑立面图命名

立面图的名称，通常有以下3种命名方式。

(1) 按立面的主次命名。把房屋的主要出入口或反映房屋外貌主要特征的立面图称为正立面图，而把其他立面图分别称之为背立面图、左侧立面图和右侧立面图等。

(2) 按着房屋的朝向命名。可把房屋的各个立面图分别称为南立面图、北立面图、东立面图和西立面图。

(3) 按立面图两端的定位轴线编号来命名，如①～⑩立面图、⑩～①立面图等。有定位轴线的建筑物宜按此方式命名。

3.4.3 建筑立面图的图示内容与规定画法

建筑立面图一般采用 1∶100～1∶200 的比例绘制如图 3.28 所示。

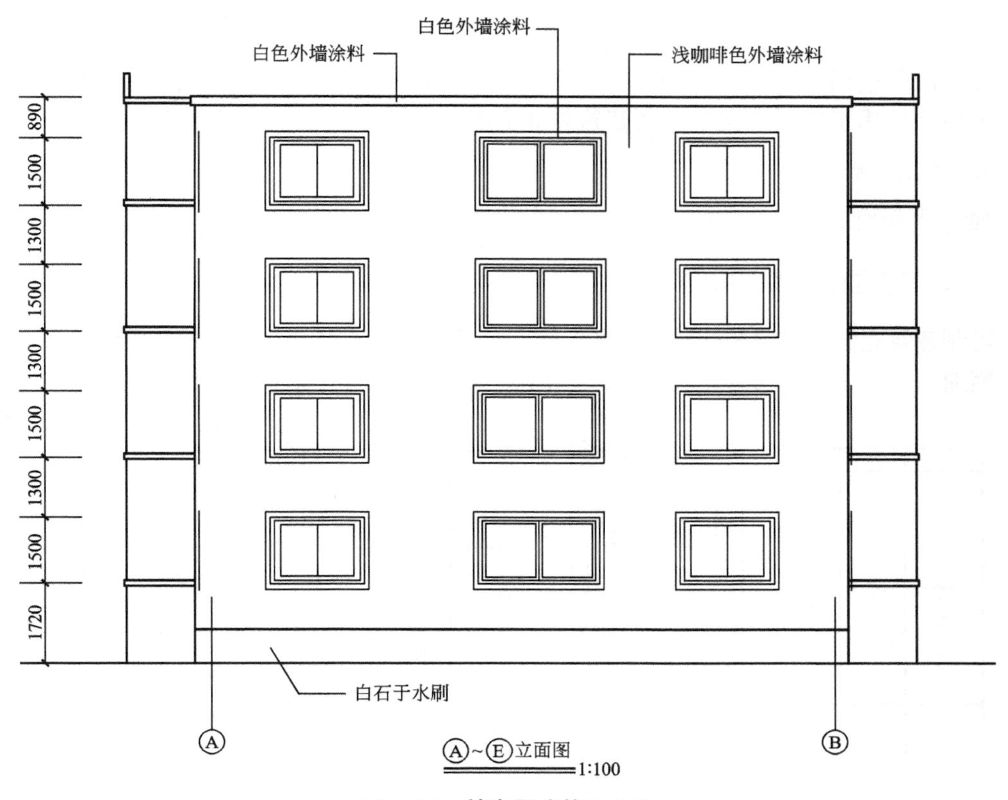

图 3.28 某房屋建筑立面图

1. 轴线及其编号

立面图只需绘出建筑两端的定位轴线和编号，用于标定立面，以便与平面图对照识读。

2. 构配件投影线

立面图是建筑物某一侧面在投影面上的全部投影，由该侧面所有构配件的可见投影线组成。因为建筑的立面造型丰富多彩，所以立面图的图线也往往十分繁杂，其中，最重要的是墙、屋顶及门窗的投影线。外墙与屋顶(主要是坡屋顶)围合成了建筑形体，其投影线构成了建筑的主要轮廓线，对建筑的整体塑造具有决定性的作用。外门窗在建筑表面常占有大片的面积，与外墙一起共同围合了建筑物，是立面图中的主要内容。图示时，外墙和屋顶轮廓一般以真实投影绘制，其饰面材料以图例示意，如面砖、屋面瓦等。门窗的细部配件较多，当比例较小时不易绘制。门窗一般按《建筑制图标准》中规定的图例表达，但应如实反映主要参数。其他常见的构配件还有：阳台、雨篷、立柱、花坛、台阶、坡道、勒脚、栏杆、挑檐、水箱、室外楼梯及雨水管等，应注意表达和识读。

3. 尺寸标注

立面图的尺寸标注以线性尺寸和标高为主，有时也有径向尺寸、角度标注或坡度(直角三角形形式)。线性尺寸一般注在图样最下部的两轴线间，如需要，也可标注一些局部尺寸，如建筑构造、设施或构配件的定型定位尺寸。立面图上应标注某些重要部位的标高，如室外地坪、楼面、阳台、雨篷、檐口、女儿墙及门窗等。

4. 文字说明

文字说明包括图名、比例和注释。建筑立面图在施工过程中，主要用于室外装修。立面图上应当使用引出线和文字表明建筑外立面各部位的饰面材料、颜色和装修做法等。

5. 索引符号

如需另画详图或引用标准图集来表达局部构造，应在图中的相应部位以索引符号索引。

3.4.4 建筑立面图的绘图步骤

绘制建筑立面图与绘制建筑平面图一样，也是先选定比例和图幅，然后绘制底稿，最后用铅笔加深。在用铅笔加深建筑立面图图稿时，图线符合制图规范的规定，如图 3.29 所示。

图 3.29 某房屋建筑立面图绘图过程

(1) 室外地坪线宜画成线宽为 1.4b 的加粗实线。

(2) 建筑立面图的外轮廓线，应画成线宽为 b 的粗实线。

(3) 在外轮廓线之内的凹进或凸出墙面的轮廓线，都画成线宽为 0.5b 的中实线。

(4) 一些较小的构配件和细部轮廓线，表示立面上凹进或凸出的一些次要构造或装饰线，如墙面上的分格线、勒脚、雨水管等图形线，还有一些图例线，都可画成线宽为 0.25b 的细实线。

3.4.5 建筑剖面图概述

建筑物由复杂的内部组成，仅仅通过平面图和立面图，并不能完全表达这些内部构造。为了显示出建筑的内部结构，可以假想一个竖直剖切平面，将房屋剖开，移去剖开平面与观察者之间的部分，并作出剩余部分的正投影图，此时得到的图样称为建筑剖面图。假想的剖切面也可以是多个。当多个相互平行的剖切面剖切时，得到的剖面图为阶梯剖面图。剖面图主要用来表示房屋内部的竖向分层、结构形式、构造方式、材料、做法、各部位间的联系及高度等情况。如楼板的竖向位置、梁板的相互关系、屋面的构造层次等。它与建筑平面图、立面图相配合，是建筑施工图中不可缺少的基本图样之一。剖面图的剖切位置应选在房屋的主要部位或建筑构造较为典型的部位，通常应通过门窗洞口和楼梯间。剖面图的数量应根据房屋的复杂程度和施工实际需要而定。两层以上的楼房一般至少要有一个通过楼梯间剖切的剖面图。剖面图的图名、剖切位置和剖视方向，由首层平面图中的剖切符号确定。

3.4.6 建筑剖面图图示内容

建筑剖面图的比例视建筑的规模和复杂程度选取，一般采用与平面图相同或较大些的比例绘制。建筑剖面图通常包括以下内容，如图 3.30 所示。

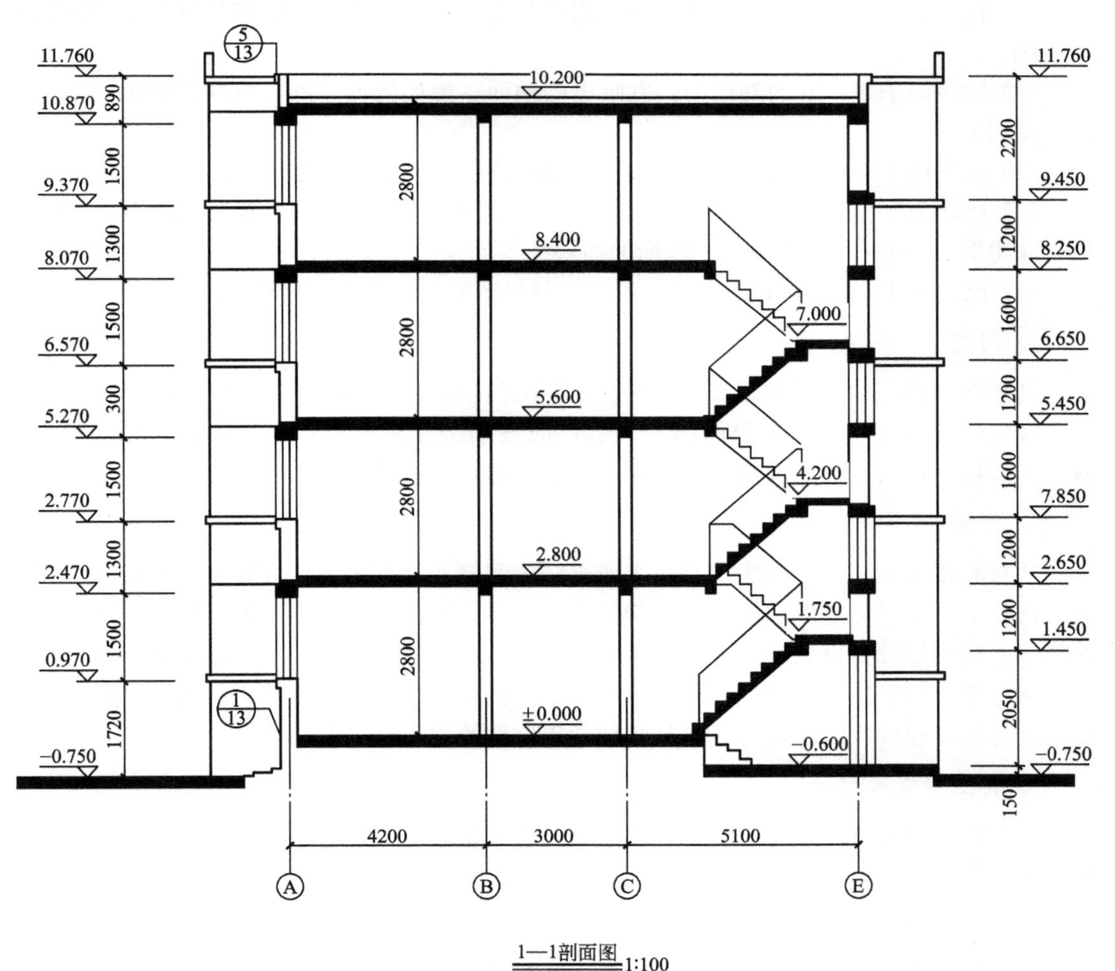

图 3.30 某房屋建筑剖面图

1. 轴线及其编号

在剖面图中，凡是被剖到的承重墙、柱都应标出定位轴线及其编号，以便与平面图对照识读，对建筑进行定位。

2. 梁、板、柱和墙体

建筑剖面图的主要作用就是表达各构配件的竖向位置关系。作为水平承重构件的各种框架梁、过梁、各种楼板、屋面板以及圈梁、地坪等，在平面图和立面图中通常是不可见或者不直观的构件，但在剖面图中，不仅能清晰地显示出这些构件的断面形状，而且可以很容易地确定其竖向位置关系。建筑物的各种荷载最终都要经过墙和柱传给基础，可见，水平承重构件与墙、柱的相互位置关系也是剖面图表达的重要内容，对指导施工具有重要意义。梁、板、柱和墙体的投影图线分为剖切部分轮廓线(粗实线)和可见部分轮廓线(中实线)，都应按真实投影绘制。其中，被剖切部分是图示内容的主体，需重点绘制和识读。墙体和柱在最底层地面之下以折断线断开，基础可忽略不画。不同比例的剖面图，其抹灰层、楼地面、材料图例的省略画法，应符合下列规定。

(1) 比例大于1∶50的剖面图，应画出抹灰层与楼地面、屋面的面层线，并宜画出材料图例。

(2) 比例等于1∶50的剖面图，宜画出楼地面、屋面的面层线，抹灰层的面层线应根据需要而定。

(3) 比例小于1∶50的剖面图，可不画出抹灰层，但宜画出楼地面、屋面的面层线。

(4) 比例为1∶100～1∶200的剖面图，可画简化的材料图例(如砌体墙涂红、钢筋混凝土涂黑等)，但宜画出楼地面、屋面的面层线。

(5) 比例小于1∶200的剖面图，可不画材料图例，楼地面、屋面的面层线可不画出。

3. 门窗

剖面图中的门窗可分为两类：一是被剖切的门窗，一般都位于被剖切的墙体上，显示了其竖向位置和尺寸，是重要的图示内容，应按图例要求绘制；二是未剖切到的可见门窗，其实质是该门窗的立面投影。剖面图中的门窗不用注写编号。

4. 楼梯

凡是有楼层的建筑，至少要有一个通过楼梯间剖切的剖面图，并且在剖切位置和剖切向的选择上，应尽可能多地显示出楼梯的构造组成。楼梯的投影线一般也包括剖切和可见两部分。从剖切部分可以清楚地看出楼梯段的倾角、板厚、踏步尺寸、踏步数以及楼层平台、休息平台的竖向位置等。可见部分包括栏杆扶手和梯段，栏杆扶手一般简化绘制；梯段则分为明步楼梯和暗步楼梯，暗步楼梯常以虚线绘出不可见的踏步。

5. 其他建筑构配件

其他建筑构配件主要有：台阶、坡道、雨篷、挑檐、女儿墙、阳台、踢脚、吊顶、花坛及雨水管等。

6. 尺寸标注

建筑剖、立面图的尺寸标注也可以分为外部尺寸标注和内部尺寸标注两种。图样底部应标注轴线间距和端部轴线间的总尺寸，上方的屋顶部分通常不标。图样左右两侧应至少

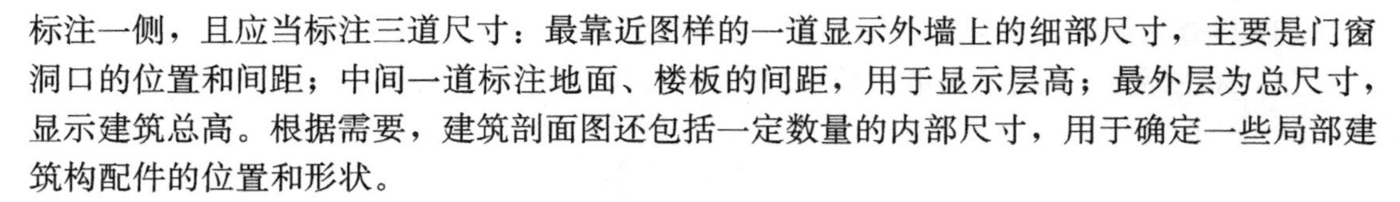

标注一侧，且应当标注三道尺寸：最靠近图样的一道显示外墙上的细部尺寸，主要是门窗洞口的位置和间距；中间一道标注地面、楼板的间距，用于显示层高；最外层为总尺寸，显示建筑总高。根据需要，建筑剖面图还包括一定数量的内部尺寸，用于确定一些局部建筑构配件的位置和形状。

7. 标高

标高专用于竖向位置的标注。建筑立面图中除使用线性尺寸进行标注外，还必须注明重要部位的标高，以方便施工。需要注明的部位一般包括：室内外地坪、楼面、平台面、屋面、门窗洞口以及吊顶、雨篷、挑檐、梁的底面。楼地面和平台面应标注建筑标高，即工程完成面标高。楼地面和门窗标高通常紧贴三道尺寸线的最外道注写，并竖向成直线排列。其他标高可直接注写于相应部位。

8. 文字说明

常见的文字说明有图名、比例、构配件名称及做法引注等。

9. 索引符号

如需另画详图或引用标准图集来表达局部构造，应在图中的相应部位以索引符号索引。

10. 其他符号

其他符号有箭头、折断线、连接符号及对称符号等。

3.4.7 建筑剖面图的画法

建筑剖面图绘图步骤，如图 3.31 所示。

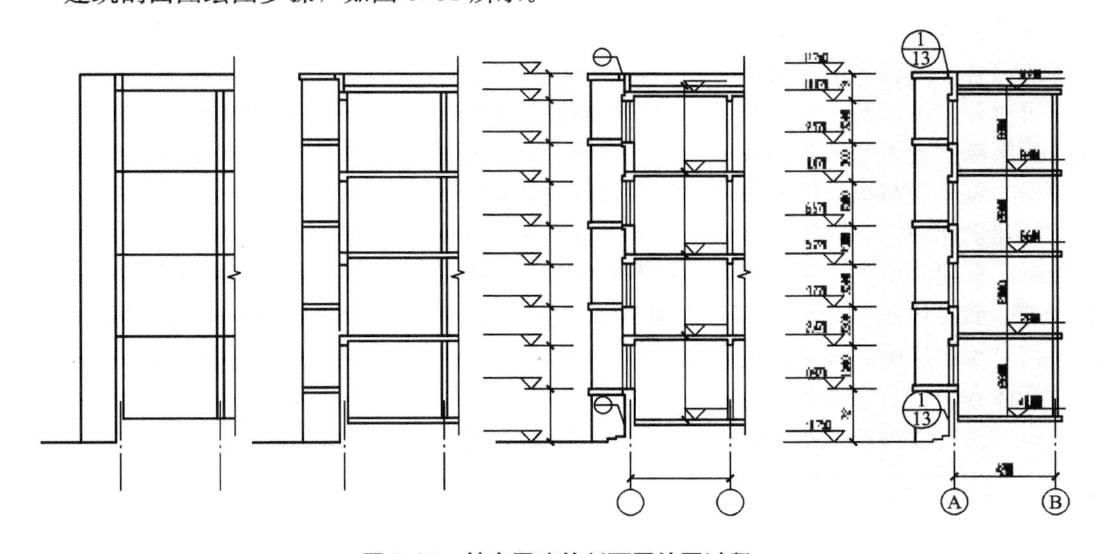

图 3.31 某房屋建筑剖面图绘图过程

(1) 定轴线、室内外地坪线、楼面线和屋顶顶棚线，并画出墙身。

(2) 定门窗和楼梯的位置，画出细部结构(梁、板、台阶、雨篷、天沟檐口、屋面等)，并擦去多余的线。

(3) 检查无误后，加深图样，画出材料图例。

(4) 标注标高、尺寸、轴线，填写图名、比例，书写文字说明。

3.5 建筑详图识图基础知识

引例

(1) 楼梯详图一般采用多大比例绘制？

(2) 外墙详图中一般包括哪几种房屋构造？

3.5.1 建筑详图概述

建筑平、立、剖面图一般采用较小的比例绘制，而某些建筑构配件(如门窗、楼梯、阳台及各种装饰等)和某些建筑剖面节点(如檐口、窗台、散水以及楼地面面层和屋面面层等)的详细构造无法表达清楚。为了满足施工要求，必须将这些细部或构、配件用较大的比例绘制出来，以便清晰地表达构造层次、做法、用料和详细尺寸等内容，指导施工，这种图样称为建筑详图，也称为大样图或节点详图。

建筑详图是建筑平、立、剖面图等基本图的补充和深化，它不是建筑施工图的必有部分，是否使用详图一般根据需要来定。比如，某些十分简单的工程可以不画详图。但是，如果建筑含有较为特殊的构造、样式、做法等，仅靠建筑平、立、剖面图等基本图无法完全表达时，必须绘制相应部位的详图，不得省略。对于采用标准图或通用详图的建筑构、配件和剖面节点，只要注明所采用的图集名称、编号或页次，则可不必再画详图。

建筑详图并非一种独立的图样，它实际上是前面讲过的平、立、剖面图样中的一种或几种的组合。各种详图的绘制方法、图示内容和要求也与前述的平、立、剖面图基本相同，可对照学习。所不同的是，详图只绘制建筑的局部，且详图的比例较大，因而其轴线编号的圆圈直径可增大为10mm绘制。详图也应注写图名和比例。另外，详图必须注写详图编号，编号应与被索引的图样上的索引符号相对应。

在建筑详图中，同样能够继续用索引符号引出详图，既可以引用标准图集，也可以专门绘制。在建筑施工图中，详图的种类繁多，不一而足，如楼梯详图、檐口详图、门窗节点详图、墙身详图、台阶详图、雨篷详图、变形缝详图等。凡是不易表达清楚的建筑细部，都可绘制详图。其主要特点是，用能清晰表达所绘节点或构、配件的较大比例绘制，尺寸标注齐全，文字说明详尽。

本书仅对较为常见的外墙剖面详图和楼梯详图进行简单介绍。

3.5.2 外墙剖面详图

外墙剖面详图又称为墙身大样图，是建筑外墙剖面的局部放大图，它显示了从地面(有时是从地下室地面)至檐口或女儿墙顶的几乎所有重要的墙身节点，是使用最多的建筑详图之一。由于比例较大，致使图样过长，此时，常将门窗等沿高度方向完全相同的部分断开略去，中间以连接符号相连，但简化绘制的构件仍应按原尺寸进行标注。

外墙身详图实际上是建筑剖面图的局部放大图，它表达房屋的屋面、楼面、地面、檐口、楼板与墙地连接、门窗顶、窗台和勒脚、散水的构造，是施工的重要依据。如图 3.32 所示为某工程的外墙剖面详图，绘图比例是 1∶20，绘图中应注意以下问题。

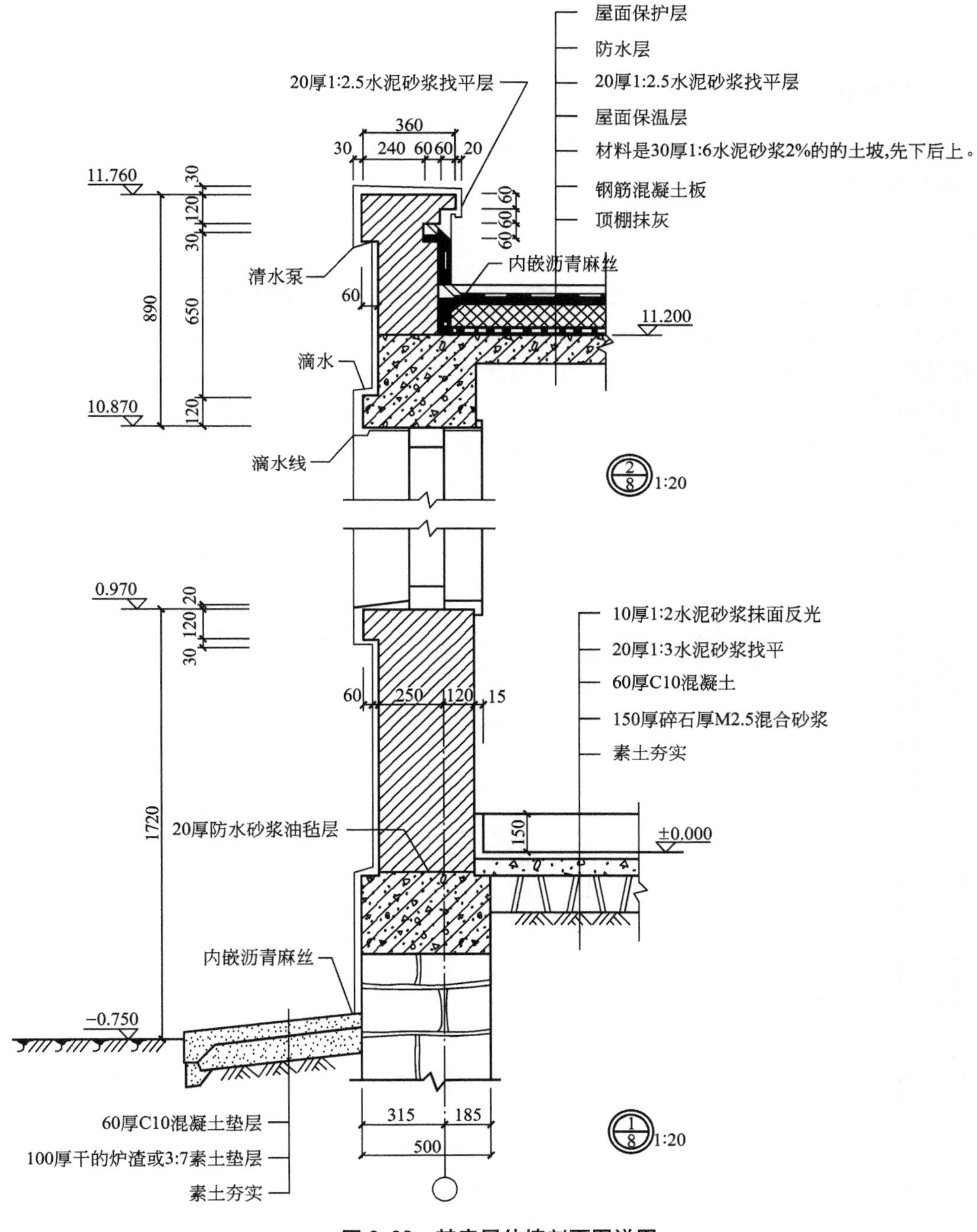

图 3.32　某房屋外墙剖面图详图

(1) 详图的符号与详图的索引符号相对应。

(2) 在详图中，对屋面、楼面和地面的构造，采用多层构造说明方法来表示。

（3）详图的上半部为檐口部分，屋面的承重层为现浇钢筋混凝土板，女儿墙为砖砌，从图样中还可以了解到防水层、隔热层、顶棚的做法。

（4）详图下半部为窗台和勒脚。

（5）详图中还应标注有关部位的标高和细部的大小尺寸。

特别提示

外墙剖面上有很多构造，比如屋面、楼面、地面、檐口、楼板与墙地连接、门窗顶、窗台和勒脚、散水的构造，这些构造每一个都可以按比例绘制详图。

3.5.3　楼梯详图

在建筑平面图和剖面图中都包含了楼梯部分的投影，但因为楼梯踏步、栏杆、扶手等各细部的尺寸相对较小，图线又十分密集，所以不易表达和标注，绘制建筑施工图时，常常将其放大绘制成楼梯详图。楼梯详图表示楼梯的组成和结构形式，一般包括楼梯平面图和楼梯剖面图，必要时画出楼梯踏步和栏杆的详图。如图 3.33 和图 3.34 所示为某工程的楼梯详图，由平面图和剖面图两种图样组成，绘图比例都是 1：50。

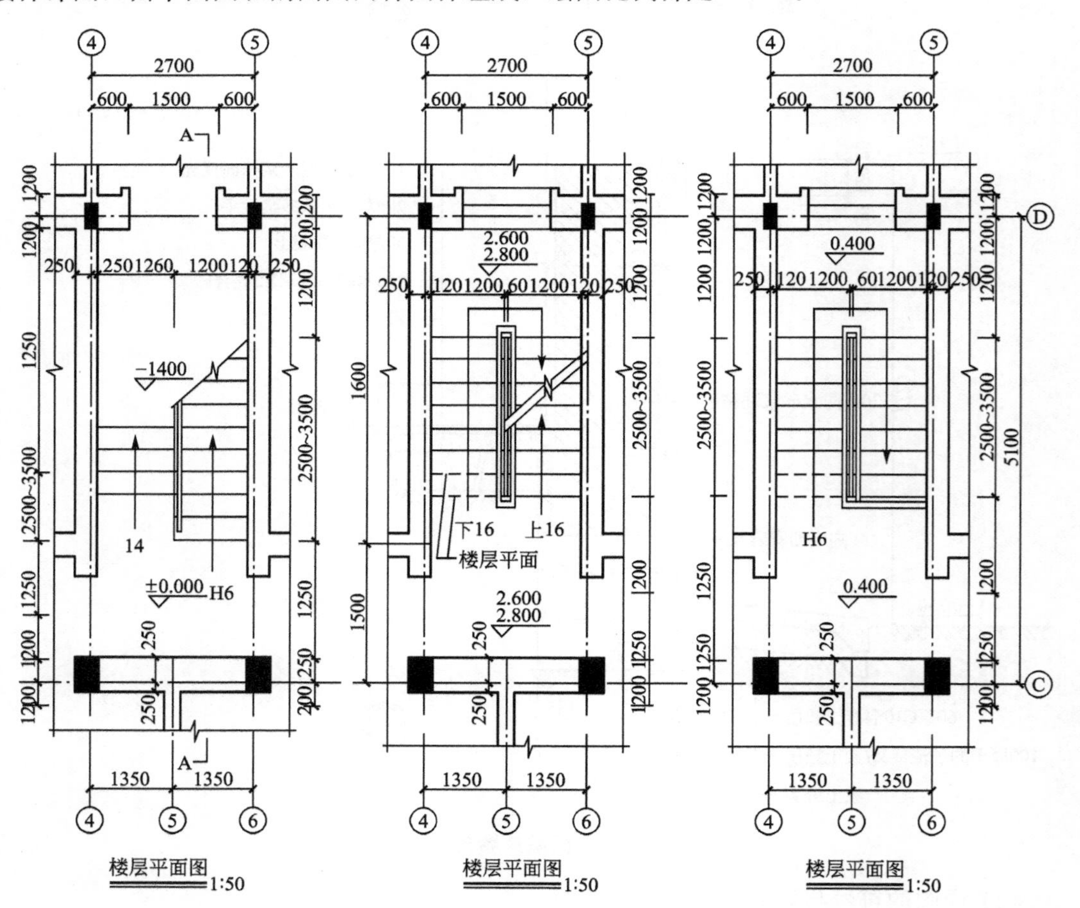

图 3.33　某房屋楼梯平面图详图

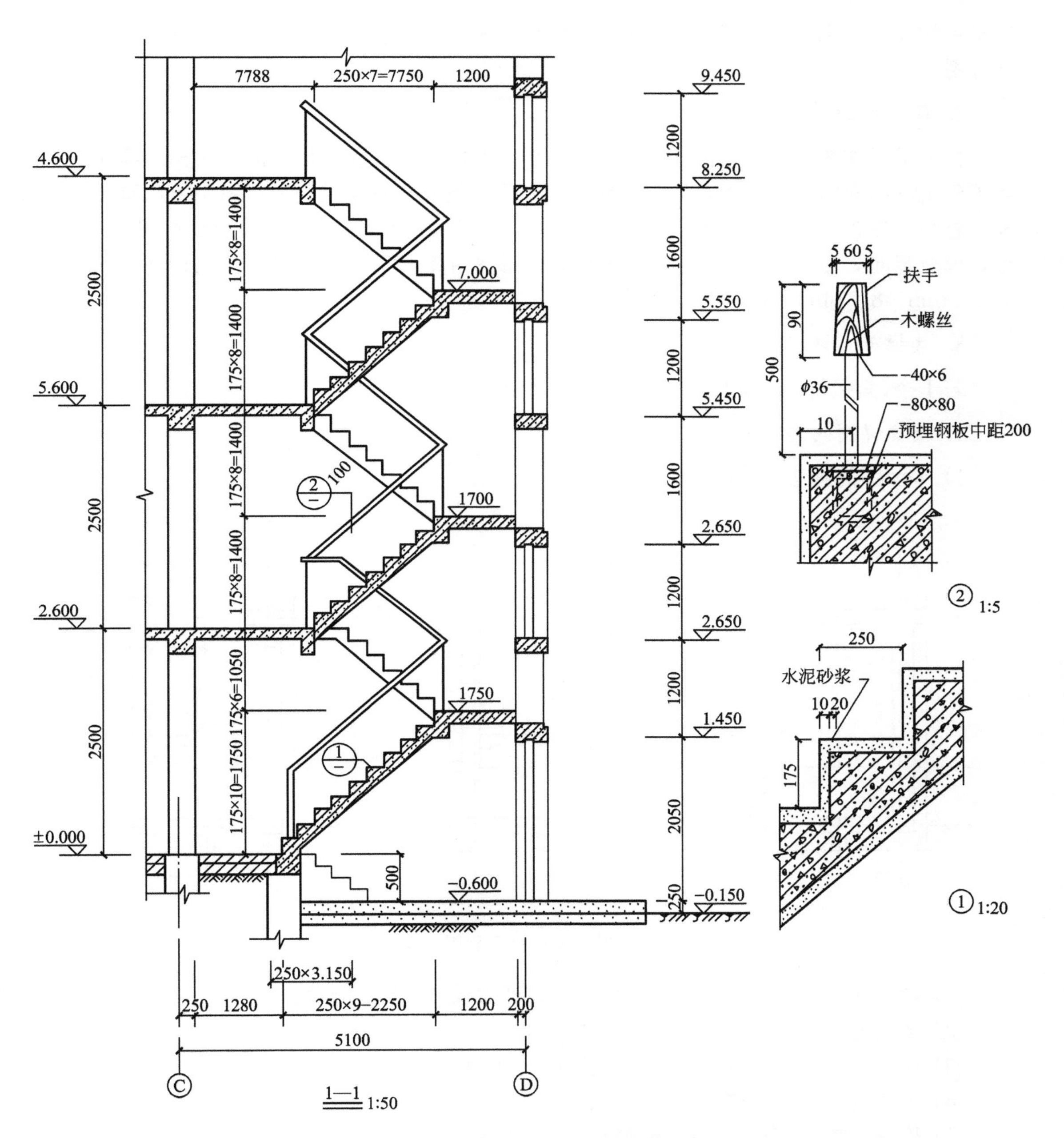

图 3.34　某房屋楼梯剖面图及楼梯节点详图

1. 楼梯平面图

楼梯平面图是楼房各层楼梯间的局部平面图，相当于建筑平面图的局部放大。因为一般情况下，楼梯在中间各层的平面几乎完全一样，仅仅是标高不同，所以中间各层可以合并为一个标准层来表示，又称为中间层。这样，楼梯平面图通常由底层、中间层和顶层 3 个图样组成。本例楼梯为平行双跑平行楼梯，楼梯间开间 2700mm，梯段宽 1200mm，梯井宽 60mm，每梯段踏步数均相同，为 8 步，梯段水平方向长 1750mm，分为 7 个踏面，踏面宽 250mm，注意图中的标注方式，应为 250mm×7＝1750mm。地面、楼层平台及转向平台的标高见相应标注。一层楼梯平面图中应标出剖面详图的剖切符号，以对应楼梯剖面详图。

2. 楼梯剖面图

根据平面详图中的剖切符号，可知剖面详图的剖切位置和剖切方向。楼梯剖面详图相当于建筑剖面图的局部放大，其绘制和识读方法与剖面图基本相同。从图中可以看出，楼梯休息平台板各层标高分别为 1.7500、4.200、7.000。标准层每梯段踏步数均相同，为 8 步，梯段竖向高为 1400mm，分为 8 个踢面，每踢面高 175mm，注意图中的标注方式，应为 175mm×8=1400mm。

3. 楼梯节点详图

若干个(索引符号和详图符号的对应)。

4. 楼梯详图的画法

1) 平面图的画法(图 3.35)

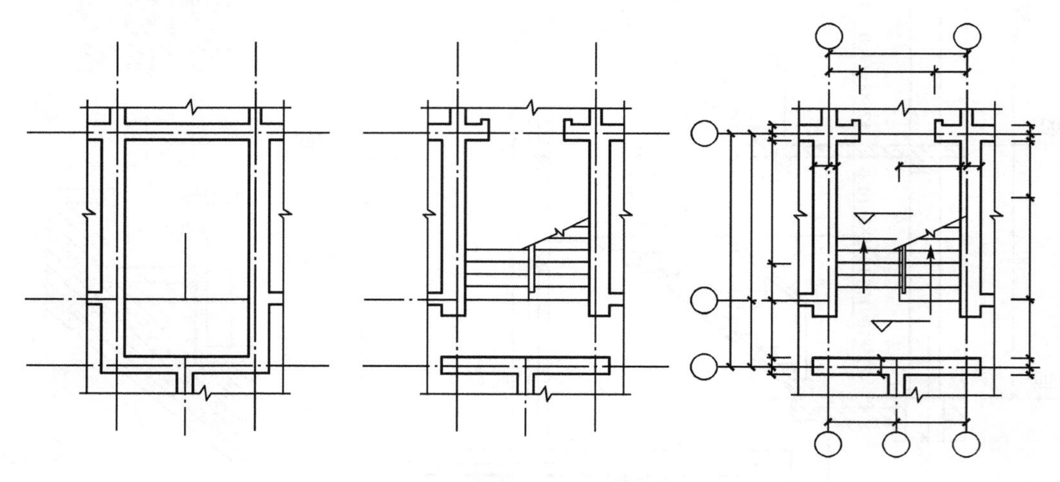

图 3.35 某房屋楼梯平面图绘图过程

(1) 确定轴线(开间、进深)、平台宽度、梯段长度、梯井宽度。

(2) 画墙宽。

(3) 根据阶数，用等分法将梯段长分成 $n-1$ 份，画出踏面的投影。

(4) 画栏板、扶手、窗洞口的位置。

(5) 检查、整理(箭头、折断线等)。

(6) 加深。

(7) 尺寸标注、标高标注、剖切符号(底层平面中)。

(8) 图名、比例。

2) 剖面图的画法

(1) 定轴线，找室内外地坪、休息平台、楼面板的位置，找墙宽，确定梯段的起始位置。

(2) 画踏步的投影(网格法、斜线法)。

(3) 画细部构件，如窗台、窗高、梁、板、栏杆、扶手、楼板厚、防潮层、散水等。

(4) 检查、加深。
(5) 标准尺寸、标高、详图索引符号。
(6) 补充图名、比例。

本章小结

本章重点介绍了建筑施工图，它是指导施工的图样，主要用来表示建筑物的规划位置、外部造型、内部各房间布置、内外构造、工程做法及施工要求等，建议可采用结合现场实地参观的方式组织学生仔细阅读一套完整的结构施工图。

建筑施工图具体内容包括：施工图首页、总平面图、各层平面图、立面图、剖面图及详图、建筑施工图阅读一般方法和步骤。

本章的教学目标是掌握识读和绘制建筑总平面图、建筑平面图、建筑立面图、建筑剖面图、建筑详图等施工图的步骤和方法。

习　　题

1. 问答题

(1) 什么是总平面图？总平面图的内容包括什么？如何阅读总平面图？
(2) 什么是建筑平面图？建筑平面图的内容包括什么？如何阅读建筑平面图？
(3) 底层平面图比中间层平面图多绘制了哪些内容？
(4) 什么是建筑立面图？建筑立面图有哪几种命名方式？
(5) 什么是建筑剖面图？建筑剖面图内容是什么？如何阅读建筑剖面图？
(6) 什么是建筑详图？
(7) 外墙剖面详图内容是什么？如何阅读外墙剖面详图？
(8) 楼梯详图由哪些图组成？如何阅读楼梯详图？

2. 单选题

(1) 总平面图上标注的尺寸，一律以(　　)为单位。
A. 米　　B. 厘米　　C. 分米　　D. 毫米
(2) 建筑红线在总平面图中一般以(　　)色线条表示。
A. 红　　B. 蓝　　C. 紫　　D. 绿
(3) 屋顶平面图的形成方式是直接对屋面作(　　)正投影。
A. 水平　　B. 垂直　　C. 侧面　　D. 倾斜
(4) 看(图 3.36)，回答问题。
① 该建筑物高度为(　　)m。
A. 6.5　　B. 7.5　　C. 8.5　　D. 9.5
② 此图为建筑(　　)图。
A. 平面　　B. 立面　　C. 剖面　　D. 断面
③ 室外地坪的标高为(　　)m。
A. －0.55　　B. －0.45　　C. －0.65　　D. －0.75
④ 第二层房屋窗高为(　　)m。
A. 1.5　　B. 1.6　　C. 1.7　　D. 1.8

⑤ 该房屋室外台阶有(　　)级。

A. 1　　B. 2　　C. 3　　D. 4

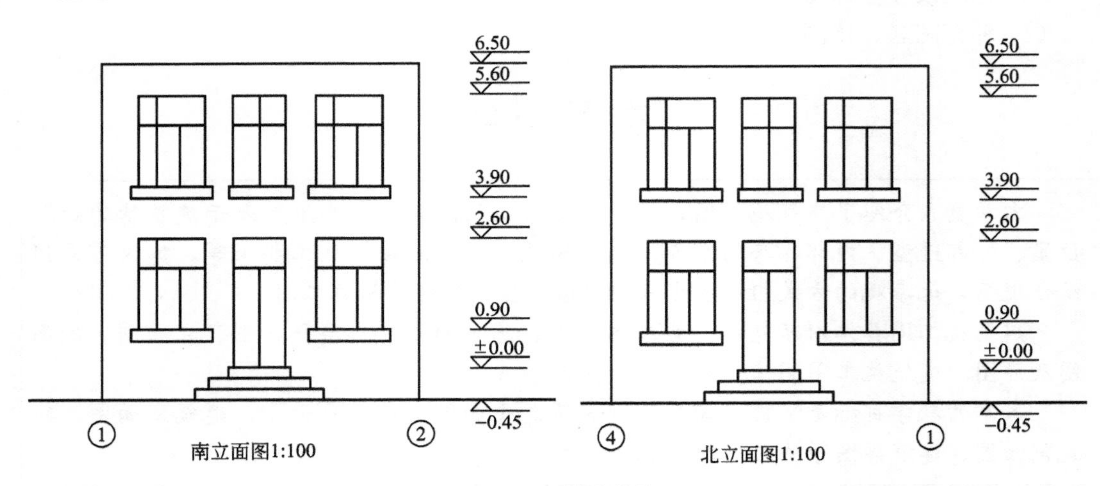

图 3.36　某建筑物

3. 绘图题

抄写(图 3.37)的建筑剖面图，要求：

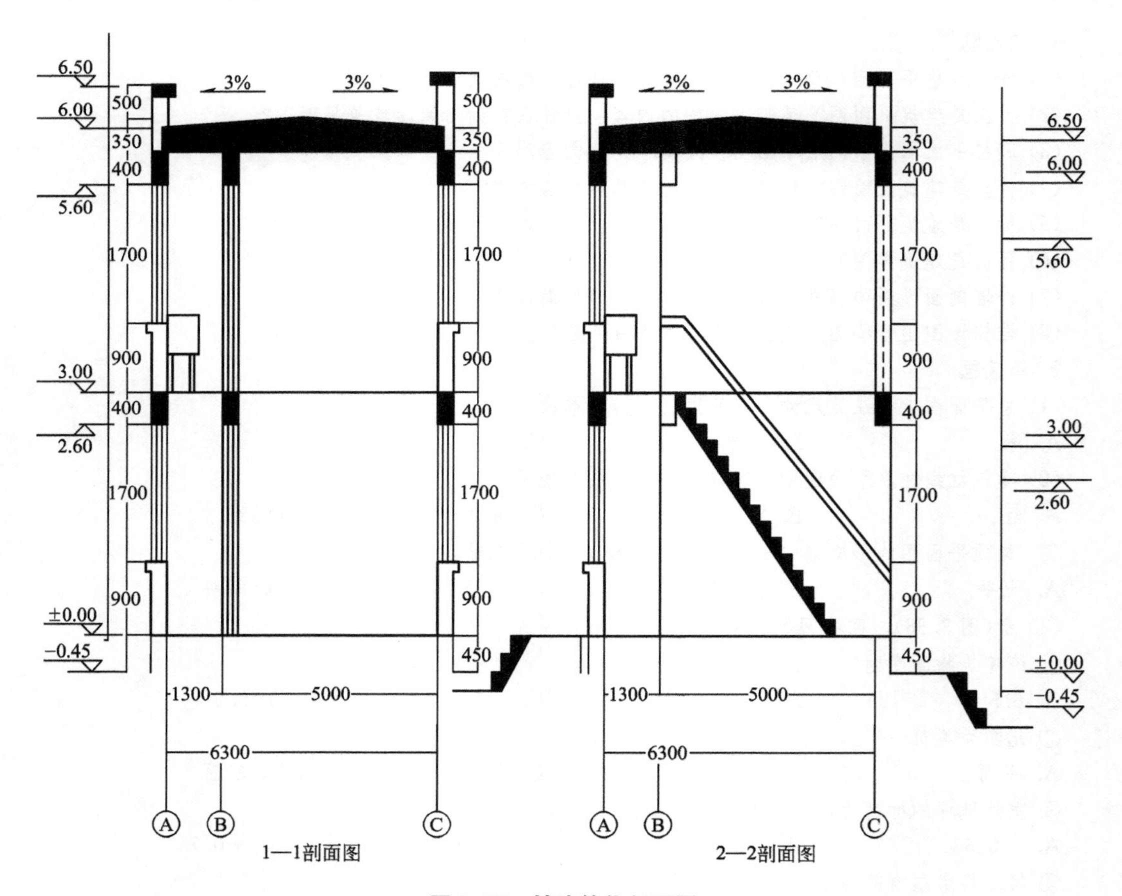

图 3.37　某建筑物剖面图

(1) 采用 1∶50 比例绘制。

(2) 图纸规范。

4. 识图题

看(图 3.38)，回答下列问题。

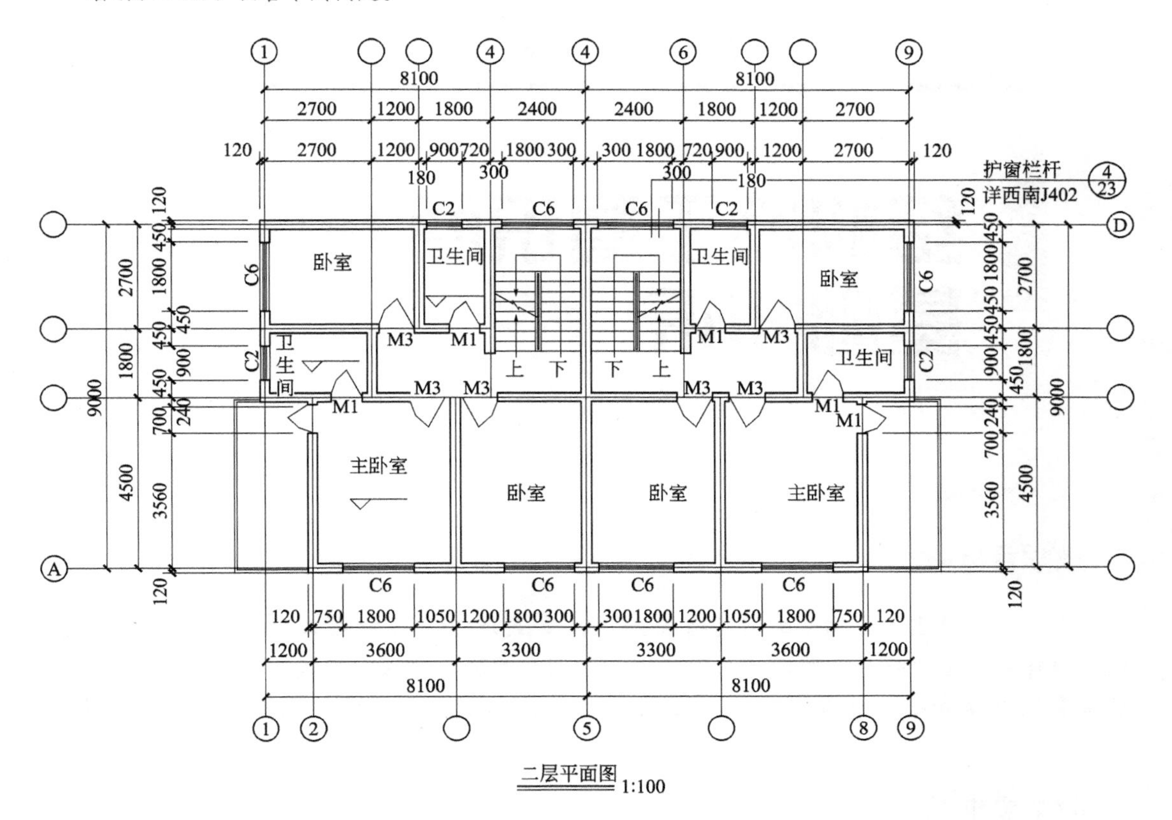

图 3.38　某建筑物平面图

(1) 主卧室的开间多少？进深是多少？

(2) C6 的洞口宽度？本层有几扇？

(3) 解释详图索引符号的含义。

(4) 在“上”、“下”后面写上正确的级数。

第4章

结构施工图识图基础知识

教学目标

本章首先讲述了结构施工图的有关知识，重点介绍了基础施工图、柱梁板结构施工图、楼梯结构图的概念、图示方法、读图、绘图的步骤和方法。通过本章的学习，学生应熟练掌握识读和绘制基础施工图、柱梁板结构施工图、楼梯结构图等施工图的步骤和方法。

教学要求

能力目标	知识要点	权重
掌握基础施工图的识读和绘制	基础平面图及基础详图	30%
掌握柱梁板结构施工图的识读和绘制	结构平面布置图，梁、柱、板等构件详图	30%
掌握楼梯结构图的识读和绘制	楼梯平面布置图，梯梁、梯板等构件详图	20%
熟悉结构施工图的内容、构件代号、钢筋名称、符号及标注	常见结构施工图的内容、构件代号、钢筋名称、符号及标注	5%
熟悉现浇钢筋混凝土构件平面整体表示法	梁、柱、剪力墙平法施工图制图规则	15%

章节导读

房屋的结构施工图是根据房屋建筑中的承重构件进行结构设计后画出的图样。结构设计时要根据建筑要求选择结构类型，并进行合理布置，再通过力学计算确定构件的断面形状、大小、材料及构造等。结构施工图必须与建筑施工图密切配合，它们之间不能产生矛盾。

结构施工图与建筑施工图一样，是施工的依据，主要用于放灰线、挖基槽、基础施工、支承模板、配钢筋、浇灌混凝土等施工过程，也是计算工程量、编制预算和施工进度计划的依据。

知识点滴

房屋结构的分类

常见的房屋结构按承重构件的材料可分为以下几种。

(1) 混合结构——墙用砖砌筑，梁、楼板和屋面都是钢筋混凝土构件。

(2) 钢筋混凝土结构——柱、梁、楼板和屋面都是钢筋混凝土构件。

(3) 砖木结构——墙用砖砌筑，梁、楼板和屋架都用木料制成。

(4) 钢结构——承重构件全部为钢材。

(5) 木结构——承重构件全部为木料。

目前我国建造的住宅、办公楼、学校的教学楼、集体宿舍等民用建筑，都广泛采用混合结构。在房屋建筑结构中，结构的作用传递给基础，最后由基础传递给地基。

4.1 结构施工图基本知识介绍

引例

(1) 如图4.1所示为一个框架柱的结构施工图，如何来识别这张图呢？

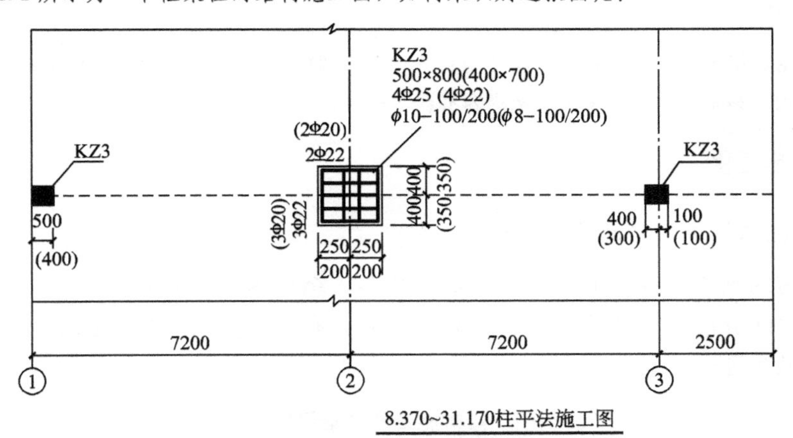

图 4.1 柱平法施工图示例

4.1.1 结构施工图内容

不同类型的结构，其施工图的具体内容与表达也各有不同，但一般包括下列三个方面的内容。

1. 结构设计说明

(1) 本工程结构设计的主要依据。

(2) 设计标高所对应的绝对标高值。

(3) 建筑结构的安全等级和设计使用年限。

(4) 建筑场地的地震基本烈度、场地类别、地基土的液化等级、建筑抗震设防类别、抗震设防烈度和混凝土结构的抗震等级。

(5) 所选用结构材料的品种、规格、型号、性能、强度等级、受力钢筋保护层厚度、钢筋的锚固长度、搭接长度及接长方法。

(6) 所采用的通用做法的标准图图集。

(7) 施工应遵循的施工规范和注意事项。

2. 结构平面布置图

(1) 基础平面图，采用桩基础时还应包括桩位平面图，工业建筑还包括设备基础布置图。

(2) 楼层结构平面布置图，工业建筑还包括柱网、吊车梁、柱间支撑、连系梁布置等。

(3) 屋顶结构布置图，工业建筑还应包括屋面板、天沟板、屋架、天窗架及支撑系统布置等。

3. 构件详图

(1) 梁、板、柱及基础结构详图。

(2) 楼梯、电梯结构详图。

(3) 屋架结构详图。

(4) 其他详图，如支撑、预埋件、连接件等的详图。

特别提示

结构施工图的图纸内容跟建筑物结构类型相关，上面的结构施工图内容一般指混凝土结构施工图内容，其他的结构比如钢结构、木结构图纸内容有些不一样。

4.1.2 结构施工图一般规定

1. 结构施工图中常用的构件代号

房屋结构的基本构件，如梁、柱、板、墙等，结构繁多，布置复杂，为了图示简明扼要，并把构件区分清楚，便于施工、制表、查阅，有必要把每类构件给予代号。现摘录常用构件代号见表 4-1。

表 4-1 结构施工图中常用构件代号

名称	代号	名称	代号
板	B	楼梯梁	TL
基础梁	JL	空心板	KB
屋面板	WB	框架梁	KZ

（续）

名称	代号	名称	代号
槽形板	CB	梁	L
框支梁	KZL	承台	CT
楼梯板	TB	屋面梁	WL
屋面框架梁	WKL	桩	ZH
盖板或沟盖板	GB	地梁	DL
屋架	WJ	雨篷	YP
挡雨板或檐口板	YB	圈梁	QB
柱	Z	阳台	YT
墙板	QB	过梁	GL
框架柱	KZ	预埋件	M
天沟板	TGB	联系梁	LL
构造柱	GZ	基础	J

注：预制钢筋混凝土构件、现浇钢筋混凝土构件、钢构件，一般可直接采用本表中的构件代号。在绘图中，当需要区别上述构件的材料种类时，可在构件代号前加注材料代号，并在图纸中加以说明。预应力钢筋混凝土构件的代号，应在构件代号前加注“Y-”，如Y-KB表示预应力钢筋混凝土空心板。

2. 图线规定

绘制结构图，应遵守《房屋建筑制图统一标准》(GB/T 50001—2001)和《建筑结构制图标准》(GB/T 50105—2001)的规定。结构图的图线、线型、线宽应符合表4-2规定。

表4-2 结构施工图的图线、线型、线宽规定

线型	线宽	一般用途
粗实线	b	螺栓、钢筋线、结构平面布置图中单线结构构件线及钢、木支撑线
中实线	$0.5b$	结构平面图中及详图中剖到或可见的墙身轮廓线、钢木构件轮廓线
细实线	$0.25b$	钢筋混凝土构件的轮廓线、尺寸线，基础平面图中的基础轮廓线
粗虚线	b	不可见的钢筋、螺栓线、结构平面布置图中不可见的钢、木支撑线及单线结构件线
中虚线	$0.5b$	结构平面图中不可见的墙身轮廓线及钢、木构件轮廓线
细虚线	$0.25b$	基础平面图中管沟轮廓线、不可见的钢筋混凝土构件轮廓线
粗点画线	b	垂直支撑、柱间支撑
细点画线	$0.25b$	中心线、对称线、定位轴线
粗双点画线	b	预应力钢筋线
折断线	$0.25b$	断开界线
波浪线	$0.25b$	断开界线

3. 比例规定

绘制结构图时，针对图样的用途和复杂程度，选用表 4-3 中的常用比例。

表 4-3 结构施工图的比例

图名	常用比例
基础图	1∶50、1∶100、1∶200
圈梁平面图、管沟平面图	1∶200、1∶500
详图	1∶10、1∶20、1∶30、1∶50

4. 其他规定

(1) 结构图上的轴线及编号应与建筑施工图相一致。

(2) 结构图上的尺寸标注应与建筑施工图相符合，但结构图所标注的尺寸是结构的实际尺寸，即不包括结构表层粉刷或面层的厚度。

(3) 结构图应用正投影法绘制。

4.1.3 钢筋混凝土构件图相关知识介绍

1. 钢筋混凝土相关知识简单介绍

钢筋混凝土构件由钢筋和混凝土两种材料组合而成。混凝土由水、水泥、黄砂、石子按一定比例拌和硬化而成。混凝土抗压强度高，混凝土的强度等级分为 C15、C20、C25、C30、C35、C40、C45、C50、C55、C60、C65、C70、C75、C80 十四个等级，数字越大，表示混凝土的抗压强度越高。混凝土的抗拉强度比抗压强度低得多，一般仅为抗压强度的 1/20～1/10，而钢筋不但具有良好的抗拉强度，而且与混凝土有良好的粘合力，其热膨胀系数与混凝土相近，因此，两者常结合组成钢筋混凝土构件。如图 4.2 所示两端支承在砖墙上的钢筋混凝土的简支梁，将所需的纵向钢筋均匀地放置在梁的底部与混凝土浇筑在一起，梁在均布荷载的作用下产生弯曲变形。梁的上部为受压区，由混凝土承受压力；梁的下部为受拉区，由钢筋承受拉力。常见的钢筋混凝土构件有梁、板、柱、基础、楼梯等。为了提高构件的抗裂性，还可制成预应力钢筋混凝土构件。没有钢筋的混凝土构件称为混凝土构件或素混凝土构件。

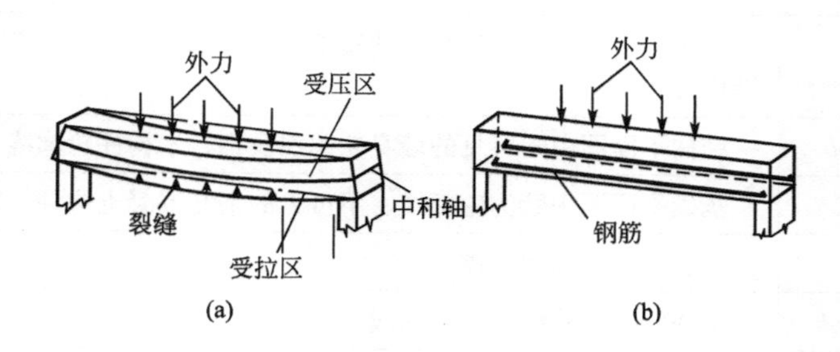

图 4.2 钢筋混凝土梁受力示意图

钢筋混凝土构件有现浇和预制两种。现浇指在建筑工地现场浇制，预制指在预制品工厂先浇制好，然后运到工地进行吊装，有的预制构件(如厂房的柱或梁)也可在工地上预制，然后吊装。

2. 钢筋的分类与作用

1）钢筋按其所起的作用分类

如图 4.3 所示，配置在钢筋混凝土构件中的钢筋，按其所用可分为以下几种。

① 受力筋。承受拉力或压力的钢筋，在梁、板、柱等各种钢筋混凝土构件中都有配置。

② 架立筋。一般只在梁中使用，与受力筋、箍筋一起形成钢筋骨架，用以固定箍筋位置。

③ 箍筋。一般都用于梁和柱内，用以固定受力筋位置，并承受部分斜拉应力。

④ 分布筋。一般用于板内，与受力筋垂直，用以固定受力筋的位置，与受力筋一起构成钢筋网，使力均匀分布给受力筋，并抵抗热胀冷缩所引起的温度变形。

⑤ 构造筋。因构件在构造上的要求或施工安装需要而配置的钢筋。如图 4.3(b)所示的板，在支座处于板的顶部所加的构造筋，属于前者；两端的吊环则属于后者。

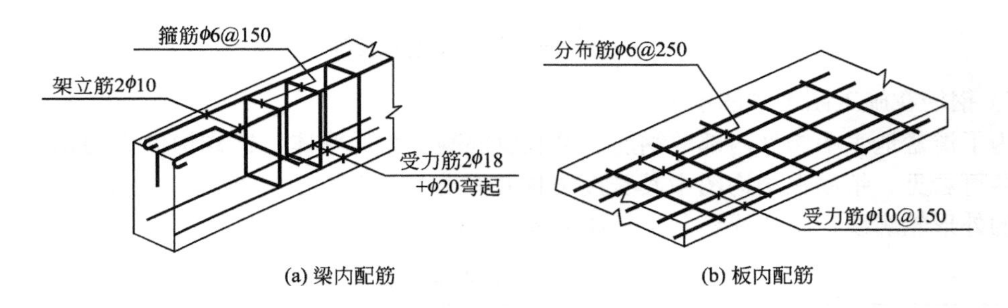

图 4.3 钢筋形式

2）钢筋的种类与符号

热轧钢筋是建筑工程中用量最大的钢筋，主要用于钢筋混凝土和预应力混凝土配筋。钢筋有光圆钢筋和带肋钢筋之分，热轧光圆钢筋的牌号为 HPB235；常用带肋钢筋的牌号有 HRB335、HRB400 和 RRB400 几种。其强度、代号、规格详见表 4-4。对于预应力构件中常用的钢绞线、钢丝等可查阅有关的资料，此处不再详述。

表 4-4 常用的钢筋代号

种类(热轧钢筋)	名称	直径 d(mm)	强度标准值 f_{yk}(N/mm^2)
HPB235(Q235)	光圆钢筋(Ⅰ级钢筋)	8～20	235
HRB335(20MnSi)	带肋钢筋(Ⅱ级钢筋)	6～50	335
HRB400(20MnSiV)	带肋钢筋(Ⅲ级钢筋)	6～50	400
RRB400(K20MnSi)	带肋钢筋(新Ⅲ级钢筋)	8～40	400

3）钢筋保护层

钢筋外缘到构件表面的距离称为钢筋的保护层。其作用是保护钢筋免受锈蚀，提高钢筋与混凝土的粘结力。

4）钢筋的标注

钢筋的直径、根数及相邻钢筋中心距在图样上一般采用引出线方式标注，其标注形式有下面两种。

（1）标注钢筋的根数和直径。

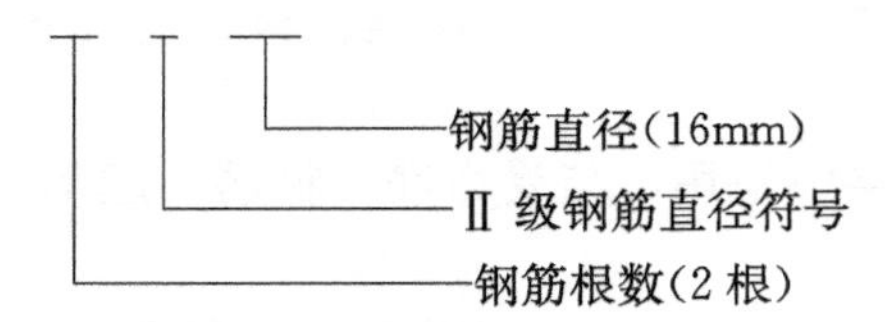

（2）标注钢筋的直径和相邻钢筋中心距

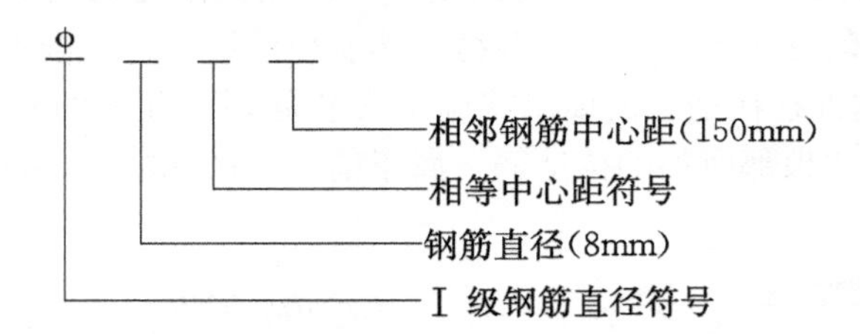

5）钢筋在施工图中的图示方法

为了清楚地表明构件内部的钢筋，可假设混凝土为透明体，这样构件中的钢筋在施工图中便可看见。钢筋在结构图中其长度方向用单根粗实线表示，断面钢筋用圆黑点表示，构件的外形轮廓线用中实线绘制，具体见表 4-5。

表 4-5　一般钢筋图例

序号	名称	图例	说明
1	钢筋横断面	•	
2	无弯钩的钢筋端部		下图表示长、短钢筋投影重叠时，短钢筋的端部用 45°斜画线表示
3	带半圆形弯钩的钢筋端部		
4	带直钩的钢筋端部		
5	无弯钩的钢筋搭接		
6	带半圆弯钩的钢筋搭接		
7	带直钩的钢筋搭接		
8	机械连接的钢筋接头		用文字说明机械连接的方式

4.2　基础结构施工图识图基础知识

引例

读下面的结构施工图（图 4.4），回答问题。

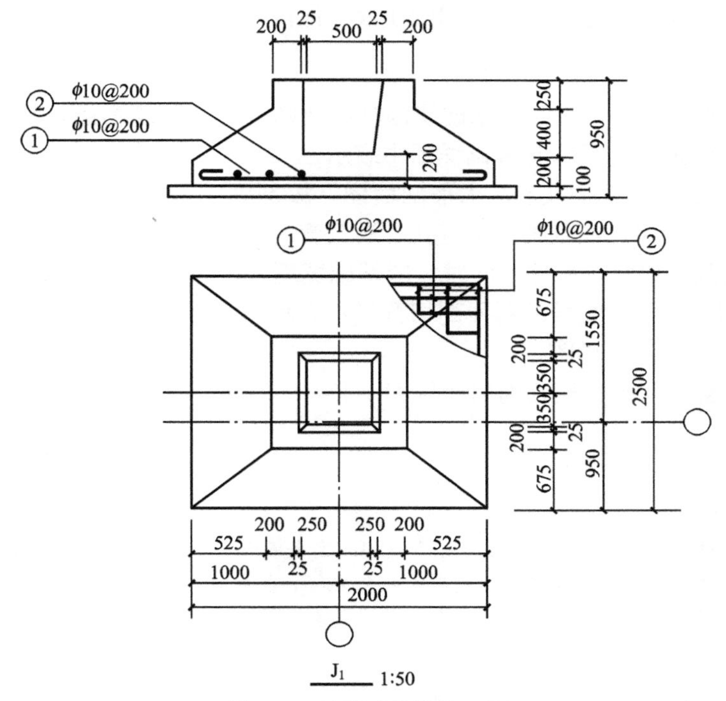

图 4.4 某基础结构施工图

(1) 这张结构施工图的是什么图？采用多大比例绘制？

(2) 这张图上的基础是什么基础？它的尺寸多大？

(3) 简述基础里的钢筋分布。

(4) 简述基础断面的形状、材料。

(5) 基础一般有哪几种类型？

4.2.1 建筑物基础

房屋中哪个部位是基础呢？通常把建筑物地面(±0.000)以下、承受房屋全部荷载的结构称为基础。基础以下称为地基。基础的作用就是将上部荷载均匀地传递给地基。基础的形式很多，常采用的有条形基础、独立基础和桩基础等。

基础图主要用来表示基础、地沟等的平面布置及基础、地沟等的做法，包括基础平面图、基础详图和文字说明三部分，主要用于放灰线、挖基槽、基础施工等，是结构施工图的重要组成之一。

4.2.2 基础图

1. 基础平面图的产生和作用

假设用一水平剖切面，沿建筑物底层室内地面把整栋建筑物剖开，移去截面以上的建筑物和基础回填土后，作水平投影，就得到基础平面图。

基础平面图主要表示基础的平面布置以及墙、柱与轴线的关系，为施工放线、开挖基槽或基坑和砌筑基础提供依据。

2. 画法

在基础图中，绘图的比例、轴线编号及轴线间的尺寸必须同建筑平面图一样。线型的选用是基础墙用粗实线，基础底宽度用细实线，地沟等用细虚线。

3. 基础平面图的特点

(1) 在基础平面图中，只画出基础墙(或柱)及基础底面的轮廓线，其他细部轮廓线都省略，这些细部的形状和尺寸在基础详图中表示。

(2) 由于基础平面图实际上是水平剖面图，故剖到的基础墙、柱的边线用粗实线画出；基底用细实线画出；在基础内留有孔、洞及管沟位置用细虚线画出。

(3) 凡基础截面形状、尺寸不同时，即基础宽度、墙体厚度、大放脚、基底标高及管沟做法下同，均标有不同编号的断面剖切符号，表示画有不同的基础详图。根据断面剖切符号的编号可以查阅基础详图。

(4) 不同类型的基础、柱分别用代号 J1，J2，…和 Z1，Z2…表示。

特别提示

引例的解答：这张基础结构图，比例是 1：50；这个基础是独立基础结构施工图，基础尺寸是 2000mm×2500mm×850mm；横向排列的钢筋是φ10@200，竖向排列的钢筋是φ10@200，纵横交错；基础断面形状是杯口形，材料是钢筋混凝土；基础一般有条形基础、独立基础、桩基础、箱形基础、筏板基础几种类型。

4. 基础平面图的内容

基础平面图主要表示基础墙、柱、留洞及构件布置等平面位置关系。包括以下内容。

(1) 图名和比例：基础平面图的比例应与建筑平面图相同。常用比例为 1：100，1：200。

(2) 基础平面图应标出与建筑平面图相一致的定位轴线及其编号和轴线之间的尺寸。

(3) 基础的平面布置：基础平面图应反映基础墙、柱、基础底面的形状、大小及基础与轴线的尺寸关系。

(4) 基础梁的布置与代号：不同形式的基础梁用代号 JL1，JL2…表示。

(5) 基础的编号、基础断面的剖切位置和编号。

(6) 施工说明：用文字说明地基承载力及材料强度等级等。

5. 基础详图的特点与内容

(1) 不同构造的基础应分别画出其详图，当基础构造相同，而仅部分尺寸不同时，也可用一个详图表示，但需标出不同部分的尺寸。基础断面图的边线一般用粗实线画出，断面内应画材料图例；若是钢筋混凝土基础，则只画出配筋情况，不画出材料图例。

(2) 图名与比例。

(3) 轴线及其编号。

(4) 基础的详细尺寸，基础墙的厚度，基础的宽、高，垫层的厚度等。

(5) 室内外地面标高及基础底面标高。

(6) 基础及垫层的材料、强度等级、配筋规格及布置。

(7) 防潮层、圈梁的做法和位置。

(8) 施工说明等。

6. 读图示例

如图 4.5 所示为某宿舍楼的基础平面图和基础配筋图，本实例为钢筋混凝土柱下独立

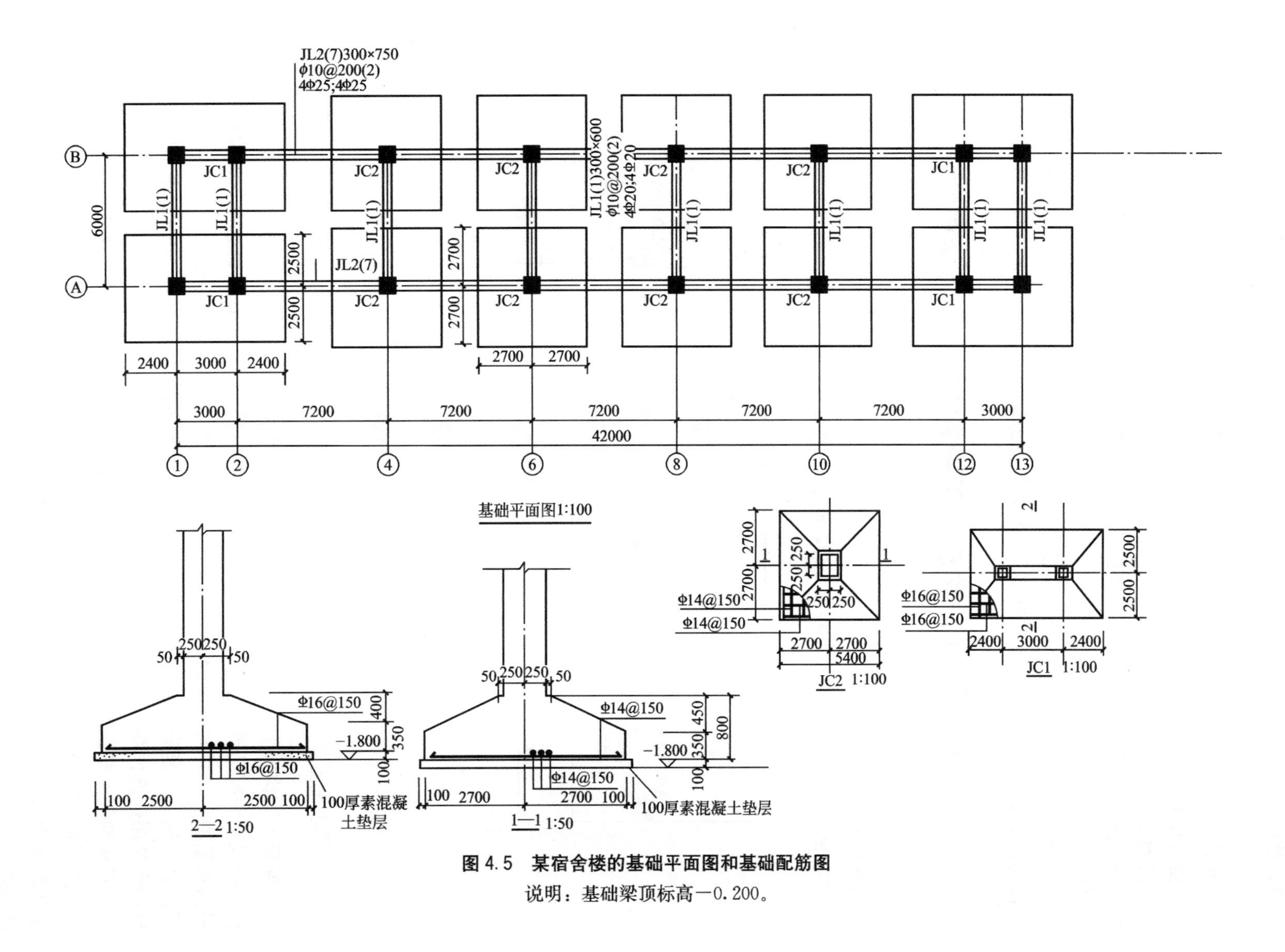

图 4.5 某宿舍楼的基础平面图和基础配筋图

说明：基础梁顶标高-0.200。

基础。基础沿Ⓐ、Ⓑ轴布置，①、②轴和⑫，⑬轴的左右两柱各共用一个基础，为 JC1，共 4 个，其他为 JC2，共 8 个。

基础 JC1、JC2 有详图表示其各部位尺寸、配筋和标高等。

基础用基础梁联系，横向基础梁为 JL1，共 8 根，纵向基础梁为 JL2，共 2 根。

基础梁 JL1 采用集中标注方法，标注含义：JL1 为梁编号；(1)为跨数；300mm×600mm 为梁截面尺寸；φ10@200 为箍筋；(2)为双肢箍；4⌀20 为下部钢筋；4⌀20 为上部钢筋。

基础梁 JL2 (7)表示梁从①～⑬轴共 7 跨；截面尺寸为 300mm×750mm，φ10@200 为箍筋；双肢箍；4⌀25 为下部钢筋；4⌀25 为上部钢筋。

4.3 混凝土结构施工图平面整体表示方法简介

引例

下图是一根框架梁的结构施工图(图 4.6)，如何来识别这张图呢？

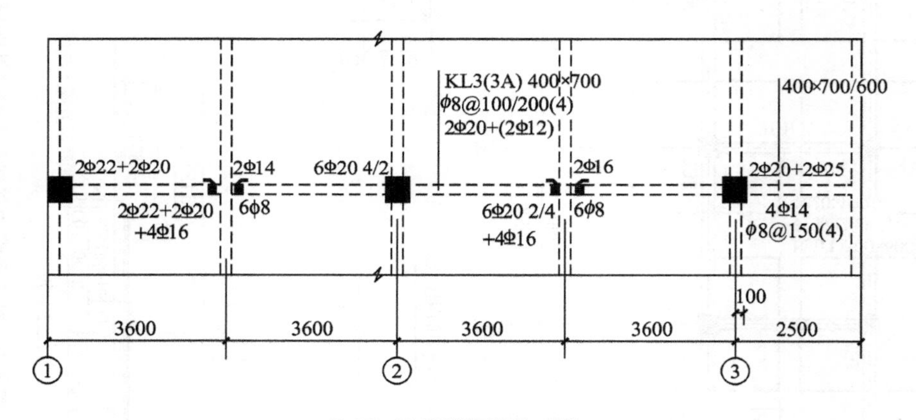

图 4.6 梁平法施工图示例

4.3.1 平法施工图的表达方式与特点

混凝土结构施工图平面整体表示方法简称为平法，其表达形式，概括来讲，是把结构构件的尺寸和配筋等，按照平面整体表示方法制图规则，整体直接表达在各类构件的结构平面布置图上，再与相应的“结构设计总说明”和梁、柱、墙等构件的“标准构造详图”相配合，构成一套完整的结构设计。改变了传统的那种将构件从结构平面图中索引出来，再逐个绘制配筋详图的烦琐方法。

平法的优点是图面简洁、清楚、直观性强，图纸数量少，设计和施工人员都很欢迎。

为了保证按平法设计的结构施工图实现全国统一，建设部已将平法的制图规则纳入国家建筑标准设计图集——《混凝土结构施工图平面整体表示方法制图规则和构造详图》(GJBT—518 03G101—1)(简称《平法图集》)。

4.3.2 《平法图集》的内容组成

《平法图集》由平面整体表示方法制图规则和标准构造详图两大部分内容组成，各章内容如下。

第一部分　建筑结构施工图平面整体表示方法制图规则

第一章　总则

第二章　柱平法施工图制图规则

第三章　剪力墙平法施工图制图规则

第四章　梁平法施工图制图规则

第二部分　标准构造详图

《平法图集》适用于非抗震和抗震设防烈度为6、7、8、9度地区一至四级抗震等级的现浇混凝土框架、剪力墙、框剪和框支剪力墙主体结构施工图的设计。所包含的内容为常用的墙、柱、梁三种构件。(也可以说：平法制图规则适用于各种现浇混凝土结构的柱、剪力墙、梁等构件的结构施工图设计)。

4.3.3 平法施工图的一般规定

按平法设计绘制的施工图，一般是由各类结构构件的平法施工图和标准详图两个部分构成，但对复杂的建筑物，尚需增加模板、开洞和预埋件等平面图。

现浇板的配筋图仍采用传统表达方法绘制。

按平法设计绘制结构施工图时，应将所有梁、柱、墙等构件按规定编号，同时必须按规定在结构平面布置图上直接表示各构件的尺寸、配筋和所选用的标准构造详图。

出图时，宜按基础、柱、剪力墙、梁、板、楼梯及其他构件的顺序排列。

应当用表格或其他方式注明各层(包括地下和地上)的结构层楼地面标高、结构层高及相应的结构层号。结构层楼面标高是指将建筑图中的各层地面和楼面标高值扣除建筑面层及垫层厚度后的标高，结构层号应与建筑楼层号对应一致。

在平面布置图上表示各构件尺寸和配筋的方式，分平面注写方式、列表注写方式和断面注写方式三种。

结构设计说明中应写明以下内容：

(1) 本设计图采用的是平面整体表示方法，并注明所选用平法标准图的图集号。

(2) 混凝土结构的使用年限。

(3) 抗震设防烈度及结构抗震等级。

(4) 各类构件在其所在部位所选用的混凝土强度等级与钢筋种类。

(5) 构件贯通钢筋需接长时采用的接头形式及有关要求。

(6) 对混凝土保护层厚度有特殊要求时，写明不同部位构件所处的环境条件。

(7) 当标准详图有多种做法可选择时，应写明在何部位采用何种做法。

(8) 当具体工程需要对平法图集的标准构造详图做某些变更时，应写明变更的内容。

(9) 其他特殊要求。

特别提示

平法施工图的表达方式对于设计者来说绘图比较容易，但对于看图者来说缺乏直观性，需要将平法识图和剖面图、断面图结合起来思考。

4.3.4 柱平法施工图制图规则

柱平法施工图有列表注写和断面注写两种方式。柱在不同标准层截面多次变化时，可用列表注写方式，否则宜用断面注写方式。

1. 断面注写方式

在分标准层绘制的柱平面布置图的柱截面上，分别在同一编号的柱中选择一个截面，直接注写截面尺寸和配筋数值。下面以图 4.7 为例说明其表达方法：

(1) 在柱定位图中，按一定比例放大绘制柱截面配筋图，在其编号后再注写截面尺寸(按不同形状标注所需数值)、角筋、中部纵筋及箍筋。

(2) 柱的竖筋数量及箍筋形式直接画在大样图上，并集中标注在大样旁边。

(3) 当柱纵筋采用同一直径时，可标注全部钢筋；当纵筋采用两种直径时，需将角筋和各边中部筋的具体数值分开标注；当柱采用对称配筋时，可仅在一侧注写腹筋。

(4) 必要时，可在一个柱平面布置图上用小括号“( )”和尖括号“＜＞”区分和表达各不同标准层的注写数值。

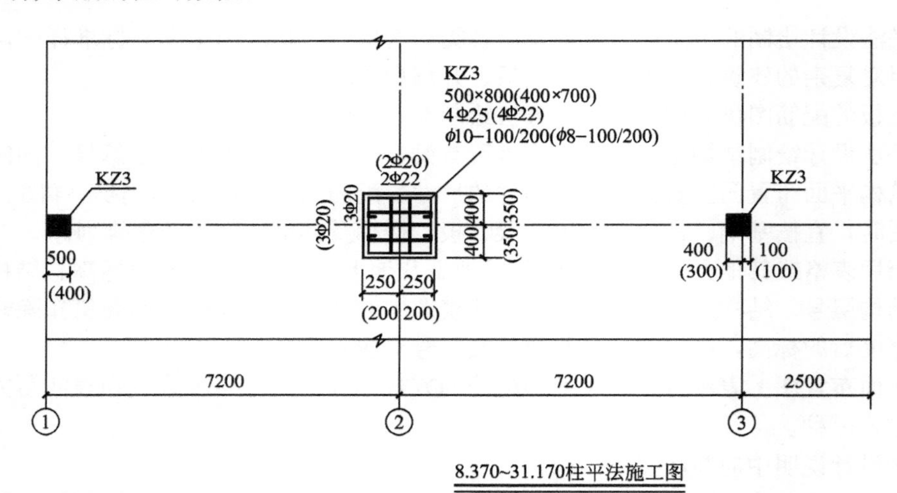

图 4.7 柱平法施工图示例

2. 列表注写方式

在柱平面布置图上，分别在同一编号的柱中选择一个或几个截面标注几何参数代号(反映截面对轴线的偏心情况)，用简明的柱表注写柱号、柱段起止标高、几何尺寸(含截面对轴线的偏心情况)与配筋数值，并配以各种柱截面形状及箍筋类型图。

柱表中自柱根部(基础顶面标高)往上以变截面位置或配筋改变处为界分段注写。

4.3.5 梁平法施工图制图规则

梁平法施工图同样有断面注写和平面注写两种方式。当梁为异形截面时，可用断面注写方式，否则宜用平面注写方式。

梁平面布置图应分标准层按适当比例绘制，其中包括全部梁和与其相关的柱、墙、板。对于轴线未居中的梁，应标注其定位尺寸(贴柱边的梁除外)。当局部梁的布置过密时，可将过密区用虚线框出，适当放大比例后再表示，或者将纵横梁分开画在两张图上。

同样，在梁平法施工图中，应采用表格或其他方式注明各结构层的顶面标高及相应的结构层号。

1. 平面注写方式

是在梁平面布置图上，对不同编号的梁各选一根，并在其上注写截面尺寸和配筋数值。

平面注写包括集中标注与原位标注。集中标注的梁编号及截面尺寸、配筋等代表许多跨，原位标注的要素仅代表本跨。具体表示方法如下。

(1) 梁编号及多跨通用的梁截面尺寸、箍筋、跨中面筋基本值采用集中标注，可从该梁任意一跨引出注写；梁底筋和支座面筋均采用原位标注。对与集中标注不同的某跨梁截面尺寸、箍筋、跨中面筋、腰筋等，可将其值原位标注。

(2) 梁编号由梁类型代号、序号、跨数及有无悬挑代号几项组成，应符合表4－6的规定。

表4－6 梁 编 号

梁类型	代号	序号	跨数及是否带有悬挑
楼层框架梁	KL	XX	(XX)或(XXA)或(XXB)
屋面框架梁	WKL	XX	(XX)或(XXA)或(XXB)
框支梁	KZL	XX	(XX)或(XXA)或(XXB)
非框架梁	L	XX	(XX) 或(XXA)或(XXB)
悬挑梁	XL	XX	

注：(XXA)为一端有悬挑，(XXB) 为两端有悬挑，悬挑不计入跨数。

例：KL7(5A)表示第7号框架梁，5跨，一端有悬挑。

(3) 等截面梁的截面尺寸用 $b\times h$ 表示；加腋梁用 $b\times h\mathrm{Y}L_t\times h_t$ 表示，其中 L_t 为腋长，h_t 为腋高；悬挑梁根部和端部的高度不同时，用斜线“/”分隔根部与端部的高度值。例：300×700 Y500×250 表示加腋梁跨中截面为300×700，腋长为500，腋高为250；200×500/300 表示悬挑梁的宽度为200，根部高度为500，端部高度为300。

(4) 箍筋加密区与非加密区的间距用斜线“/ ”分开，当梁箍筋为同一种间距时，则不需用斜线；箍筋肢数用括号里的数字表示。例：φ8@100/200(4) 表示箍筋加密区间距为100，非加密区间距为200，均为四肢箍。

(5) 梁上部或下部纵向钢筋多于一排时，各排筋按从上往下的顺序用斜线“/ ”分开；同一排纵筋有两种直径时，则用加号“＋”将两种直径的纵筋相连，注写时角部纵筋写在前面。例：6φ254/2 表示上一排纵筋为4φ25，下一排纵筋为2φ25；2φ25＋2φ22 表示有四根纵筋，2φ25 放在角部，2φ22 放在中部。

(6) 梁中间支座两边的上部纵筋不同时，须在支座两边分别标注；支座两边的上部纵筋相同时，可仅在支座的一边标注。

(7) 梁跨中面筋(贯通筋、架立筋)的根数，应根据结构受力要求及箍筋肢数等构造要求而定，注写时，架立筋须写入括号内，以示与贯通筋的区别。例：2φ22＋(2φ12) 用于四肢箍，其中 2φ22 为贯通筋，2φ12 为架立筋。

(8) 当梁的上、下部纵筋均为贯通筋时，可用“；”号将上部与下部的配筋值分隔开来标注。例：3φ22；3φ20 表示梁采用贯通筋，上部为 3φ22，下部为 3φ20。

(9) 梁某跨侧面布有抗扭腰筋时，须在该跨适当位置标注抗扭腰筋的总配筋值，并在其前面加“*”号。例：在梁下部纵筋处另注写有 *6φ18 时，则表示该跨梁两侧各有 3φ18的抗扭腰筋。

(10) 附加箍筋(密箍)或吊筋直接画在平面图中的主梁上，配筋值原位标注。

(11) 多数梁的顶面标高相同时，可在图面统一注明，个别特殊的标高可在原位加注。

2. 断面注写方式

是在分标准层绘制的梁平面布置图上，从不同编号的梁中各选择一根梁用剖面号引出配筋图并在其上注写截面尺寸和配筋数值。断面注写方式既可单独使用，也可与平面注写方式结合使用。

4.3.6 剪力墙平法施工图制图规则

剪力墙平法施工图也有列表注写和断面注写两种方式。剪力墙在不同标准层截面多次变化时，可用列表注写方式，否则宜用断面注写方式。

剪力墙平面布置图可采取适当比例单独绘制，也可与柱或梁平面图合并绘制。当剪力墙较复杂或采用截面注写方式时，应按标准层分别绘制。

在剪力墙平法施工图中，也应采用表格或其他方式注明各结构层的楼面标高、结构层标高及相应的结构层号。

对于轴线未居中的剪力墙(包括端柱)，应标注其偏心定位尺寸。

1. 列表注写方式

把剪力墙视为由墙柱、墙身和墙梁三类构件组成，对应于剪力墙平面布置图上的编号，分别在剪力墙柱表、剪力墙身表和剪力墙梁表中注写几何尺寸与配筋数值，并配以各种构件的截面图。在各种构件的表格中，应自构件根部(基础顶面标高)往上以变截面位置或配筋改变处为界分段注写。

2. 断面注写方式

在分标准层绘制的剪力墙平面布置图上，直接在墙柱、墙身、墙梁上注写截面尺寸和配筋数值。下面以图 4.8 为例说明其表达方法。

(1) 选用适当比例原位放大绘制剪力墙平面布置图。对各墙柱、墙身、墙梁分别编号。

(2) 从相同编号的墙柱中选择一个截面，标注截面尺寸、全部纵筋及箍筋的具体数值(注写要求与平法柱相同)。

(3) 从相同编号的墙身中选择一道墙身，按墙身编号、墙厚尺寸、水平分布筋、竖向分布筋和拉筋的顺序注写具体数值。

(4) 从相同编号的墙梁中选择一根墙梁，依次引注墙梁编号、截面尺寸、箍筋、上部纵筋、下部纵筋和墙梁顶面标高高差。墙梁顶面标高高差，是指相对于墙梁所在结构层楼面标高的高差值，高于者为正值，低于者为负值，无高差时不注。

(5) 必要时，可在一个剪力墙平面布置图上用小括号“( )”和尖括号“＜＞”区分

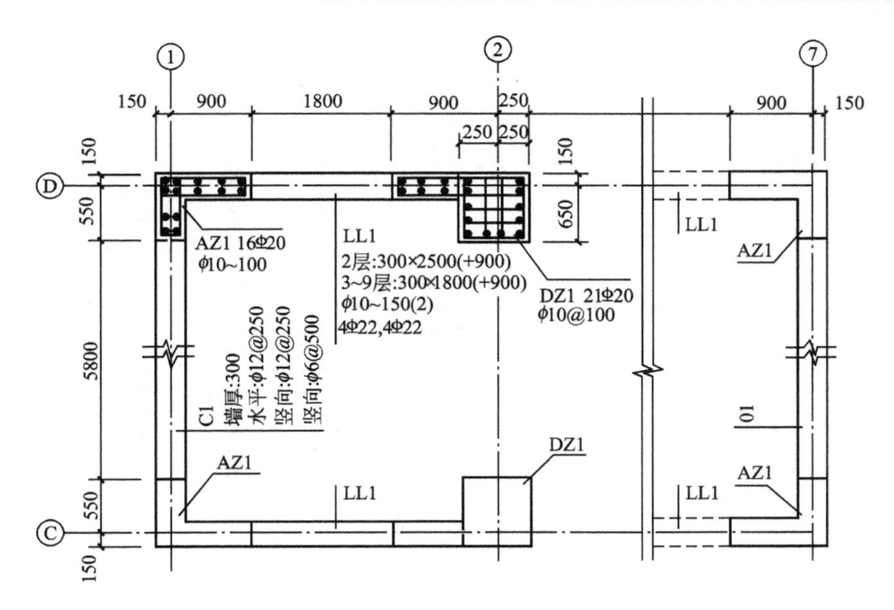

−0.030~31.170剪力墙平法施工图

图 4.8　剪力墙平法施工图示例

和表达各不同标准层的注写数值。

(6) 如若干墙柱(或墙身)的截面尺寸与配筋均相同，仅截面与轴线的关系不同时，可将其编为同一墙柱(或墙身)号。

(7) 当在连梁中配交叉斜筋时，应绘制交叉斜筋的构造详图，并注明设置交叉斜筋的连梁编号。

4.3.7　构造详图

如前所述，一套完整的平法施工图通常由各类构件的平法施工图和标准详图两个部分组成，构造详图是根据国家现行《混凝土结构设计规范》、《高层建筑混凝土结构技术规程》、《建筑抗震设计规范》等有关规定，对各类构件的混凝土保护层厚度、钢筋锚固长度、钢筋接头做法、纵筋切断点位置、连接节点构造及其他细部构造进行适当的简化和归并后给出的标准做法，供设计人员根据具体工程情况选用。设计人员也可根据工程实际情况，按国家有关规范对其作出必要的修改，并在结构施工图说明中加以阐述。

特别提示

引例的解答：该图是梁的结构施工图，该梁有两种标注，一种是集中标注，一种是原位标注。集中标注的梁编号及截面尺寸、配筋等代表许多跨，原位标注的要素仅代表本跨。

4.4　结构平面布置图基础知识

引例

如图 4.9 所示为一块现浇板的结构施工图，如何来识别这张图呢？

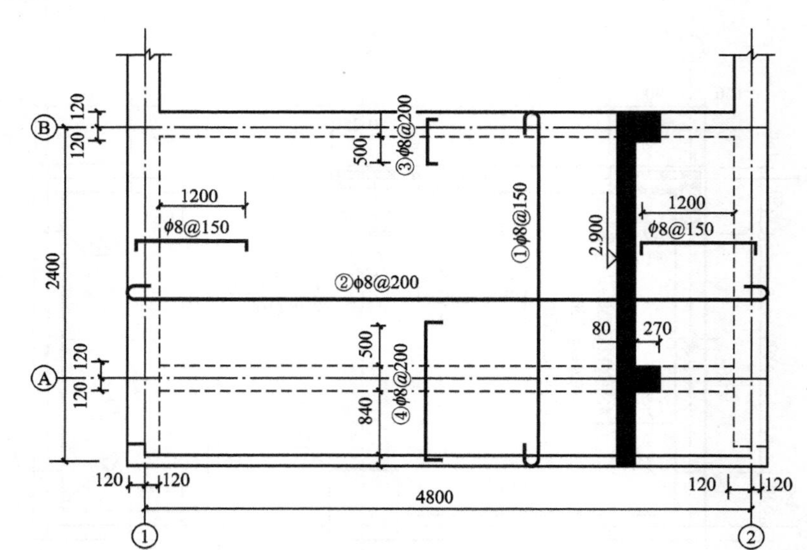

图 4.9 板结构施工图

4.4.1 结构平面布置图的形成和作用

结构平面图是假想沿着楼板面(只有结构层，尚未做楼面面层)将建筑物水平剖开所作的水平剖面图。它表示各层梁、板、柱、墙、过梁和圈梁等的平面布置情况，以及现浇楼板、梁的构造与配筋情况及构件之间的结构关系。

结构平面图为施工中安装梁、板、柱等各种构件提供依据，同时为现浇构件立模板、绑扎钢筋、浇筑混凝土提供依据。

4.4.2 结构平面图的内容

1. 预制楼板的表达方式

对于预制楼板，用粗实线表示楼层平面轮廓，用细实线表示预制板的铺设，习惯上把楼板下不可见墙体的实线改画为虚线。

预制板的布置有两种表达形式。

(1) 在结构单元范围内，按实际投影分块画出楼板，并注写数量及型号。对于预制板的铺设方式相同的单元，用相同的编号，如甲、乙等表示，而不一一画出每个单元楼板的布置，如图 4.10 所示。

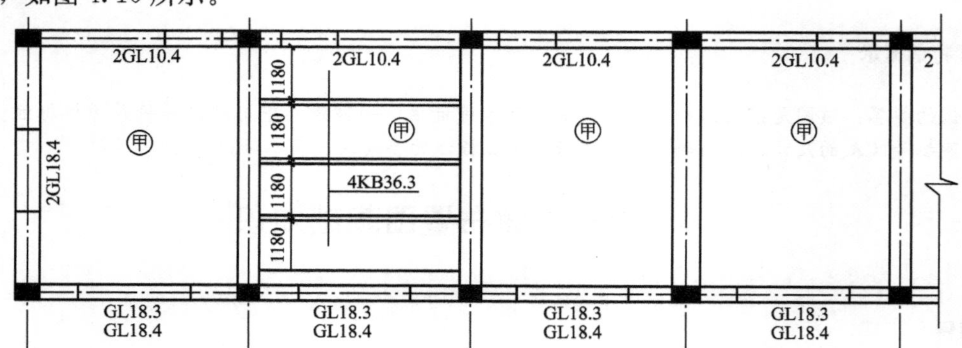

图 4.10 预制板的表达方式(1)

(2) 在结构单元范围内，画一条对角线，并沿着对角线方向注明预制板的数量及型号，如图 4.11 所示。

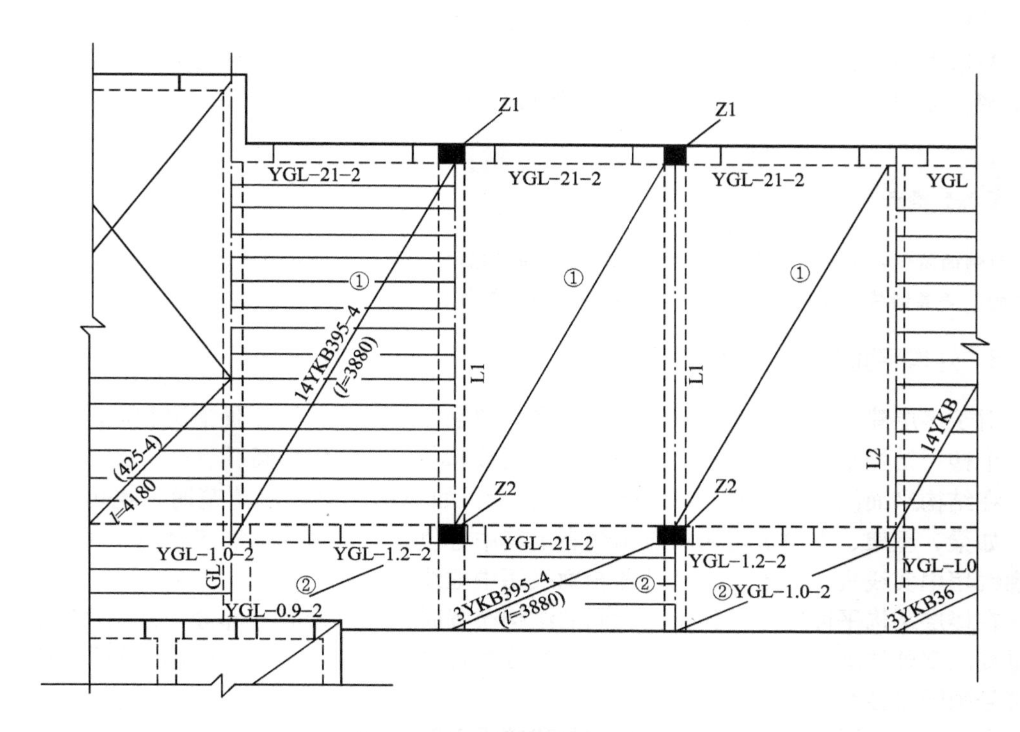

图 4.11 预制板的表达方式(2)

2. 现浇楼板的表达方式

对于现浇楼板，用粗实线画出板中的钢筋，每一种钢筋只画一根，同时画出一个重合断面，表示板的形状、板厚及板的标高，如图 4.12 所示。

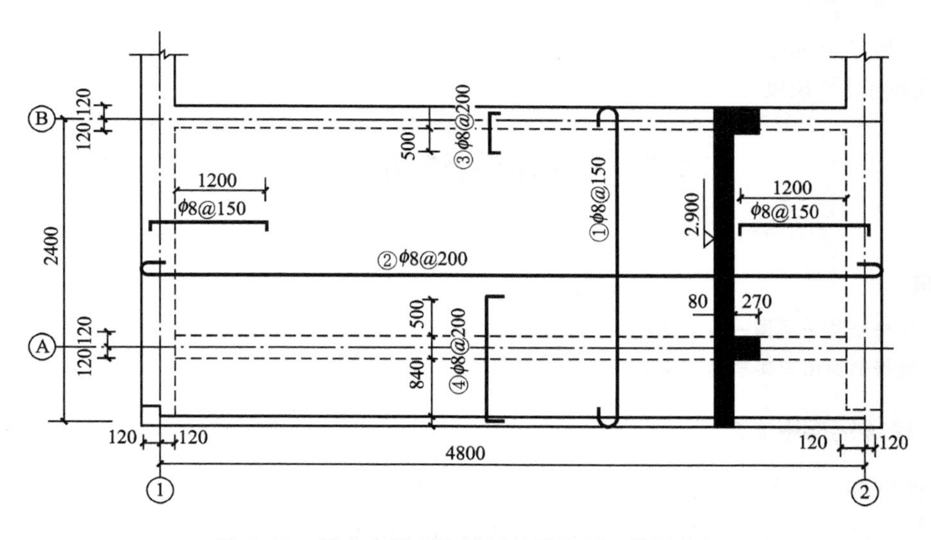

图 4.12 某宿舍楼现浇楼板与屋面板配筋图实例

楼梯间的结构布置一般不在楼层结构平面图中表示，只用双对角线表示楼梯间。这部分内容在楼梯详图中表示。

结构平面图的定位轴线必须与建筑平面图一致。

与承重构件布置相同的楼层，可只画一个结构平面布置图，并称之为标准层结构平面布置图，如图 4.12 所示为某宿舍楼现浇楼板与屋面板配筋图实例。

特别提示

引例的解答：该图是现浇板的结构施工图，板的钢筋有两层，沿着两个方向分布——长度方向和宽度方向。底层钢筋弯钩向上或向左，顶层钢筋则向下或向右。

4.4.3 结构平面图的一般画法

对于多层建筑，一般应分层绘制。但是，如果各层楼面结构布置情况相同时，可只画出一个楼层结构平面图，并注明应用各层的层数和各层的结构标高。

在结构平面图中，构件应采用轮廓线表示，如能用单线表示清楚时，也可用单线表示，如梁、屋架、支撑等可用粗点画线表示其中心位置。采用轮廓线表示时，可见的构件轮廓线用中实线表示，不可见构件的轮廓线用中虚线表示。

在楼层结构平面图中，如果有相同的结构布置时，可只绘制一部分，并用大写的拉丁字母或汉字外加细实线圆圈表示相同部分的分类符号，其他相同部分仅标注分类符号。分类符号圆圈直径为 4～6mm。

在楼层结构平面图中，定位轴线应与建筑平面图保持一致，并标注结构标高。结构平面图中的剖面图、断面详图的编号顺序宜按下列规定编排。

(1) 外墙按顺时针方向从左下角开始编号。

(2) 内横墙从左至右，从上至下编号。

(3) 内纵墙从上至下，从左至右编号。

对于现浇楼板来说，每种规格的钢筋只画一根，并注明其编号、规格、直径、间距或数量等，与受力筋垂直的分布筋不必画出，但要在附注中或钢筋表中说明其级别、直径、间距(或数量)及长度等。

4.5 楼梯结构详图基础知识

引例

(1) 楼梯结构平面图一般需要绘制几张图?

(2) 楼梯剖面图中哪些地方需要标出结构标高?

4.5.1 楼梯结构平面图

楼梯结构平面图表示了楼梯板和楼梯梁的平面布置、代号、尺寸及结构标高。一般包括地下层平面图、底层平面图、标准层平面图和顶层平面图，常用 1∶50 的比例绘制。楼梯结构平面图和楼层结构平面图一样，都是水平剖面图，只是水平剖切位置不同。通常把剖切位置选择在每层楼层平台的楼梯梁顶面，以表示平台、梯段和楼梯梁的结构布置。楼梯结构平面图中对各承重构件，如楼梯梁(TL)、楼梯板(TB)、平台板等进行了标注，梯段的长度标注采用“踏面宽×(步级数－1)＝梯段长度”的方式。楼梯结构平面图的轴线编号应与建筑施工图一致，剖切符号一般只在底层楼梯结构平面图中表示。如图 4.13 所示的楼梯结构平面图共有 3 个，分别是底层平面图、标准层平面图和顶层平面图，比例为 1∶50。楼梯平台板、楼梯梁和梯段板都采用现浇钢筋混凝土，图中画出了现浇板内的配筋，梯段板和楼梯梁另有详图画出，故只注明其代号和编号。从图中可知：梯段板共有两种(TB_1、TB_2)，楼梯梁为 TL_1。如图 4.14 所示的是楼梯结构剖面图及楼梯板的配筋图，楼梯结构剖面图表示楼梯承重构件的竖向布置、构造和连接情况，比例与楼梯结构平面图相同。图中所示的 1—1 剖面图，剖切位置和剖视方向表示在底层楼梯结构平面图中；表示了剖到的梯段板、楼梯平台、楼梯梁和未剖切到的可见的梯段板(细实线)的形状和连接情况。剖切到的梯段板、楼梯平台、楼梯梁的轮廓线用粗实线画出。

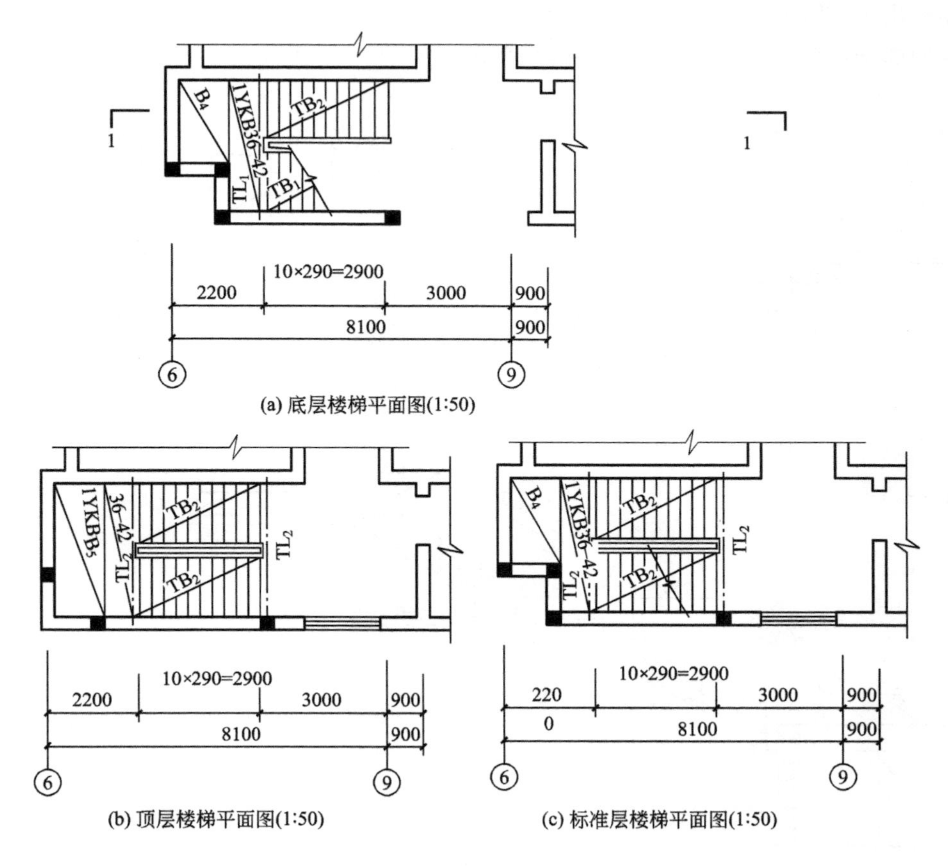

图 4.13 楼梯结构平面图

特别提示

引例(1)的解答：楼梯结构平面图一般需要绘制 3 个，分别是底层平面图、标准层平面图和顶层平面图。引例(2)的解答：在楼梯结构剖面图中，应标注出梯段的外形尺寸、楼层高度和楼梯平台的结构标高。

4.5.2 楼梯结构剖面图

在楼梯结构剖面图中，应标注出梯段的外形尺寸、楼层高度和楼梯平台的结构标高。绘制楼梯结构剖面图时，由于选用的比例较小(1∶50)，不能详细地表示楼梯板和楼梯梁的配筋，需另外用较大的比例(如 1∶30、1∶25、1∶20)画出楼梯的配筋图。楼梯配筋图主要由楼梯板和楼梯梁的配筋断面图组成。在图 4.14 中，梯段板 TB_2 厚 110mm，板底布置的纵向钢筋是直径为①ϕ 10@100，板中的分布筋直径为②ϕ 6@200，支座处板顶的受力筋是直径为③ϕ 10@100、④ϕ 10@100。如在配筋图中不能清楚地表示钢筋布置，或是对看图易产生混淆的钢筋，应在附近画出其钢筋详图(比例可以缩小)作为参考。由于楼梯平台板的配筋已在楼梯结构平面图中画出，故在楼梯板配筋图中楼梯梁和平台板的配筋不必画出，图中只要画出与楼梯板相连的楼梯梁、一段楼梯平台的外形线(细实线)就可以了。这里还作出了 TL_1 的断面图，显示了配筋情况。如果采用较大比例(1∶30、1∶25)绘制楼梯结构剖面图，楼梯板的配筋图与楼梯结构剖面如图 4.14 所示。

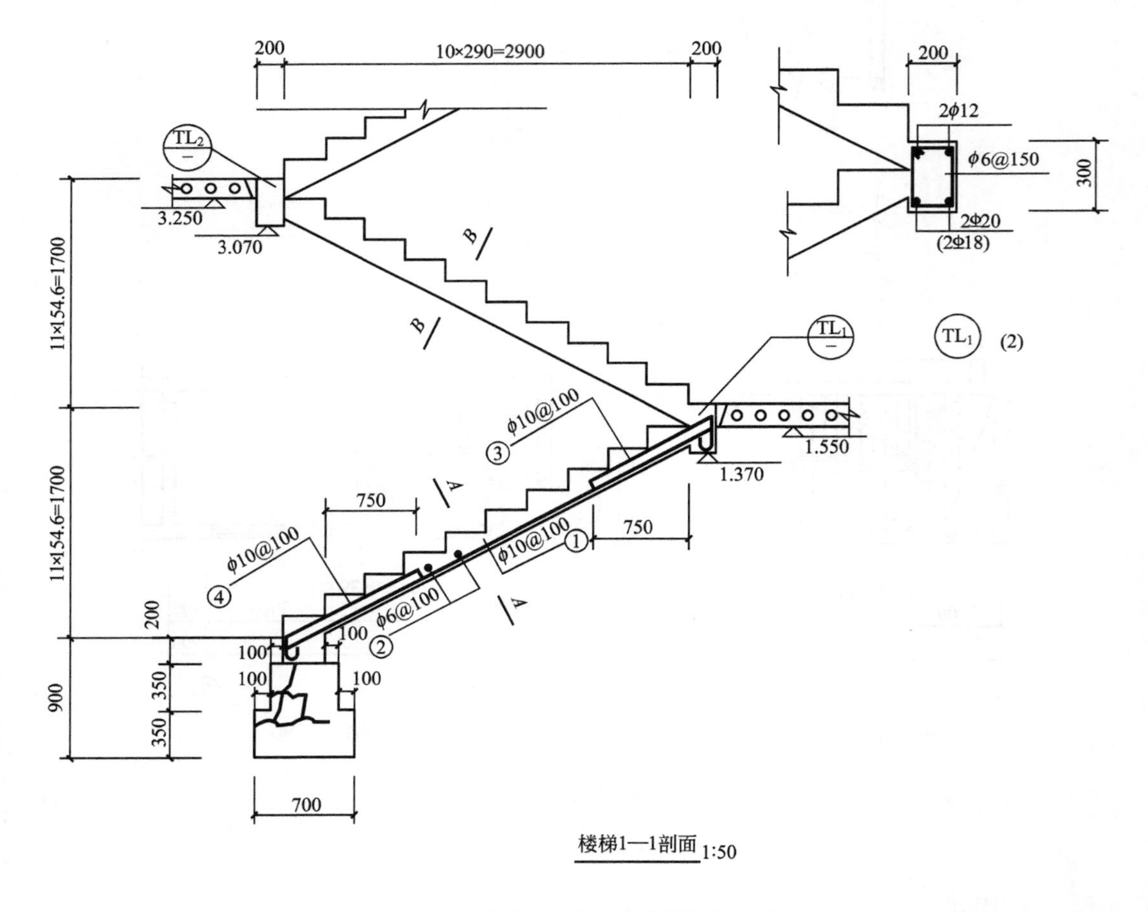

图 4.14　楼梯结构剖面图及楼梯板的配筋

4.6 结构施工图识读的一般方法与步骤

引例

如何阅读结构施工图的顺序？

4.6.1 结构施工图的识读方法

结构施工图的识读方法可归纳为："从上往下看，从左往右看，从前往后看，从大到小看，由粗到细看，图样与说明对照看，结施与建施结合看，其他设施图参照看。"

4.6.2 阅读结构施工图的顺序

按结构设计说明、基础图、柱及剪力墙施工图、楼屋面结构平面图及详图、楼梯电梯施工图的顺序读图，并将结构平面图与详图，结构施工图与建筑施工图对照起来看，遇到问题时，应一一记录并整理汇总，待图纸会审时提交加以解决。图纸中的文字说明是施工图的重要组成部分，应认真仔细逐条阅读，并与图样对照看，便于完整理解图纸。在阅读结构施工图时，遇到采用标准图集的情况，应仔细阅读规定的标准图集，具体识图步骤如图4.15所示。

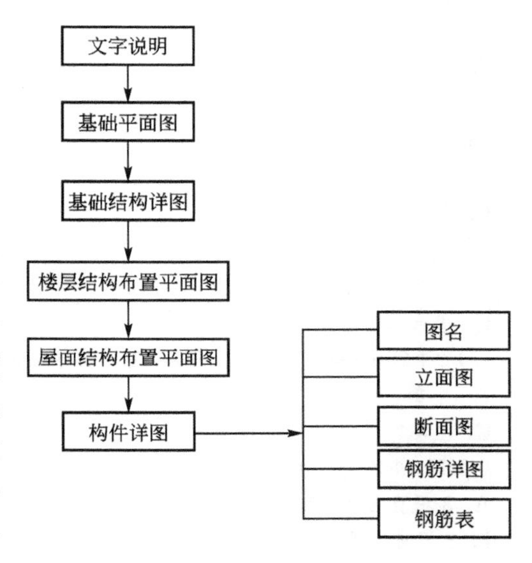

图4.15 结构施工图具体识图步

本章小结

本章重点介绍了楼层结构平面图整体标注的图示方法与要求，基础平面图及基础详图的图示方法，钢筋混凝土构配件的画法和尺寸标注。建议可采用结合现场实地参观的方式组织学生仔细阅读一套完整的结构施工图。

具体内容包括：结构施工图的内容、构件代号、钢筋名称、符号及标注；基础平面图及基础详图；结构平面布置图；现浇钢筋混凝土构件平面整体设计方法简介；楼梯结构详图基础知识；建筑结构施工图阅读一般方法和步骤。

本章的教学目标是熟悉基础平面图、楼层结构平面图的图示方法和要求，以及平面整体表示方法的制图规则。

习　　题

1. 问答题

(1) 基础平面图的图示方法有何特点？基础详图应标明哪些内容？

(2) 基础梁和防潮层各有何作用?

(3) 楼层结构平面图的图示方法有何特点?与建筑平面图有何不同?

(4) 楼层结构平面图应标注哪些平面尺寸和标高?为什么要标注出各承重构件的底面标高?

(5) 当现浇钢筋混凝土楼板的钢筋直接画在结构平面图上时,板内的各种钢筋如何表示?

(6) 平面整体标注法与传统的配筋图有何区别?

2. 单选题

(1) 承受拉力或压力,在梁、板、柱等各种钢筋混凝土构件中都有配置的钢筋是(　　)。

A. 受力筋　　B. 架立筋

C. 箍筋　　D. 分布筋

(2) B235(Q235) 的强度标准值 f_{yk}是(　　)。

A. 135N/mm²　　B. 235N/mm²

C. 335N/mm²　　D. 435N/mm²

(3) KZ表示(　　)。

A. 框架柱　　B. 框架梁

C. 靠尺　　D. 空心柱

(4) 基础墙绘图时用(　　)。

A. 粗实线　　B. 细实线

C. 虚线　　D. 点画线

(5) 2Φ25+2Φ22 表示有四根纵筋,其中2Φ25放在梁的(　　)。

A. 中部　　B. 角部

C. 左侧　　D. 右侧

(6) N 3Φ20 表示(　　)。

A. 3根直径为20mm的二级抗扭钢筋

B. 3根直径为20mm的二级受拉钢筋

C. 3根直径为20mm的一级受扭钢筋

D. 3根直径为20mm的一级受拉钢筋

(7) 结构平面图中的剖面图、断面详图的编号顺序宜按外墙按顺时针方向从(　　)开始编号。

A. 左下角　　B. 右下角

C. 左上角　　D. 右上角

(8) 楼梯结构平面图表示了楼梯板和楼梯梁的平面布置、代号、尺寸及结构标高。一般包括地下层平面图、底层平面图、标准层平面图和顶层平面图,常用(　　)的比例绘制。

A. 1∶500　　B. 1∶50

C. 1∶5000　　D. 1∶5

3. 绘图题

抄写如图4.16所示的楼梯结构剖面图,要求:

(1) 采用1∶50比例绘制。

(2) 图纸规范,清晰。

4. 识图题

看如图4.17所示柱结构施工图,回答问题:

(1) 解释一下柱平法集中标注的含义。

(2) 柱里有哪几种钢筋?每种有几根?

(3) 柱顶标高是多少?柱底标高是多少?

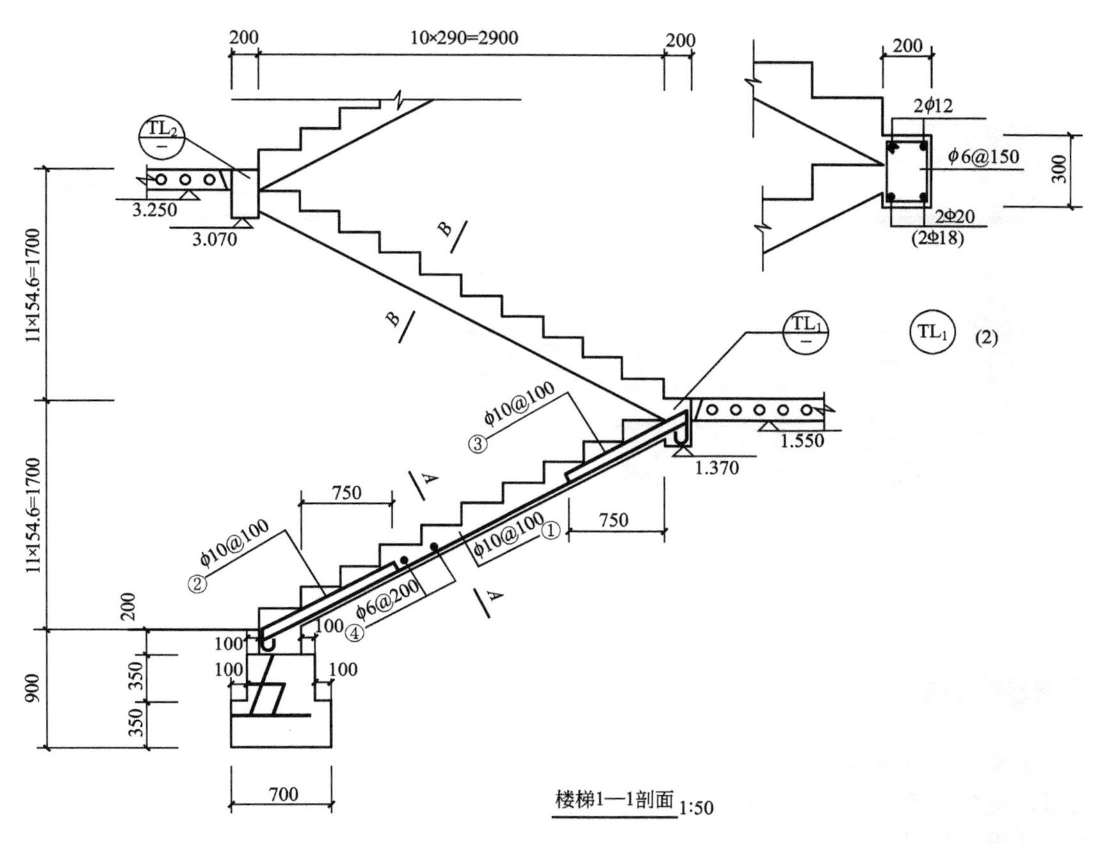

图 4.16 楼梯结构剖面图

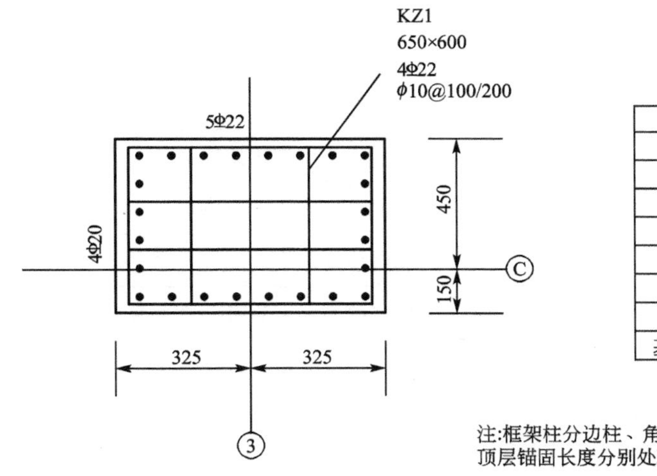

层号	层高	标高
5	3.6	15.870
4	3.6	12.270
3	3.6	8.670
2	4.2	4.470
1	4.5	−0.03
−1	4.5	−4.53
−2	4.5	−9.03
基础底板	1.2	

注:框架柱分边柱、角柱、中柱,
顶层锚固长度分别处理。

图 4.17 柱结构施工图

第5章

某小区住宅楼识图实践

教学目标

本章主要介绍如何阅读住宅楼施工图，重点介绍了阅读住宅楼建筑总平面图、建筑平面图、建筑立面图、建筑剖面图、建筑详图、基础施工图、柱梁板结构施工图、楼梯结构图等读图、绘图的步骤和方法。通过本章的学习，学生应熟练掌握识读和绘制住宅楼建筑总平面图、建筑平面图、建筑立面图、建筑剖面图、建筑详图、基础施工图、柱梁板结构施工图、楼梯结构图等读图、绘图的步骤和方法。

教学要求

能力目标	知识要点	权重
掌握住宅建筑总平面图的识读和绘制	住宅楼建筑总平面图	10%
掌握住宅建筑平面图的识读和绘制	住宅楼建筑平面图	15%
掌握住宅建筑立面图、建筑剖面图的识读和绘制	住宅楼建筑立面图、建筑剖面图	15%
掌握住宅建筑详图的识读和绘制	住宅楼梯详图、外墙墙身详图	15%
掌握住宅基础施工图的识读和绘制	住宅基础施工图	15%
掌握住宅柱梁板结构施工图的识读和绘制	住宅楼柱梁板结构施工图	15%
掌握住宅楼梯结构施工图的识读和绘制	住宅楼梯结构施工图	15%

章节导读

通过住宅楼建筑施工图可以了解一幢拟建住宅的内外形状和大小、平面布局、立面造型以及各部分的构造等内容。同时，通过住宅楼结构施工图可以了解一幢拟建住宅的结构构件(比如柱、梁板、基础)断面形状、大小、材料及内部构造。

知识点滴

北京四合院

北京四合院是北方地区院落式住宅的典型。其平面布局以院为特征，根据主人的地位及地基情况，有两进院、三进院、四进院或五进院几种，大宅则除纵向院落之外，横向还增加平行和跨院，并设有后花园如图5.1所示。

图5.1 北京四合院

以最常见的三进院的北京四合院为例。前院较浅，以倒座为主，主要用作门房、客房、客厅；大门在倒座以东、宅之巽(xùn)位(东南隅)，靠近大门的一间多用于作门房或男仆居室；大门以东的小院为塾；倒座西部小院内设厕所。前院属对外接待区，非请不得入内。

内院是家庭和主要活动场所。外院和内院之间以中轴线上的垂花门相隔，界分内外；内院正北是正房，也称上房、北房或主房，是全院地位和规模最大者，为长辈起居处；内院两侧为东、西厢房，为晚辈起居处；正房两侧较为低矮的房屋叫耳房，由耳房、厢房山墙所组成的窄小空间称为“露地”，常被作为杂物院使用，也有于此布置假山、花木的；连接和包抄垂花门和正房的为抄手游廊，雨、雪天可方便行走。内庭院面积大，院内栽植花木，陈设鱼缸盆景，可供家人纳凉或劳作，为安静舒适的居住环境。

后院的后罩房居宅院的最北部，布置厨、厕、储藏、仆役住房等；如住宅有后门，后门的位置在后罩房西北角的一间；院内有井。后院是家庭服务用区。

整个四合院中轴对称，等级分明，秩序井然，宛如京城规制缩影。其中，门是分界内外、引导秩序、身份地位的体现。如大门，正对街一侧设影壁，入门仍为影壁，再左转才入前院，这组门的秩序成为内、外之间很好的转换。

5.1 某住宅楼建筑施工图识图实践

引例

(1) 一套完整的住宅建筑施工图包括哪些内容?

(2) 住宅建筑详图包括哪些内容?

5.1.1 住宅建筑施工图内容

住宅建筑施工图主要包括施工图首页、平面图、立面图、剖面图、建筑详图等。

5.1.2 住宅施工图首页

施工图首页是建筑施工图的第一张图纸,主要内容包括图纸目录、设计说明、工程做法表、门窗统计表等文字性说明。

1. 图纸目录和门窗统计表(表5-1)

表5-1 图纸目录和门窗统计表

项目:建施图、建筑通用图

序号	图号	图纸名称	张数
1	JS-1	图纸目录 室内装修表	1
2	JS-2	门窗表(门)	1
3	JS-3	建筑设计总说明	1
4	JS-4	浙江省居住建筑节能计算表	1
5	JS-5	车库层平面	1
6	JS-6	一层平面	1
7	JS-7	二~五层平面	1
8	JS-8	六层平面	1
9	JS-9	阁楼层平面	1
10	JS-10	屋面层平面	1
11	JS-11	①~㉕立面	1
12	JS-12	㉕~①立面	1
13	JS-13	1—1剖面 2—2剖面	1
14			1
15	JT-7	1#楼梯详图 厨房、厕所详图	1
16	JT-8	2#楼梯详图 阳台详图	1
17	JT-9	详图一	1
18	JT-10	详图二	1
19	JT-11	3#楼梯详图 店铺立面详图	1

（续）

门窗表

分类	门窗名称	洞口尺寸		数量								图集名称	备注
门	M1	1000	2100		6	6 6	6	6	6		36		防盗门、甲方自理
	M2	2360	2400	3							3		电子对讲门、甲方自理
	M3	1000	2000	36							36		钢板门、甲方自理
	JLM1	3000	2300	1							1		卷帘门、甲方自理
	16M0921	900	2100		12	12 12	12	12	12		72	浙 J2－93	胶合板木门
	15M0721	700	2100		6	6 6	6	6	6		36		
	16M0821	800	2100		6	6 6	6	6	6		36		
	TSM1524C	1500	2400		6	6 6	6	6	6		36	99 浙 J5	双层塑料门
窗	TSC0906A	900	600	33							33	99 浙 J5	塑料窗
	TSC0915A	900	1500		6	6 6	6	6	6		36		
	TSC1212A	1200	1200			3 3	3	3	3		15		
	TSC1115A	1100	1500		6	6 6	6	6	6		36		
	TSC1215A	1200	1500		6	6 6	6	6	6		36		
	TSC1815A	1800	1500		6	6 6	6	6	6		36		
	TSC1109A	1100	900							4	4		
	PSC0606A	600	600	3							3		
	ZC1	2200	1350		6	6 6	6	6			30	参 99 浙 J5	PVC 塑料平移窗见详图
	ZC2	1260	1350		6	6 6	6	6	6		36		
	ZC3	2700	1600						6		6		

2．设计说明

1）工程设计的主要设计依据

（1）立项文件："关于同意××新城南区二期工程立项的批复"【甬科园(2005)39 号】。

（2）规划文件：由宁波市规划局科技园区分局提供的设计要求、控制指标文本。

（3）用地文件：(2005)浙规(地)证编号 0207006。

（4）由宁波市规划局科技园区分局批准的总平面布置方案。

（5）经批准的"××南区拆迁安置用房扩初设计"。

（6）由宁波市科技园区建设管理局印发的"××新城南区二期拆迁安置房项目初步设计会审会议纪要"（甬科园建【2005】13 号）。

（7）由浙江省地震局提供的"对宁波市科技园区地震小区划报告的批复"。

(8) 设计文件：本公司与业主单位签订的工程设计合同。

(9) 国家现行有关规范、规定：

① 建筑设计防火规范(GB 50016—2006)。

② 住宅设计规范(GB 50096—1999)(2003 年版)。

③ 民用建筑设计通则(GB 50352—2005)。

④ 城市居住区规划设计规范(GB 50180—1993)(2002 年版)。

⑤ 夏热冬冷地区居住建筑节能设计标准(JGJ 134—2010)。

⑥ 浙江省居住建筑节能设计标准(DB 33/1015—2003)。

⑦ 城市道路和建筑物无障碍设计规范(JGJ 50—2001)。

⑧ 汽车库、修车库、停车场设计防火规范(GB 50067—1997)。

2) 工程概况

本工程为宁波市科技园区××新城南区二期住宅工程，由宁波市科技园区管委会开发，位于宁波市东部的科技园区××街道，总用地面积 14.5903km²，总建筑面积 191357m²，建筑占地面积 42942m²，包括 60 栋 6 层的单元式多层住宅(总高度为 18.750m)，两座非独立式地下车库(总建筑面积 19430m²)，其中住宅底层设自行车库和部分汽车库，沿街部分住宅底层设商业网点；住宅顶层设阁楼，作为储藏空间，小区配套设居委会、物业用房、物业经营用房、垃圾工具间、电信电视设备用房、变配电房、消防水池、泵房等设于地下车库。主要技术经营指标详见总平面布置图。

本工程耐火等级除地下汽车库为一级外，其余均为二级，主体结构耐久年限为 50 年，结构形式均为混凝土框架结构。本工程抗震设防烈度为六度。屋面防水等级为Ⅱ级，地下室防水等级为Ⅱ级，人防工程为异地人防。

本工程室内设计标高±0.000 相当于黄海高程 3.450m，室内外高差 0.150m，建筑物放样定位详见总平面定位图。

除说明外，本工程所标标高以米为单位，所有尺寸以毫米为单位。

除说明外，本工程所标屋面标高为结构标高，其余均为建筑标高。

3) 设计范围

(1) 建筑设计(不包括二次装修部分)、结构设计、给排水设计、电气设计、地下室通风设计、总平面设计(不包括环境设计)。

(2) 燃气设计、景观环境设计、配电房专业设计、弱电设计、红外线保安系统设计等均另行委托设计。

4) 其他

墙体材料见结施；防潮层做法为 30 厚 1∶2 水泥砂浆掺相当于水泥质量 5%的防水剂。

3. 工程做法

1) 屋面做法

(1) 坡屋面做法(由上向下)。

① 彩色油毡瓦(蓝色，以色样为准)(射钉与冷马蹄脂粘结固定)。

② 40 厚 C20 细石混凝土随捣随抹(内配 4@150 双向)。

③ 无纺布隔离层。

④ 25×25 木条@600，内嵌 25 厚聚苯板保温层。

⑤ 3 厚改性沥青防水卷材。

⑥ 20 厚 1∶2.5 水泥砂浆找平。

⑦ 现浇钢筋混凝土屋面。

(2) 非上人屋面做法(用于住宅、店铺、管理用房等屋面)(由上向下)。

① 3 厚改性沥青防水卷材(带彩砂保护层)。

② 20 厚 1∶2.5 水泥砂浆找平层。

③ 憎水珍珠岩块材保温兼找坡层(坡度 2%，最薄处 60 厚)(按规范设排气道，做法见 99 浙 J14 第 25 页详图 10)。

④ 20 厚 1∶3 水泥砂浆找平层。

⑤ 现浇钢筋混凝土(自防水)结构层。

(3) 上人屋面做法(用于住宅阁楼层露台)(由上向下)。

① 40 厚 C20 细石混凝土随捣随抹(内配φ 4a@150 双向)(按规范设分仓缝，做法见 99 浙 J14 第 23 页详图 13)。

② 油毡隔离层。

③ 憎水珍珠岩块材保温兼找坡层(坡度 2%，最薄处 60 厚)(按规范设排气道，做法见 99 浙 J14 第 25 页详图 9)。

④ 3 厚改性沥青防水卷材。

⑤ 20 厚 1∶3 水泥砂浆找平层。

⑥ 现浇钢筋混凝土结构层。

(4) 上人植草屋面做法。(用于地下车库屋面)。见地下车库设计说明。

(5) 檐沟及雨篷做法(由上向下)。

① 3 厚改性沥青防水卷材(带铝箔面保护层)。

② 1∶3 水泥砂浆 1%找坡，最薄处 20 厚。

③ 现浇钢筋混凝土(自防水)结构层。

所有金属制品露明部分，除铝铜制品、电镀制品及已注明者外，均刷防锈漆一度，棕黑色调和漆两遍。

2) 楼面做法

见装修表。

3) 地面做法

见装修表。

4) 顶棚做法

见装修表。

5) 墙面做法

(1) 外墙 1(涂抹面层，用于二层及以上)(由内向外)。

① 墙面清理，界面剂一道。

② 15 厚聚合物保温砂浆。

③ 10 厚 1∶2.5 抗裂防水砂浆罩面。

④ 外墙涂料弹涂(色彩另详，其分隔详见立面施工图，立面色彩要求做样板，并经业

主、规划部门、设计人员认可后方可施工；分格缝除说明外，为 20 宽 10 深，黑色嵌缝)。

(2) 外墙 2(仿真石面砖面层，用于住宅部分一层)(由内向外)。

① 墙面清理，界面剂一道。

② 15 厚聚合物保温砂浆。

③ 10 厚 1∶2.5 抗裂防水砂浆粘结层。

④ 外墙面砖(材料及色彩看样定)。

(3) 外墙 3(仿真石面砖面墙，用于非住宅部分)(由内向外)。

① 墙面清理，水泥砂浆一道(内掺水泥质量 3%的建筑胶)。

② 15 厚 1∶3 水泥砂浆找平层。

③ 10 厚 1∶2.5 水泥砂浆粘贴层。

④ 外墙面砖(材料及色彩看样定)。

(4) 内墙：见装修表。

6) 门窗工程

(1) 店铺外门采用 80 系列 PVC 塑料门，白框，6 厚无色浮法玻璃；汽车库门采用铝合金卷帘门。

(2) 住宅进户门采用普通防盗门，自行车库门采用普通钢板门，住宅单元门采用电控对讲安全门，式样由专业单位设计，甲方自理。

(3) 住宅室内木门为胶合板木门，阳台门为 PVC 塑料双层玻璃门(带窗纱)。

(4) 所有外窗采用 88 系列 PVC 塑料窗(带纱窗)，白框，窗玻璃采用 5 厚无色浮法玻璃。

(5) 所有木门与开启方向一侧墙面立平，塑钢门窗与墙中线立平(注明者除外)。

(6) 门窗五金除注明者外均按有关标准图所规定的零件配齐。

7) 油漆工程

均由用户自理。

8) 住宅封闭阳台内墙及顶棚按相应做法施工

9) 其他

(1) 凡木制品与砖砌体或钢筋混凝土构件接触处，均刷沥青防腐剂二度。

(2) 屋面雨水管及阳台排水管采用白色 100UPVC 塑料管；独立的空调排水管用 25UPVC 管；设有排水地漏、排水口的楼地面(包括阳台)找坡 1%，坡向地漏(排水口)，雨水管落地处均设窨井。

(3) 空调预留孔定位见建筑平面图，其中住宅卧室、书房预埋 75UPVC 管，(洞 2)中心离地 2100；客厅预埋 75UPVC 管，(洞 1)中心离地 150。[除说明外，空调预留洞中心距墙(柱)为 200。]

(4) 所有砖墙的室内阳角在离楼、地面 1500 高度以下均做 1∶2 水泥砂浆护角，厚度和墙面粉刷厚度一致。

(5) 所有用水房间四周墙体均做 150 高混凝土挡水线，宽度同墙体(门洞口除外)，混凝土标号同楼面。

(6) 住宅采用 ZRF 住宅烟气集中排放系统，详见图集 2001 浙 J16，其中厨房排油烟道选用 ZRF－B3 型，排油烟口中心距地 2200，风帽出屋面高度 1100，即风帽顶标高为 19.700m。

(7) 沿建筑物四周地面做600宽混凝土散水，做法详见2000浙J37第44页详图4，每20m长设一道20宽伸缩缝，散水与墙面之间设20宽缝，均以沥青砂浆嵌缝。

(8) 住宅六层上阁楼的户内楼梯及防护栏杆均由用户自理。入单元室外坡道做法详见浙J18－95第3页详图1(其中混凝土垫层改为C15)；入车库室外坡做法详见JT－9详图21。

(9) 抗震缝做法详见施工图，其中墙面盖缝材料选用1厚铝板。住宅顶层上阁楼的户内楼梯及防护栏杆。

(10) 本工程的绿化景观由专业单位设计，并及时配合施工。

(11) 本说明未提及处，须及时与设计人员联系，未经设计人员签字认可的改动均无效。

(12) 本工程应按图施工，密切配合总图、给排水、电气、暖通等专业图纸，并按国家现行施工及验收规范进行验收，涉及的规范包括：建筑地面工程质量验收规范(GB 50209—2010)、建筑装饰装修工程质量验收规范(GB 50210—2001)、屋面工程施工质量验收规范(GB 50207—2002)、地下防水工程质量验收规范(GB 50208—2002)、建筑工程施工质量验收统一规范(GB 50300—2001)等。

5.1.3 住宅建筑平面图识图

1. 车库层平面图的识读(图5.2)

由图名可知，该图为车库层平面图，比例是1∶100。图下方绘有指北针，可知房屋坐东北朝西南。本建筑为单元式住宅，共三个单元，一梯两户。平面图的形状为矩形，总长39240mm，总宽10740mm通过总尺寸可计算出房屋的占地面积。从图中墙体的分隔情况和房间的名称，可知房屋内部房间为自行车库房，用途为存放自行车，有12种类型自行车库房。本建筑为框架结构，所以建筑的墙体较多且布置规整，南侧布置了自行车库4，自行车库5，自行车库6，自行车库7，自行车库5，自行车库9，自行车库10，自行车库11，自行车库12，北侧布置了自行车库1，自行车库4，自行车库12，中间布置了自行车库2，自行车库3，自行车库5，自行车库6，自行车库10，自行车库11。

从图中定位轴线的编号及其间距，可了解各承重柱位置及房间的大小。图中标注有外部尺寸和内部尺寸。从各道尺寸的标注，可了解各房间的开间、进深、外墙与门窗及室内设备的大小和位置。

1) 外部尺寸

为了方便读图和施工，一般在图形的外部，注写三道尺寸。

(1) 第一道尺寸，表示外墙上的门窗洞口、墙垛的形状和位置，依托轴线注写，如本图中民用房屋建筑图纸的介绍①、②轴线间Ⓔ轴线上的窗TSC0906A，宽度900mm，位置为左距①轴线150mm，右距②轴线320mm。

(2) 第二道尺寸，表示轴线间的距离，用以表示房间的开间和进深，如本例中②、④轴线，Ⓒ、Ⓔ 轴线间的自行车库1，开间为3500mm，进深为2400mm。

(3) 第三道尺寸，表示外轮廓的总尺寸，即指从一端外墙边到另一端外墙边的总长和总宽。本房屋总长39240mm，总宽10740mm。

三道尺寸线之间应留有适当的距离，一般为7～10mm，其中，第一道尺寸应离图形

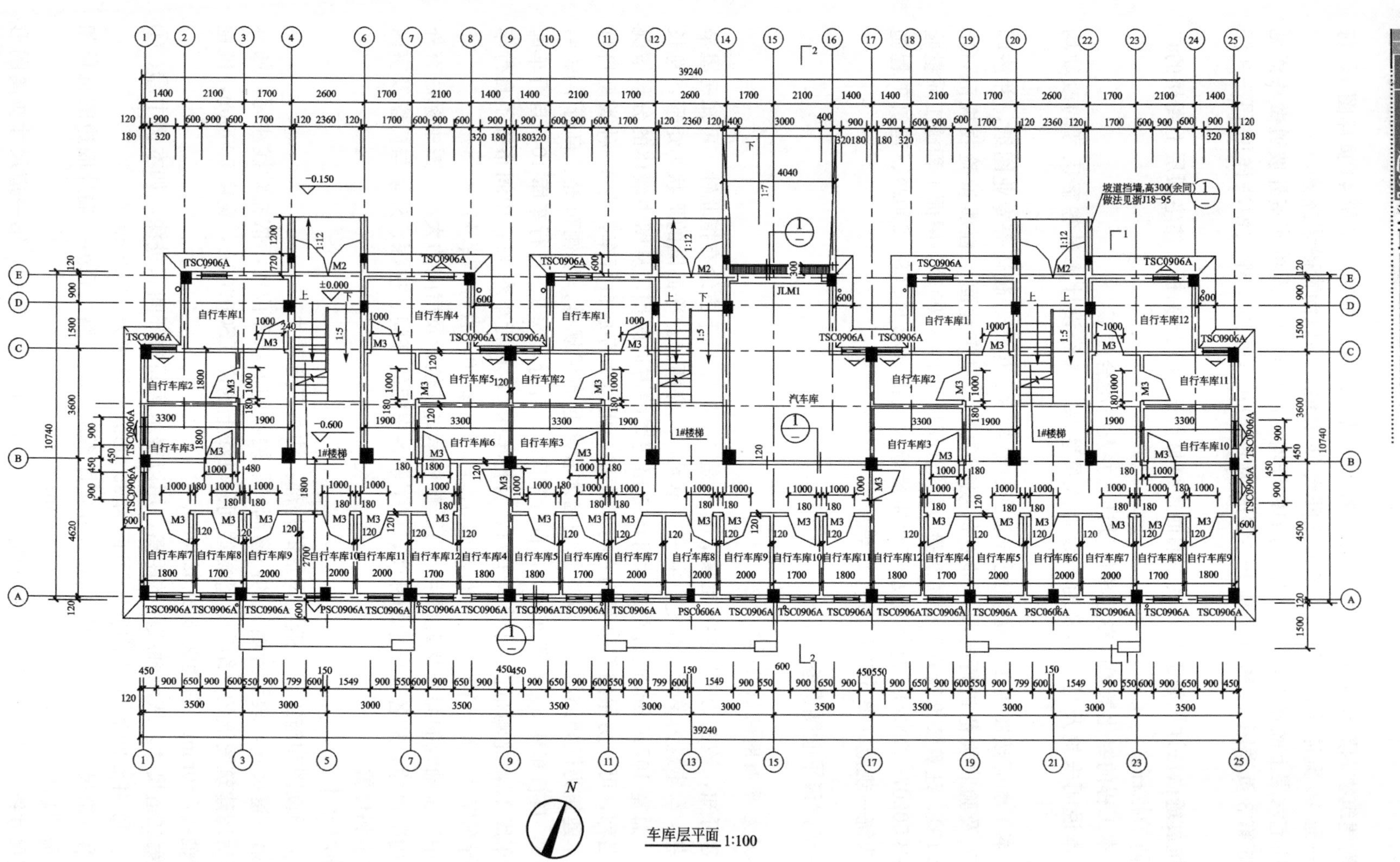

图5.2 某住宅车库层平面图

的最外轮廓线 10～15mm，以便注写尺寸数字。如果房屋前后或左右不对称，则平面图上四边都应标注尺寸，如有对称，可只标注在左侧和下方。

2）内部尺寸

为了说明房屋的内部大小和室内的门窗洞、孔洞、墙厚和固定设施(厨房和卫生间的固定器具、搁板等)的大小和位置，在平面图上应注写相关的内部尺寸。如本例中 M3 的尺寸标注为 1000mm，自行车库间分隔墙宽度为 120mm。

3）标高

④～⑥轴线间标注了标高－0.150，显示该部位的为房屋的室外地面标高。④～⑥轴线间标注了标高－0.600，多数房间地面都处于此高度。楼梯间的入口处为±0.000，室外地面为－0.150，室内外高差为 150mm。

4）门窗数量及类型

从图中门窗的图例及其编号，可了解到门窗的数量、类型和位置，如本例中门有类型 M2、M3，M2 数量为 3 个，M3 数量为 34 个。窗有类型 TSC0906A、PSC0606A，TSC0906A 数量为 29 个，PSC0606 A 数量为 3 个。

另外，散水分布在房屋四周，尺寸宽度为 600mm。④、⑥轴线间坡道坡度为 1∶12，⑭、⑯轴线间坡道坡度为 1∶7。紧贴建筑Ⓔ轴线外墙，在②、⑧、⑩、⑯、⑱轴线上共有 5 根雨水管（可与立面图及屋顶平面图对照确认）。图中共有 4 处坡道挡墙的详图索引，均引用了标准图集浙 J18－95，即 1995 年版浙江省建筑标准图集。图中还有两处剖切符号，对应于 1—1、2—2 剖面图。

2. *一层平面图识图*(图 5.3)

由图名可知，图 5.3 为一层平面图，比例是 1∶100。本建筑为单元式住宅，共三个单元，一梯两户，每户户型均是两室两厅一卫一厨。从车库层顺着楼梯上到一层，进入户内北面是厨房和卫生间，中间是客厅和餐厅，南面是主卧和次卧，南面次卧外有一阳台。

从图中定位轴线的编号及其间距，可了解到各承重柱位置及房间的大小。图中标注有外部尺寸和内部尺寸。从各道尺寸的标注，可了解各房间的开间、进深、外墙与门窗及室内设备的大小和位置。

1）外部尺寸

为了方便读图和施工，一般在图形的外部，注写三道尺寸。

(1) 第一道尺寸，表示外墙上的门窗洞口、墙垛的形状和位置，依托轴线注写，如本图中民用房屋建筑图纸②、③轴线间Ⓔ轴线上的窗 TSC1215A，宽度 1200mm，位置为左距②轴线 600mm，右距③轴线 300mm。

(2) 第二道尺寸，表示轴线间的距离，用以表示房间的开间和进深，如本例中②、③轴线，Ⓒ、Ⓔ轴线间的厨房，开间 2100mm，进深 2400mm。

(3) 第三道尺寸，表示外轮廓的总尺寸，即指从一端外墙边到另一端外墙边的总长和总宽。本房屋总长 39240mm，总宽 10740mm。

2）内部尺寸

为了说明房屋的内部大小和室内的门窗洞、孔洞、墙厚和固定设施(厨房和卫生间的固定器具、搁板等)的大小和位置，在平面图上应注写相关的内部尺寸。如本例中 16M0821 的尺寸标注属于内部尺寸，为 800mm。

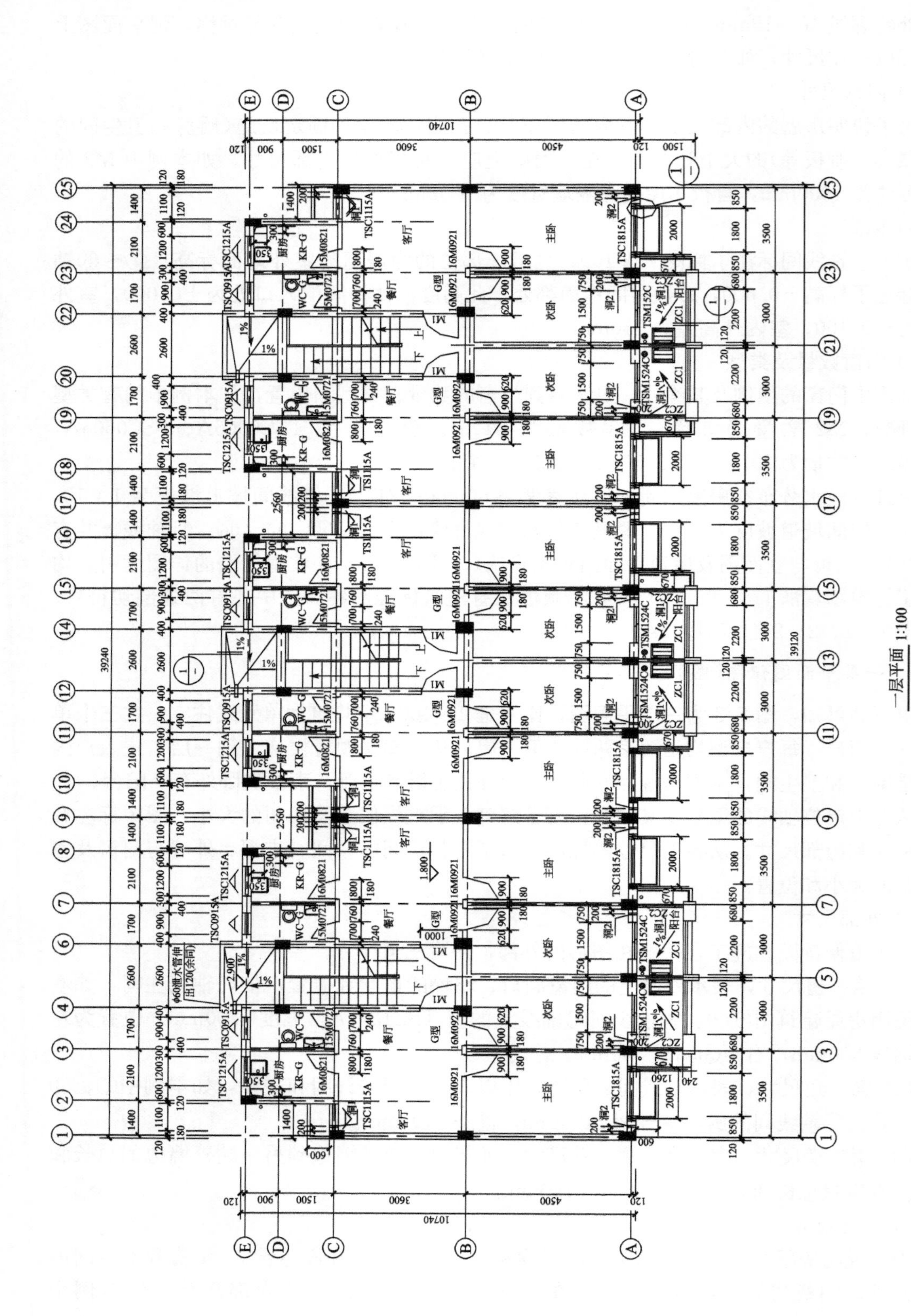

一层平面 1:100

图 5.3 某住宅一层平面图

3）标高

⑦、⑨轴线间标注了标高 1.800m，显示客厅的楼面标高，其他房间楼面都处于此高度。④、⑥轴线间标注了标高 2.900m，显示雨篷的楼面标高，其他雨篷同此处。

4）门窗数量及类型

从图中门窗的图例及其编号，可了解到门窗的数量、类型和位置，如本例中门有类型 16M0821、15M0721、16M0921、TSM1524C，16M0821 数量为 6 个，15M0721 数量为 6 个、16M0921 数量为 12 个、TSM1524C 数量为 6 个。窗有类型 TSC1215A、TSC0915A、TSC1115A、TSC1815A，TSC1215A 数量有 6 个、TSC0915A 数量有 6 个、TSC1115A 数量有 2 个、TSC1815A 数量有 6 个。

另外，④、⑥轴线间Ⓓ轴线外有一个雨篷，⑫、⑭轴线间Ⓓ轴线外有一个雨篷，⑳、㉒轴线间Ⓓ轴线外有一个雨篷，雨篷内排水坡度为 1%。紧贴建筑Ⓔ轴线外墙，在②、⑧、⑩、⑯、⑱、㉔轴线上共有 6 根雨水管，紧贴建筑Ⓐ轴线外墙，在③、⑤、⑦、⑪、⑬、⑮、⑲、㉑、㉓轴线上共有 9 根雨水管(可与立面图及屋顶平面图对照确认)。图中共有 3 处详图索引，有两种类型的预留洞——洞 1 和洞 2。③、⑤轴线间Ⓐ轴线，⑤、⑦轴线间Ⓐ轴线，⑪、⑬轴线间Ⓐ轴线，⑬、⑮轴线间Ⓐ轴线，⑲、㉑轴线间Ⓐ轴线，㉑、㉓轴线间Ⓐ轴线，各有一个阳台，挑出外墙面 1500mm。

3. 二～五层平面图识图

如图 5.4 所示由图名可知，该图为二～五层平面图，比例是 1∶100。从图中可知楼梯有三个，类型为平行双跑楼梯。⑦、⑨轴线间标注了标高 4.600m、7.400m、10.200m、13.000m，分别表示二层、三层、四层、五层楼面标高。本平面图识图其他同一层平面图。

4. 六层平面图识图

如图 5.5 所示由图名可知，该图为六层平面图，比例是 1∶100。本平面图中楼梯只能向下走，其他识图同二～五层平面图。

5. 阁楼层平面图识图

如图 5.6 所示由图名可知，该图为阁楼层平面图，比例是 1∶100。每户都把阁楼作为储藏室用。阁楼和第六层垂直交通先预留洞，可以根据用户需要自己设置楼梯。④、⑥轴线间标注了标高 18.600m，显示储藏室的楼面标高，其他储藏室楼面都处于此高度。阁楼四周有天沟排水，天沟宽 400mm，沟底坡度 1%。Ⓓ、Ⓔ轴线间，紧贴②、⑧、⑩、⑯、⑱各有 1 根雨水管；紧贴Ⓐ轴线，在③、⑦、⑪、⑮、⑲、㉓轴线各有 1 根雨水管(可与立面图及屋顶平面图对照确认)。从图中可了解到窗有类型 TSC0909A、TSC1809A、TSC1109A，TSC0909A 数量有 2 个、TSC1809A 数量有 10 个、TSC1109A 数量有 4 个。此外图中还有坡度为 1∶1.25、盖有瓦片的坡屋顶，在坡屋顶之间有排水坡度为 2%的露台。

6. 屋面层平面识图

如图 5.7 所示由图名可知，该图为屋面层平面图，比例是 1∶100。该屋顶采用有组织排水，中间是平屋顶，外面有坡屋顶、露台。平屋顶排水坡度为 2%，坡屋顶排水坡度为 1∶1.25，天沟排水坡度为 1%。

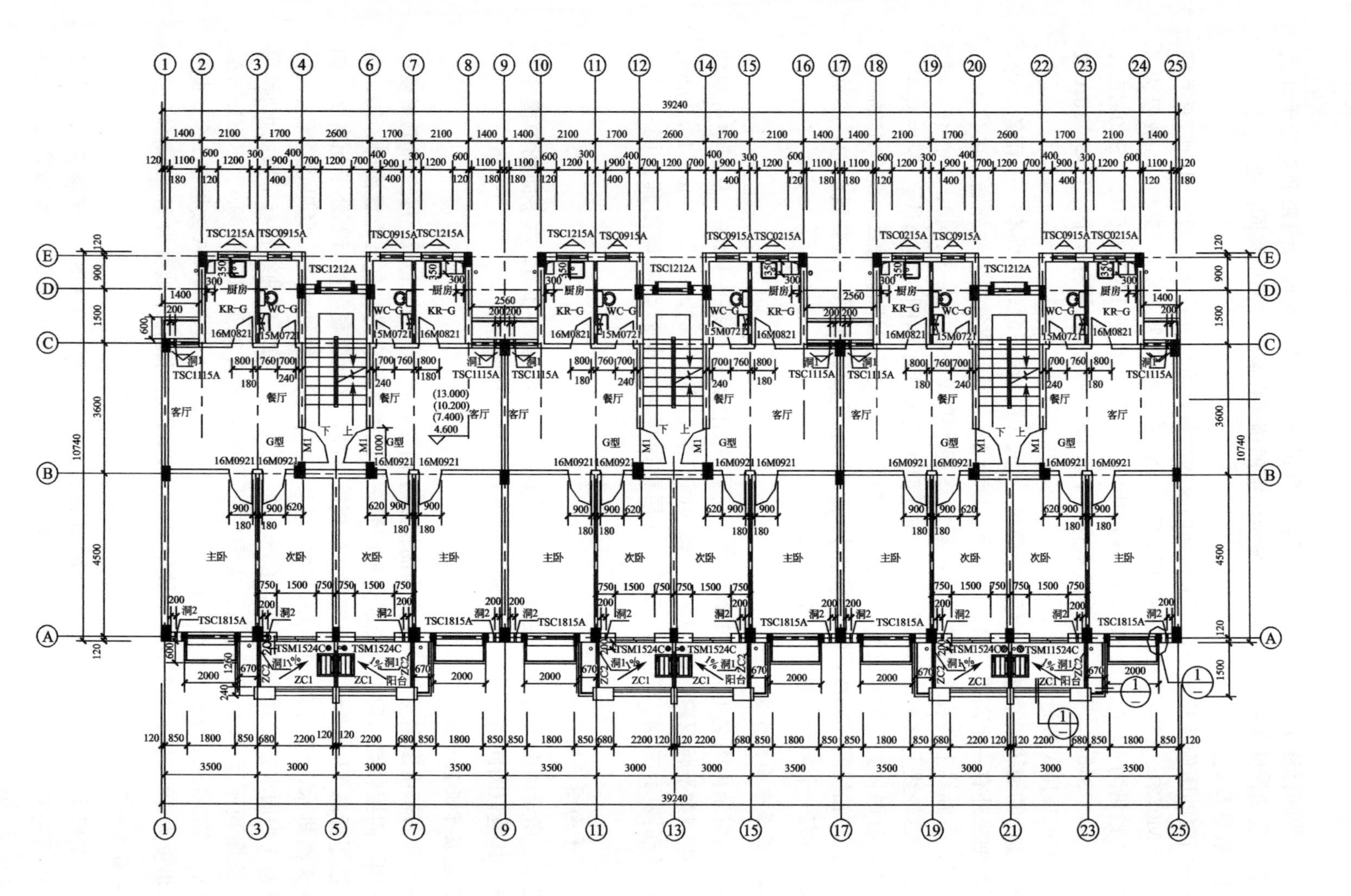

图 5.4　某住宅二～五层平面图

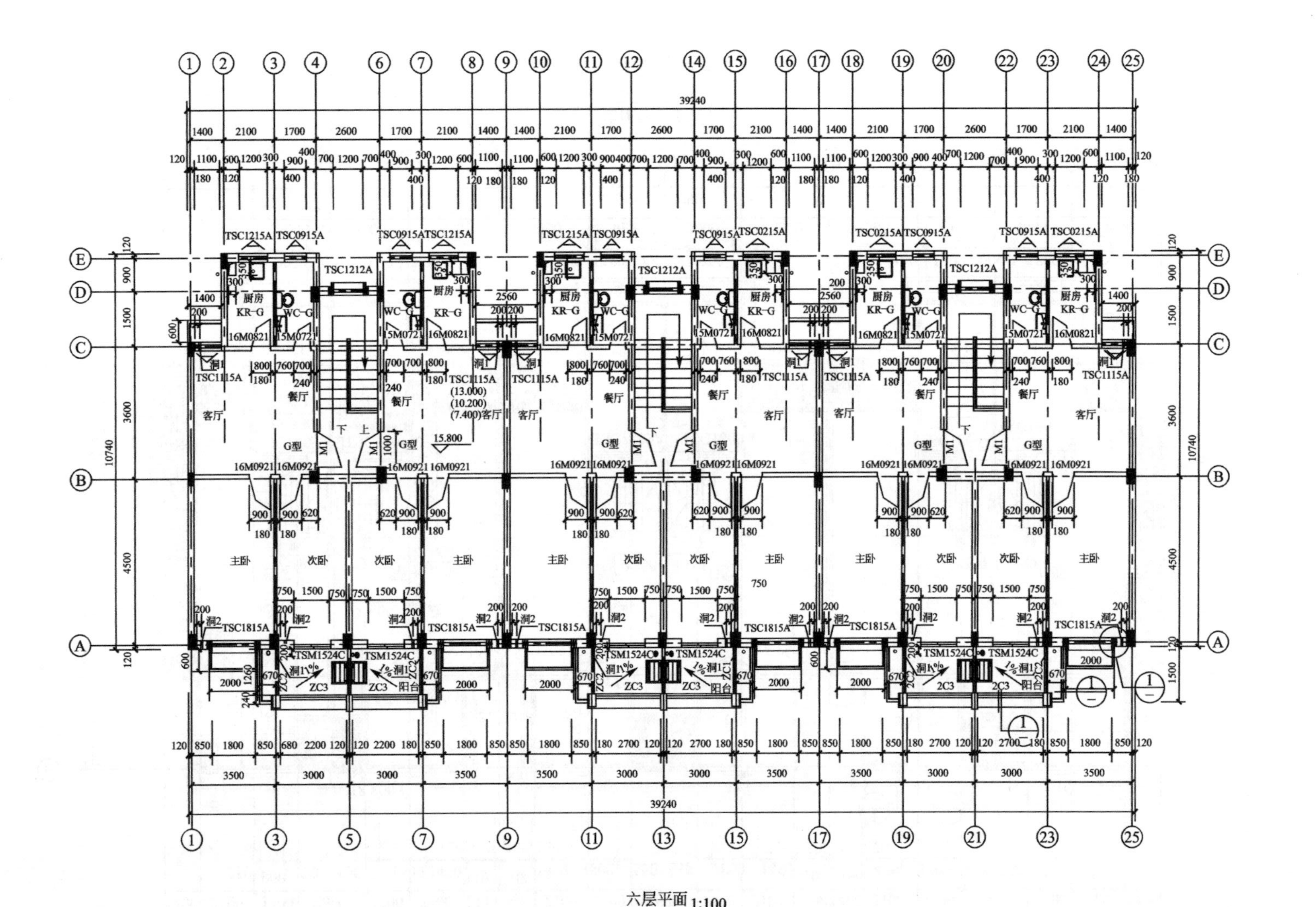

图 5.5 某住宅六层平面图

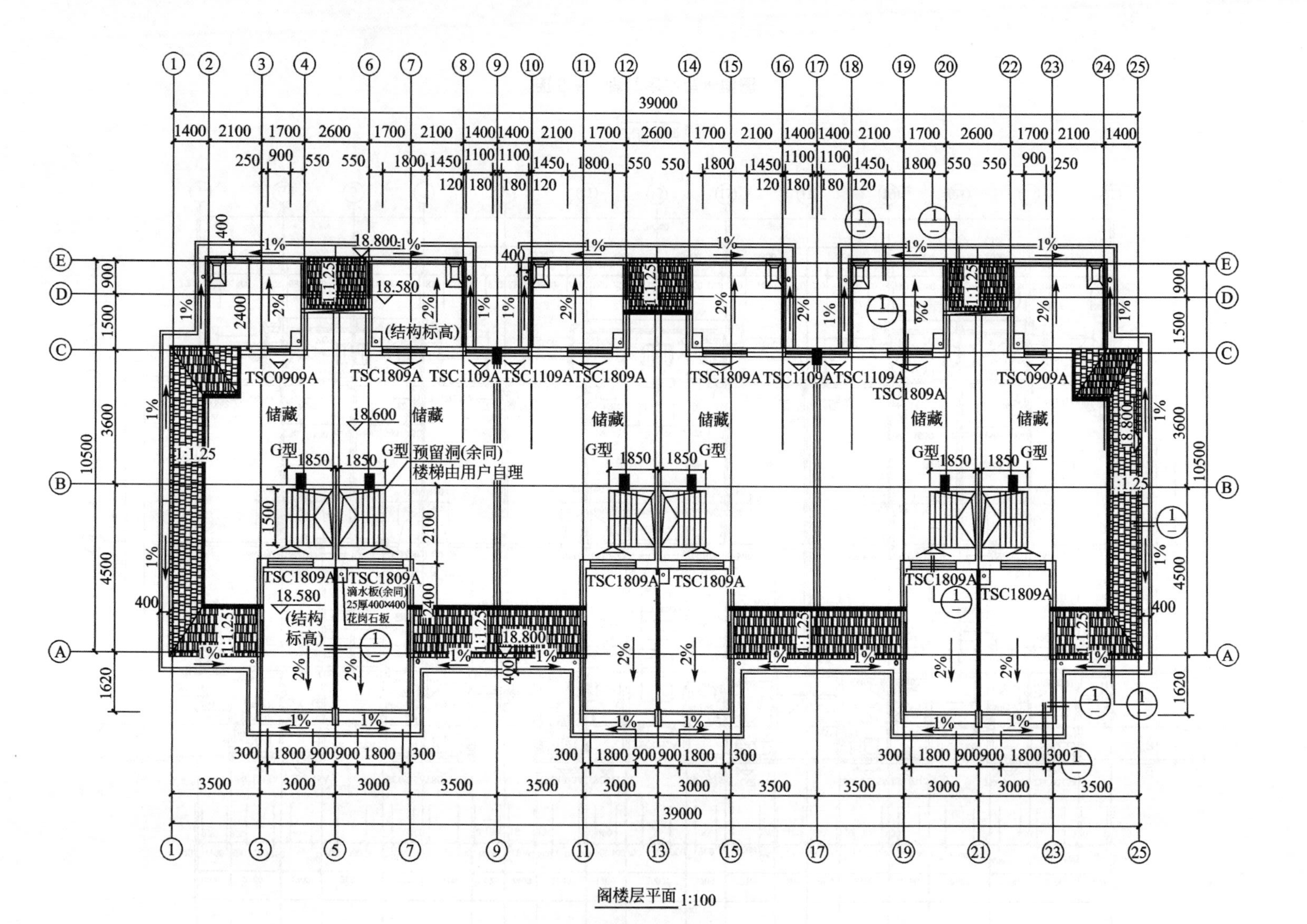

阁楼层平面 1:100

图 5.6　某住宅阁楼层平面图

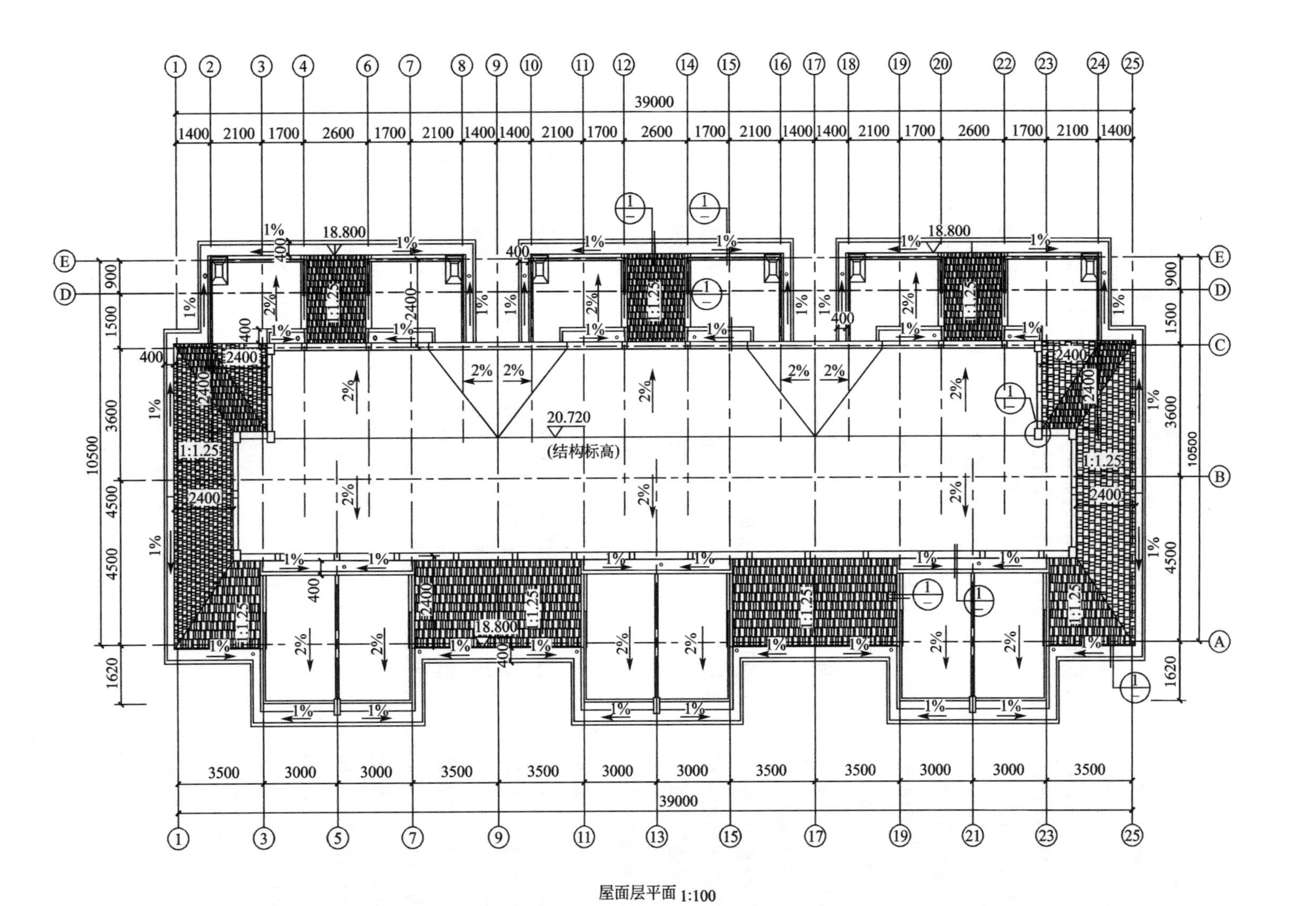

屋面层平面 1:100

图 5.7 某住宅屋面层平面图

5.1.4 建筑立面图识图

1. 正立面图识图

如图 5.8 所示由图名所知，该图为南立面图，采用 1∶100 的比例绘制。本立面图绘出建筑两端的两根定位轴线①、㉕，用于标定立面，以便与平面图对照识读。从图中可看到房屋的正立面外貌形状，了解屋顶、门窗、阳台、雨篷等细部的形式和位置。如除车库层外，每层均有阳台。从图中标注的标高可知，此房屋室外地面比室内±0.000 低 150mm，屋顶最高处标高为 20.720m，尺寸线标注在图形右侧，主要标注楼层层高。地坪、楼面、窗洞口的竖向位置通过标高也可以确定，如标高为－0.15，表示室外地坪相对标高是－0.15m；标高 2.85，表示 SM1524C 的窗台相对高程是 2.85m，该标高符号也可标注在图形的内部。从图上的文字说明，了解房屋外墙的装饰做法，如本例中的“白色涂料饰面”，表示指示线所指的外墙做法是白色涂料饰面。

2. 背立面图识图

如图 5.9 所示，该图为背立面图，识图方法同正立面图。

3. 侧立面图识图

如图 5.10 所示，由图名可知，该图为侧立面图，采用 1∶100 的比例绘制。本立面图绘出建筑两端的两根定位轴线Ⓐ、Ⓔ，用于标定立面，以便与平面图对照识读。从图中可看到房屋的侧立面外貌形状，了解屋顶、门窗、阳台、雨篷等细部的形式和位置。

5.1.5 剖面图识图

1. 1—1 剖面图识图

如图 5.11 所示此图图名是 1—1 剖面图，比例是 1∶100，翻看车库层平面图，找到相应的剖切符号，以确定该剖面图的剖切位置和剖切方向。在识读过程中，也不能离开各层平面图，而应当随时对照，便于对照阅读。本例中，剖切位置在Ⓔ～Ⓐ轴线间，通过楼梯间，剖切后向右投视，为一横剖面图。从图中可以看出，建筑共六层，层高 2800mm，建筑室内外高差为 450mm，楼板及屋面为钢筋混凝土板。图中左右两侧均标注了标高和线性尺寸，表示外墙上的门窗洞口、楼地面的高度信息；还标注了内部尺寸，注明了门的高度。图中还注写了屋面、女儿墙压顶等的详图索引，索引到本图纸中的详图。

2. 2—2 剖面图识图

如图 5.12 所示该图图名为 2—2 剖面图，识图方法同 1—1 剖面图。

5.1.6 建筑楼梯图识图

1. 楼梯平面图识图

如图 5.13 所示本例为平行双跑楼梯平面图，图名分别为 1＃楼车库层楼梯平面图、1＃楼楼梯一层平面图、1＃楼楼梯二～五层平面图、1＃楼楼梯六层平面图。楼梯间开间 2600mm，进深 6000mm，梯段宽 1180mm。标准层每梯段踏步数均相同，为 8 步，梯段水平方向 1820mm，分为 7 个踏面，踏面宽 260mm，图中的标注方式为 260×7＝1820。地面、楼层平台及休息平台的标高见相应标注。另外，车库层平面中，显示出了连接室内外

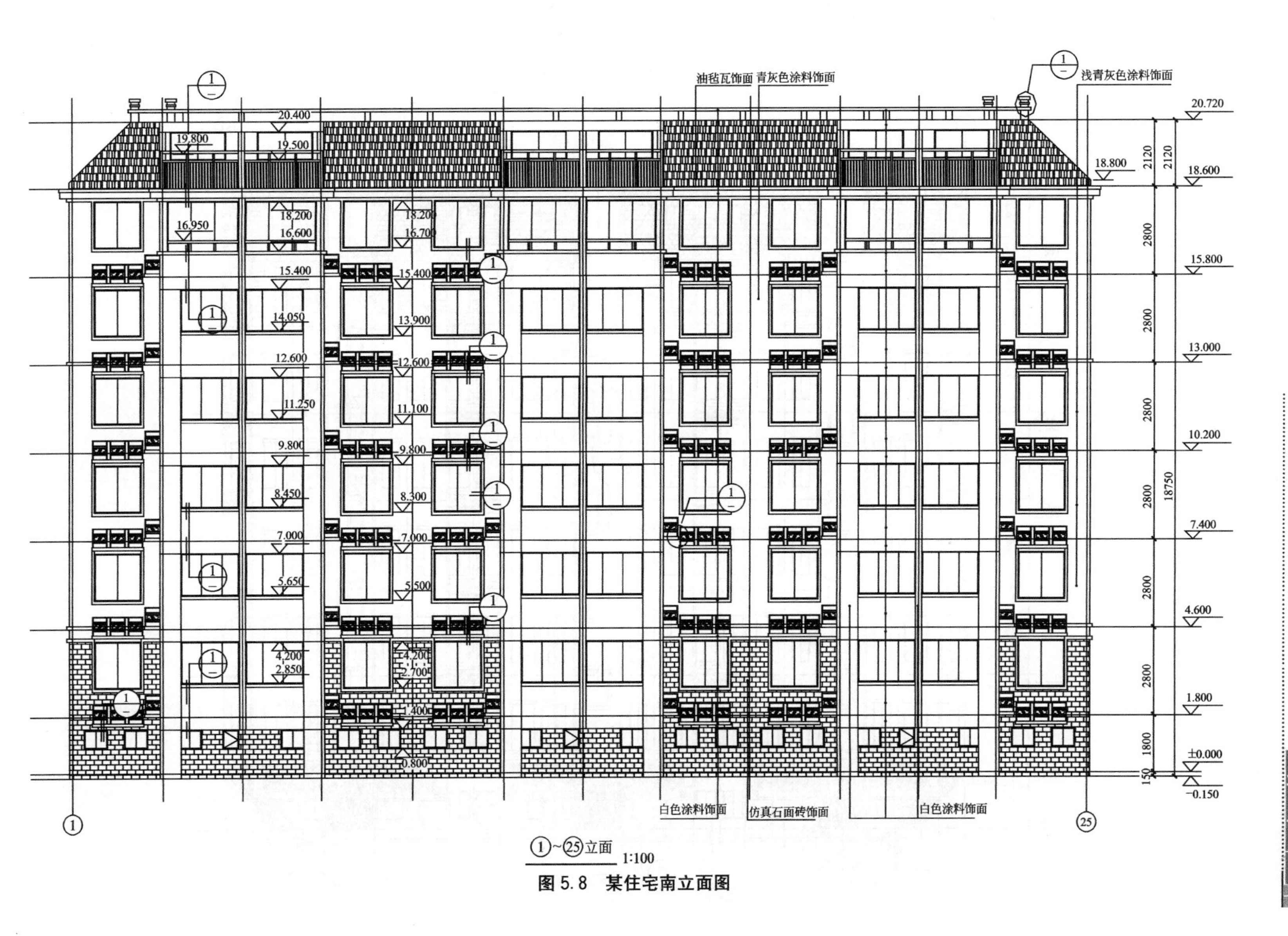

①~㉕立面 1:100

图 5.8 某住宅南立面图

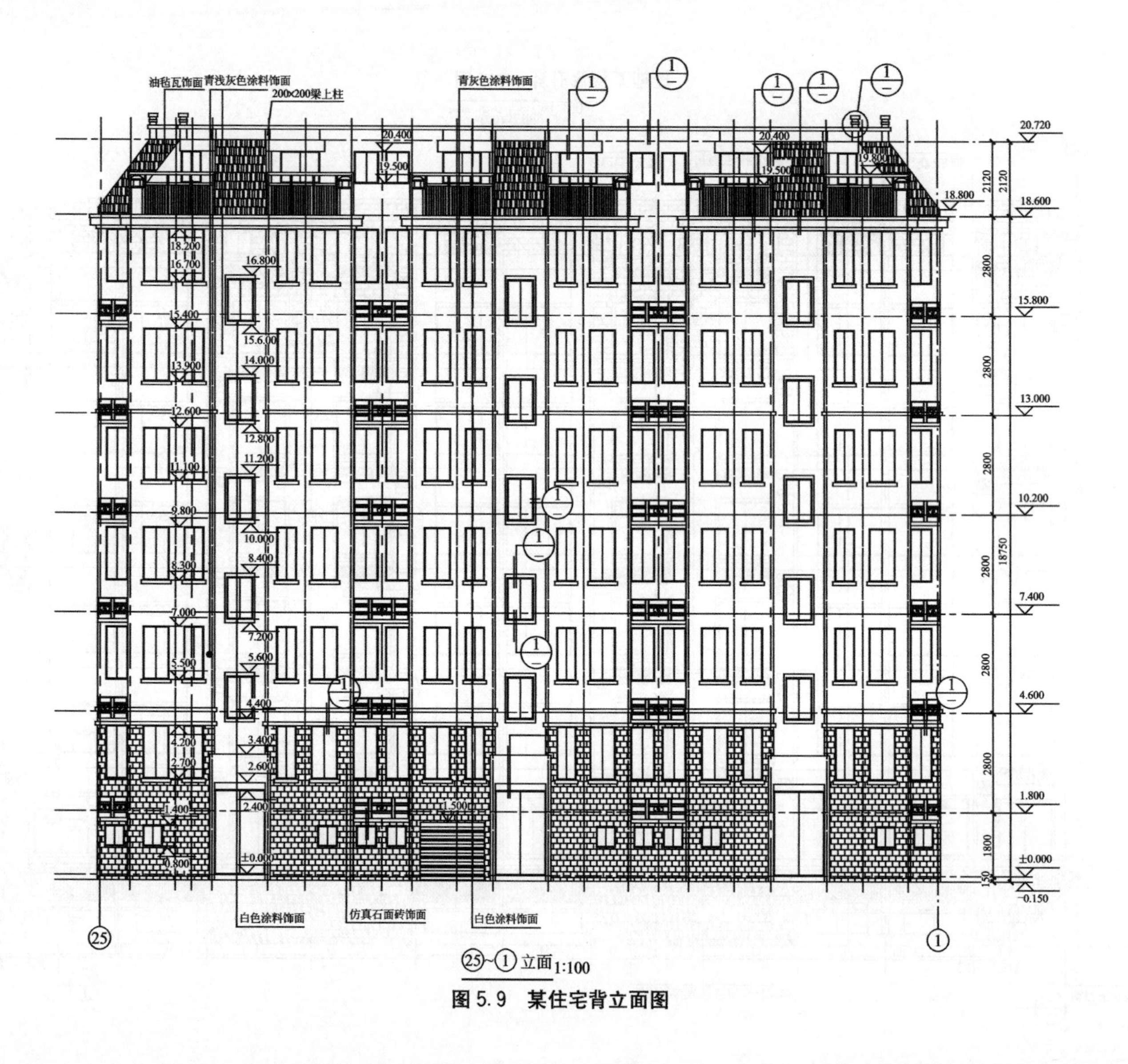
油毡瓦饰面
青浅灰色涂料饰面
200×200梁上柱
青灰色涂料饰面
20.720
18.800
18.600
15.800
13.000
10.200
7.400
4.600
1.800
±0.000
−0.150
2120
2800
18750
1800
白色涂料饰面
仿真石面砖饰面
白色涂料饰面
25~1 立面 1:100

图 5.9　某住宅背立面图

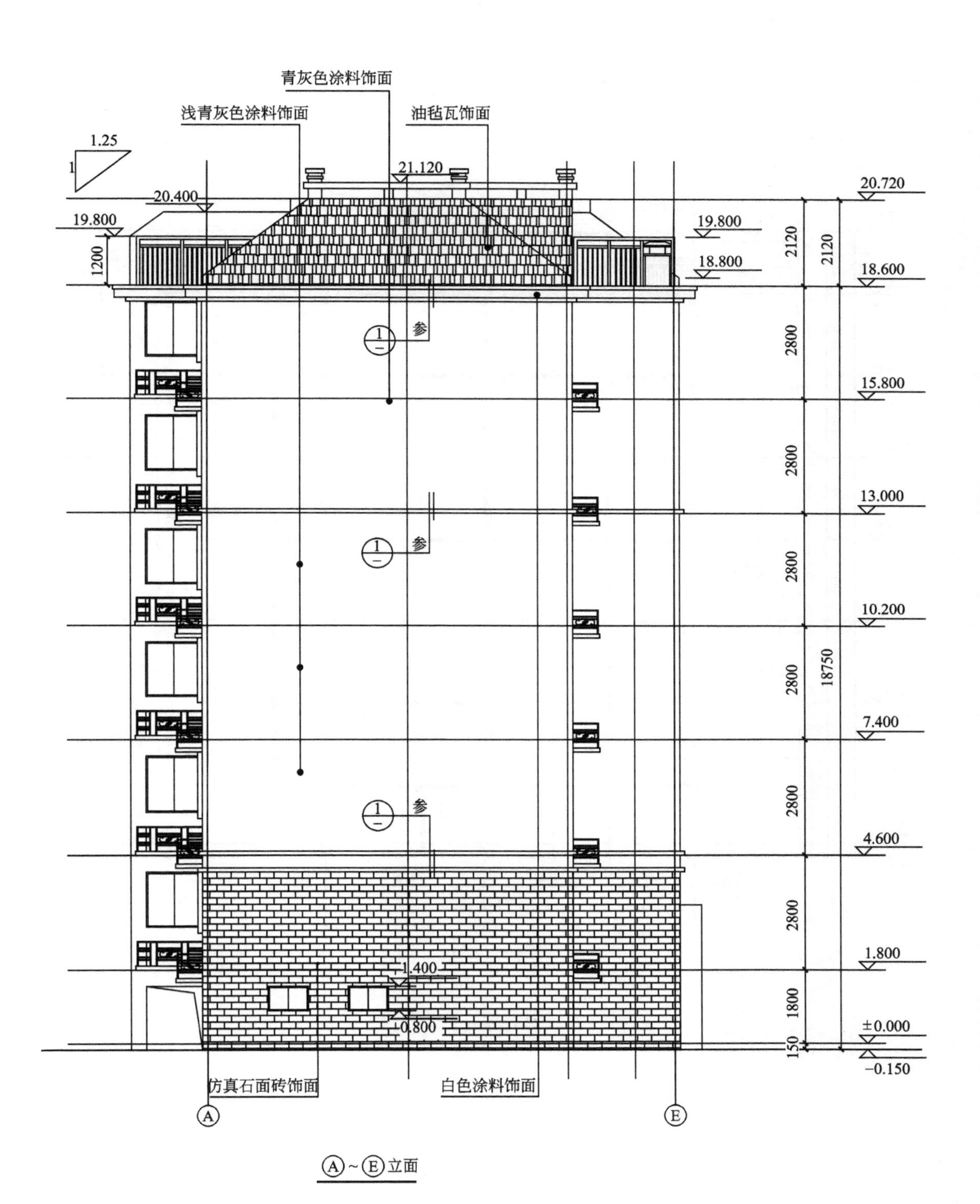

图 5.10 某住宅侧立面图

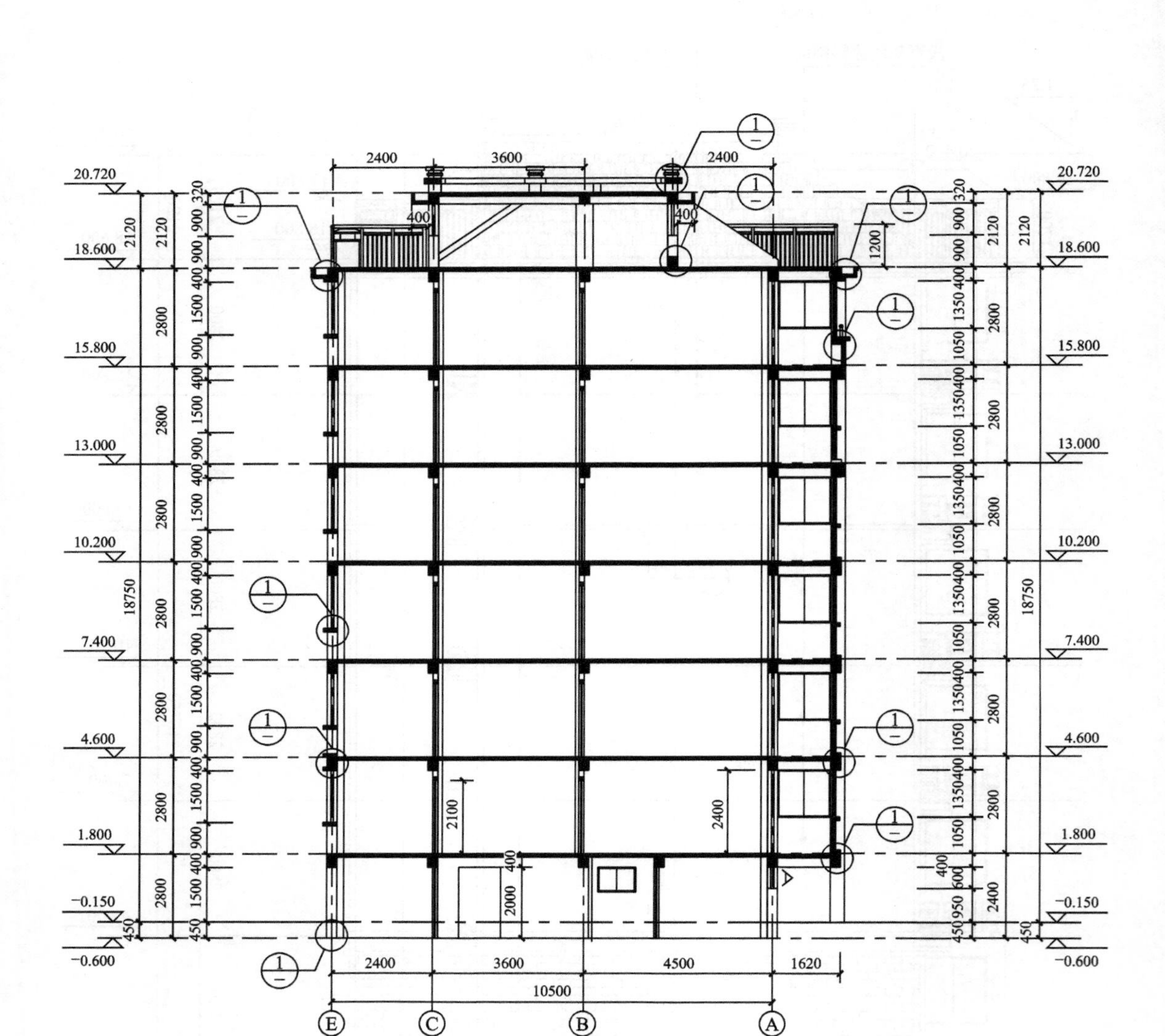

图 5.11 某住宅 1—1 剖面图

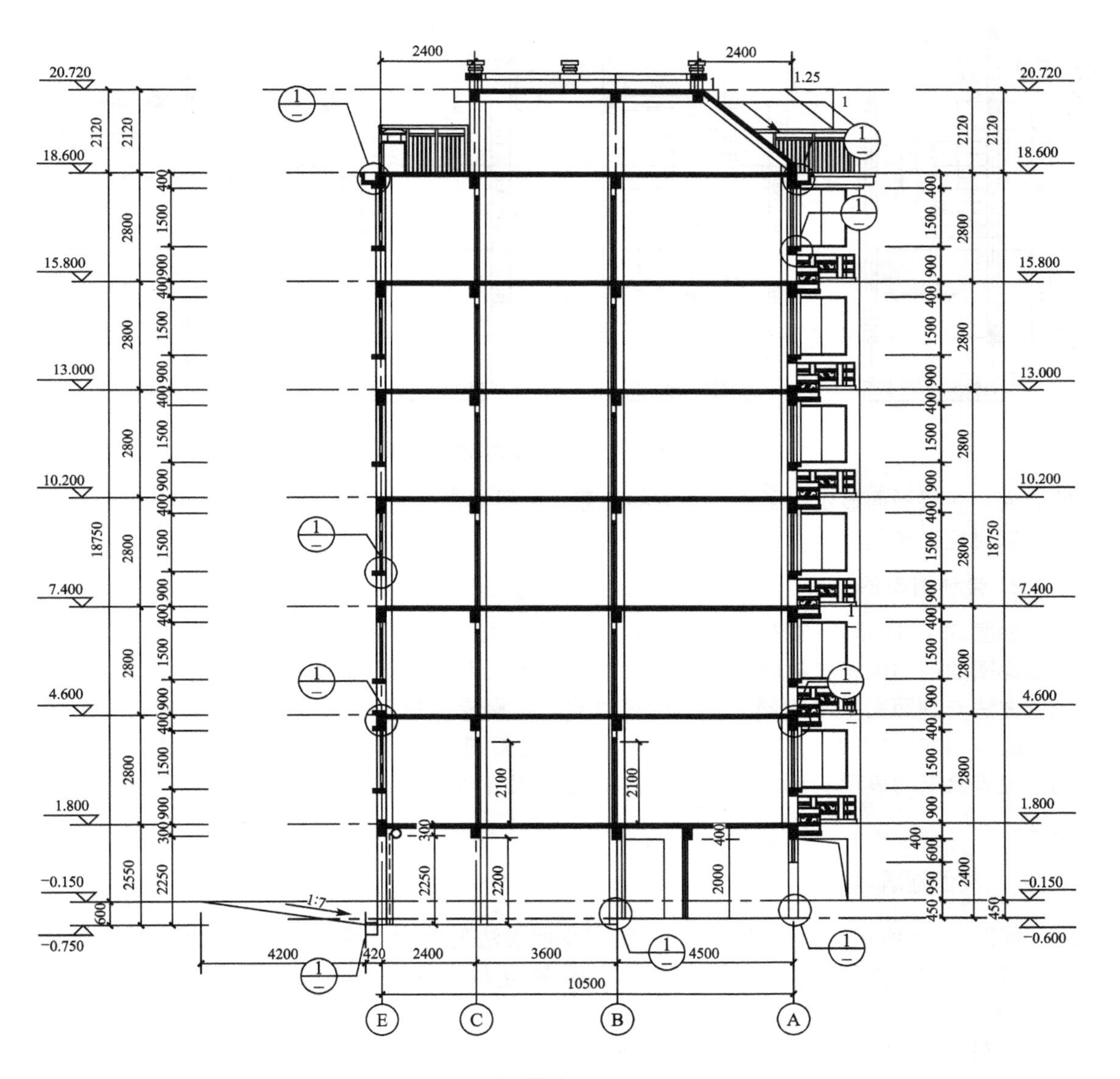

图 5.12 某住宅 2—2 剖面图

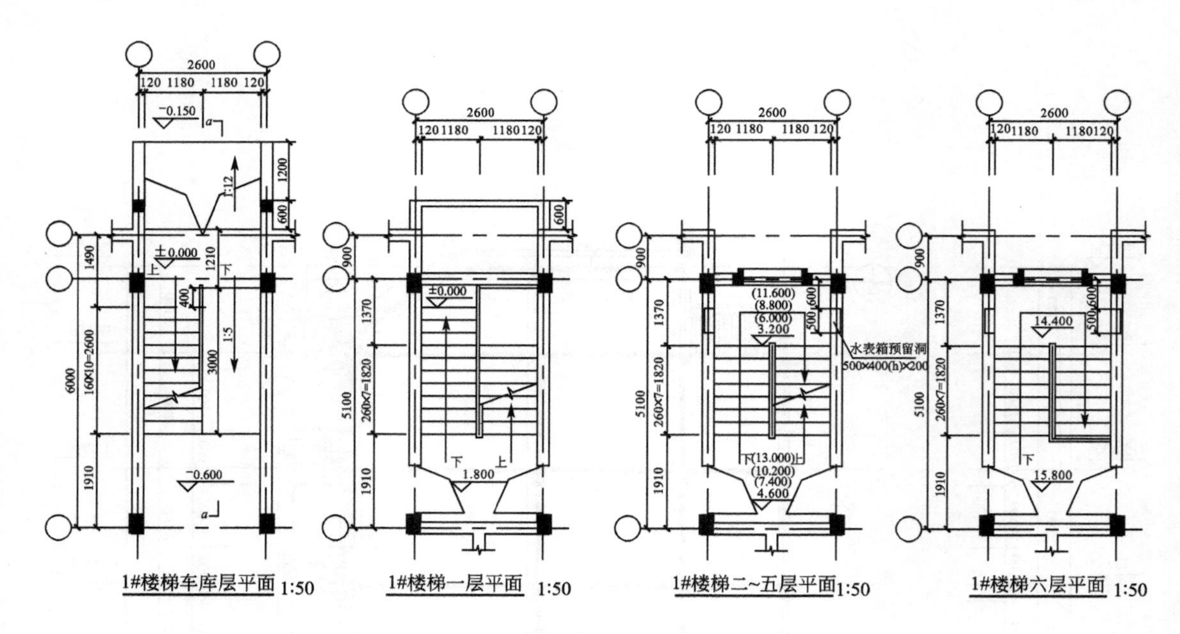

图 5.13　某住宅 1♯楼楼梯平面图

的坡道，一层平面显示出了入口上方的雨篷。一层楼梯平面图中应标出剖面详图的剖切符号，以对应楼梯剖面详图。

2. 楼梯剖面图识图

如图 5.14 所示，该图是 1♯楼楼梯 a—a 剖面图。根据平面详图中的剖切符号，可知剖面详图的剖切位置和剖切方向。楼梯剖面详图相当于建筑剖面图的局部放大，其绘制和识读方法与剖面图基本相同。从图中可以看出，楼梯休息平台板各层标高分别为 1.800、4.600、7.400、10.200、13.000、15.800。该剖面图有 6 个梯段，涂黑的梯段表示剖到的，没有涂黑的表示看到的梯段。通过标注的尺寸可以看出细部尺寸、层高及各楼梯段高度。

5.1.7　其他建筑详图识图

如图 5.15 所示该图为屋面详图，图中屋面做法见总设计说明，四周有挑檐沟，屋面的边缘有栏杆和扶手，栏杆采用 ϕ60 圆管立柱，扶手采用 ϕ80 圆管，屋面标高是 18.600m。

如图 5.16 所示该图为屋面挑檐详图，采用 1∶20 比例绘制，从图中可以看到尺寸标注和标高。

特别提示

引例(1)的解答：住宅建筑施工图主要包括住宅施工图首页、平面图、立面图、剖面图、建筑详图等。引例(2)的解答：住宅建筑详图一般包括楼梯建筑详图、屋面外墙建筑详图等。

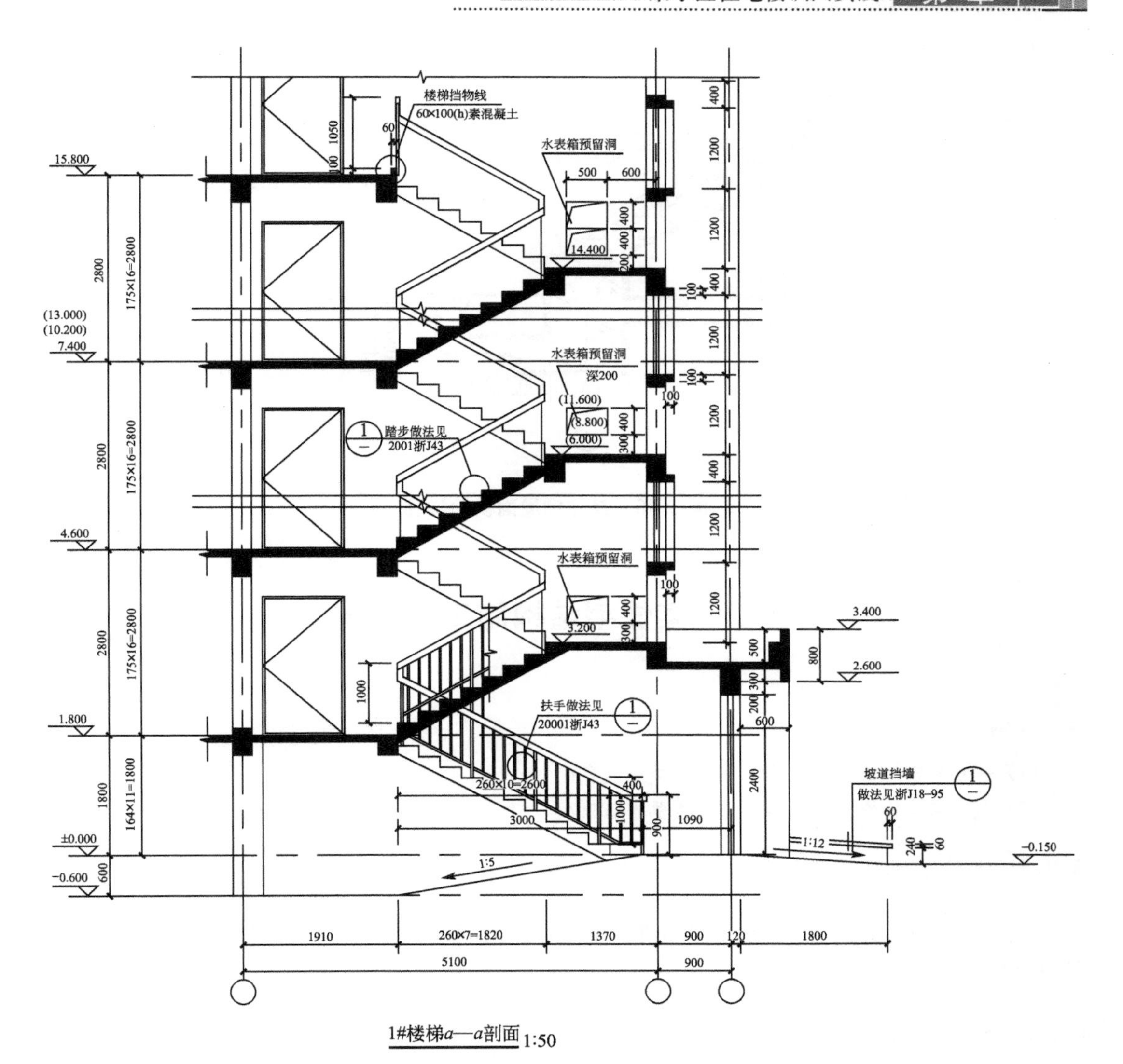

图 5.14 某住宅 1# 楼楼梯 a—a 剖面图

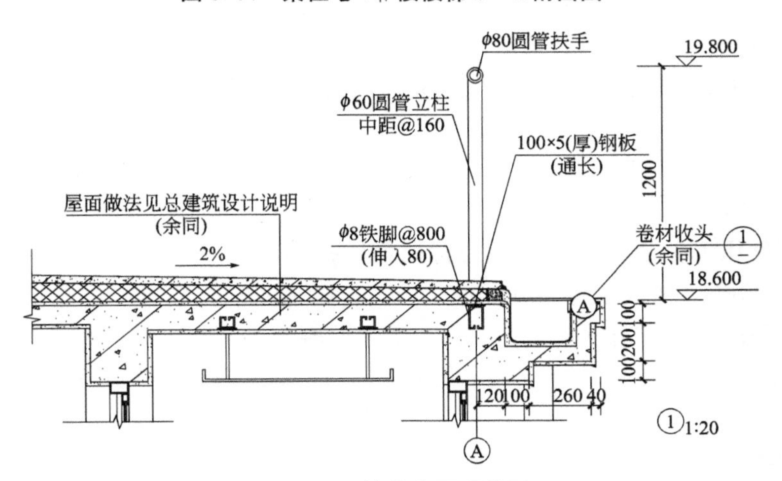

图 5.15 某住宅屋面详图

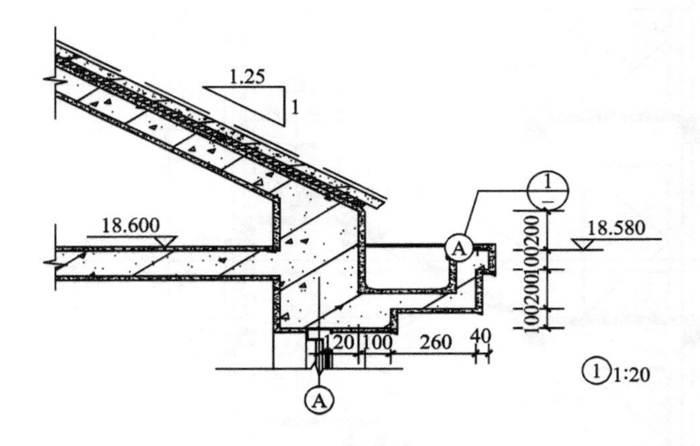

图 5.16　某住宅屋面挑檐详图

5.2　某住宅结构施工图识图

引例

(1) 一套完整的住宅结构施工图包括哪些内容？

(2) 本住宅结构施工图是哪种构造类型的基础？

5.2.1　本住宅结构施工图的内容

住宅结构施工图一般包括下列 3 个方面的内容：结构设计说明、结构平面布置图、构件详图。

5.2.2　结构设计说明

(1) ±0.000 标高相当于绝对标高 3.450m。

(2) 本基础设计根据浙江省某工程勘察院 2005 年 9 月提供的岩土工程资料。

(3) 采用先张法预应力混凝土管桩(ϕ550)和预应力混凝土管桩(ϕ550，ϕ600)，桩长约 53m。

(4) 本工程共 66 枚桩，其中 PTC－550(70)共 54 枚，PC－A600(100)共 2 枚，PC－A550(100)共 10 枚。

(5) 采用静压沉桩法，单桩承载力特征值：ϕ550，R_a＝1000kN，桩架配重 1500kN；ϕ600，R_a＝1100kN，桩架配重 1600kN。

(6) 材料与改造：桩身混凝土为 C60，承台混凝土为 C25，钢筋直径为 HPB235 或者 HRB335，主筋锚入承台不小于 35d，管桩填芯混凝土为 C30，其余详见 2002 浙 G22 图集。

(7) 图中未注明偏心尺寸者均以轴线为中心。

(8) 桩施工完毕，验收合格后可施工承台。

(9) 地梁底部钢筋应在支座范围内搭接，上部钢筋应在跨中 1/3 范围内。

(10) 承台选自标准图集 2004 浙 G24 图集，图中未注明地梁 DL。

(11) 其他纵筋锚固搭接构造详见总说明。

(12) 地梁箍筋在承台边，梁相交处各加密 3@50，吊筋弯起角度为 45°。

5.2.3 本住宅结构平面布置图识图实践

1. 基础平面图识图实践

特别提示

引例(1)的解答：住宅结构施工图一般包括下列三个方面的内容：结构设计说明、结构平面布置图、构件详图等。引例(2)的解答：桩基础类型的基础。

如图 5.17 所示，此图为某住宅基础平面图，比例为 1：100，从图中可以看出该基础为桩基础。

2. 楼层结构平面布置图

1) 柱网平面布置图

如图 5.18 所示为基础～4.57m 柱网平面布置图，如图 5.19 所示为 4.57m～屋顶柱网平面布置图，如图 5.20 所示为柱说明表及某些柱断面详图。

2) 梁配筋平面布置图

(1) 一层梁配筋平面图识图。

如图 5.21 所示，该图是此住宅楼一层梁配筋平面图。

(2) 二～六层梁配筋平面图识图实践。

如图 5.22 所示，该图是此住宅楼二～六层梁配筋平面图。

(3) 阁楼层梁配筋平面图识图实践。

如图 5.23 所示，该图是此住宅楼阁楼层梁配筋平面图。

3) 现浇板平面布置图

(1) 一层楼板结构平面图识图。

如图 5.24 所示，该图是此住宅楼一层结构平面图，从图中可知楼板为现浇板。

(2) 二～六层楼板结构平面图识图。

如图 5.25 所示，该图是此住宅楼二～六层结构平面图，从图中可知楼板为现浇板。

3. 屋顶结构平面布置图

1) 屋顶层梁配筋平面图识图

如图 5.26 所示，该图是此住宅楼屋顶层梁配筋平面图。

2) 屋顶层楼板平面图识图实践

如图 5.27 所示，该图是此住宅楼屋顶层结构平面图。

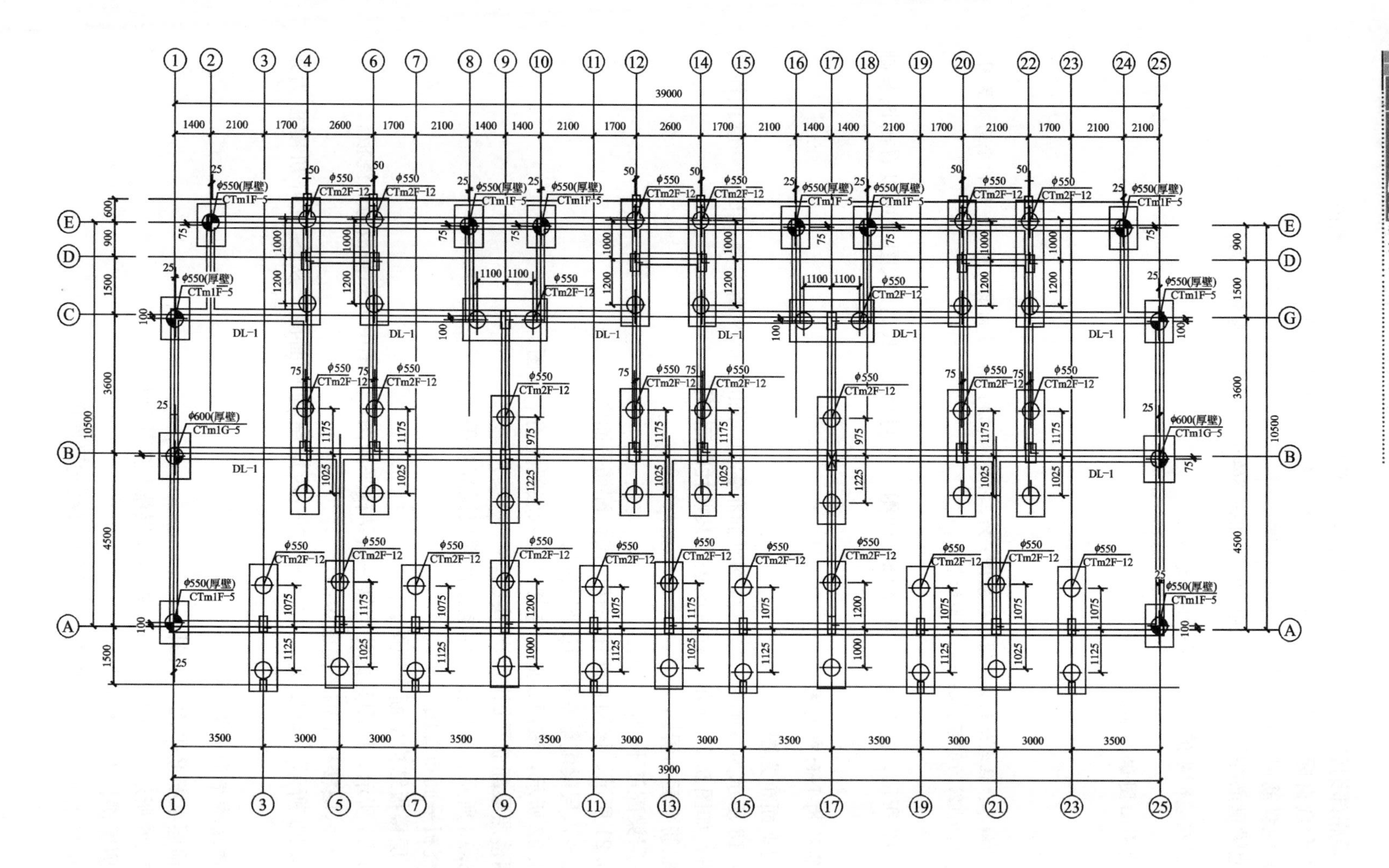

图 5.17 某住宅基础平面图

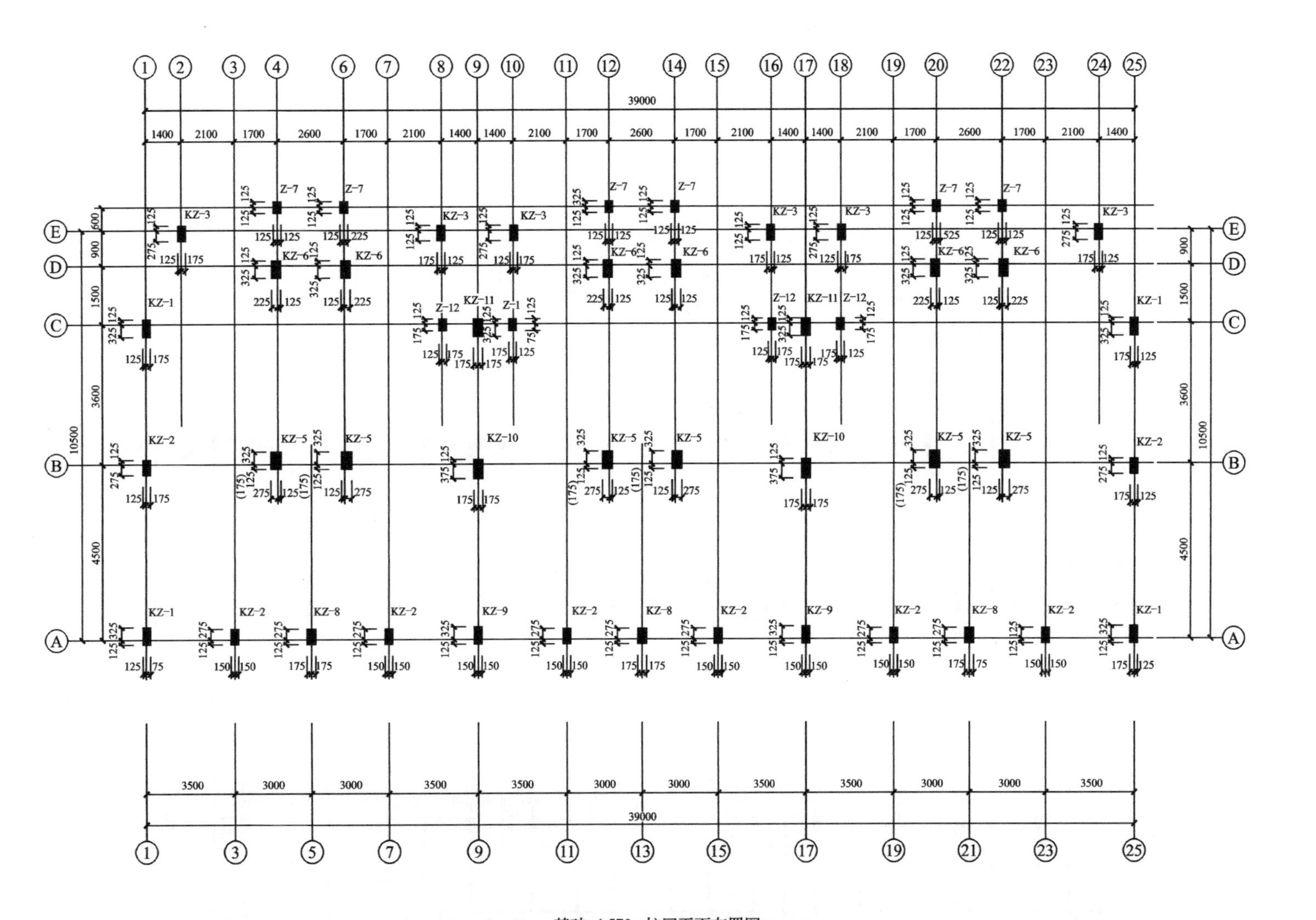

图 5.18 基础～4.57m 柱网平面布置图

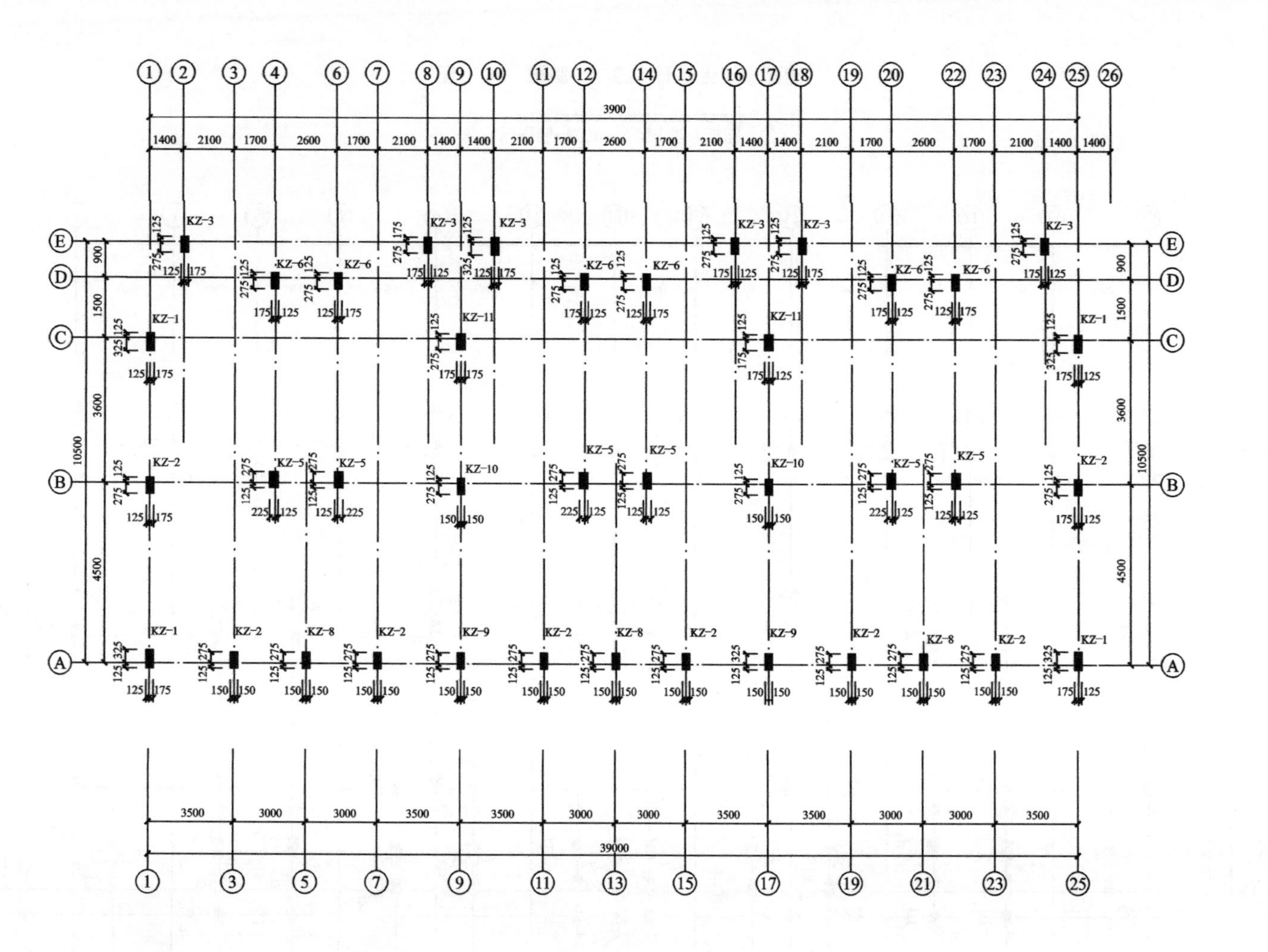

图 5.19　4.57m~屋顶柱网平面布置图

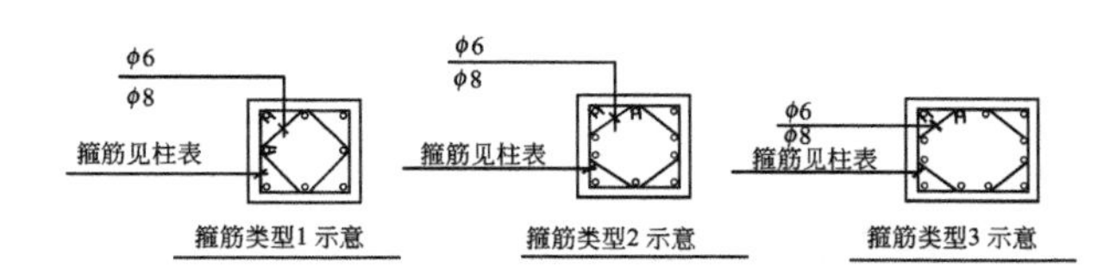

柱编号	b平行于轴号	层次	高度H	起止标高	混凝土强度等级C	b×h或直径	一侧角筋	b边一侧中部筋	h边一侧中部筋	箍筋类型号	箍筋
Z-12	A										
				基础~1.770	25	300×300	2Φ16	2Φ16	2Φ16		φ8@100/200
LZ-1			2150	18.570~20.720	25	250×250	2Φ16	2Φ16	2Φ16	3	φ6@100
KZ-11	A	8	2150	18.570~20.720	25	300×400	2Φ16	1Φ16	1Φ16	1	φ8@100/200 φ6@100/200
		7	2800	15.770~18.570	25	350×450	2Φ16	1Φ16	1Φ16	1	φ8@100/200 φ6@100/200
		3-6	2800	4.570~15.770	25	350×400	2Φ16	1Φ16	1Φ16	1	φ8@100/200 φ6@100/200
		2	2800	1.770~4.570	25	350×450	2Φ16	1Φ16	1Φ16	1	φ8@100/200 φ6@100/200
		1	3300	基础~1.770	25	350×450	2Φ22	1Φ20	1Φ20	1	φ8@100/200
KZ-10	A	8	2150	18.570~20.720	25	300×400	2Φ16	1Φ16	1Φ16	1	φ8@100/200 φ6@100/200
		7	2800	15.770~18.570	25	300×400	2Φ16	1Φ16	1Φ16	1	φ8@100/200 φ6@100/200
		4-6	2800	7.370~15.770	25	300×400	2Φ16	1Φ16	1Φ16	1	φ8@100/200 φ6@100/200
		3	2800	4.570~7.370	25	300×400	2Φ22	2Φ16	2Φ16	1	φ8@100/200 φ6@100/200
		2	2800	1.770~4.570	25	350×500	2Φ25	2Φ20	2Φ20	2	φ8@100/200 φ6@100/200
		1		基础~1.770	25	350×500	2Φ25	2Φ20	2Φ20	2	φ8@100/200
KZ-9	A	7	3030	15.770~18.800	25	300×400	2Φ16	1Φ16	1Φ16	1	φ8@100/200 φ6@100/200
		3-6	2800	4.570~15.770	25	300×400	2Φ16	1Φ16	1Φ16	1	φ8@100/200 φ6@100/200
		2	2800	1.770~4.570	25	300×450	2Φ16	1Φ16	1Φ16	1	φ8@100/200 φ6@100/200
		1		基础~1.770	25	300×450	2Φ20	1Φ18	1Φ16	1	φ8@100/200
KZ-8	A	7	2800	15.770~18.800	25	300×400	2Φ16	1Φ16	1Φ16	1	φ8@100/200 φ6@100/200
		3-6	2800	4.570~15.770	25	300×400	2Φ16	1Φ16	1Φ16	1	φ8@100/200 φ6@100/200
		2	2800	1.770~4.570	25	350×400	2Φ16	1Φ16	1Φ16	1	φ8@100/200 φ6@100/200
		1		基础~1.770	25	350×400	2Φ22	1Φ20	1Φ20	1	φ8@100/200
Z-7	A	1		基础~2.400	25	250×250	2Φ16	2Φ16	2Φ16		φ8@100/200
KZ-6	A	8	2150	18.570~20.720	25	300×400	2Φ18	1Φ16	1Φ16	1	φ8@100
		5-7	2800	10.1700~18.570	25	300×400	2Φ18	1Φ16	1Φ16	1	φ8@100
		4	2800	7.370~10.170	25	300×400	2Φ18	1Φ18	1Φ18	1	φ8@100
		3	2800	4.570~7.370	25	300×400	2Φ20	1Φ20	1Φ20	1	φ8@100
		2	2800	1.770~4.570	25	350×450	2Φ20	1Φ20	1Φ16	1	φ8@100
		1		基础~1.770	25	350×450	2Φ22	2Φ22	1Φ16	1	φ8@100
KZ-5	A	8	2150	18.570~20.720	25	350×400	2Φ16	1Φ16	1Φ16	1	φ8@100/200 φ6@100/200
		7	2800	15.770~18.570	25	350×400	2Φ16	1Φ16	1Φ16		φ8@100/200 φ6@100/200
		5-6	2800	10.170~15.770	25	350×400	2Φ16	1Φ16	1Φ16	1	φ8@100/200 φ6@100/200
		4	2800	7.370~10.170	25	350×400	2Φ18	1Φ18	1Φ16	1	φ8@100/200 φ6@100/200
		3	2800	4.570~7.370	25	350×400	2Φ25	1Φ22	1Φ16	1	φ8@100/200 φ6@100/200
		2	2800	1.770~4.570	25	400×450	2Φ22	2Φ20	1Φ16	2	φ8@100/200 φ6@100/200
		1		基础~1.770	25	400×500	2Φ22	2Φ22	2Φ22	3	φ8@100/200
KZ-3	A	7	2830	15.770~18.600	25	300×400	2Φ16	1Φ16	1Φ16	1	φ8@100/200
		2-6	2800	1.770~15.770	25	300×400	2Φ16	1Φ16	1Φ16	1	φ8@100/200
		1		基础~1.770	25	300×400	2Φ16	1Φ16	1Φ16	1	φ8@100/200
KZ-2	A	7	3030	15.770~18.000	25	300×400	2Φ16	1Φ16	1Φ18	1	φ8@100/200 φ6@100/200
		2-6	2800	1.770~15.770	25	300×400	2Φ16	1Φ16	1Φ18	1	φ8@100/200 φ6@100/200
		1		基础~1.770	25	300×400	2Φ22	1Φ22	1Φ22	1	φ8@100/200
KZ-1	A	7	3030	15.770~18.000	25	300×450	2Φ16	1Φ16	1Φ16	1	φ8@100/200
		3-6	2800	4.570~15.770	25	300×450	2Φ16	1Φ16	1Φ16	1	φ8@100/200
		2	2800	1.770~4.570	25	300×450	2Φ16	1Φ16	2Φ16	2	φ8@100/200
		1		基础~1.770	25	300×450	2Φ16	1Φ16	2Φ16	2	φ8@100/200

注：① 柱表图需配合平法图集《03G101-1》施工。
② 柱钢筋的连接采用对接焊接接头。

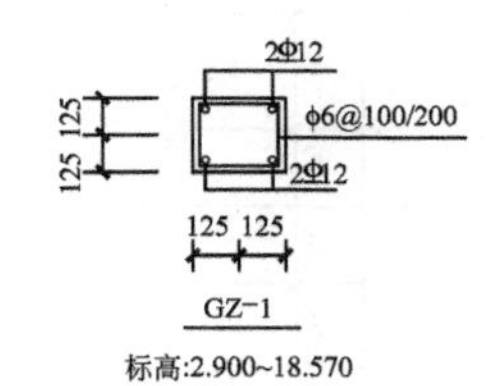

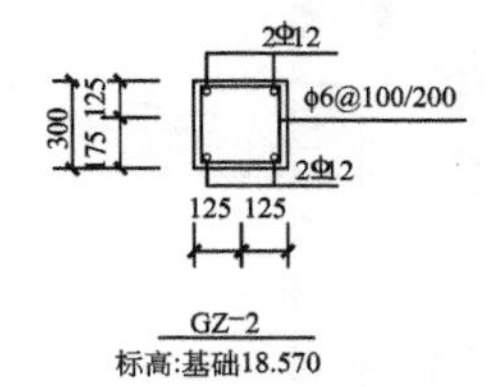

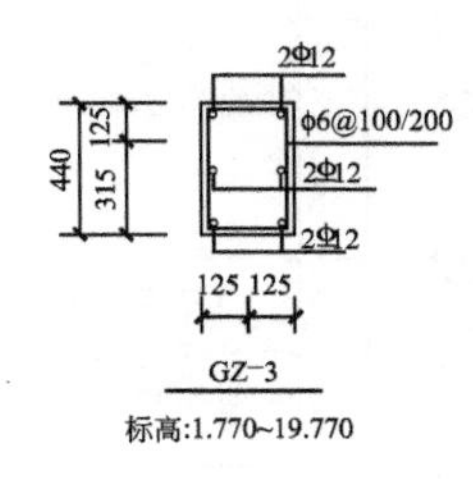

图 5.20　柱说明表及某些柱断面详图

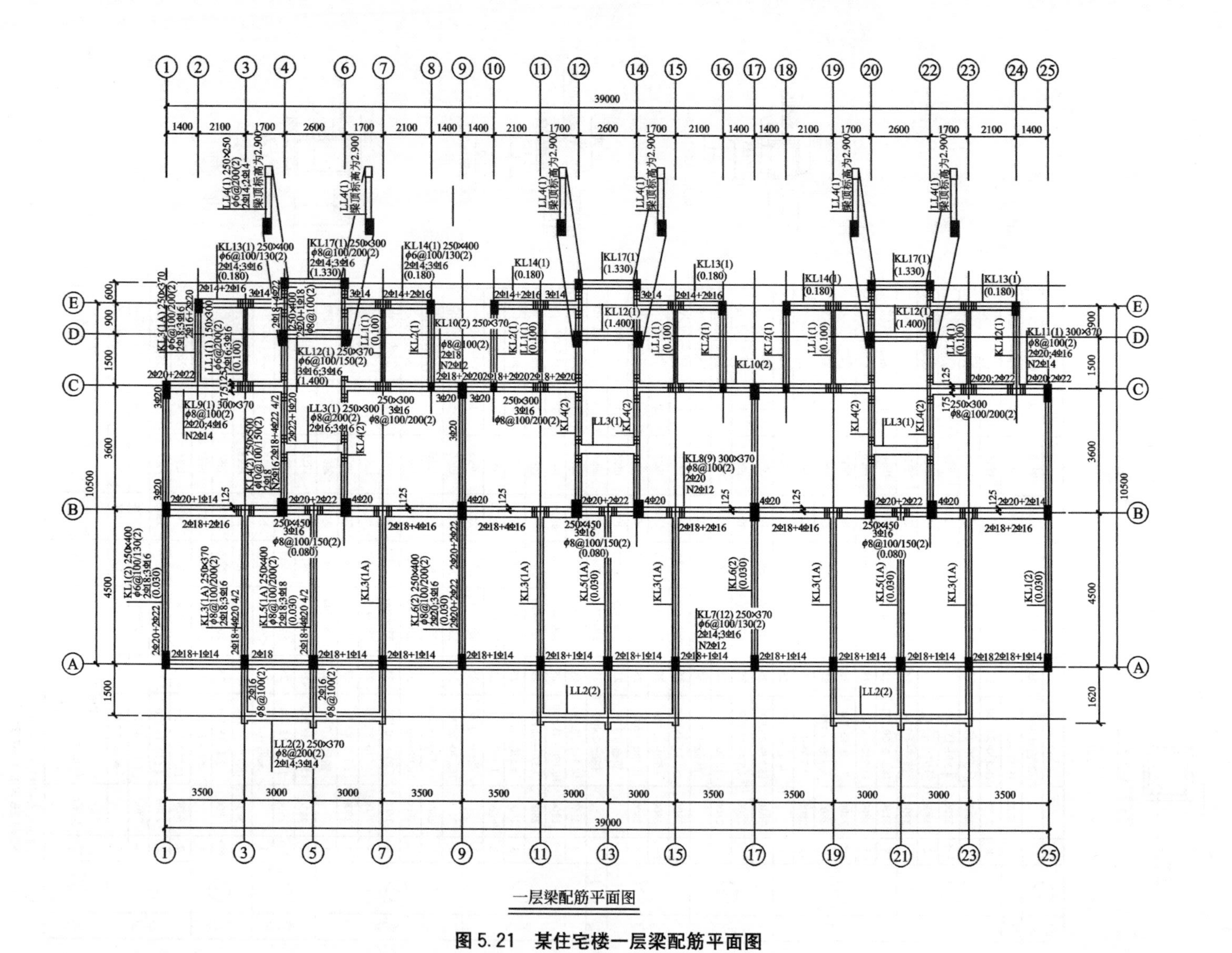

图5.21 某住宅楼一层梁配筋平面图

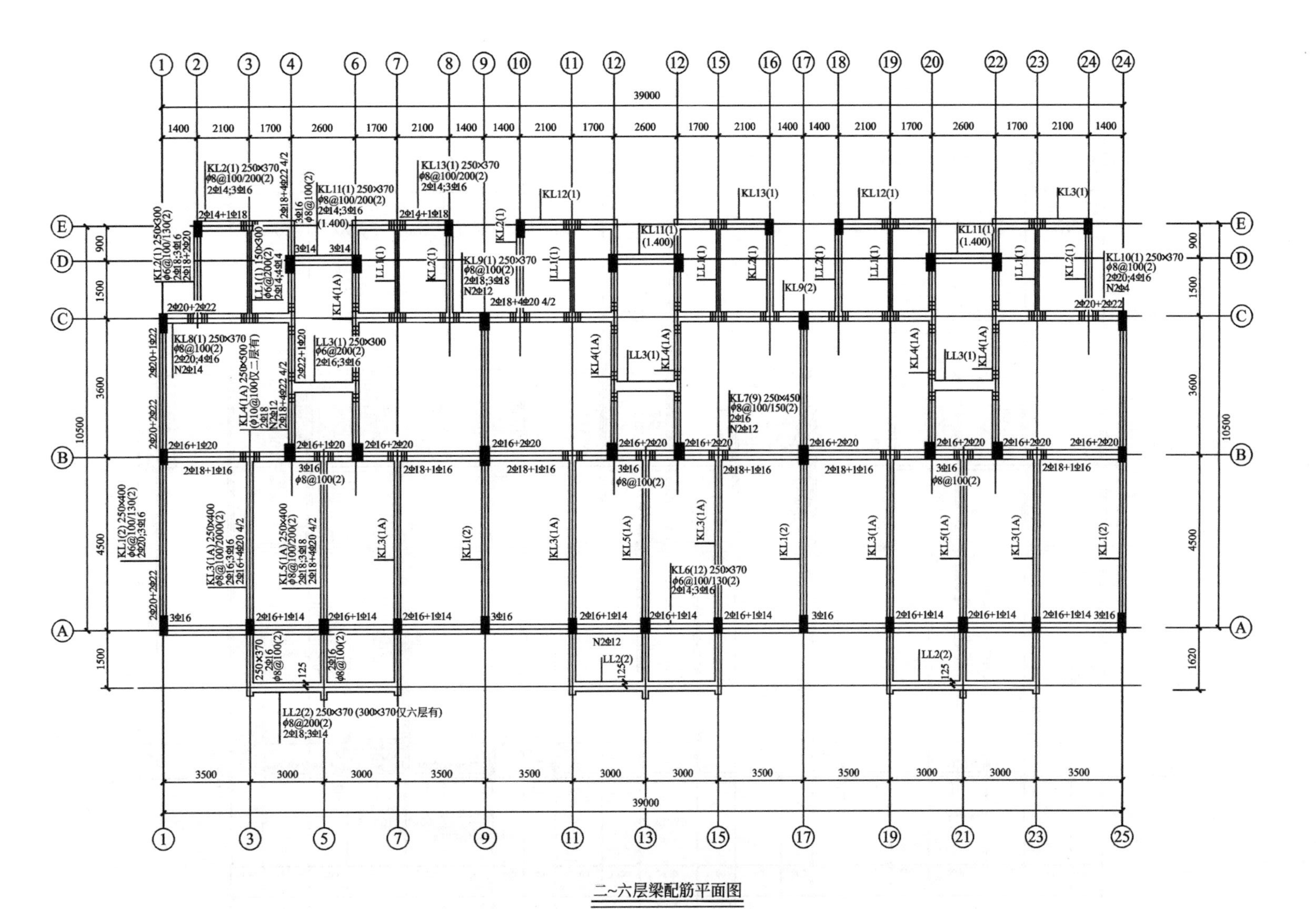

二~六层梁配筋平面图

图 5.22 某住宅楼二层~六层梁配筋平面图

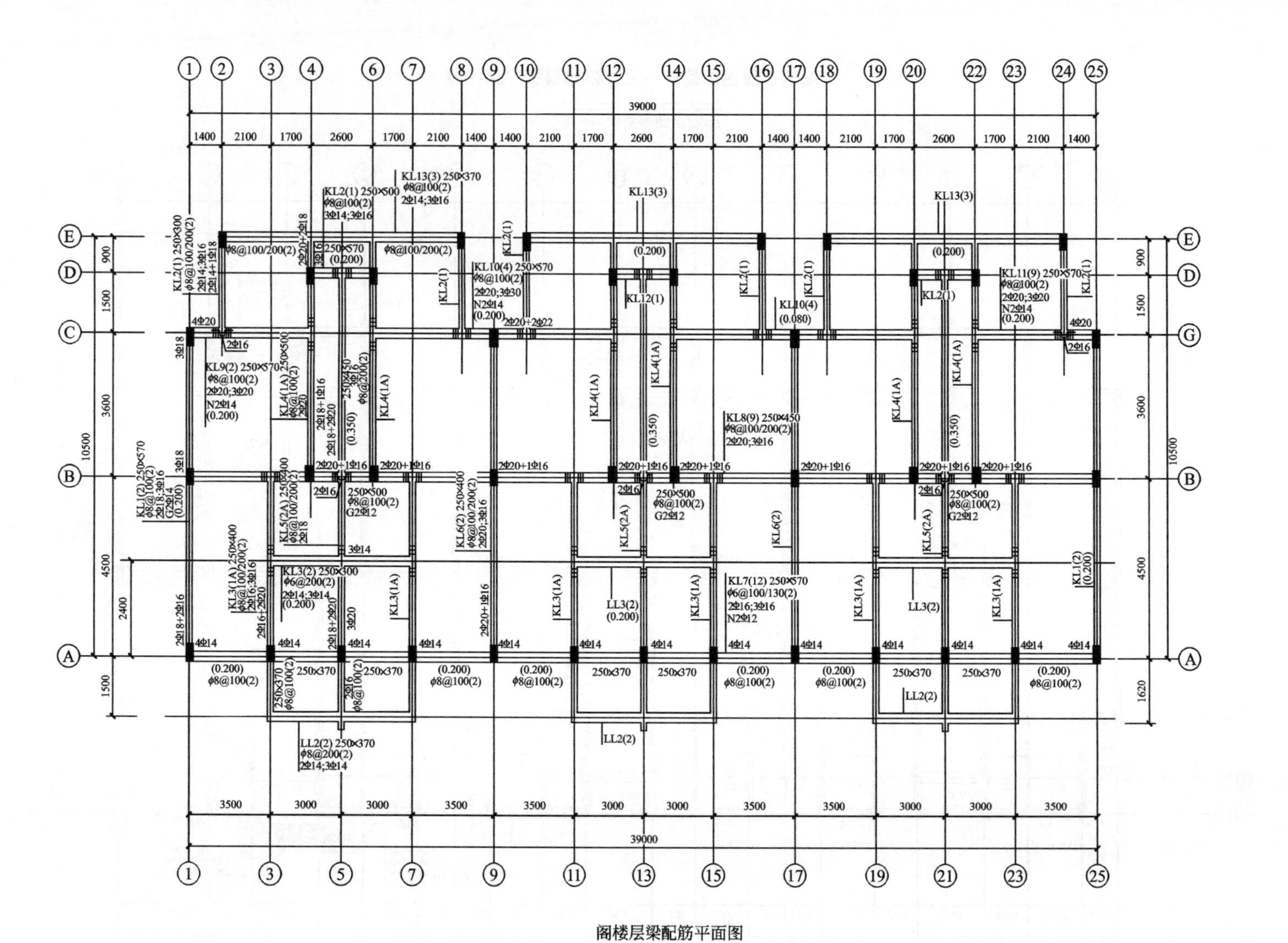

图 5.23　住宅楼阁楼层梁配筋平面图

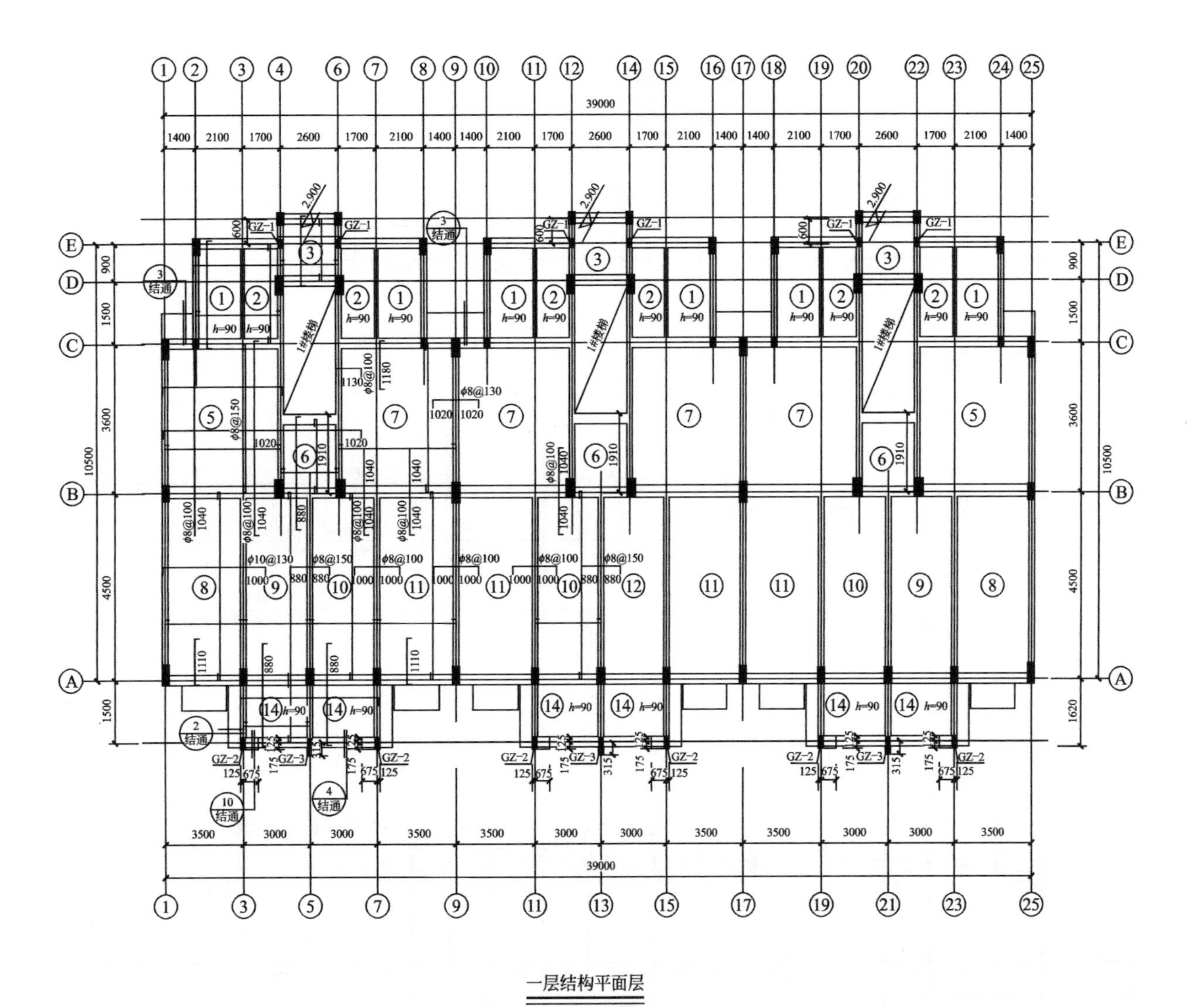

一层结构平面层

图 5.24 住宅一层结构平面图

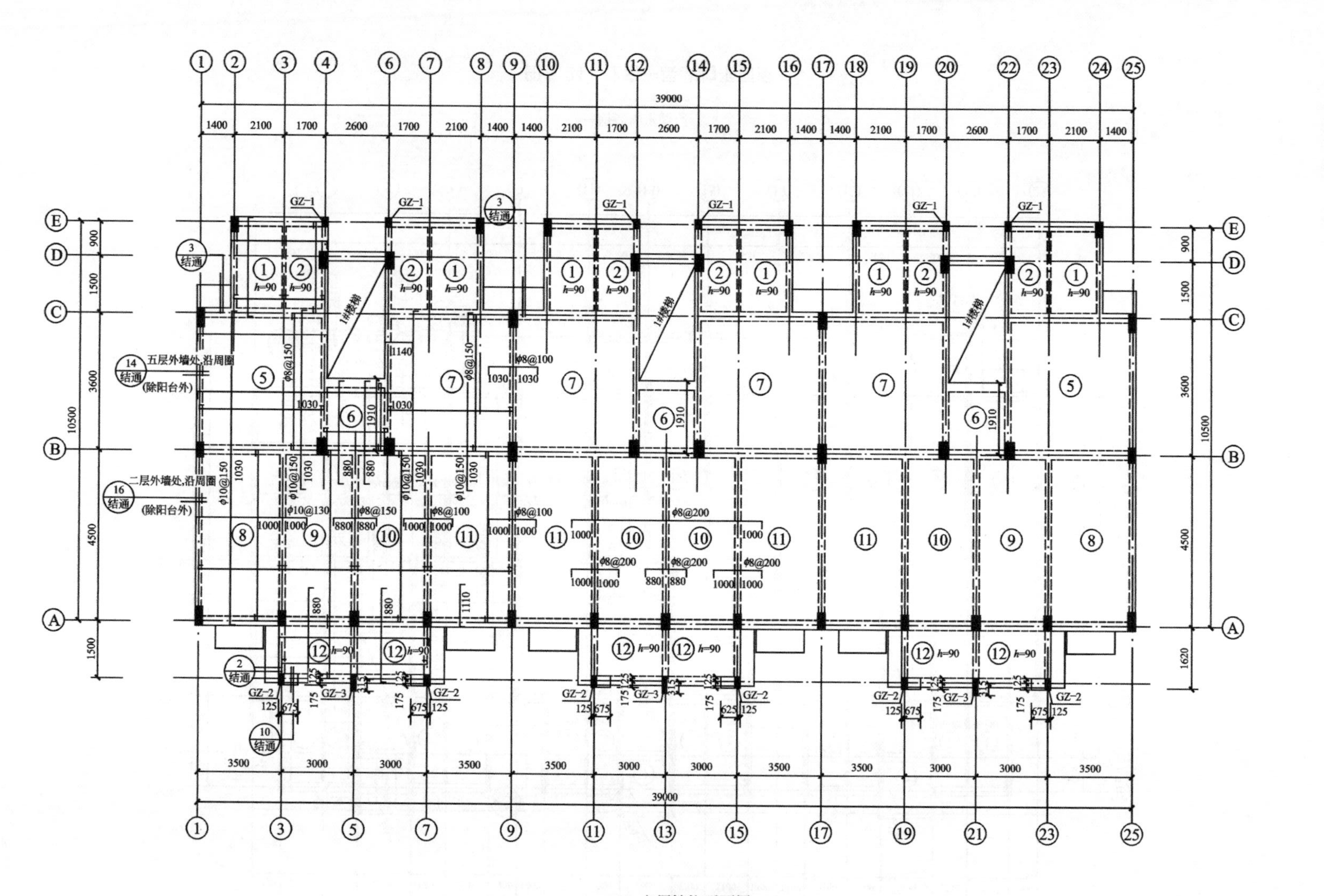

图 5.25 住宅二～六层结构平面图

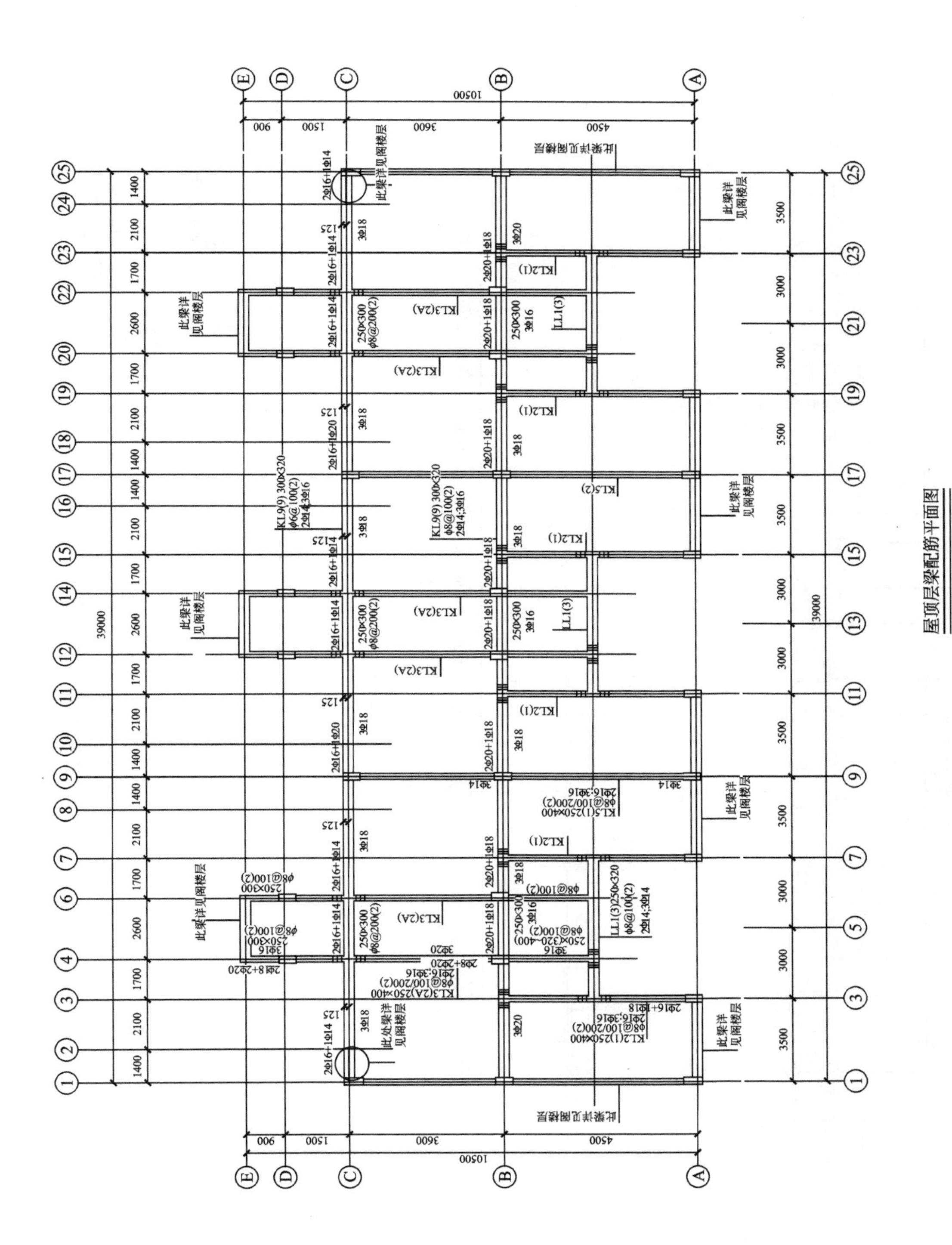

屋顶层梁配筋平面图

图 5.26　住宅楼屋顶层梁配筋平面图

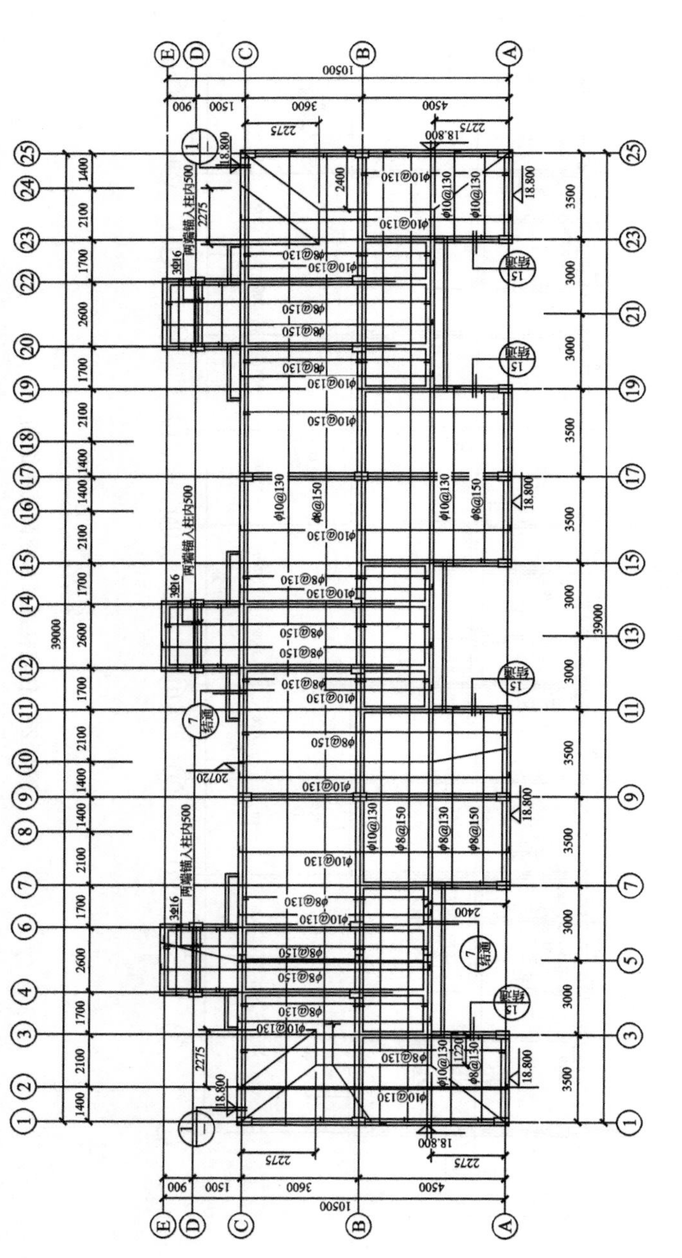

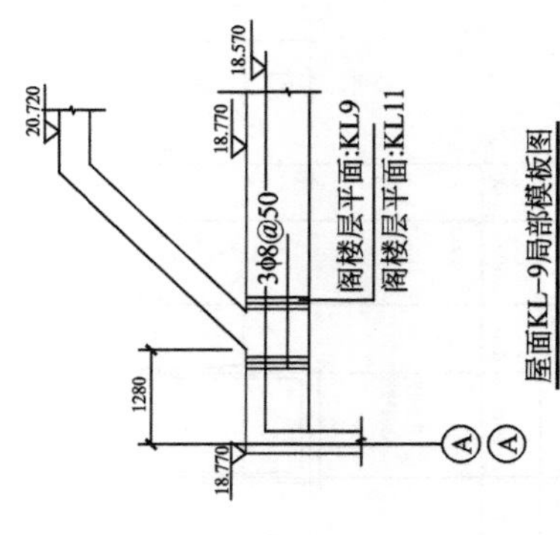

图 5.27　住宅楼屋顶层结构平面图

本章小结

本章重点介绍了某住宅楼建筑施工图和结构施工图的识图实践。住宅楼建筑施工图一般用来表示建筑物的规划位置、外部造型、内部各房间布置、内外构造、工程做法及施工要求等。住宅楼结构施工图一般用来表示楼层结构平面图整体标注的图示方法与要求，基础平面图及基础详图的图示方法，钢筋混凝土构配件的画法和尺寸标注。

具体内容包括：建筑施工图首页、建筑各层平面图、建筑立面图、建筑剖面图及详图、基础平面图及基础详图；结构平面布置图；现浇钢筋混凝土梁柱平法图。

本章的教学目标是掌握建筑各层平面图、建筑立面图、建筑剖面图及详图、基础平面图及基础详图；结构平面布置图；现浇钢筋混凝土梁柱平法图的识图方法。

习　　题

1. 阅读下面的建筑平面图(图 5.28)，问答问题。

(1) 主卧室的开间是多少？进深是多少？

(2) 该建筑施工图的图名是什么？比例多少？

(3) 房屋长度总尺寸是多少？宽度总尺寸是多少？

(4) 简述房间的布置、用途及交通联系。

(5) 简述门窗的数量、型号及长度尺寸。

(6) 解释详图索引符号的含义。

2. 阅读下面的建筑结构平面图(图 5.29)，问答问题。

(1) 这张图是哪种结构施工图？

(2) 这张图上的基础是什么类型基础？它的平面尺寸多大？

(3) 基础按构造分一般有哪几种类型？

(4) 该图中有哪些建筑结构构件？

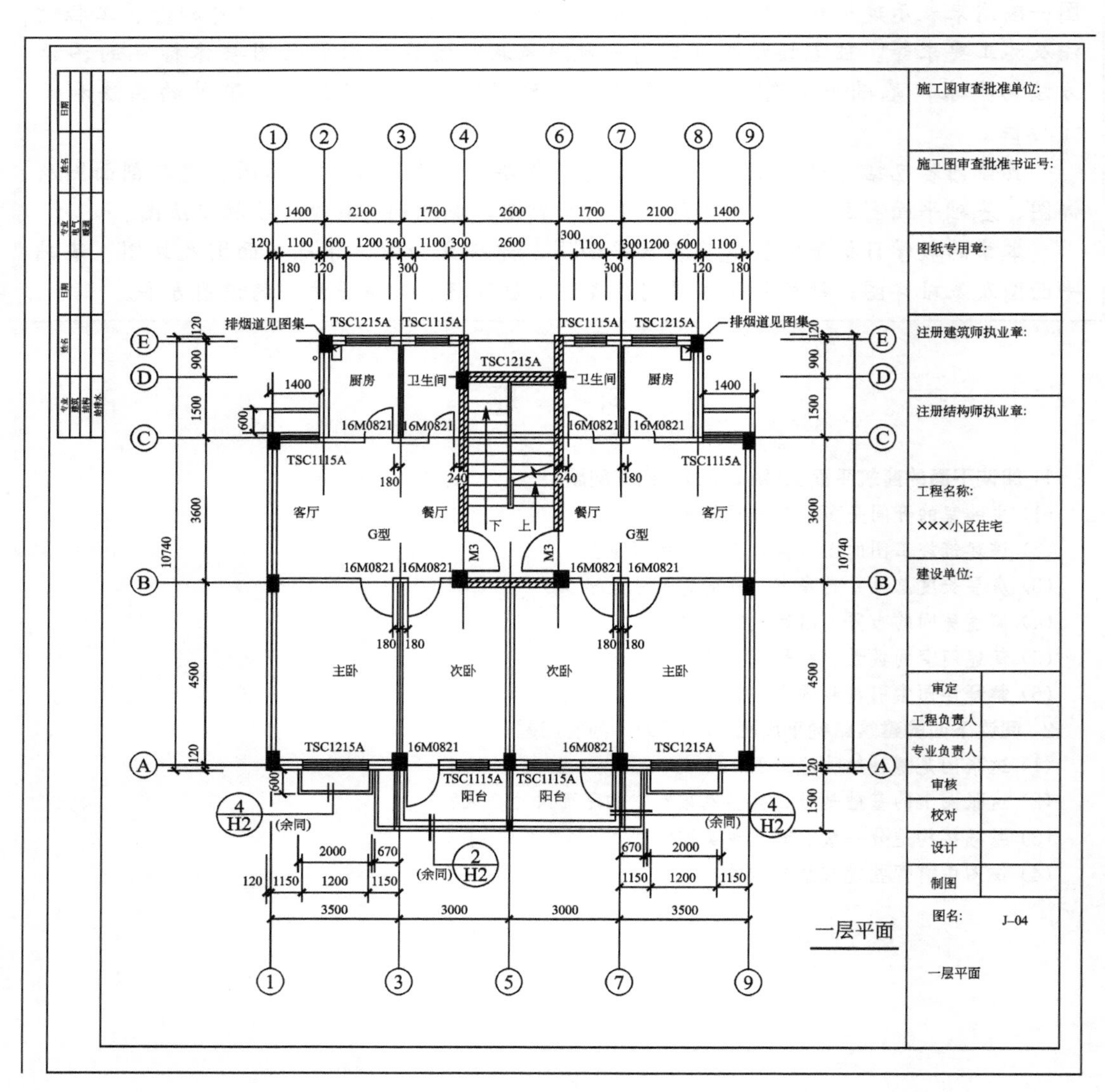

施工图审查批准单位:
施工图审查批准书证号:
图纸专用章:
注册建筑师执业章:
注册结构师执业章:
工程名称:
×××小区住宅
建设单位:
审定
工程负责人
专业负责人
审核
校对
设计
制图
图名:
J-04
一层平面
一层平面
排烟道见图集
TSC1215A
TSC1115A
厨房
卫生间
16M0821
客厅
餐厅
G型
M3
下
上
主卧
次卧
阳台
(余同)
10740
3500
3000

图 5.28 建筑平面图

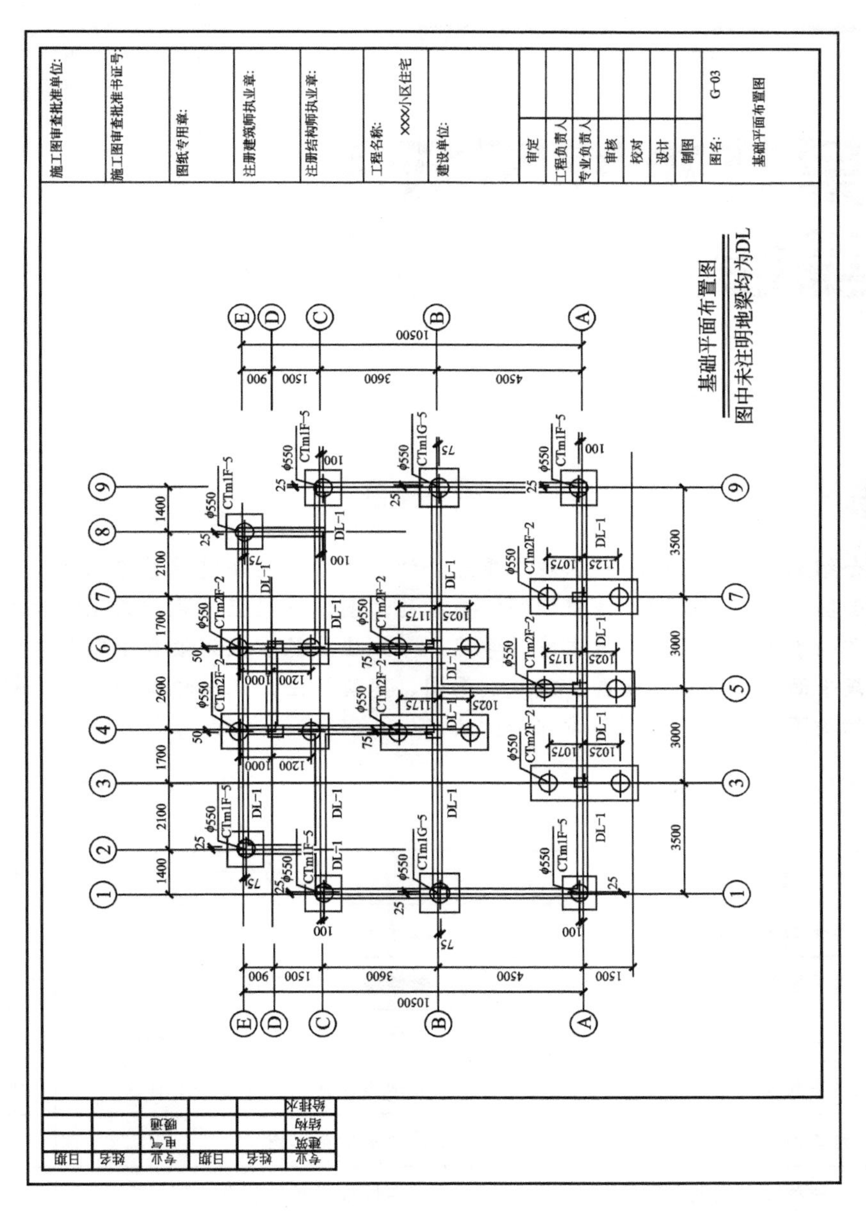

图 5.29 建筑结构平面图

第6章

某技术学院教学综合大楼识图实践

教学目标

本章主要介绍如何阅读教学楼施工图，重点介绍了阅读教学楼建筑总平面图、建筑平面图、建筑立面图、建筑剖面图、建筑详图、基础施工图、柱梁板结构施工图、楼梯结构图等读图、绘图的步骤和方法。通过本章的学习，学生应熟练掌握识读和绘制教学楼建筑总平面图、建筑平面图、建筑立面图、建筑剖面图、建筑详图、基础施工图、柱梁板结构施工图、楼梯结构图等读图、绘图的步骤和方法。

教学要求

能力目标	知识要点	权重
掌握教学建筑总平面图的识读和绘制	教学楼建筑总平面图	10%
掌握教学建筑平面图的识读和绘制	教学楼建筑平面图	15%
掌握教学建筑立面图、建筑剖面图的识读和绘制	教学楼建筑立面图、建筑剖面图	15%
掌握教学建筑详图的识读和绘制	教学楼梯详图、外墙墙身详图	15%
掌握教学基础施工图的识读和绘制	教学基础施工图	15%
掌握教学柱梁板结构施工图的识读和绘制	教学楼柱梁板结构施工图	15%
掌握教学楼梯结构施工图的识读和绘制	教学楼梯结构施工图	15%

章节导读

通过教学楼建筑施工图可以了解一幢拟建教学的内外形状和大小、平面布局、立面造型以及各部分的构造等内容。同时，通过教学楼结构施工图可以了解一幢拟建教学的结构构件(比如柱、梁板、基础)断面形状、大小、材料及内部构造。

知识点滴

武汉大学老图书馆

武汉大学老图书馆背对东湖，南向珞珈山，登上顶层，俯瞰四方，远处是波光闪烁的浩渺东湖，近处是一座座孔雀绿琉璃瓦的建筑群，令人心旷神怡。它建成于1935年9月，外部装饰极具中国传统特色，顶部塔楼是八角重檐、单檐双歇山式(图6.1)。上立七环宝鼎，屋顶有采暖烟囱，屋顶南面两角有云纹照壁，其间护栏以左右的勾栏和中央的双龙吻脊，造成“围脊”的效果。两座附楼屋脊与大阅览室相连的叫“歇山连脊”，占地呈“工”字形。塔楼阅览厅的外墙为八边形，并设有环形外走廊，供阅览者休息和游人观光。正门上方镶有中国图书馆祖师——老子的镂空铁画像；在屋脊、环廊、檐部等处有蟠龙、云纹、斗拱和仙人走兽的精美图案。

图6.1 武汉大学老图书馆

图书馆左右侧分别矗立着文学院和法学院，堪称一对姊妹楼，此种布局体现了中国传统文化中“左文右武”、“文华武英”的特色。文学院屋顶采用翘角，寓意文采飞扬；法学院四角飞檐平而缓，显得端庄稳重，寓意法理正直、执法如山。

6.1 某教学楼建筑施工图识图实践

引例

(1) 一套完整的教学建筑施工图包括哪些内容？

(2) 教学建筑详图包括哪些内容？

6.1.1 教学建筑施工图内容

教学建筑施工图主要包括施工图首页、平面图、立面图、剖面图、建筑详图等。

6.1.2 教学施工图首页

施工图首页是建筑施工图的第一张图纸，主要内容包括图纸目录、设计说明、工程做法表、门窗统计表等文字性说明。

1. 图纸目录(表 6-1)

表 6-1 图纸目录

项目：建施图、建筑通用图

序号	图号	图纸名称	张数
1	JS-1	总平面图	1
2	JS-2	一层平面	1
3	JS-3	二层平面	1
4	JS-4	三层平面	1
5	JS-5	四层平面	1
6	JS-6	五～七层平面	1
7	JS-7	八、九层平面	1
8	JS-8	十层平面	1
9	JS-9	机房层平面	1
10	JS-10	屋顶层平面	1
11	JS-11	①～⑫立面	1
12	JS-12	⑫～①立面	1

（续）

项目：建施图、建筑通用图

序号	图号	图纸名称	张数
13	JS-13	Ⓐ～Ⓚ立面，Ⓚ～Ⓐ立面	1
14	JS-14	A—A剖面，B—B剖面	1

2. 设计说明

1）工程设计的主要设计依据

(1) 立项文件："关于同意××工程立项的批复"。

(2) 规划文件：由宁波市规划局提供的设计要求、控制指标文本。

(3) 用地文件：(2009)浙规(地)证编号0207006。

(4) 由宁波市规划局批准的总平面布置方案；

(5) 经批准的"××工程拆迁安置用房扩初设计"。

(6) 由浙江省地震局提供的"对宁波市××地震规划报告的批复"。

(7) 设计文件：本公司与业主单位签订的工程设计合同。

(8) 国家现行有关规范、规定：

① 建筑设计防火规范(GB 50016—2006)。

② 住宅设计规范(GB 50096—1999)(2003年版)。

③ 民用建筑设计通则(GB 50352—2005)。

④ 城市居住区规划设计规范(GB 50180—1993)(2002年版)。

⑤ 夏热冬冷地区居住建筑节能设计标准(JGJ 134—2010)。

⑥ 浙江省居住建筑节能设计标准(DB 33/1015—2003)。

⑦ 城市道路和建筑物无障碍设计规范(JGJ 50—2001)。

⑧ 汽车库、修车库、停车场设计防火规范(GB 50067—1997)。

2）工程概况

本工程为宁波市××学校教学综合楼工程，由××学校开发，位于宁波市西部的××路，总建筑面积14484m^2，包括2栋教学楼，具体详见总平面布置图。

本工程耐火等级除地下汽车库为一级外，其余均为二级，主体结构耐久年限为50年，结构形式均为混凝土框架结构。本工程抗震设防烈度为六度。屋面防水等级为Ⅱ级，地下室防水等级为Ⅱ级，人防工程为异地人防。

除说明外，本工程所标标高以米为单位，所有尺寸以毫米为单位。

除说明外，本工程所标屋面标高为结构标高，其余均为建筑标高。

3）设计范围

(1) 建筑设计(不包括二次装修部分)、结构设计、给排水设计、电气设计、地下室通风设计、总平面设计(不包括环境设计)。

(2) 燃气设计、景观环境设计、配电房专业设计、弱电设计、红外线保安系统设计等均另行委托设计。

(3) 墙体材料见结施；防潮层做法为30厚1∶2水泥砂浆掺相当于水泥质量5%的防

水剂，除 JT－9 详图。

3. 工程做法

1）屋面做法

（1）坡屋面做法（由上向下）。

① 彩色油毡瓦（蓝色，以色样为准）（射钉与冷马蹄脂粘结固定）。

② 40 厚 C20 细石混凝土随捣随抹（内配 4@150 双向）。

③ 无纺布隔离层。

④ 25×25 木条@600，内嵌 25 厚聚苯板保温层。

⑤ 3 厚改性沥青防水卷材。

⑥ 20 厚 1∶2.5 水泥砂浆找平。

⑦ 现浇钢筋混凝土屋面。

（2）非上人屋面做法（用于住宅、店铺、管理用房等屋面）（由上向下）。

① 3 厚改性沥青防水卷材（带彩砂保护层）。

② 20 厚 1∶2.5 水泥砂浆找平层。

③ 憎水珍珠岩块材保温兼找坡层（坡度 2%，最薄处 60 厚）（按规范设排气道，做法见 99 浙 J14 第 25 页详图 10）。

④ 20 厚 1∶3 水泥砂浆找平层。

⑤ 现浇钢筋混凝土（自防水）结构层。

（3）上人屋面做法（用于住宅阁楼层露台）（由上向下）。

① 40 厚 C20 细石混凝土随捣随抹（内配φ 4@150 双向）（按规范设分仓缝，做法见 99 浙 J14 第 23 页详图 13）。

② 油毡隔离层。

③ 憎水珍珠岩块材保温兼找坡层（坡度 2%，最薄处 60 厚）（按规范设排气道，做法见 99 浙 J14 第 25 页详图 9）。

④ 3 厚改性沥青防水卷材。

⑤ 20 厚 1∶3 水泥砂浆找平层。

⑥ 现浇钢筋混凝土结构层。

（4）上人植草屋面做法。（用于地下车库屋面）。

见地下车库设计说明。

（5）檐沟及雨篷做法（由上向下）。

① 3 厚改性沥青防水卷材（带铝箔面保护层）。

② 1∶3 水泥砂浆 1%找坡，最薄处 20 厚。

③ 现浇钢筋混凝土（自防水）结构层。

所有金属制品露明部分，除铝铜制品、电镀制品及已注明者外，均刷防锈漆一度，棕黑色调和漆两遍。

2）楼面做法

见装修表。

3）地面做法

见装修表。

4）顶棚做法

见装修表。

5）墙面做法

(1) 外墙1(涂抹面层，用于二层及以上)(由内向外)。

① 墙面清理，界面剂一道。

② 15厚聚合物保温砂浆。

③ 10厚1∶2.5抗裂防水砂浆罩面。

④ 外墙涂料弹涂(色彩另详，其分隔详见立面施工图，立面色彩要求做样板，并经业主、规划部门、设计人员认可后方可施工；分格缝除说明外，为20宽10深，黑色嵌缝)。

(2) 外墙2(仿真石面砖面层，用于住宅部分一层)(由内向外)。

① 墙面清理，界面剂一道。

② 15厚聚合物保温砂浆。

③ 10厚1∶2.5抗裂防水砂浆粘结层。

④ 外墙面砖(材料及色彩看样定)。

(3) 外墙3(仿真石面砖面墙，用于非住宅部分)(由内向外)。

① 墙面清理，水泥砂浆一道(内掺水泥质量3%的建筑胶)。

② 15厚1∶3水泥砂浆找平层。

③ 10厚1∶2.5水泥砂浆粘贴层。

④ 外墙面砖(材料及色彩看样定)。

(4) 内墙：见装修表。

6）门窗工程

(1) 门采用80系列PVC塑料门，白框，6厚无色浮法玻璃；汽车库门采用铝合金卷帘门。

(2) 教学楼内木门为胶合板木门，阳台门为PVC塑料双层玻璃门(带窗纱)。

(3) 所有外窗采用88系列PVC塑料窗(带纱窗)，白框，窗玻璃采用5厚无色浮法玻璃。

(4) 所有木门与开启方向一侧墙面立平，塑钢门窗与墙中线立平(注明者除外)。

(5) 门窗五金除注明者外均按有关标准图所规定的零件配齐。

7）油漆工程

均由用户自理。

8）其他

(1) 凡木制品与砖砌体或钢筋混凝土构件接触处，均刷沥青防腐剂二度。

(2) 屋面雨水管及阳台排水管采用白色100UPVC塑料管；独立的空调排水管用25UPVC管；设有排水地漏、排水口的楼地面(包括阳台)找坡1%，坡向地漏(排水口)，雨水管落地处均设窨井。

(3) 空调预留孔定位见建筑平面图。

(4) 本工程的绿化景观由专业单位设计，并及时配合施工。

(5) 本说明未提及处，须及时与设计人员联系，未经设计人员签字认可的改动均无效。

(6) 本工程应按图施工，密切配合总图、给排水、电气、暖通等专业图纸，并按国家现行施工及验收规范进行验收。其中涉及的规范包括：建筑地面工程质量验收规范(GB 50209—2010)、建筑装饰装修工程质量验收规范(GB 50210—2001)、屋面工程施工质量验收规范(GB 50207—2002)、地下防水工程质量验收规范(GB 50208—2002)、建筑工程施工质量验收统一规范(GB 50300—2001)等。

引例(1)的解答：教学楼建筑工图主要包括住宅施工图首页、平面图、立面图、剖面图、建筑详图等。引例(2)的解答：住宅建筑详图一般包括楼梯建筑详图，屋面外墙建筑详图等。

6.1.3 总平面图识图实践

该教学楼总平面图如图 6.2 所示，识图过程如下。

(1) 教学楼的朝向、方位和范围。

图的右下角画出了该地区的指北针，按指北针所指的方向，可以知道这个教学楼位于行政楼的南面。

(2) 新建教学楼的平面轮廓形状、大小、朝向、层数、位置和室内外地面的标高。

以粗实线画出的这栋新建教学综合楼，显示出了它的平面形状呈 L 形，东西朝向，北端距行政楼 31.87m，西端距 2＃教学楼 50.03 m，教学楼最北面的部分是 1 层，中间是 2 层，最南面部分是 10 层。教学楼的底层室内标高为 3.850m。

(3) 新建教学楼周围环境以及附近的建筑物、道路、绿化等布置。

新建教学楼的四周都有道路，南面停车场还有绿化。

6.1.4 教学楼建筑平面图识图实践

1. 三层平面图识图

从如图 6.3 所示中可知②～⑨轴线为层数为 2 层教学楼屋面，⑨～⑫轴线为层数为 10 层教学楼三层平面图。

2. 四层平面图识图

如图 6.4 所示由图名可知，该图为四层平面图，比例是 1∶100。

3. 五～七层平面图识图

如图 6.5 所示由图名可知，该图为五～七层平面图，比例是 1∶100。

4. 八、九层平面识图

如图 6.6 所示由图名可知，该图为八、九层平面图，比例是 1∶100。

5. 十层平面图识图

如图 6.7 所示由图名可知，该图为十层平面图，比例是 1∶100。

主要技术经济指标:

校园总用地面积		226473m^2
校园总建筑面积		193008m^2
其中	本工程地上建筑面积	11835m^2
	本工程地下建筑面积	2649m^2
		其中人防面积2534m^2
容积率(按校园总体平衡)		0.89
建筑密度(按校园总体平衡)		19.8%
绿地率(按校园总体平衡)		40%
校园机动车总停车数		200辆
其中	本工程地面停车	10辆
	本工程地下停车	60辆

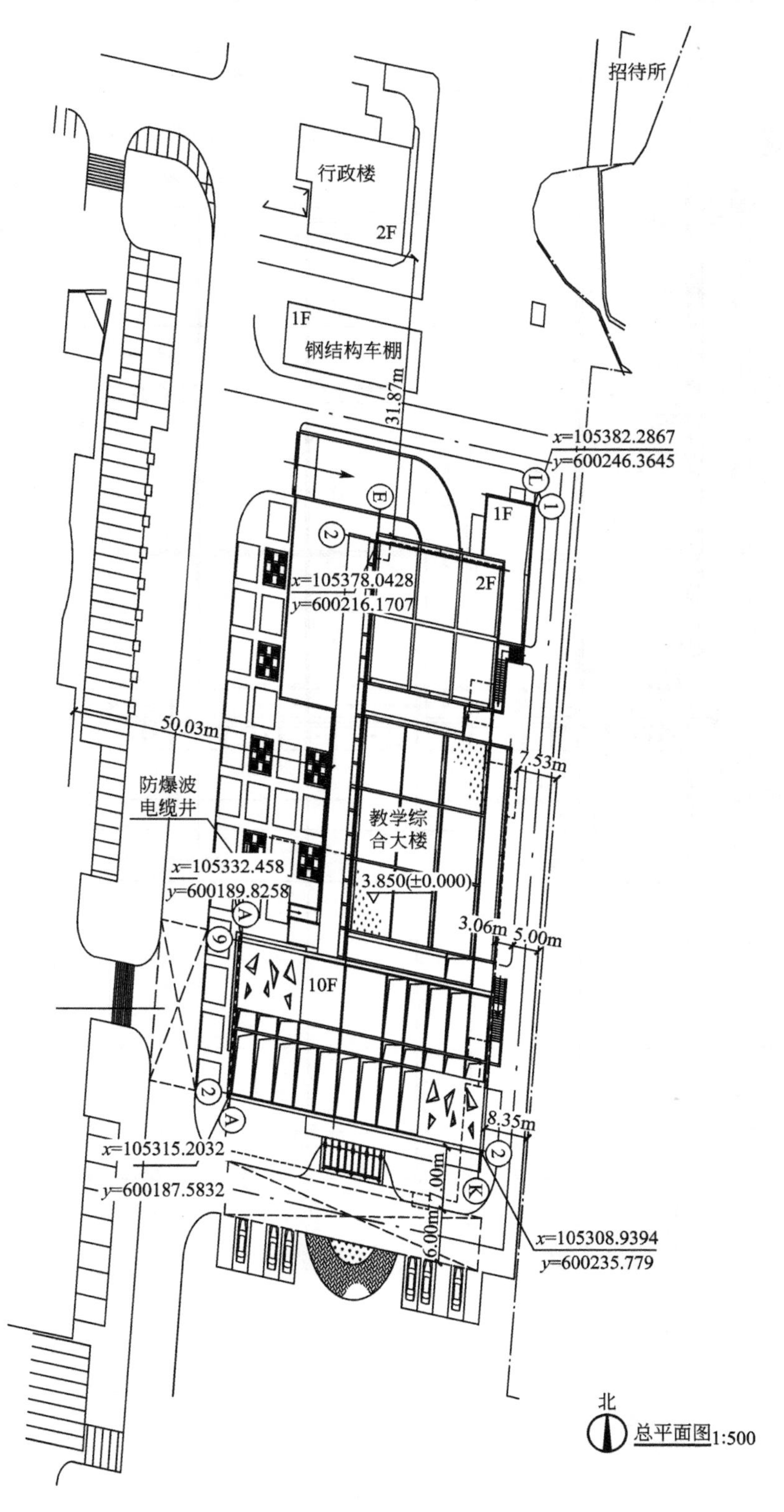

图 6.2 某教学楼总平面图

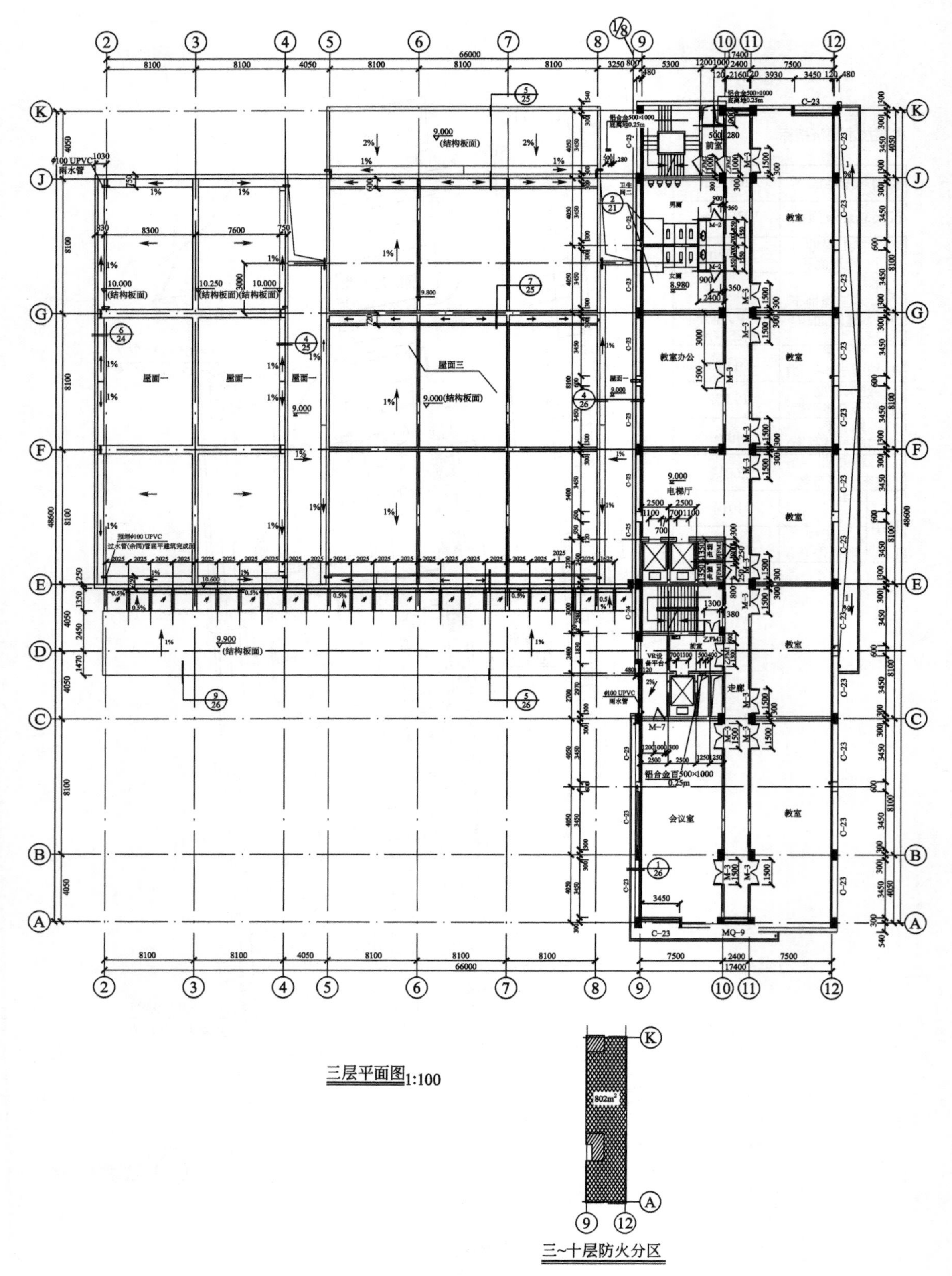

图 6.3　某教学楼三层平面图建筑详图

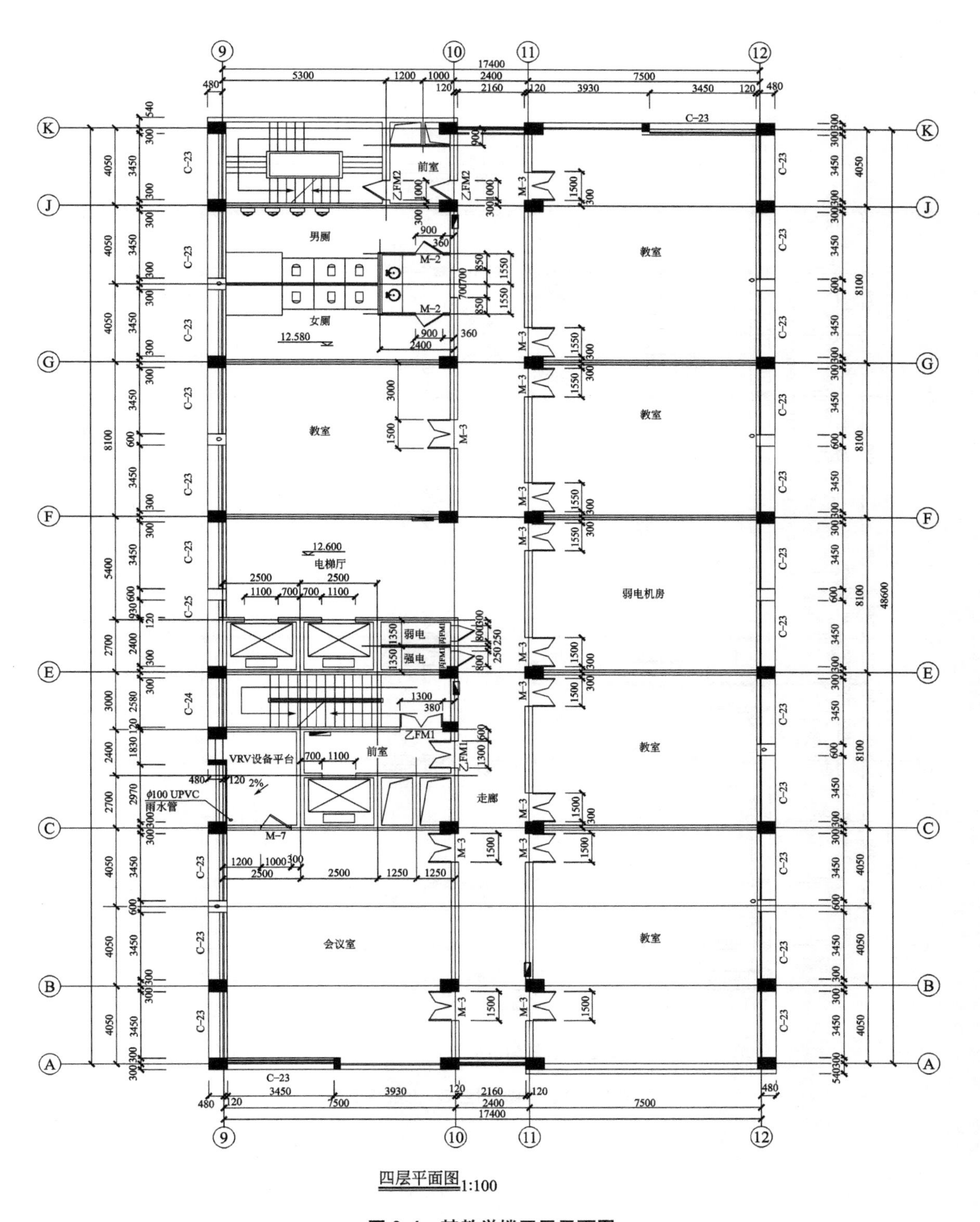

图 6.4 某教学楼四层平面图

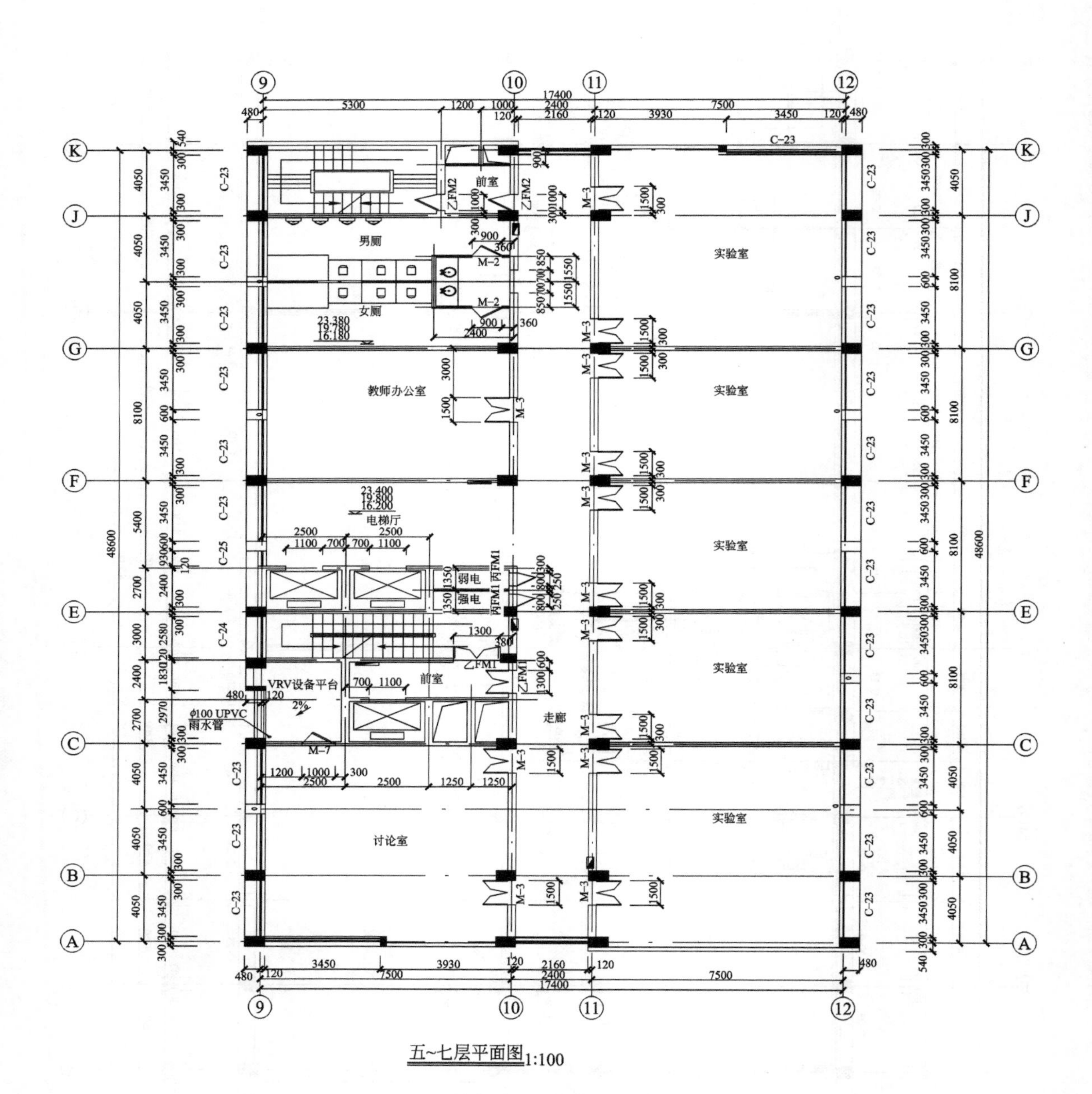

图 6.5 某教学综合楼五～七层平面图

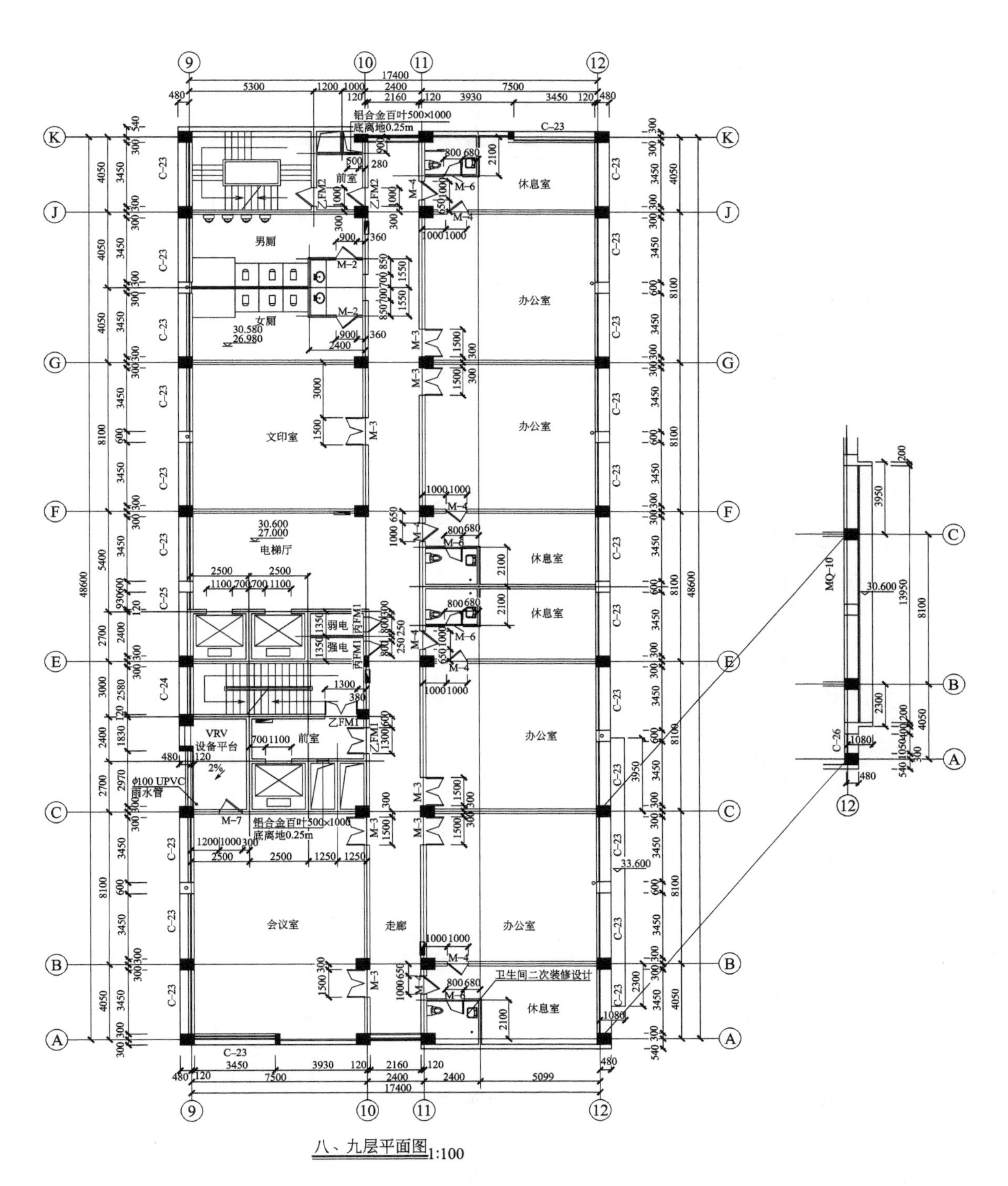

图 6.6 某教学楼八、九层平面图

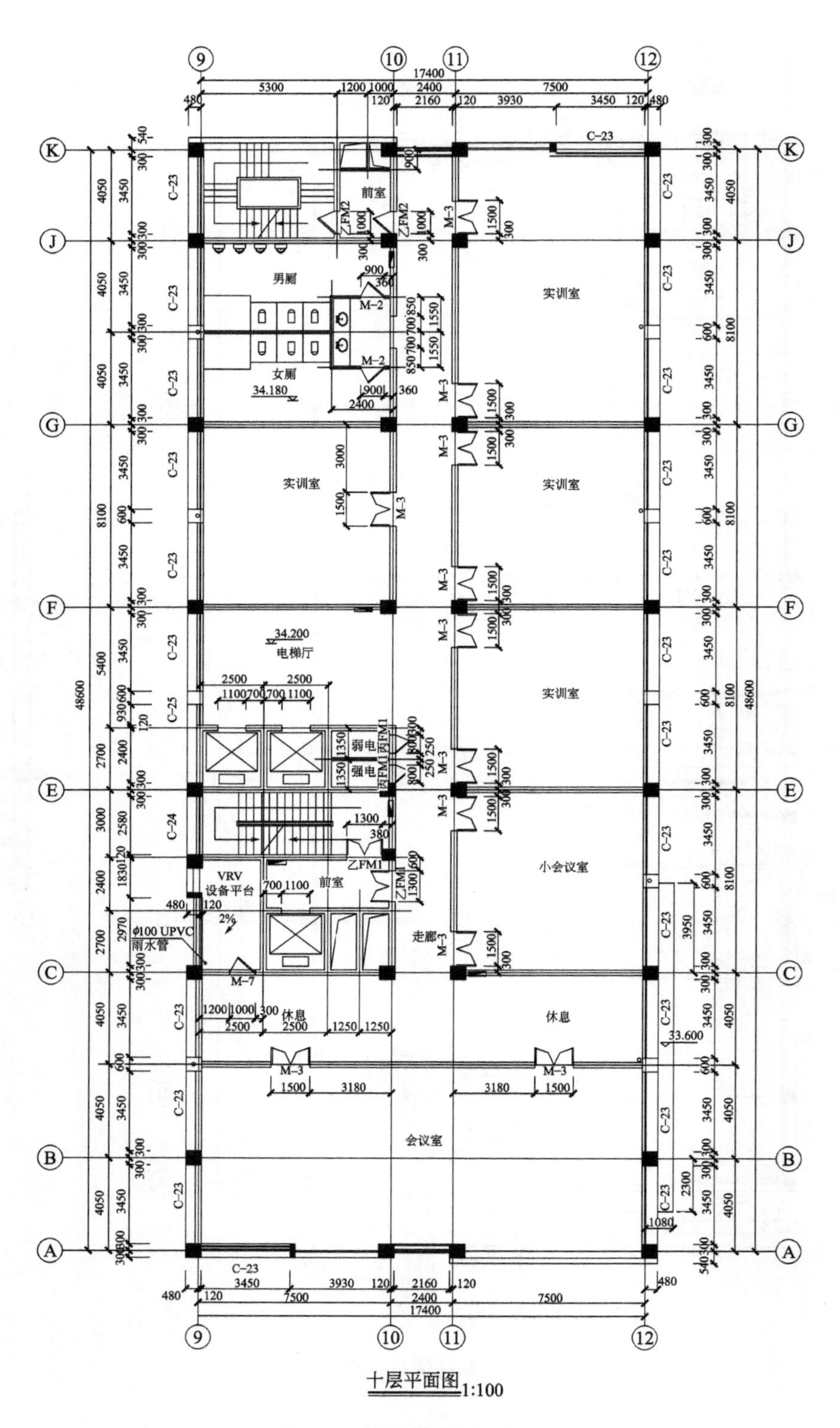

图 6.7　某教学楼十层平面图

6. 机房层平面图

如图 6.8 所示由图名可知，该图为机房层平面图，比例是 1∶100。

7. 屋顶层平面图

如图 6.9 所示由图名可知，该图为屋顶层平面图，比例是 1∶100。

6.1.5 建筑立面图识图

1. 正立面图识图

如图 6.10 所示此图图名为正立面图，比例为 1∶100。

2. 背立面图识图

如图 6.11 所示此图图名为背立面图，比例为 1∶100。

正立面图绘出建筑两端的两根定位轴线Ⓐ、Ⓚ，用于标定立面，以便与平面图对照识读。从图中可看到房屋的正立面外貌形状，了解屋顶、门窗、阳台、雨篷等细部的形式和位置。从图中的标注的标高可知，此房屋室外地面比室内±0.000 低 450mm，屋顶最高处标高为 42.700m，尺寸线标注在图形两侧，主要标注楼层层高和地坪、楼面、窗洞口的竖向位置。通过标高也可以确定地坪、楼面、窗洞口的竖向位置，如标高－0.45，表示室外地坪相对标高是－0.45m。从图上的文字说明，了解房屋外墙的装饰做法，如本例中的“深灰色花岗石干挂”，表示中间的外墙做法是深灰色花岗石干挂。背立面图识图同正立面图。

3. 侧立面图识图

如图 6.12 和图 6.13 所示由图名所知，图 6.12 和图 6.13 分别为右侧立面图和左侧立面图，采用 1∶100 的比例绘制。本立面图绘出建筑两端的两根定位轴线①、⑫，用于标定立面，以便与平面图对照识读。从图中可看到房屋的侧立面外貌形状，了解屋顶、门窗、阳台、雨篷等细部的形式和位置。

6.1.6 剖面图识图

1. A—A 剖面图识图

如图 6.14 所示此图图名是 A—A 剖面图，比例是 1∶100。翻看一层平面图，找到相应的剖切符号，以确定该剖面图的剖切位置和剖切方向。在识读过程中，也不能离开各层平面图，而应当随时对照，便于对照阅读。本例中，剖切位置在Ⓕ～Ⓖ轴线间，通过楼梯间，剖切后向下投视，为一横剖面图。从图中可以看出，剖到的建筑分两部分，⑨～⑫轴间的部分是 10 层，②～⑨轴间的部分是 2 层，最底下的是地下室层，楼板及屋面为钢筋混凝土板。图中左右两侧均标注了标高和线性尺寸，表示外墙上的门窗洞口、楼地面的高度信息；还标注了内部尺寸，注明了门窗的高度。

2. B—B 剖面图识图

如图 6.15 所示，此图图名为 B—B 剖面图识图，方法同 A—A 剖面图。

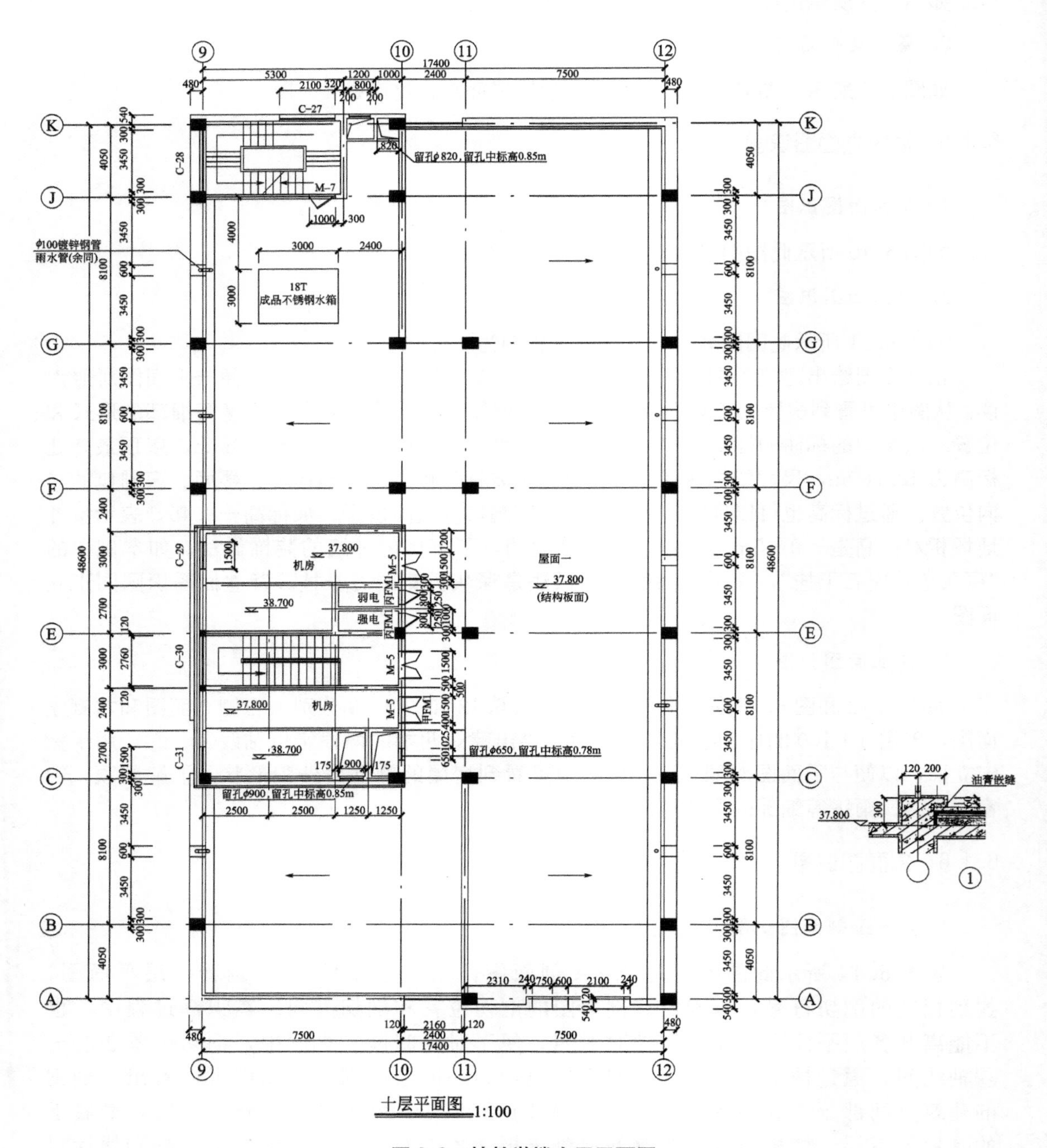

图 6.8　某教学楼十层平面图

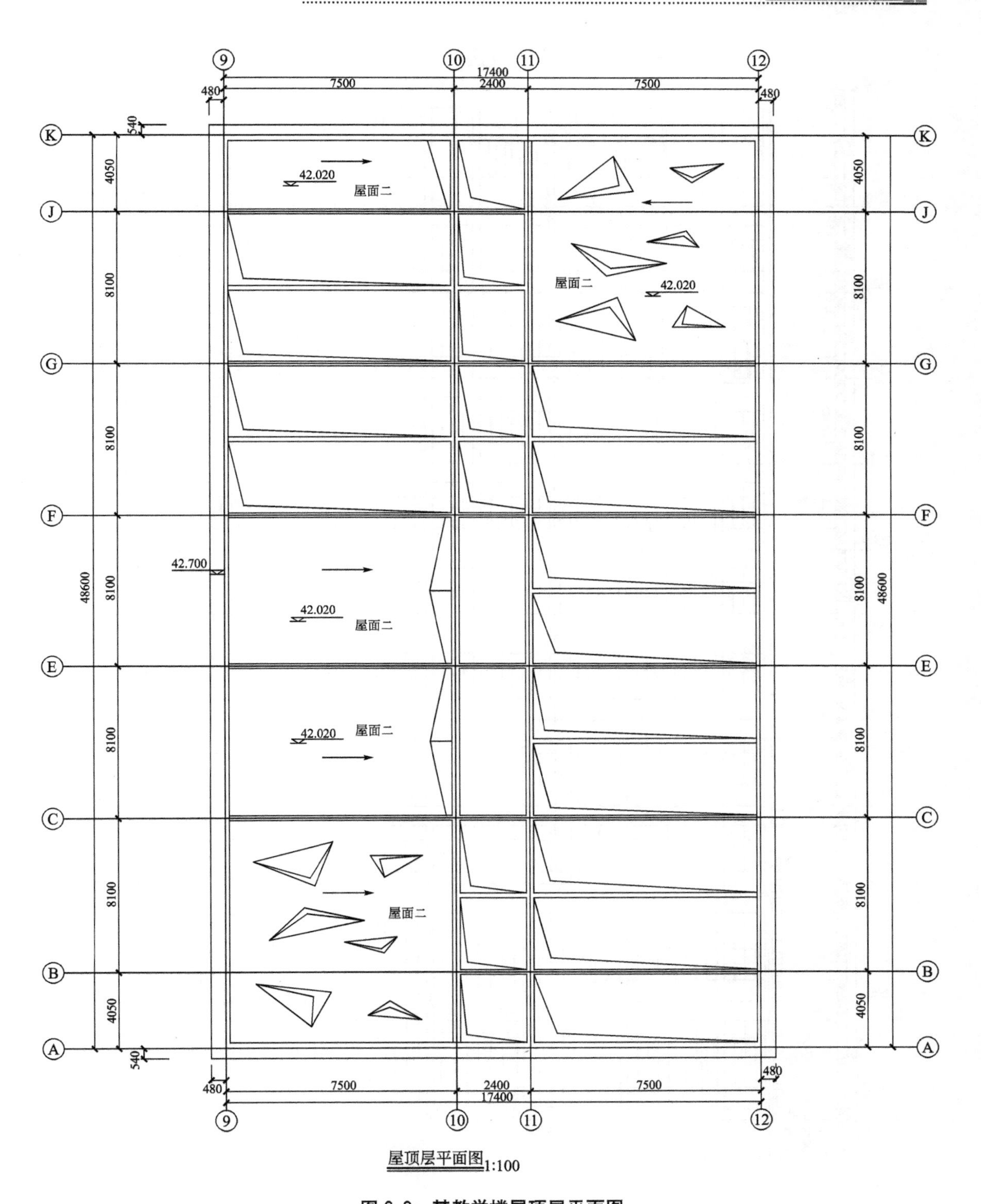

图 6.9　某教学楼屋顶层平面图

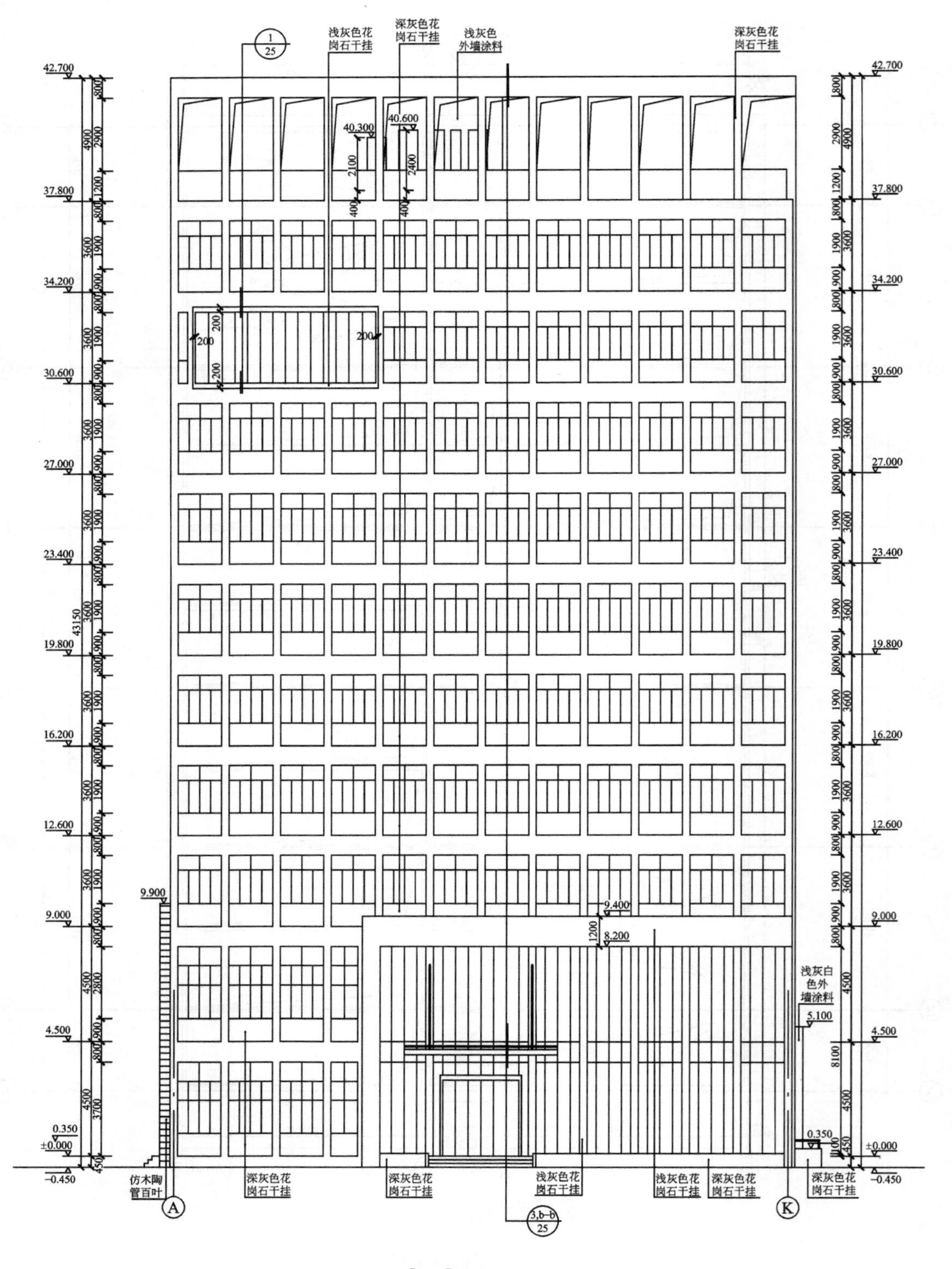

图 6.10　某教学楼正立面图

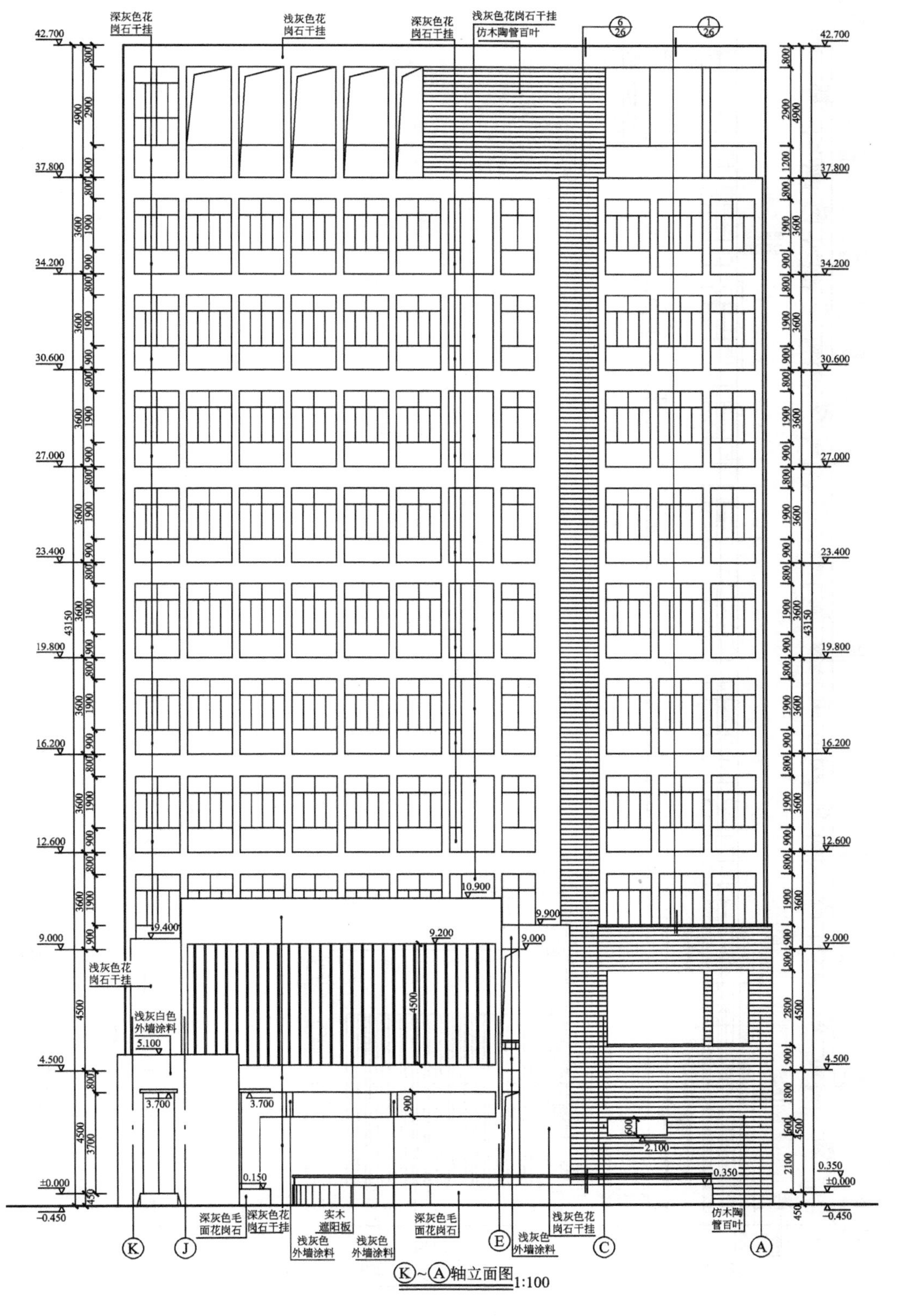

图 6.11　某教学楼背立面图

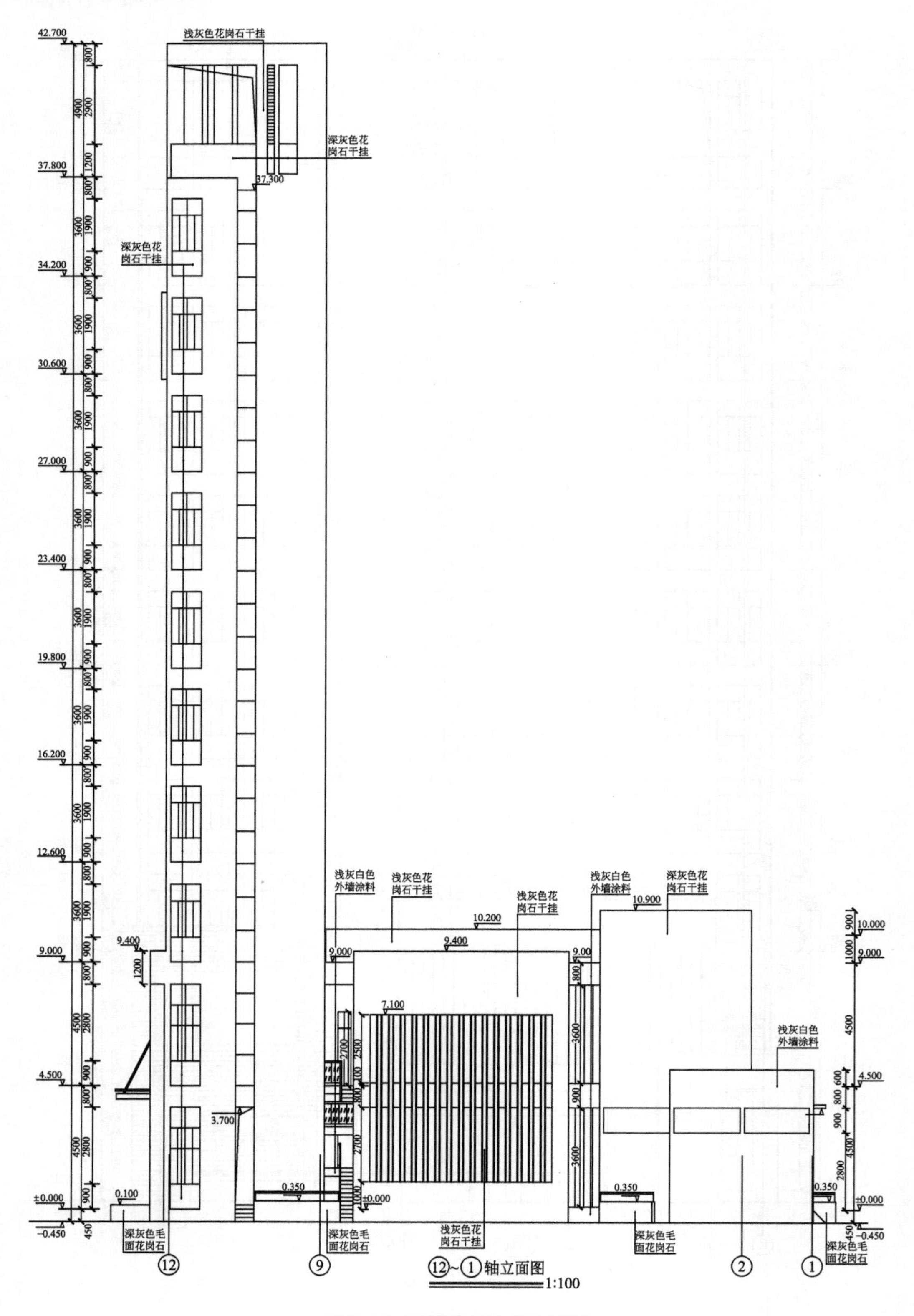

图 6.12　某教学楼右侧立面图

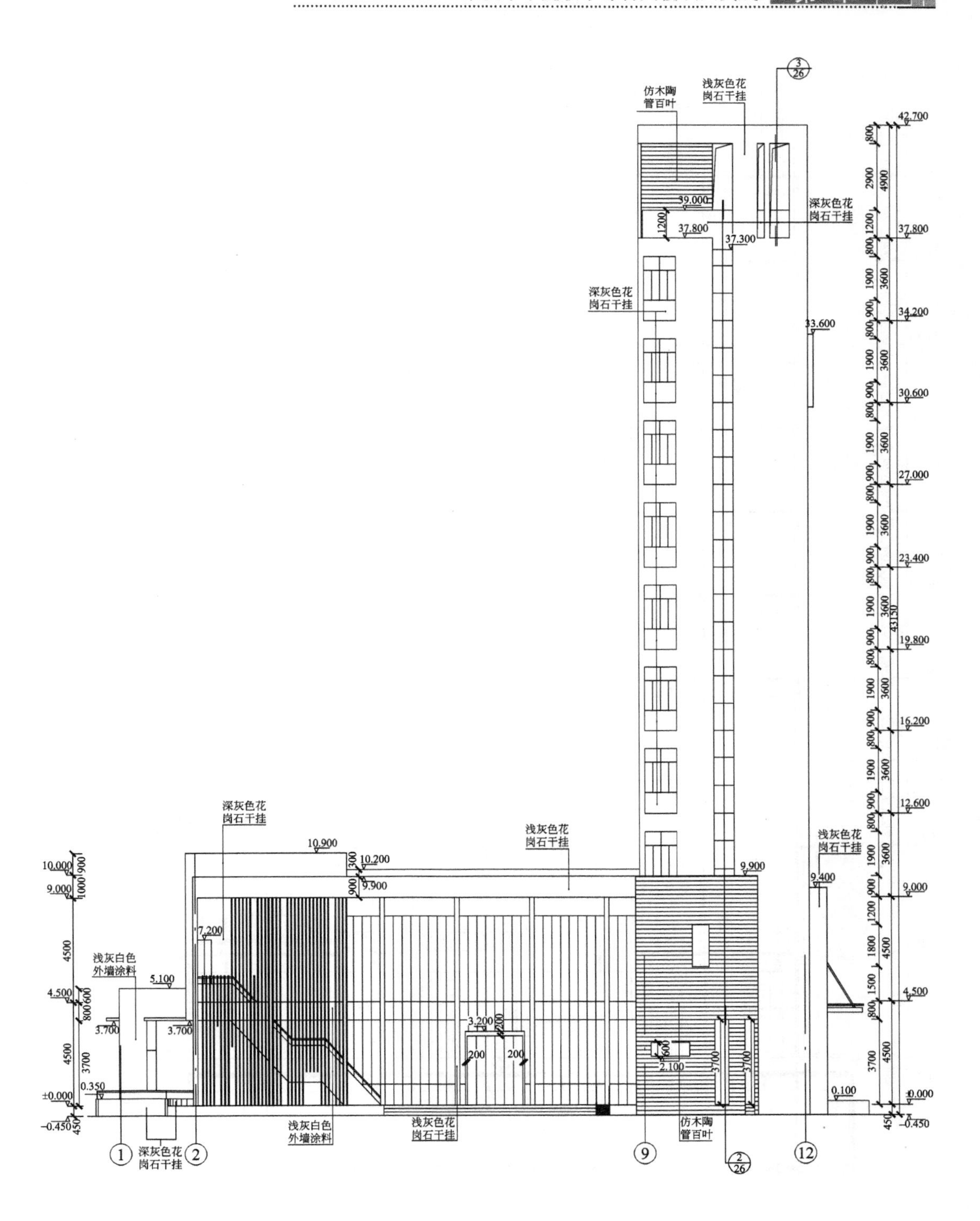

图 6.13　某教学楼左侧立面图

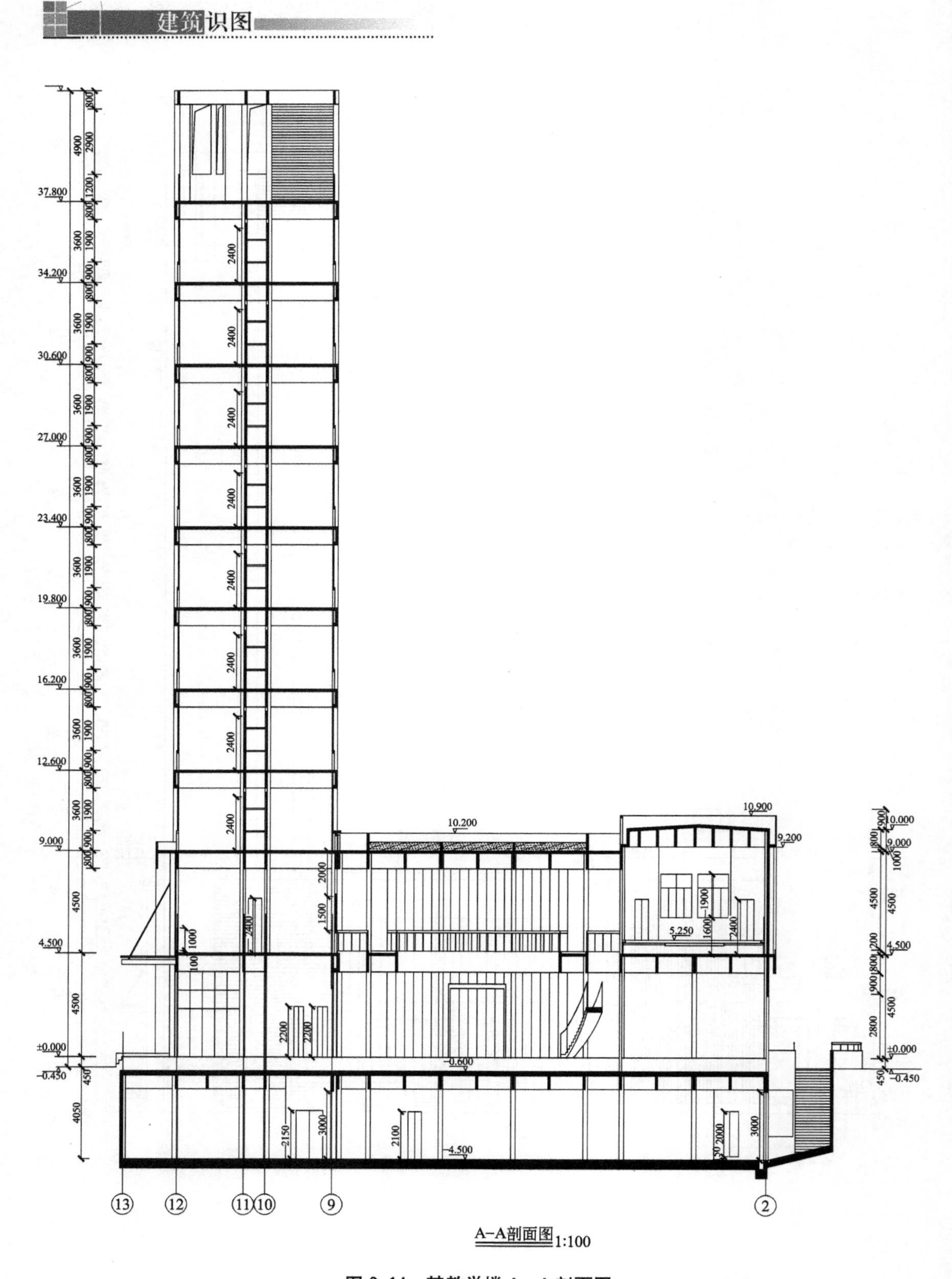

图 6.14　某教学楼 A—A 剖面图

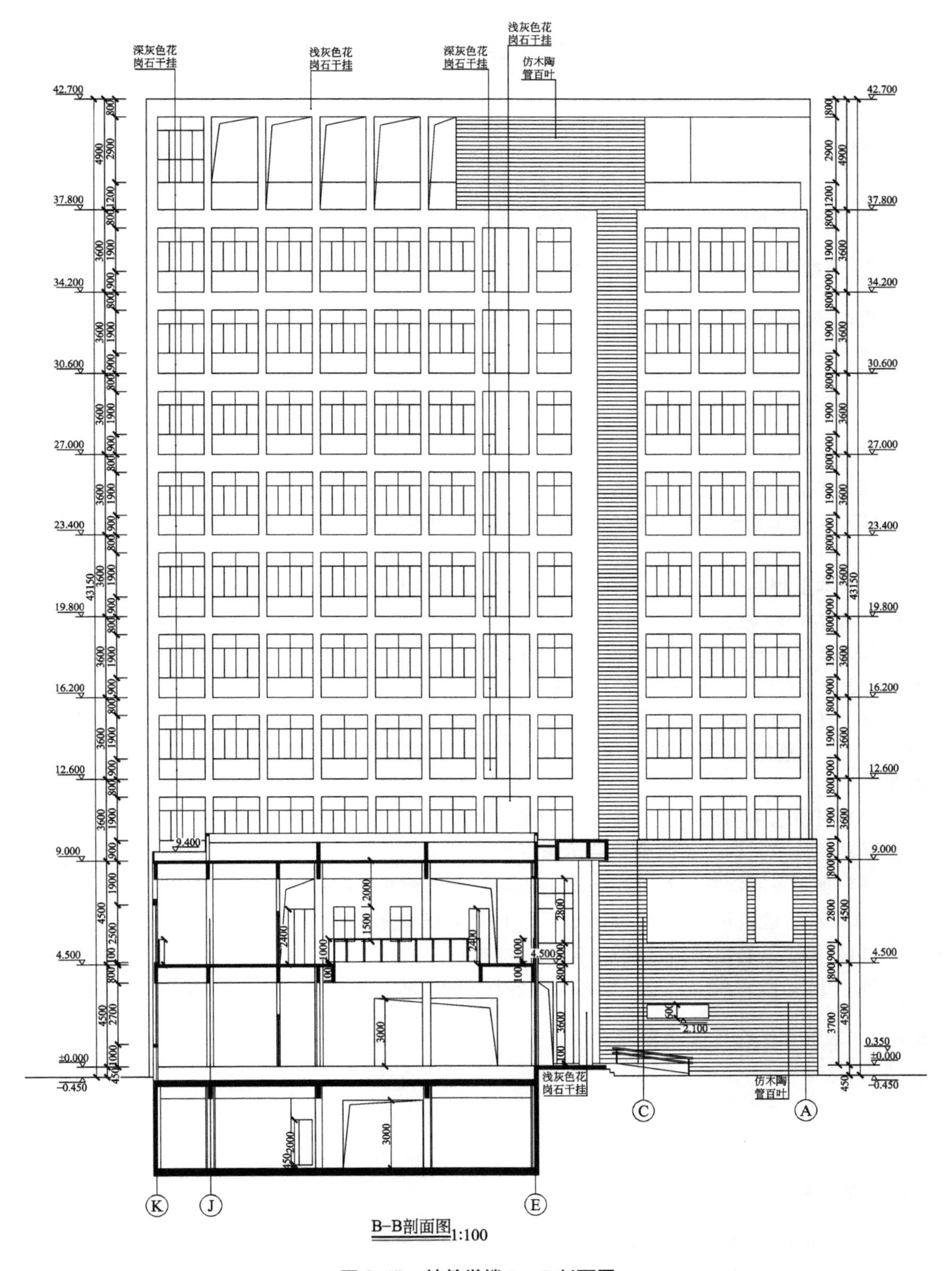

图 6.15 某教学楼 B—B 剖面图

6.2 某教学楼结构施工图识图实践

引例

(1) 一套完整的教学结构施工图包括哪些内容?

(2) 本教学结构施工图是哪种构造类型的基础?

6.2.1 本教学楼结构施工图的内容

教学楼结构施工图一般包括下列三个方面的内容：结构设计说明、结构平面布置图、构件详图。

6.2.2 结构设计说明

(1) ±0.000标高相当于绝对标高3.450m。

(2) 本基础设计根据浙江省某工程勘察院2005年9月提供的岩土工程资料。

(3) 采用先张法预应力混凝土管桩(ϕ550)和预应力混凝土管桩(ϕ550，ϕ600)，桩长约53m。

(4) 本工程共66枚桩，其中PTC-550(70)共54枚，PC-A600(100)共2枚，PC-A550(100)共10枚。

(5) 采用静压沉桩法，单桩承载力特征值：ϕ550，R_a=1000kN，桩架配重1500kN；ϕ600，R_a=1100kN，桩架配重1600kN。

(6) 材料与改造：桩身混凝土为C60，承台混凝土为C25，钢筋直径为HPB235或者HRB335，主筋锚入承台不小于35d，管桩填芯混凝土为C30，其余详见2002浙G22图集。

(7) 图中未注明偏心尺寸者均以轴线为中心。

(8) 桩施工完毕，验收合格后可施工承台。

(9) 地梁底部钢筋应在支座范围内搭接，上部钢筋应在跨中1/3范围内。

(10) 承台选自标准图集2004浙G24图集，图中未注明地梁DL。

(11) 其他纵筋锚固搭接构造详见总说明。

(12) 地梁箍筋在承台边，梁相交处各加密3@50，吊筋弯起角度为45°。

6.2.3 本教学结构平面布置图识图实践

1. 基础平面图识图实践

特别提示

引例(1)的解答：教学楼结构施工图一般包括下列三个方面的内容：结构设计说明、结构平面布置图、构件详图等。引例(2)的解答：桩基础类型的基础。

如图 6.16 所示此图为某教学楼基础平面图，比例为 1∶100，从图中可以看出该基础为桩基础。

2. 楼层结构平面布置图

1）柱网平面布置图

如图 6.17 所示，此图为某教学楼柱网平面布置图。表 6.2 为某教学楼柱说明表。

2）梁配筋平面布置图

(1) 四层梁配筋平面图识图。

如图 6.18 所示此图为四层梁配筋平面图。

(2) 五～七层梁配筋平面图识图。

如图 6.19 所示此图为五～七层梁配筋平面图。

(3) 八、九层梁配筋平面图识图。

如图 6.20 所示此图为八、九层梁配筋平面图。

(4) 十层梁配筋平面图识图。

如图 6.21 所示此图为十层梁配筋平面图。

3）现浇板平面布置图

(1) 四层楼板结构平面图识图。

如图 6.22 所示此图为四层楼板结构平面图。

(2) 五～七层楼板结构平面图识图。

如图 6.23 所示此图为五～七层楼板结构平面图。

(3) 八、九层楼板结构平面图识图。

如图 6.24 所示此图为八、九层楼板结构平面图。

(4) 十层楼板结构平面图识图

如图 6.25 所示此图为十层楼板结构平面图。

3. 屋顶结构平面布置图

1）屋顶层梁配筋平面图识图。

(1) 屋面一梁配筋平面图识图。

如图 6.26 所示此图为屋面一梁配筋平面图。

(2) 屋面二梁配筋平面图识图。

如图 6.27 所示此图为屋面二梁配筋平面图。

2）屋顶层楼板平面图识图实践

(1) 屋面板一配筋平面图识图。

如图 6.28 所示此图为屋面板一配筋平面图。

(2) 屋面板二配筋平面图识图。

如图 6.29 所示此图为屋面板二配筋平面图。

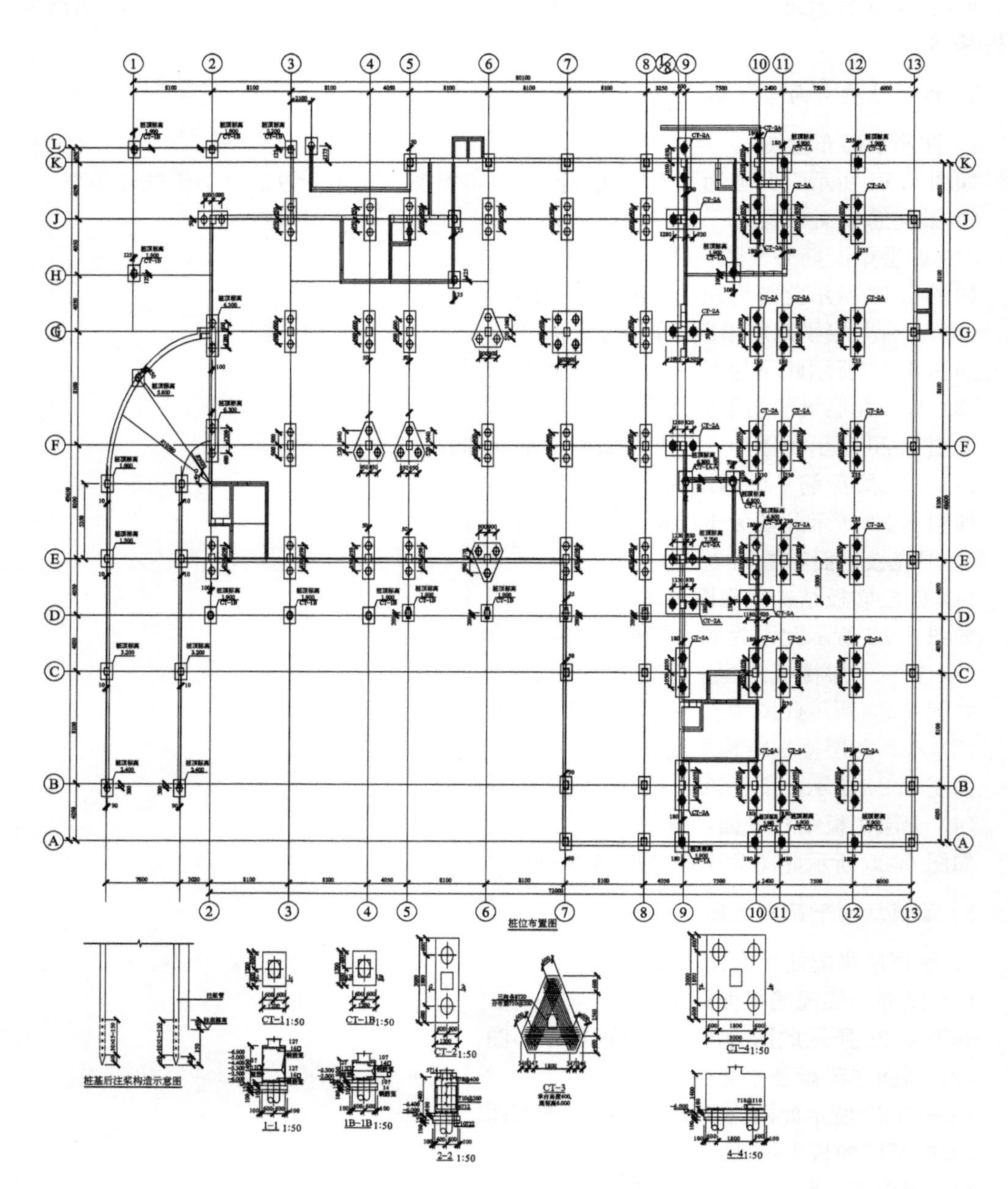

图 6.16　某教学综合楼基础平面图

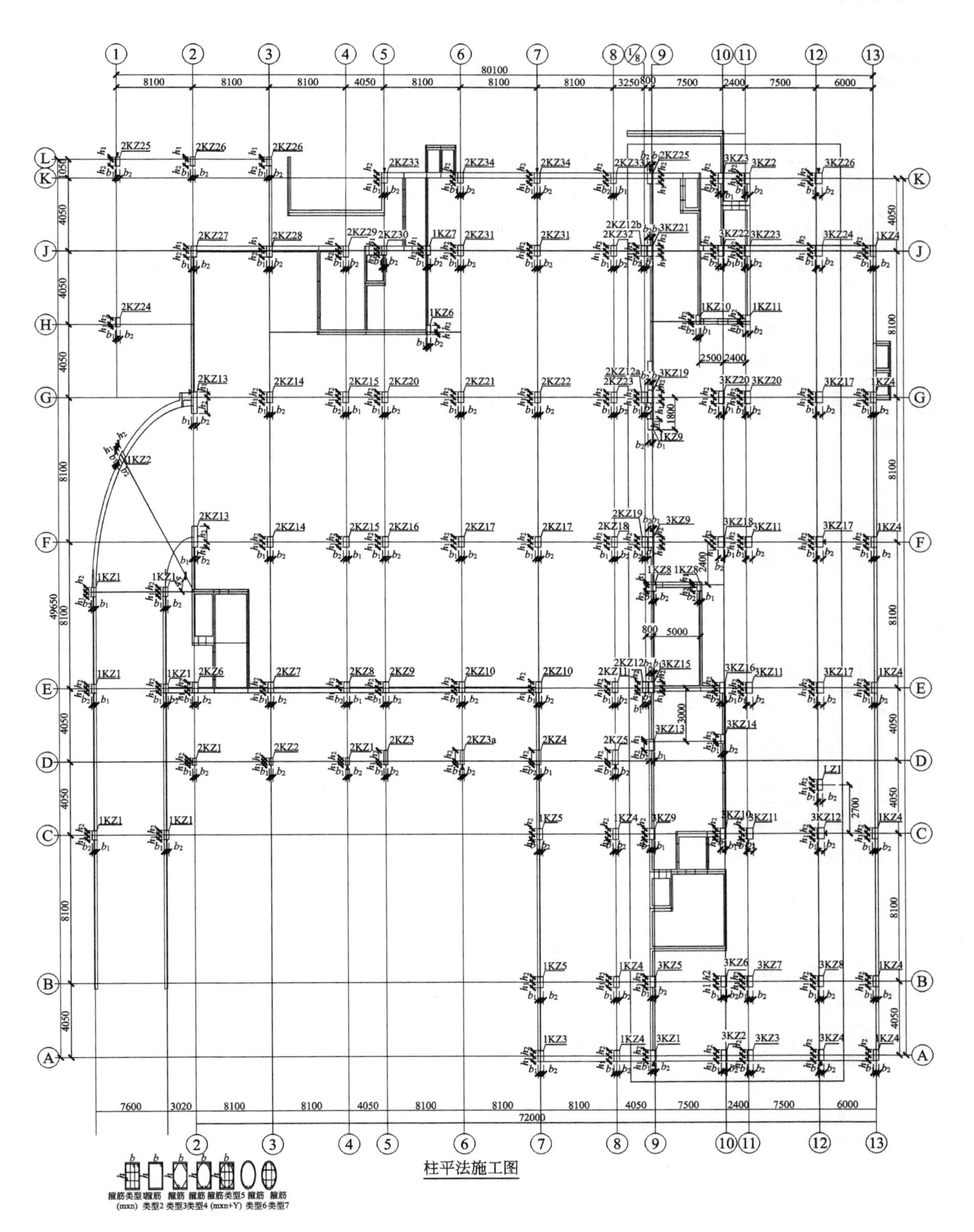

图 6.17　某教学楼柱网平面布置图

表 6-2 某教学楼柱说明表

柱号	标高	$b\times h$	b_1	b_2	h_1	h_2	角筋	b 边一侧中部筋	h 边一侧中部筋	箍筋类型号	箍筋	备注
3KZ1	基础顶～－0.600	600×600	120	480	300	300	4Φ22	2Φ22	2Φ22	1(4×4)	φ8@100	
	－0.600～屋面一	600×600	120	480	300	300	4Φ22	2Φ20	2Φ20	1(4×4)	φ8@100/200	
3KZ2	基础顶～－0.600	600×600	120	480	300	300	4Φ20	2Φ20	2Φ20	1(4×4)	φ8@100	
	－0.600～屋面一	600×600	120	480	300	300	4Φ20	2Φ18	2Φ18	1(4×4)	φ8@100/200	
3KZ3	基础顶～－0.600	600×600	120	480	300	300	4Φ20	2Φ20	2Φ20	1(4×4)	φ10@100	
	－0.600～4.450	600×600	120	480	300	300	4Φ20	2Φ18	2Φ18	1(4×4)	φ10@100/200	
	4.450～屋面一	600×600	120	480	300	300	4Φ20	2Φ18	2Φ18	1(4×4)	φ8@100/200	
	屋面一～屋面二	600×600	120	480	300	300	4Φ20	3Φ22	3Φ22	1(5×5)	φ8@100/200	
3KZ4	基础顶～－0.600	600×600	120	480	300	300	4Φ22	2Φ22	2Φ22	1(4×4)	φ10@100	
	－0.600～4.450	600×600	120	480	300	300	4Φ22	2Φ20	2Φ20	1(4×4)	φ10@100/200	
	4.450～屋面二	600×600	120	480	300	300	4Φ22	2Φ20	2Φ20	1(4×4)	φ8@100/200	
3KZ5	基础顶～－0.600	600×600	120	480	300	300	4Φ20	2Φ20	2Φ20	1(4×4)	φ10@100	
	－0.600～8.950	600×600	120	480	300	300	4Φ20	2Φ18	2Φ18	1(4×4)	φ10@100/200	
	8.950～屋面一	600×600	120	480	300	300	4Φ20	2Φ18	2Φ18	1(4×4)	φ8@100/200	
	屋面一～屋面二	600×600	120	480	300	300	4Φ20	2Φ18	3Φ22	1(4×5)	φ8@100/200	
3KZ6	基础顶～－0.600	600×600	120	480	300	300	4Φ20	2Φ20	2Φ20	1(4×4)	φ10@100/200	
	－0.600～8.950	600×600	120	480	300	300	4Φ20	2Φ18	2Φ18	1(4×4)	φ10@100/200	
	8.950～12.550	600×600	120	480	300	300	4Φ20	2Φ18	2Φ18	1(4×4)	φ8@100/200	
	12.550～23.350	550×550	120	430	275	275	4Φ18	2Φ18	2Φ18	1(4×4)	φ8@100/200	
	23.350～34.150	500×500	120	380	250	250	4Φ20	2Φ20	2Φ20	1(4×4)	φ8@100/200	
3KZ7	基础顶～－0.600	600×600	120	480	300	300	4Φ20	2Φ20	2Φ20	1(4×4)	φ10@100/200	
	－0.600～8.950	600×600	120	480	300	300	4Φ20	2Φ18	2Φ18	1(4×4)	φ10@100/200	
	8.950～12.550	600×600	120	480	300	300	4Φ20	2Φ18	2Φ18	1(4×4)	φ8@100/200	
	12.550～23.350	550×550	120	430	275	275	4Φ18	2Φ18	2Φ18	1(4×4)	φ10@100/200	
	23.350～34.150	500×500	120	380	250	250	4Φ20	2Φ20	2Φ20	1(4×4)	φ8@100/200	
3KZ8	基础顶～－0.600	600×600	120	480	300	300	4Φ20	2Φ20	2Φ20	1(4×4)	φ10@100/200	
	－0.600～8.950	600×600	120	480	300	300	4Φ20	2Φ18	2Φ18	1(4×4)	φ10@100/200	
	8.950～屋面二	600×600	120	480	300	300	4Φ20	2Φ18	2Φ22	1(4×4)	φ8@100/200	
3KZ9	基础顶～－0.600	600×600	120	480	300	300	4Φ25	2Φ20	3Φ22	1(4×5)	φ10@100	
	－0.600～4.450	600×600	120	480	300	300	4Φ22	2Φ18	3Φ22	1(4×5)	φ10@100/200	
	4.450～23.350	600×600	120	480	300	300	4Φ20	2Φ18	2Φ18	1(4×4)	φ10@100/200	
	23.350～屋面一	600×600	120	480	300	300	4Φ20	2Φ18	2Φ18	1(4×4)	φ8@100/200	
	屋面一～屋面二	600×600	120	480	300	300	4Φ20	2Φ20	2Φ20	1(4×4)	φ8@100/200	

（续）

柱号	标高	$b\times h$	b_1	b_2	h_1	h_2	角筋	b 边一侧中部筋	h 边一侧中部筋	箍筋类型号	箍筋	备注
3KZ10	基础顶～－0.600	600×600	120	480	300	300	4⌀22	2⌀20	3⌀20	1(4×5)	ф10@100/200	
	－0.600～4.450	600×600	120	480	300	300	4⌀20	2⌀18	3⌀20	1(4×5)	ф10@100/200	
	4.450～12.550	600×600	120	480	300	300	4⌀20	2⌀18	2⌀18	1(4×4)	ф10@100/200	
	12.550～23.350	550×550	120	430	275	275	4⌀20	2⌀18	2⌀18	1(4×4)	ф10@100/200	
	23.350～30.550	500×500	120	380	250	250	4⌀20	2⌀18	2⌀20	1(4×4)	ф10@100/200	
	30.550～屋面二	500×500	120	380	250	250	4⌀18	2⌀18	2⌀18	1(4×4)	ф8@100/200	
3KZ11	基础顶～－0.600	700×600	120	580	300	300	4⌀25	2⌀20	5⌀25	1(4×6)	ф10@100	
	－0.600～4.450	600×600	120	480	300	300	4⌀20	2⌀20	3⌀20	1(4×4)	ф10@100/200	
	4.450～12.550	600×600	120	480	300	300	4⌀20	2⌀20	2⌀20	1(4×4)	ф10@100/200	
	12.550～23.350	550×550	120	430	275	275	4⌀20	2⌀18	2⌀18	1(4×4)	ф10@100/200	
	23.350～屋面二	500×500	120	380	250	250	4⌀18	2⌀18	2⌀18	1(4×4)	ф8@100/200	
3KZ12	基础顶～－0.600	750×600	120	630	300	300	4⌀25	4⌀22	5⌀28	1(6×6)	ф10@100	
	－0.600～23.350	600×600	120	480	300	300	4⌀20	2⌀20	2⌀20	1(4×4)	ф10@100/200	
	23.350～屋面二	600×600	120	480	300	300	4⌀20	2⌀18	2⌀18	1(4×4)	ф8@100/200	
3KZ13	基础顶～－0.600	600×600	120	480	120	480	4⌀22	2⌀22	2⌀22	1(4×4)	ф10@100	
	－0.600～12.550	600×600	120	480	120	480	4⌀20	2⌀20	2⌀20	1(4×4)	ф10@100	
	12.550～23.350	600×500	120	480	120	380	4⌀20	2⌀20	2⌀20	1(4×4)	ф10@100	
	23.350～屋面二	600×400	120	480	120	280	4⌀20	2⌀18	2⌀18	1(4×4)	ф8@100	
3KZ14	基础顶～－0.600	500×500	120	380	120	380	4⌀22	2⌀18	3⌀20	1(4×5)	ф10@100	
	－0.600～4.450	500×500	120	380	120	380	4⌀20	2⌀18	3⌀20	1(4×5)	ф10@100/200	
	4.450～12.550	500×500	120	380	120	380	4⌀20	2⌀18	2⌀20	1(4×4)	ф10@100/200	
	12.550～23.350	450×450	120	330	120	330	4⌀20	2⌀18	2⌀20	1(4×4)	ф10@100/200	
	23.350～屋面二	400×400	120	280	120	280	4⌀20	2⌀18	2⌀18	1(4×4)	ф8@100/200	
3KZ15	基础顶～－0.600	600×600	120	480	250	350	4⌀22	2⌀22	3⌀22	1(4×5)	ф10@100	
	－0.600～4.450	600×600	120	480	250	350	4⌀20	2⌀20	3⌀20	1(4×5)	ф10@100	
	4.450～23.350	600×600	120	480	250	350	4⌀20	2⌀20	2⌀20	1(4×4)	ф10@100	
	23.350～屋面二	600×600	120	480	250	350	4⌀20	2⌀18	2⌀18	1(4×4)	ф8@100	
3KZ16	基础顶～－0.600	600×600	120	480	300	300	4⌀25	2⌀25	2⌀25	1(4×4)	ф10@100	
	－0.600～4.450	600×600	120	480	300	300	4⌀22	2⌀22	2⌀22	1(4×5)	ф10@100/200	
	4.450～12.550	600×600	120	480	300	300	4⌀20	2⌀20	2⌀20	1(4×4)	ф10@100/200	
	12.550～23.350	550×550	120	430	275	275	4⌀20	2⌀20	2⌀20	1(4×4)	ф10@100/200	
	23.350～30.550	500×500	120	380	250	250	4⌀20	2⌀18	2⌀18	1(4×4)	ф10@100/200	
	30.550～屋面二	500×500	120	380	250	250	4⌀20	2⌀18	2⌀18	1(4×4)	ф8@100/200	

（续）

柱号	标高	$b\times h$	b_1	b_2	h_1	h_2	角筋	b 边一侧中部筋	h 边一侧中部筋	箍筋类型号	箍筋	备注
3KZ17	基础顶～－0.600	750×600	120	630	300	300	4Φ25	4Φ22	5Φ25	1(6×6)	Φ10@100	
	－0.600～8.950	750×600	120	630	300	300	4Φ22	3Φ18	3Φ18	1(5×5)	Φ10@100	
	8.950～23.350	600×600	120	480	300	300	4Φ20	2Φ18	2Φ18	1(4×4)	Φ10@100/200	
	23.350～屋面二	600×600	120	480	300	300	4Φ20	2Φ18	2Φ18	1(4×4)	Φ8@100/200	
3KZ18	基础顶～－0.600	700×600	120	580	300	300	4Φ22	3Φ20	3Φ25	1(5×5)	Φ10@100	
	－0.600～4.450	600×600	120	480	300	300	4Φ20	2Φ20	3Φ25	1(4×5)	Φ10@100/200	
	4.450～12.550	600×600	120	480	300	300	4Φ20	2Φ20	2Φ20	1(4×4)	Φ10@100/200	
	12.550～23.350	550×550	120	430	275	275	4Φ20	2Φ18	2Φ18	1(4×4)	Φ10@100/200	
	23.350～屋面二	500×500	120	380	250	250	4Φ18	2Φ18	2Φ18	1(4×4)	Φ8@100/200	
3KZ19	基础顶～－0.600	600×700	120	480	300	400						○详图
	－0.600～4.450	600×600	120	480	300	300	4Φ25	2Φ18	3Φ25	1(4×5)	Φ10@100/200	
	4.450～12.550	600×600	120	480	300	300	4Φ22	2Φ18	2Φ22	1(4×4)	Φ10@100/200	
	12.550～23.350	600×600	120	480	300	300	4Φ22	2Φ18	2Φ18	1(4×4)	Φ10@100/200	
	23.350～屋面二	600×600	120	480	300	300	4Φ20	2Φ18	2Φ18	1(4×4)	Φ8@100/200	
3KZ20	基础顶～－0.600	600×600	120	480	350	350	4Φ25	2Φ20	3Φ25	1(4×5)	Φ10@100	
	－0.600～4.450	600×600	120	480	300	300	4Φ22	2Φ20	3Φ25	1(4×5)	Φ10@100/200	
	4.450～12.550	600×600	120	480	300	300	4Φ22	2Φ20	2Φ22	1(4×4)	Φ10@100/200	
	12.550～23.350	550×550	120	430	275	275	4Φ22	2Φ18	3Φ22	1(4×4)	Φ10@100/200	
	23.350～30.550	500×500	120	380	250	250	4Φ20	2Φ18	2Φ22	1(4×4)	Φ10@100/200	
	30.550～屋面二	500×500	120	380	250	250	4Φ18	2Φ18	2Φ18	1(4×4)	Φ8@100/200	
3KZ21	基础顶～－0.600	600×600	120	480	300	300	4Φ22	2Φ22	2Φ22	1(4×4)	Φ10@100	
	－0.600～23.350	600×600	120	480	300	300	4Φ20	2Φ20	2Φ20	1(4×4)	Φ10@100	
	23.350～屋面二	600×600	120	480	300	300	4Φ20	2Φ18	2Φ20	1(4×4)	Φ8@100	
3KZ22	基础顶～－0.600	600×600	120	480	300	300	4Φ22	2Φ22	2Φ22	1(4×4)	Φ10@100	
	－0.600～12.550	600×600	120	480	300	300	4Φ22	2Φ20	2Φ22	1(4×4)	Φ10@100/200	
	12.550～23.350	550×550	120	430	275	275	4Φ22	2Φ20	2Φ20	1(4×4)	Φ10@100/200	
	23.350～屋面二	500×500	120	380	250	250	4Φ22	2Φ18	2Φ20	1(4×4)	Φ8@100/200	
3KZ23	基础顶～－0.600	600×600	120	480	300	300	4Φ20	2Φ20	2Φ20	1(4×4)	Φ10@100	
	－0.600～12.550	600×600	120	480	300	300	4Φ20	2Φ18	2Φ18	1(4×4)	Φ10@100/200	
	12.550～23.350	550×550	120	430	275	275	4Φ20	2Φ18	2Φ18	1(4×4)	Φ10@100/200	
	23.350～屋面一	500×500	120	380	250	250	4Φ18	2Φ18	2Φ18	1(4×4)	Φ8@100/200	

（续）

柱号	标高	$b \times h$	b_1	b_2	h_1	h_2	角筋	b 边一侧中部筋	h 边一侧中部筋	箍筋类型号	箍筋	备注
3KZ24	基础顶～－0.600	750×600	120	630	300	300	4Φ22	3Φ20	3Φ20	1(5×5)	φ10@100	
	－0.600～8.950	750×600	120	630	300	300	4Φ22	3Φ18	3Φ18	1(5×5)	φ10@100	
	8.950～屋面一	600×600	120	480	300	300	4Φ20	2Φ18	2Φ18	1(4×4)	φ8@100/200	
	屋面一～屋面二	600×600	120	480	300	300	4Φ20	2Φ18	3Φ18	1(4×5)	φ8@100/200	
3KZ25	基础顶～－0.600	600×600	120	480	300	300	4Φ25	2Φ25	2Φ25	1(4×4)	φ10@100	
	－0.600～8.950	600×600	120	480	300	300	4Φ25	2Φ22	2Φ22	1(4×4)	φ10@100	
	8.950～屋面二	600×600	120	480	300	300	4Φ22	2Φ20	2Φ20	1(4×4)	φ8@100	
3KZ26	基础顶～－0.600	750×600	120	630	300	300	4Φ25	3Φ22	3Φ22	1(5×5)	φ10@100	
	－0.600～8.950	750×600	120	630	300	300	4Φ22	3Φ22	3Φ22	1(5×5)	φ10@100	
	8.950～屋面一	600×600	120	480	300	300	4Φ22	2Φ20	2Φ20	1(4×4)	φ8@100/200	
LZ1	－0.600～8.950	600×600	120	480	300	300	4Φ22	2Φ22	2Φ18	1(4×4)	φ8@100/200	
LKZ1	基础顶～0.350	500×500	240	260	250	250	4Φ18	2Φ16	2Φ16	1(4×4)	φ8@100	
LKZ2	基础顶～0.350	500×500	200	300	250	250	4Φ20	2Φ16	3Φ20	1(4×4)	φ8@100	
LKZ3	基础顶～地下室顶板	600×600	250	350	300	300	4Φ20	2Φ18	2Φ18	1(4×4)	φ8@100	
LKZ4	基础顶～地下室顶板	600×600	300	300	300	300	4Φ20	2Φ18	2Φ18	1(4×4)	φ8@100	
LKZ5	基础顶～地下室顶板	600×600	250	250	300	300	4Φ20	2Φ18	3Φ22	1(4×5)	φ8@100	
LKZ6	基础顶～地下室顶板	500×500	125	375	125	375	4Φ18	2Φ16	2Φ16	1(4×4)	φ8@100	
LKZ7	基础顶～地下室顶板	500×500	125	375	250	250	4Φ18	2Φ16	2Φ16	1(4×4)	φ8@100	
LKZ8	基础顶～地下室顶板	500×500	180	320	150	350	4Φ18	2Φ16	2Φ16	1(4×4)	φ8@100	
LKZ9	基础顶～地下室顶板	600×600	120	480	600	0	4Φ18	2Φ18	2Φ18	1(4×4)	φ8@100	
LKZ10	基础顶～地下室顶板	500×500	150	350	150	350	4Φ18	2Φ16	2Φ16	1(4×4)	φ8@100	
LKZ11	基础顶～地下室顶板	500×500	20	480	150	350	4Φ18	2Φ16	2Φ16	1(4×4)	φ8@100	
2KZ1	基础顶～－0.070	400×400	200	200	200	200	4Φ18	2Φ18	2Φ18	1(4×4)	φ8@100/200	
	－0.070～裙房屋面	400×400	200	200	200	200	4Φ18	2Φ18	2Φ18	1(4×4)	φ8@100	
2KZ2	基础顶～－0.070	400×400	200	200	200	200	4Φ20	2Φ20	2Φ25	1(4×4)	φ8@100/200	
	－0.070～4.450	400×400	200	200	200	200	4Φ20	2Φ18	2Φ22	1(4×4)	φ8@100	
	4.450～裙房屋面	400×400	200	200	200	200	4Φ18	2Φ18	2Φ18	1(4×4)	φ8@100	
2KZ3	基础顶～－0.070	400×800	200	200	200	600	4Φ25	2Φ20	3Φ20	1(4×5)	φ8@100	
	－0.070～裙房屋面	400×800	200	200	200	600	4Φ22	2Φ20	3Φ20	1(4×5)	φ8@100	
2KZ3a	基础顶～－0.070	400×800	200	200	200	600	4Φ22	2Φ20	3Φ20	1(4×5)	φ8@100	
	－0.070～裙房屋面	400×800	200	200	200	600	4Φ22	2Φ18	3Φ18	1(4×5)	φ8@100/200	
2KZ4	基础顶～－0.070	450×800	200	250	200	600	4Φ22	2Φ20	3Φ20	1(4×5)	φ8@100	
	－0.070～裙房屋面	400×800	200	200	200	600	4Φ22	2Φ18	3Φ18	1(4×5)	φ8@100/200	

（续）

柱号	标高	$b\times h$	b_1	b_2	h_1	h_2	角筋	b边一侧中部筋	h边一侧中部筋	箍筋类型号	箍筋	备注
2KZ5	基础顶～−0.600	600×800	300	300	200	600	4Φ22	2Φ20	3Φ18	1(4×5)	φ8@100	
	−0.600～裙房屋面	400×800	200	200	200	600	4Φ20	2Φ18	3Φ18	1(4×5)	φ8@100/200	
2KZ6	基础顶～−0.070	600×600	200	400	250	350	4Φ18	2Φ18	2Φ18	1(4×4)	φ8@100	
	−0.070～裙房屋面	500×500	200	300	250	250	4Φ18	2Φ16	2Φ16	1(4×4)	φ8@100/200	
2KZ7	基础顶～−0.070	600×600	300	300	250	350	4Φ20	2Φ18	2Φ18	1(4×4)	φ8@100	
	−0.070～4.450	600×600	300	300	250	350	4Φ18	2Φ18	2Φ18	1(4×4)	φ8@100	
	4.450～裙房屋面	600×600	300	300	250	350	4Φ25	3Φ25	2Φ18	1(4×4)	φ8@100	
2KZ8	基础顶～−0.070	600×600	250	350	250	350	4Φ20	2Φ18	2Φ18	1(4×4)	φ8@100	
	−0.070～裙房屋面	500×500	250	250	250	250	4Φ18	2Φ18	2Φ18	1(4×4)	φ8@100	
2KZ9	基础顶～−0.070	600×600	250	350	250	350	4Φ20	2Φ18	2Φ18	1(4×4)	φ8@100	
	−0.070～裙房屋面	500×500	250	250	250	250	4Φ18	2Φ18	2Φ18	1(4×4)	φ8@100/200	
2KZ10 2KZ11	基础顶～−0.070	600×600	300	300	250	350	4Φ22	2Φ20	2Φ20	1(4×4)	φ8@100	
	−0.070～	600×600	300	300	250	250				1(4×4)	φ8@100/200	
	基础顶～−0.600	600×600	300	300	250	350	4Φ22	2Φ20	2Φ18	1(4×4)	φ8@100/200	
	−0.600～裙房屋面	500×500	250	250	250	250	4Φ20	2Φ20	2Φ18	1(4×4)	φ8@100/200	
2KZ12	基础顶～−0.600	600×600	250	350	250	350	4Φ22	2Φ20	2Φ20	1(4×4)	φ8@100/200	
	−0.600～裙房屋面	500×500	250	250	250	250	4Φ20	2Φ18	2Φ18	1(4×4)	φ8@100/200	
2KZ12a	基础顶～−0.600											详结施0-6
	−0.600～裙房屋面	500×500	250	250	250	250	4Φ20	2Φ18	2Φ18	1(4×4)	φ8@100/200	
2KZ12b	基础顶～−0.600	600×600	250	350	300	300	4Φ22	2Φ20	2Φ20	1(4×4)	φ8@100/200	
	−0.600～裙房屋面	500×500	250	250	250	250	4Φ20	2Φ18	2Φ18	1(4×4)	φ8@100/200	
2KZ13	基础顶～−0.600	600×1200	200	400	300	900	4Φ20	2Φ20	5Φ18	1(4×6)	φ10@100	
	−0.600～4.450	600×600	200	400	300	300	4Φ20	2Φ18	2Φ18	1(4×4)	φ8@100/200	
	4.450～裙房屋面	600×600	200	400	300	300	4Φ25	2Φ18	4Φ25	1(4×6)	φ8@100/200	
2KZ14	基础顶～−0.600	600×600	300	300	300	300	4Φ20	3Φ16	3Φ16	1(5×5)	φ8@100/200	
	−0.600～4.450	500×500	250	250	250	250	4Φ18	2Φ16	2Φ16	1(4×4)	φ8@100/200	
2KZ15	基础顶～−0.600	600×600	250	350	300	300	4Φ25	2Φ20	3Φ25	1(4×5)	φ10@100/200	
	−0.600～4.450	600×600	250	350	300	300	4Φ20	2Φ18	2Φ18	1(4×4)	φ8@100/200	
	4.450～裙房屋面	600×600	250	350	300	300	4Φ25	2Φ18	3Φ25	1(4×5)	φ8@100/200	
2KZ16	基础顶～−0.600	600×600	250	350	300	300	4Φ25	2Φ20	3Φ25	1(4×5)	φ10@100/200	
	−0.600～4.450	600×600	250	350	300	300	4Φ20	2Φ18	2Φ18	1(4×4)	φ8@100/200	
	4.450～裙房屋面	600×600	250	350	300	300	4Φ25	2Φ18	3Φ25	1(4×5)	φ8@100/200	
2KZ17	基础顶～−0.600	600×600	300	300	300	300	4Φ20	2Φ18	2Φ18	1(4×4)	φ8@100/200	

（续）

柱号	标高	$b \times h$	b_1	b_2	h_1	h_2	角筋	b 边一侧中部筋	h 边一侧中部筋	箍筋类型号	箍筋	备注
2KZ18	基础顶～－0.600	600×600	300	300	300	300	4Φ25	2Φ20	3Φ25	1(4×5)	φ10@100/200	
	－0.600～4.450	600×600	300	300	300	300	4Φ20	2Φ18	2Φ18	1(4×4)	φ8@100/200	
	4.450～裙房屋面	600×600	300	300	300	300	4Φ25	2Φ18	3Φ25	1(4×5)	φ8@100/200	
2KZ19	基础顶～－0.600	600×600	250	350	300	300	4Φ22	2Φ20	2Φ20	1(4×4)	φ8@100/200	
	－0.600～裙房屋面	500×500	250	250	250	250	4Φ20	2Φ20	2Φ20	1(4×4)	φ8@100/200	
2KZ20	基础顶～－0.600	600×600	250	350	300	300	4Φ20	2Φ18	2Φ18	1(4×4)	φ8@100/200	
	－0.600～裙房屋面	500×500	250	250	250	250	2Φ18	2Φ18	2Φ18	1(4×4)	φ8@100/200	
2KZ21	基础顶～－0.600	600×600	300	300	300	300	4Φ25	4Φ25	4Φ25	1(6×6)	φ10@100	
	－0.600～裙房屋面	600×600	300	300	300	300	4Φ25	2Φ25	2Φ20	1(4×4)	φ10@100/200	
2KZ22	基础顶～－0.600	600×600	300	300	300	300	4Φ32	4Φ32	4Φ32	1(6×6)	φ10@100	
	－0.600～裙房屋面	600×600	300	300	300	300	4Φ25	2Φ25	2Φ22	1(4×4)	φ10@100/200	
2KZ23	基础顶～－0.600	600×600	300	300	300	300	4Φ25	2Φ20	3Φ25	1(4×5)	φ8@100/200	
	－0.600～裙房屋面	500×500	250	250	250	250	4Φ20	2Φ18	2Φ18	1(4×4)	φ8@100/200	
2KZ24	基础顶～4.500	500×500	125	375	125	375	4Φ25	2Φ20	2Φ20	1(4×4)	φ8@100/200	
2KZ25	基础顶～4.500	500×500	125	375	125	375	4Φ22	2Φ20	2Φ20	1(4×4)	φ8@100/200	
2KZ26	基础顶～4.500	500×500	250	250	125	375	4Φ20	2Φ18	2Φ18	1(4×4)	φ8@100/200	
2KZ27	基础顶～－0.600	600×600	200	400	250	350	4Φ20	2Φ18	2Φ18	1(4×4)	φ8@100	
	－0.600～裙房屋面	500×500	200	300	250	250	4Φ18	2Φ18	2Φ18	1(4×4)	φ8@100/200	
2KZ28	基础顶～－0.600	600×600	300	300	250	350	4Φ20	2Φ18	2Φ18	1(4×4)	φ8@100	
	－0.600～4.450	600×600	300	300	250	350	4Φ18	2Φ18	2Φ18	1(4×4)	φ8@100/200	
	4.450～裙房屋面	600×600	300	300	250	350	4Φ25	3Φ25	2Φ18	1(4×4)	φ8@100/200	
2KZ29	基础顶～－0.600	600×600	300	300	250	350	4Φ20	2Φ18	2Φ18	1(4×4)	φ8@100	
	－0.600～裙房屋面	500×500	250	250	250	250	4Φ18	2Φ18	2Φ18	1(4×4)	φ8@100/200	
2KZ30	基础顶～－0.600	500×500	250	250	250	250	4Φ20	2Φ18	2Φ18	1(4×4)	φ8@100	
	－0.600～裙房屋面	500×500	250	250	250	250	4Φ18	2Φ18	2Φ18	1(4×4)	φ8@100/200	
2KZ31	基础顶～－0.600	600×600	300	300	300	300	4Φ25	3Φ25	3Φ18	1(5×5)	φ8@100	
	－0.600～裙房屋面	500×500	250	250	250	250	4Φ22	2Φ22	2Φ18	1(4×4)	φ8@100/200	
2KZ32	基础顶～－0.600	600×600	300	300	300	300	4Φ22	2Φ22	2Φ20	1(4×4)	φ8@100/200	
	－0.600～裙房屋面	500×500	250	250	250	250	4Φ20	2Φ20	2Φ18	1(4×4)	φ8@100/200	
2KZ33	基础顶～－0.600	600×580	250	350	280	300	4Φ20	2Φ20	2Φ20	1(4×4)	φ8@100	
	－0.600～裙房屋面	600×400	250	350	280	120	4Φ18	2Φ18	2Φ18	1(4×4)	φ8@100/200	
2KZ34	基础顶～－0.600	600×580	300	300	280	300	4Φ20	2Φ20	2Φ20	1(4×4)	φ8@100	
	－0.600～裙房屋面	600×400	300	300	280	120	4Φ18	2Φ18	2Φ18	1(4×4)	φ8@100/200	

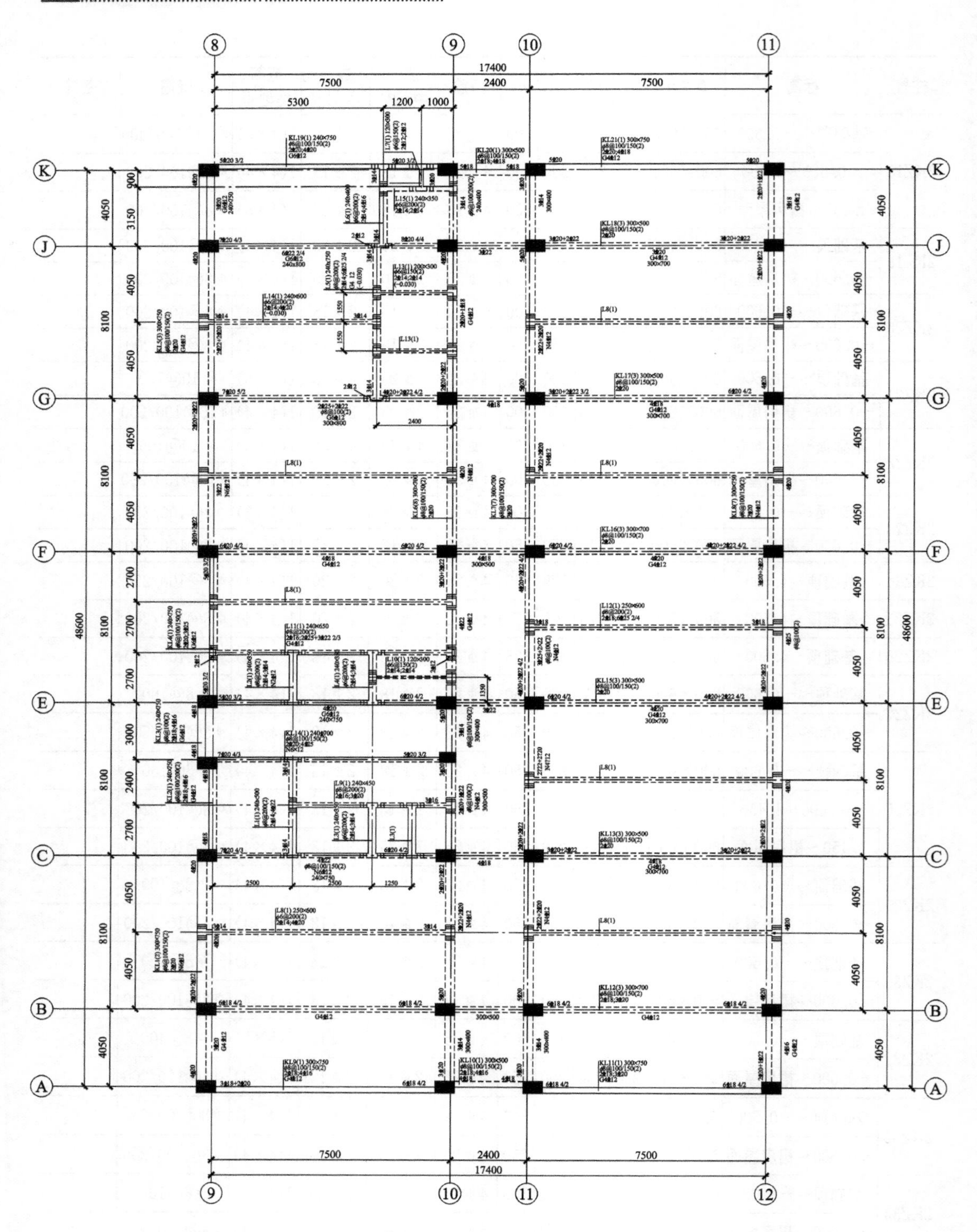

12.550标高梁平法施工图1:100

图 6.18 某教学楼四层梁配筋平面图

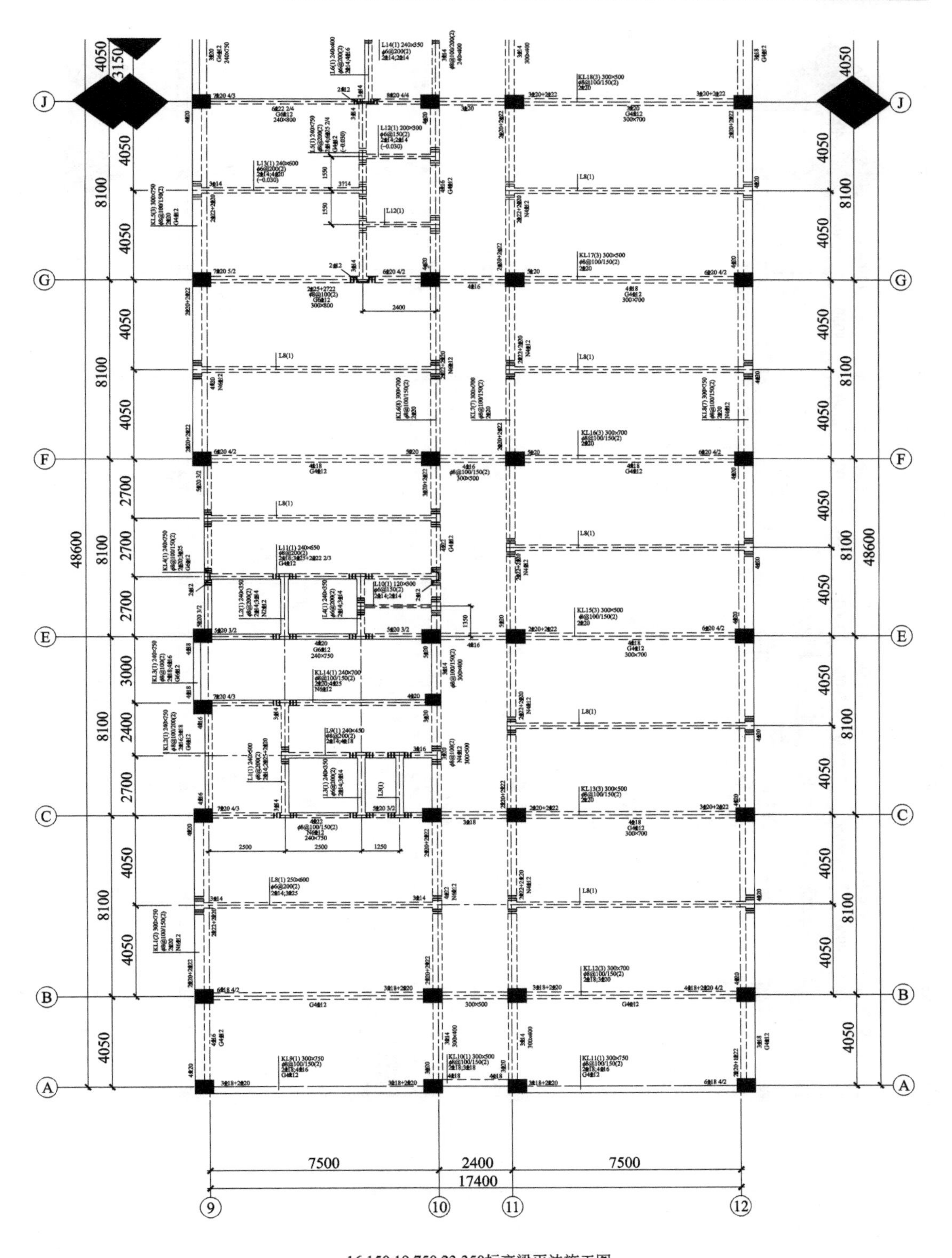

16.150,19.750,23.350标高梁平法施工图 1:100

图 6.19 某教学楼五～七层梁配筋平面图

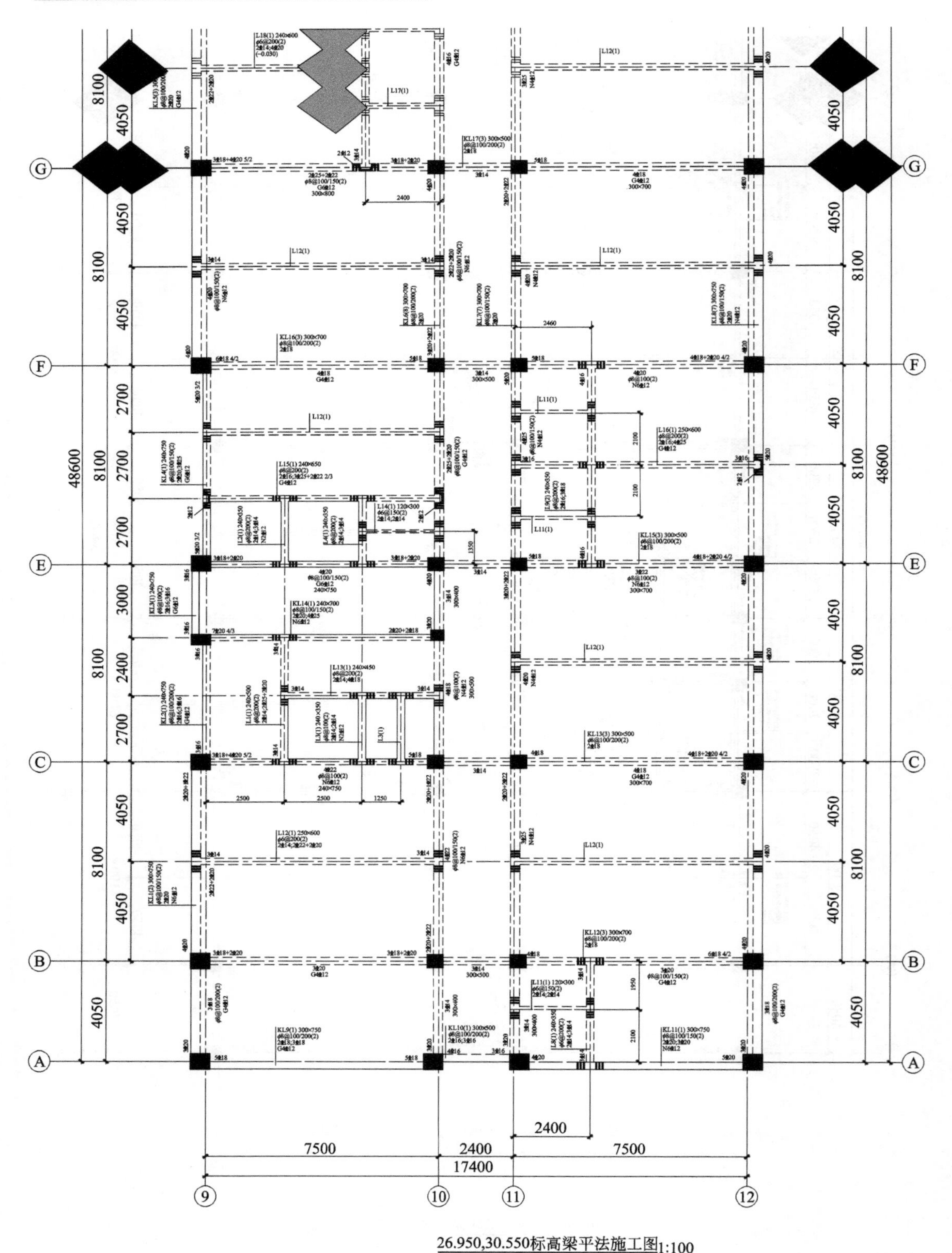

图 6.20　某教学楼八、九层梁配筋平面图

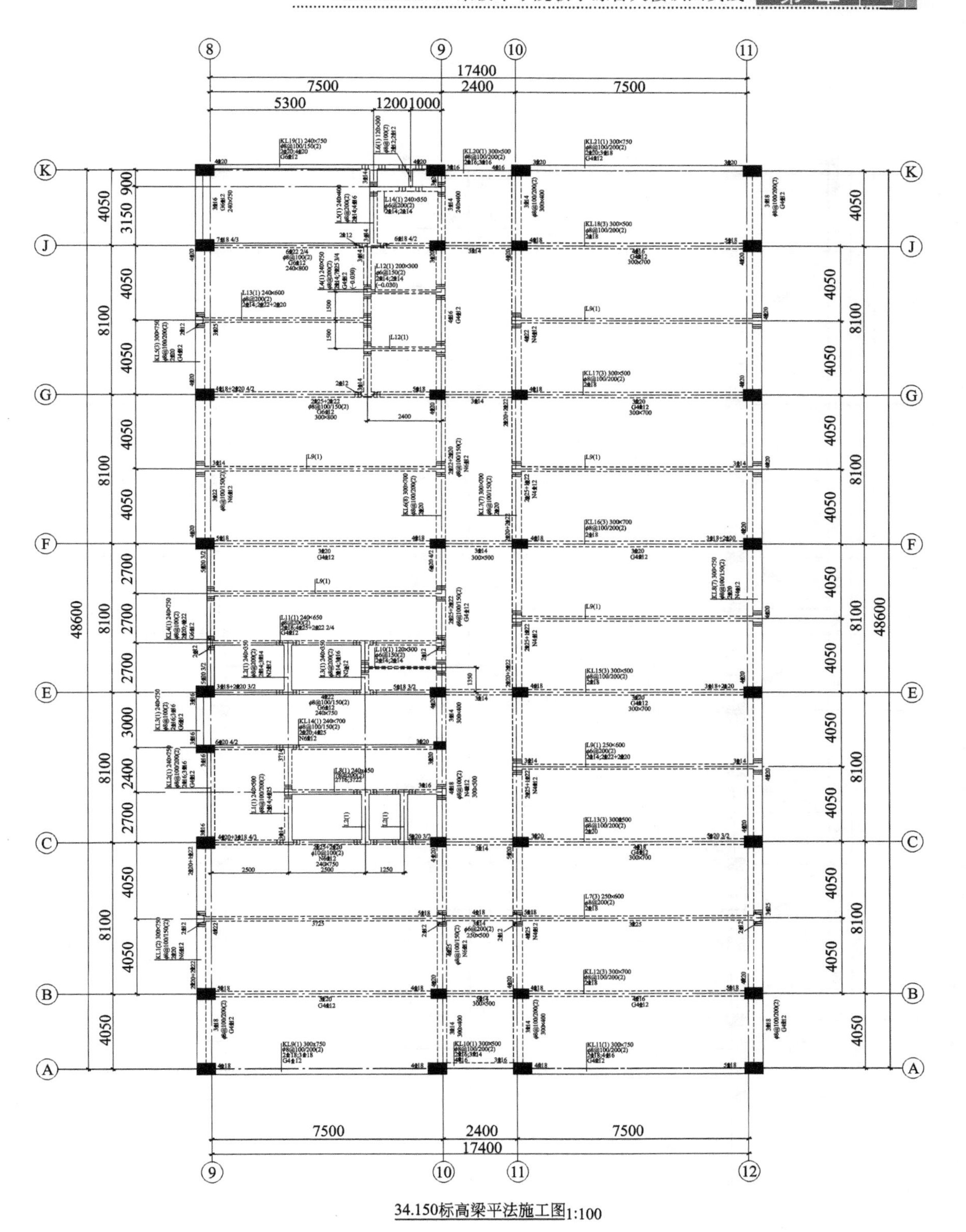

34.150标高梁平法施工图1:100

图 6.21 某教学楼十层梁配筋平面图

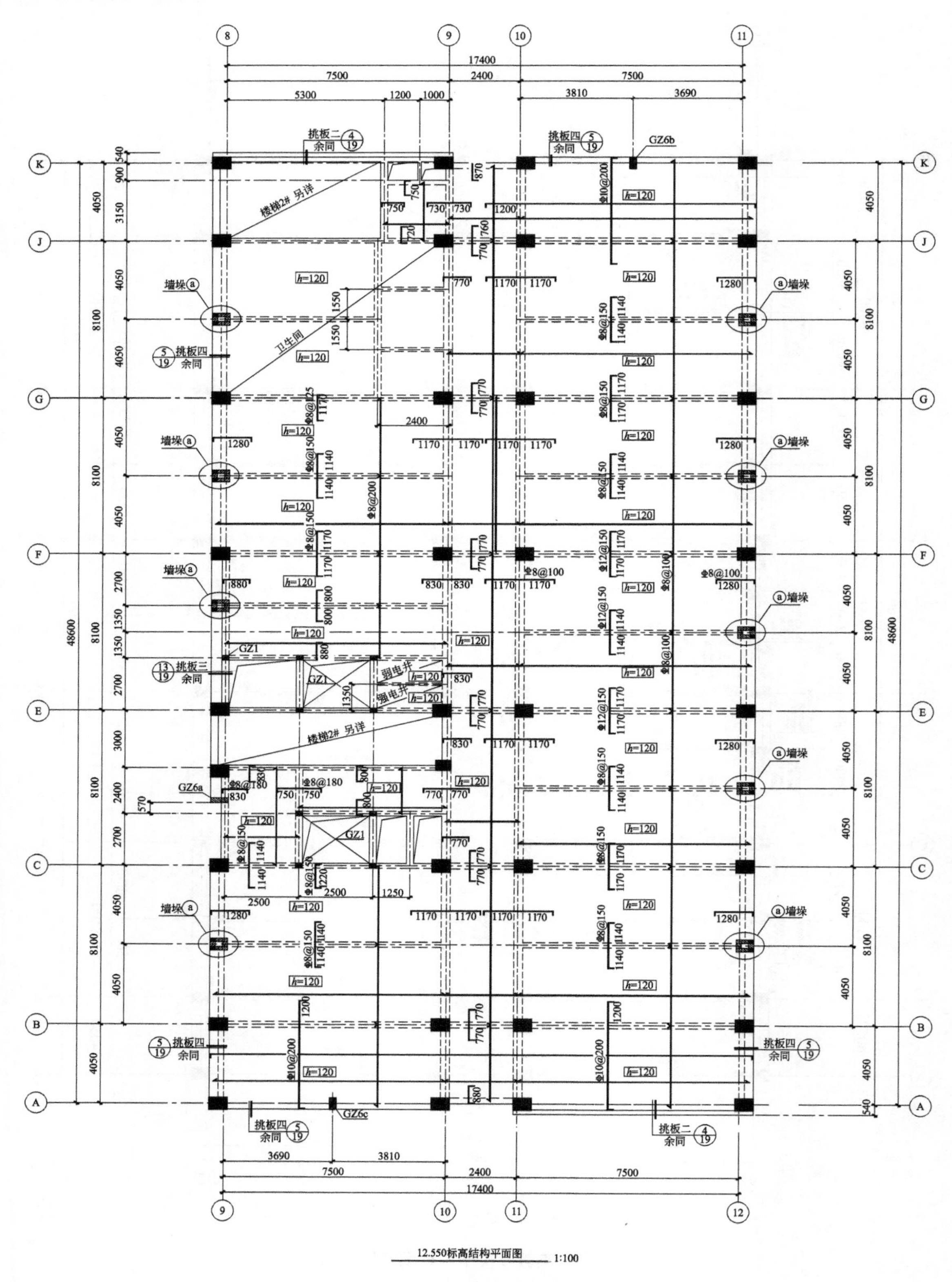

12.550标高结构平面图 1:100

图 6.22 某教学楼四层楼板结构平面图

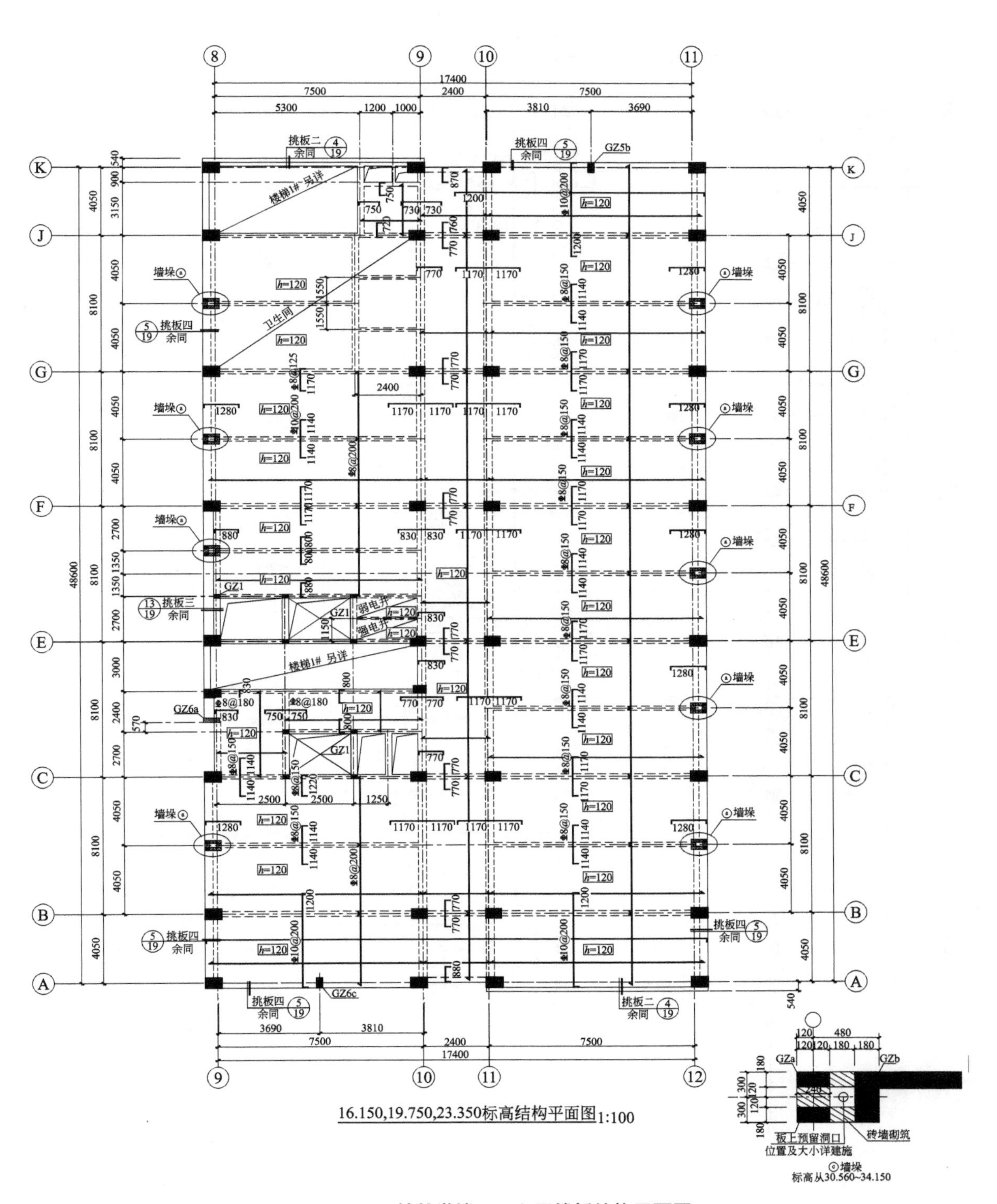

图 6.23　某教学楼五～七层楼板结构平面图

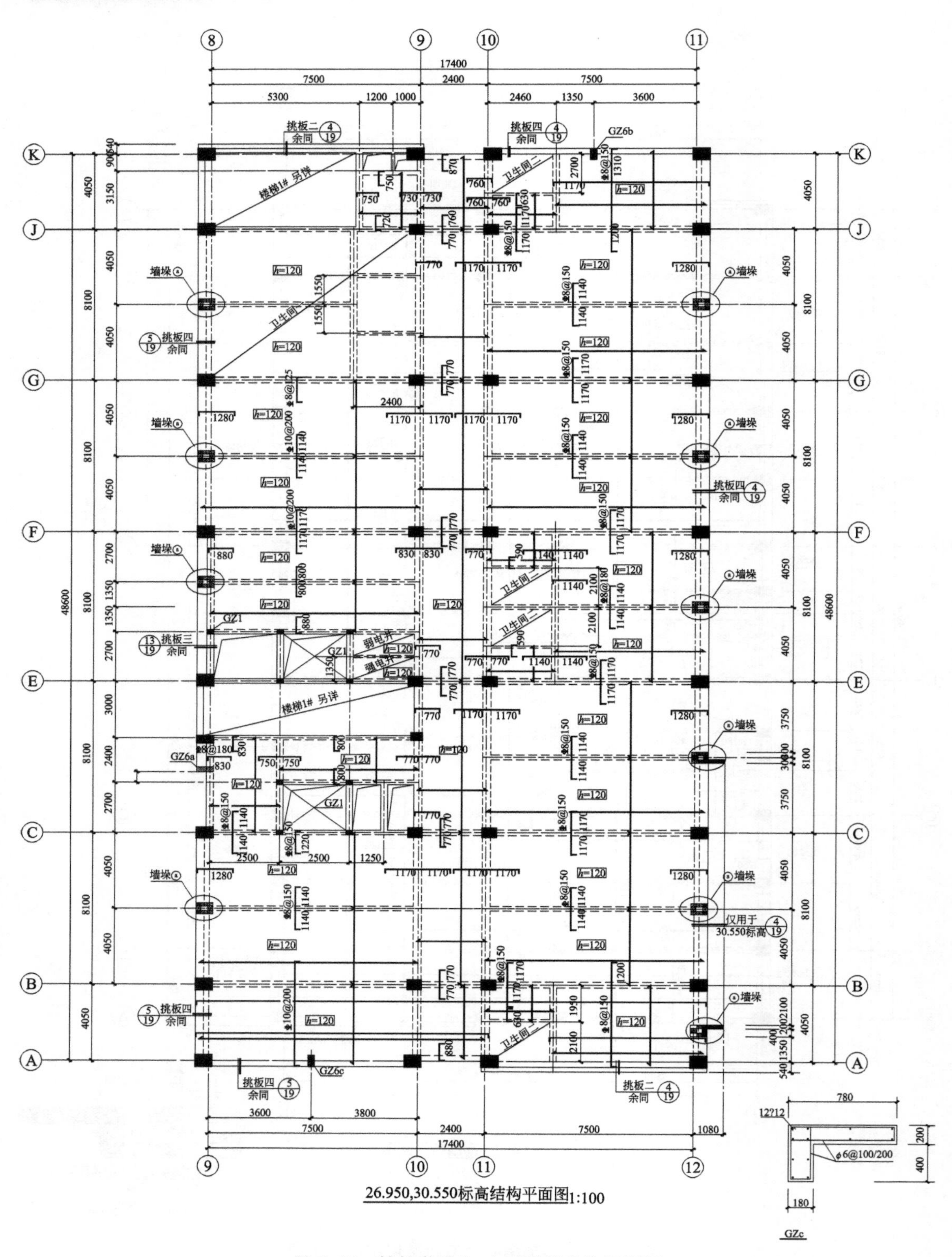

图 6.24　某教学楼八、九层楼板结构平面图

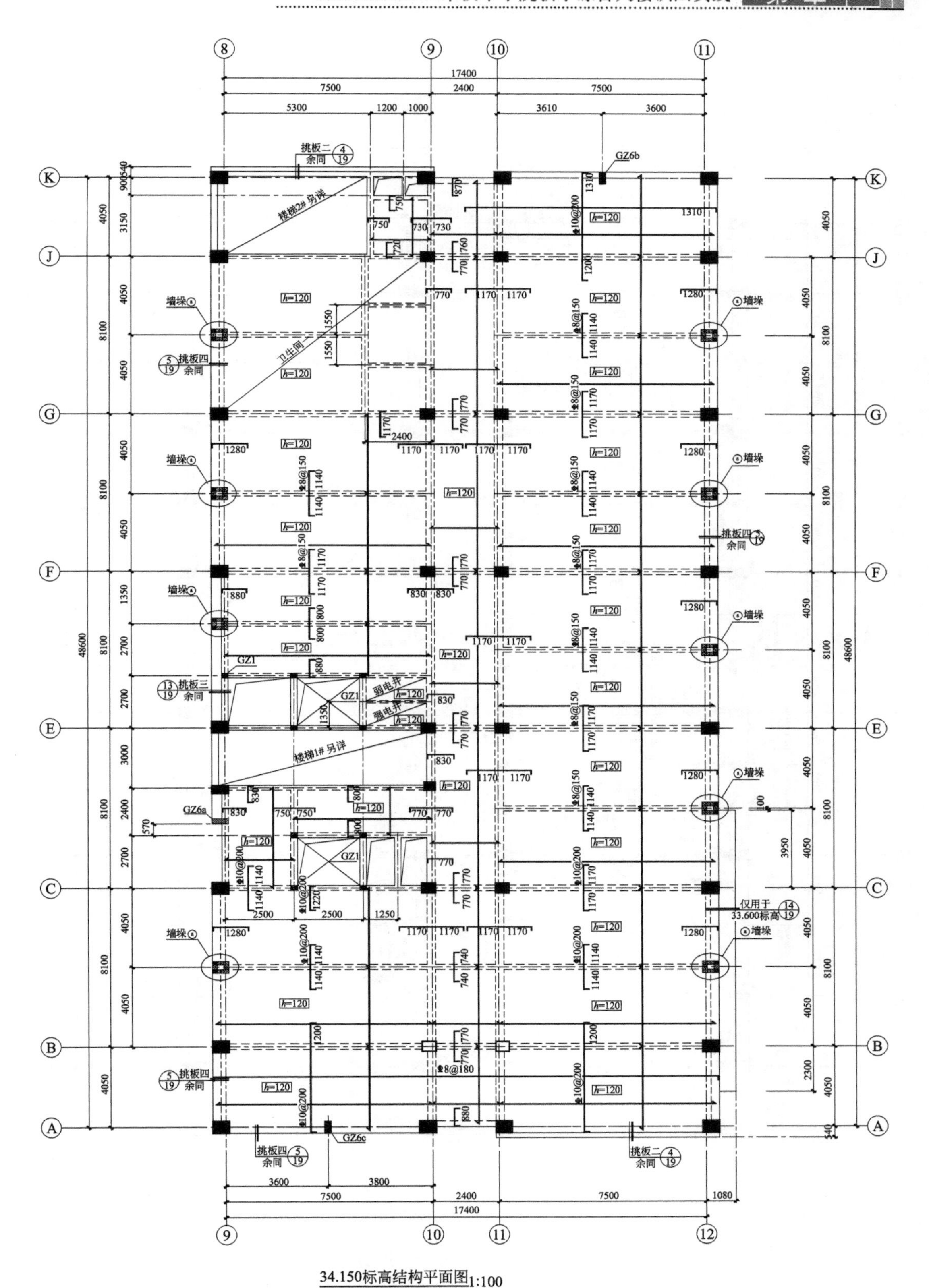

34.150标高结构平面图1:100

图 6.25 某教学楼十层楼板结构平面图

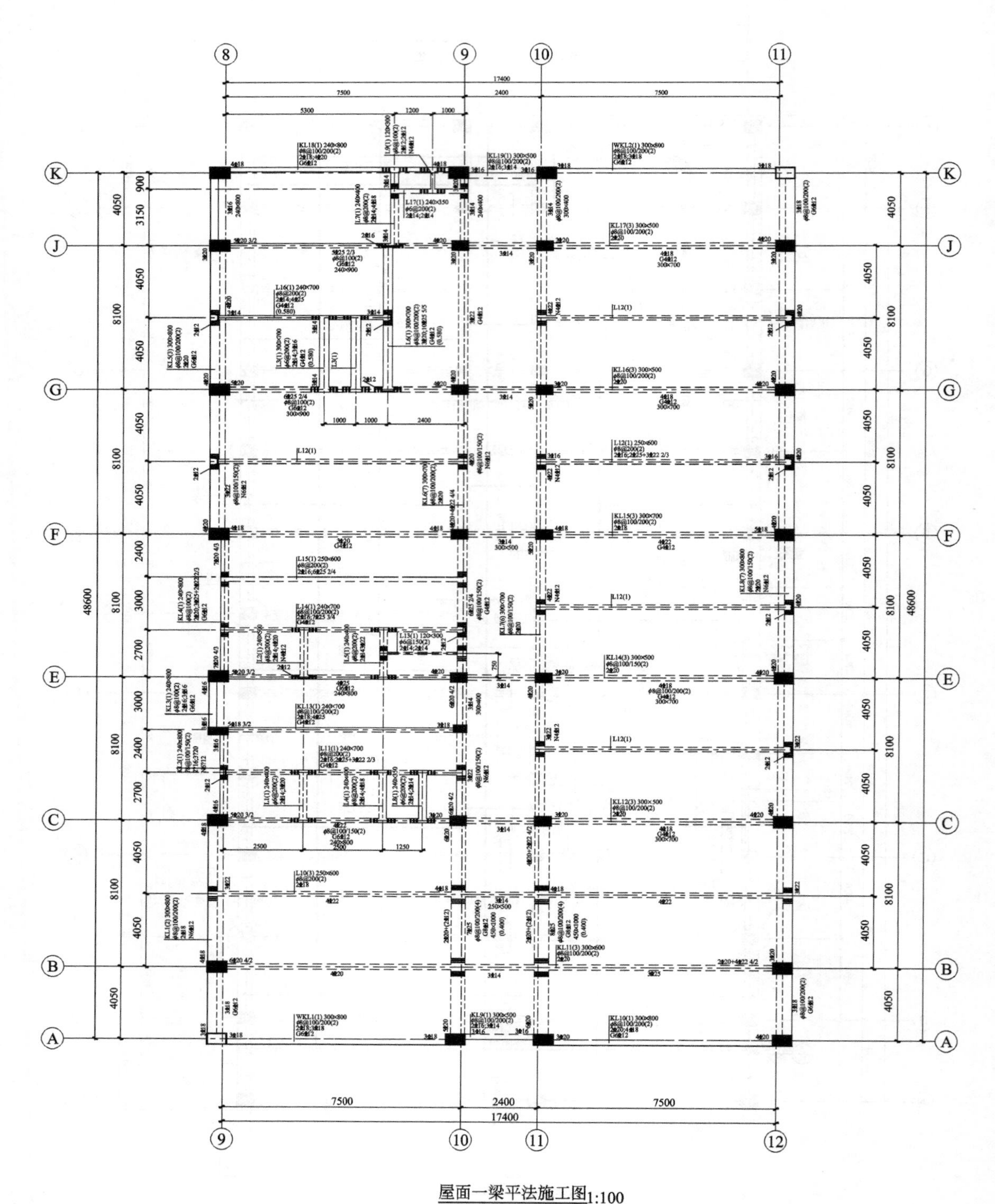

图 6.26　某教学楼屋面一梁配筋平面图

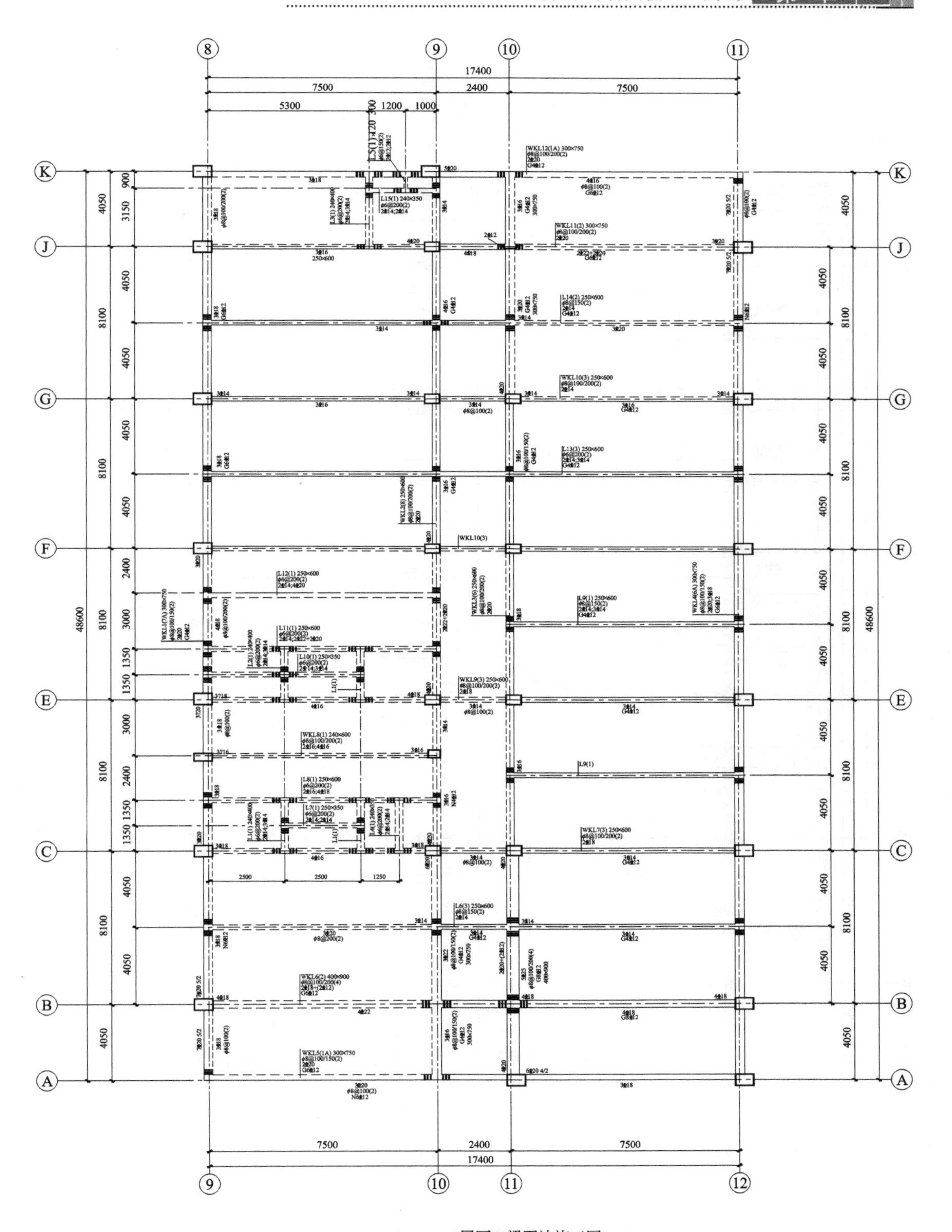

屋面二梁平法施工图1:100

图 6.27 某教学综合楼屋面二梁配筋平面图

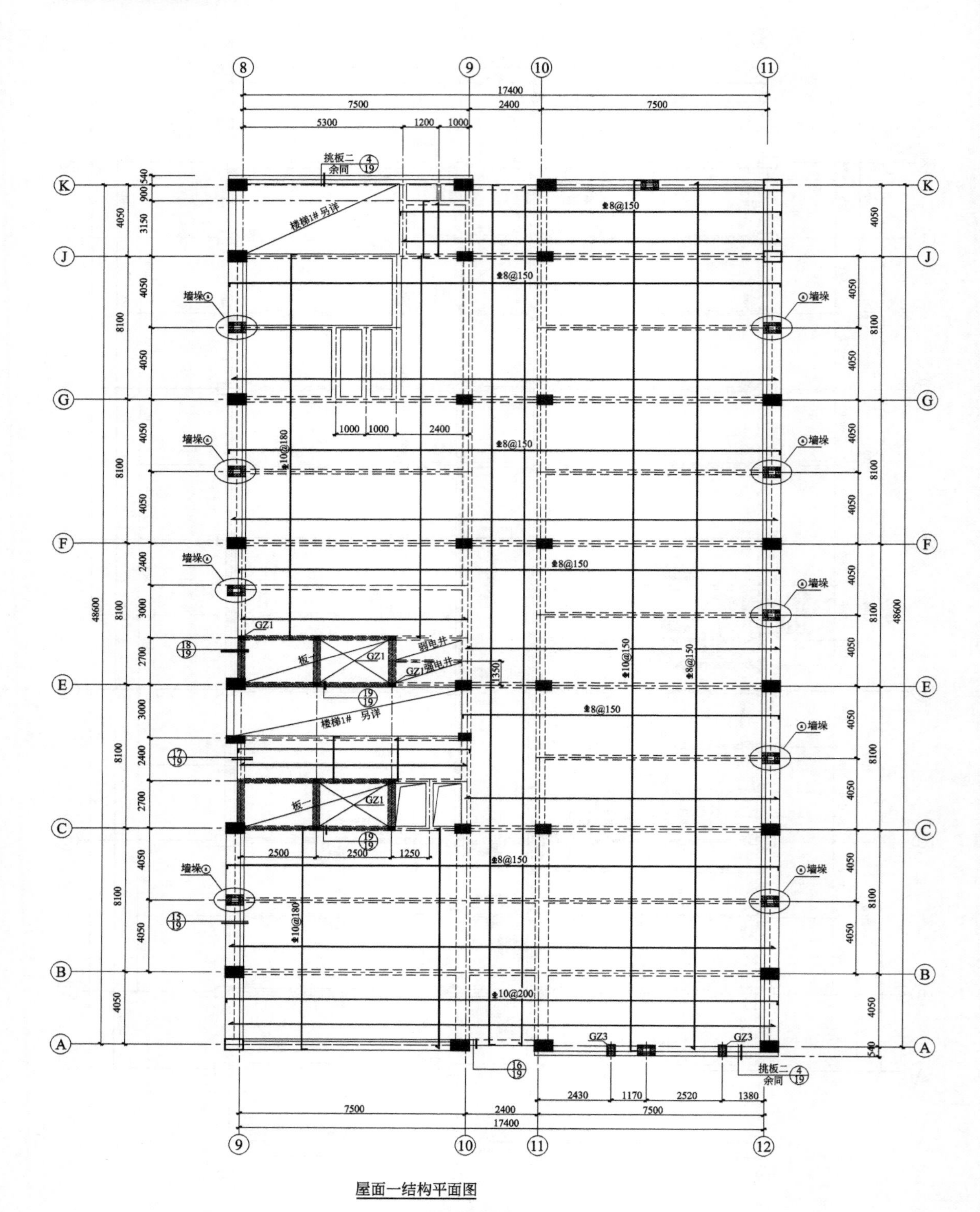

图 6.28　某教学楼屋面板一配筋平面图

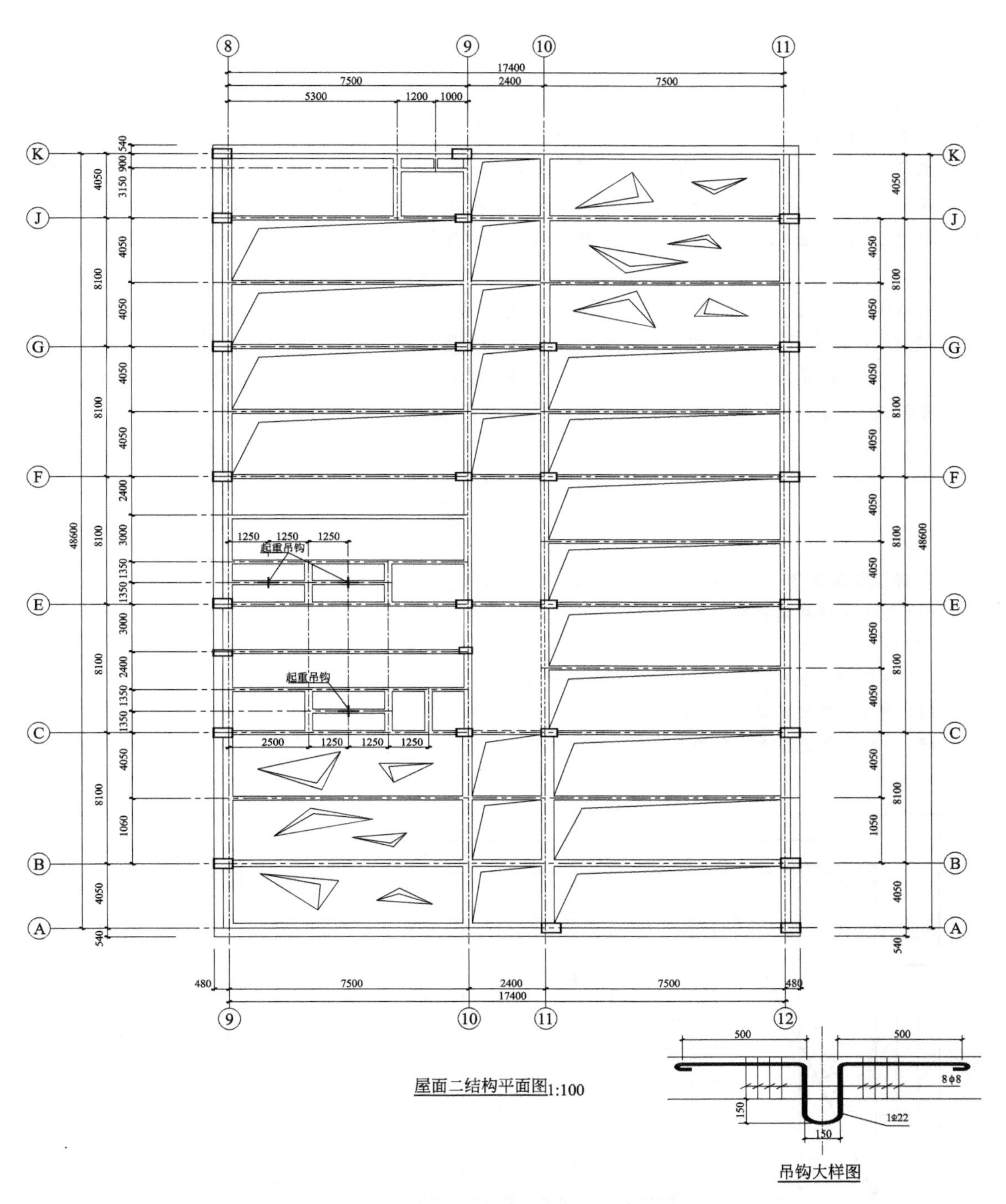

图 6.29 某教学综合楼屋面板二配筋平面图

本章小结

本章重点介绍了某教学楼建筑施工图和结构施工图的识图实践。教学楼建筑施工图用来表示建筑物的规划位置、外部造型、内部各房间布置、内外构造、工程做法及施工要求等。教学楼结构施工图用来表示楼层结构平面图整体标注的图示方法与要求，基础平面图及基础详图的图示方法，钢筋混凝土构配件的画法和尺寸标注。

本章具体内容包括：建筑施工图首页、建筑各层平面图、建筑立面图、建筑剖面图及详图、基础平面图及基础详图，结构平面布置图，现浇钢筋混凝土梁柱平法图。

本章的教学目标是掌握建筑各层平面图、建筑立面图、建筑剖面图及详图、基础平面图及基础详图，结构平面布置图，现浇钢筋混凝土梁柱平法图的识图方法。

习　　题

1. 阅读如图 6.30 所示的楼梯结构施工图，问答问题。

(1) 该图是哪种建筑结构施工图?

(2) 该楼梯传力途径如何?

(3) 该楼梯台阶有多少级? 其水平投影长度是多少?

(4) 该楼梯梯段宽是多少? 梯井宽是多少?

(5) 该楼梯平台板是哪种类型的板? 宽度是多少?

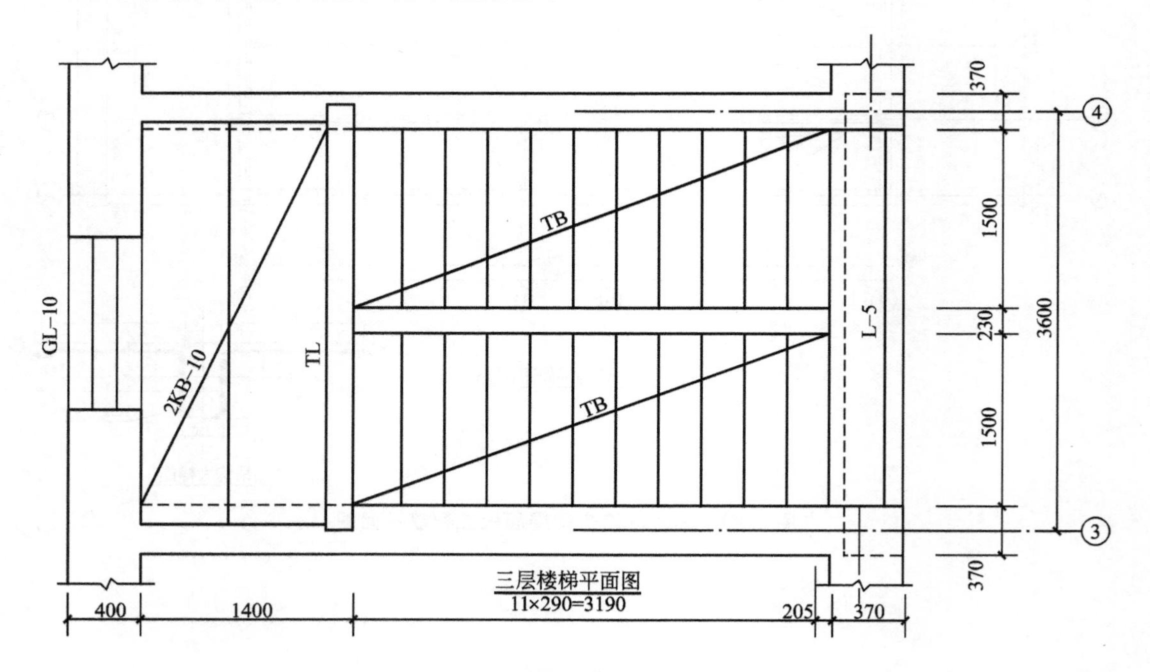

图 6.30　楼梯结构施工图

2. 阅读如图 6.31 所示的建筑施工图，问答问题。

(1) 该建筑施工图是什么图？

(2) 第一层中可见门的高度是多少？

(3) 房屋室外地坪标高是多少？第三层楼面标高是多少？

(4) Ⓔ轴线上剖到的墙上窗的高度是多少？

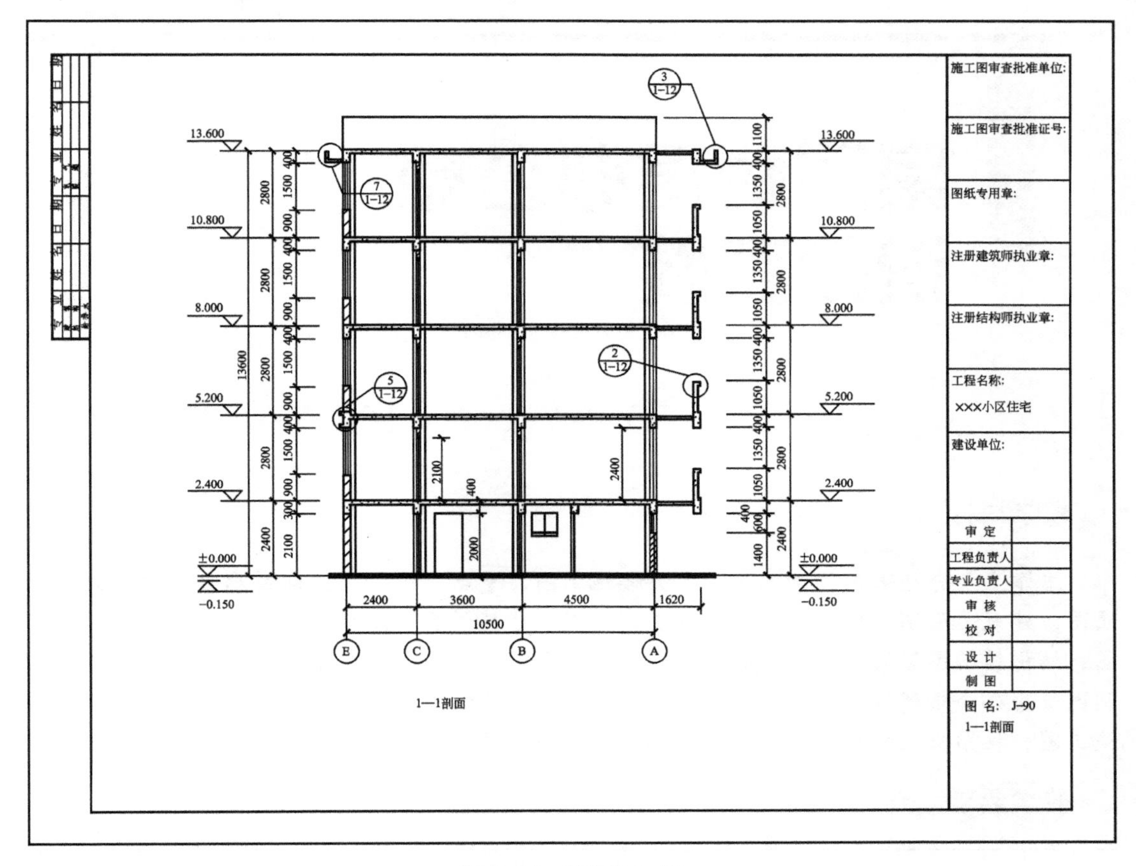

图 6.31　建筑施工图

第7章

某国税局办公楼识图实践

教学目标

本章主要介绍如何阅读国税局办公楼施工图，重点介绍了阅读国税局办公楼建筑总平面图、建筑平面图、建筑立面图、建筑剖面图、建筑详图、基础施工图、柱梁板结构施工图、楼梯结构图等读图、绘图的步骤和方法。通过本章的学习，学生应熟练掌握识读和绘制国税局办公楼建筑总平面图、建筑平面图、建筑立面图、建筑剖面图、建筑详图、基础施工图、柱梁板结构施工图、楼梯结构图等读图、绘图的步骤和方法。

教学要求

能力目标	知识要点	权重
掌握国税局办公楼建筑总平面图的识读和绘制	国税局办公楼建筑总平面图	10%
掌握国税局办公楼建筑平面图的识读和绘制	国税局办公楼建筑平面图	15%
掌握国税局办公楼建筑立面图、建筑剖面图的识读和绘制	国税局办公楼建筑立面图、建筑剖面图	15%
掌握国税局办公楼建筑详图的识读和绘制	国税局办公楼楼梯详图、外墙墙身详图	15%
掌握国税局办公楼基础施工图的识读和绘制	国税局办公楼基础施工图	15%
掌握国税局办公楼柱梁板结构施工图的识读和绘制	国税局办公楼柱梁板结构施工图	15%
掌握国税局办公楼梯结构施工图的识读和绘制	国税局办公楼梯结构施工图	15%

章节导读

通过国税局办公楼建筑施工图可以了解一幢拟建国税局办公楼的内外形状和大小、平面布局、立面造型以及各部分的构造等内容。同时，通过国税局办公楼结构施工图可以了解一幢拟建国税局办公楼的结构构件(比如柱、梁板、基础)断面形状、大小、材料及内部构造。

知识点滴

从工业到艺术——旧厂房的LOFT改造

LOFT这种居住生活形式其实很早在美国纽约出现。艺术家与设计师们利用废弃的工业厂房，从中分隔出居住、工业、社交、娱乐、收藏等各种空间，一是低廉的造价，而是空间宽敞，光线充足可以自由的发挥。这种生活方式使居住者即使在繁华的都市中，也仍然能感受到身郊野时那种快乐。从此，LOFT便与艺术结下缘分。

现在，当你走进红专厂房里时，仍不免会留意到一些精彩的细节，为LOFT这个名词更加贴近时尚艺术。高挑的空间，粗糙的红砖墙面，灰色的水泥地面，园内的荒草，一切都归于平静，它已成为一种全新的建筑形式在社会上慢慢发展起来。

LOFT在室内中，光线是一个关键的要素。厂房本身就是一个原生态的建筑设计，想要维持其个原则，必须有充足的阳光洒向室内，例如开天窗。而开敞也是LOFT最大的特点，分隔形式尽量少一点，以达到宽敞简练的效果。

LOFT内那些破旧的老厂房也为艺术家们的艺术创造提供了一个宽松的平台，这里的氛围激发出设计师的创作灵感。而LOFT在设计过程中，应把节约实用、实用主义、可持续发展摆在首位，尽量通过自己创造性思维构思出简单而又便宜的材料来营造出独特的美感，使LOFT能持续平稳地发展。

如图7.1所示为上海红坊；如图7.2所示为北京798。

图7.1 上海红坊

图 7.2　北京 798

7.1　某国税局办公楼建筑施工图识图实践

引例

(1) 一套完整的国税局办公楼建筑施工图包括哪些内容?

(2) 国税局办公楼建筑详图包括哪些内容?

7.1.1　国税局办公楼建筑施工图内容

国税局办公楼建筑施工图主要包括施工图首页、平面图、立面图、剖面图、建筑详图等。

7.1.2　国税局办公楼施工图首页

施工图首页是建筑施工图的第一张图纸，主要内容包括图纸目录、设计说明、工程做法、门窗统计表等文字性说明。

1. 图纸目录(表 7－1)

表 7－1　图 纸 目 录

项　目：建施图、建筑通用图			
序号	图号	图纸名称	张数
1	JS－1	总平面图	1
2	JS－2	架空层平面图	1
2	JS－3	一层平面图	1

（续）

项　目：建施图、建筑通用图			
序号	图号	图纸名称	张数
3	JS－4	二层平面图	1
4	JS－5	三层平面图	1
5	JS－6	四层平面图	1
6	JS－7	五层平面图	1
7	JS－8	六层平面图	1
9	JS－9	机房层平面	1
10	JS－10	屋顶层平面	1
11	JS－11	①～⑮立面	1
12	JS－12	⑮～①立面	1
13	JS－13	Ⓐ～Ⓖ立面，Ⓖ～Ⓐ立面	1
14	JS－14	1—1剖面，2—2剖面	1
15	JS－15	1＃楼梯平面图	1
16	JS－16	1＃楼梯A—A平面图	1
17	JS－17	2＃楼梯平面图	1
18	JS－18	2＃楼梯B—B平面图	1

2. 设计说明

1）工程设计的主要设计依据

(1) 立项文件："关于同意××工程立项的批复"。

(2) 规划文件：由宁波市规划局提供的设计要求、控制指标文本。

(3) 用地文件：(2005)浙规(地)证编号0207006。

(4) 由宁波市规划局批准的总平面布置方案。

(5) 设计文件：本公司与业主单位签订的工程设计合同。

(6) 国家现行有关规范、规定：

① 建筑设计防火规范(GB 50016—2006)。

② 国税局办公楼设计规范(GB 50096—1999)(2003年版)。

③ 民用建筑设计通则(GB 50352—2005)。

④ 城市居住区规划设计规范(GB 50180—1993)(2002年版)。

⑤ 夏热冬冷地区居住建筑节能设计标准(JGJ 134—2010年版)。

⑥ 浙江省居住建筑节能设计标准(DB 33/1015—2003)。

⑦ 城市道路和建筑物无障碍设计规范(JGJ 50—2001)。

⑧ 汽车库、修车库、停车场设计防火规范(GB 50067—1997)。

2）工程概况

本工程为宁波市××国税局办公楼工程，由宁波市××国税局开发，征地面积5411.7m²，实际用地面积3779.2m²，总建筑面积4073m²。本工程室内设计标高±0.000相当于黄海高程6.300m，室内外高差0.450m。本工程建筑高度26.93m，为2类高层建筑，建筑耐火等级二级，建筑层数6层，结构形式为框架结构，抗震设防烈度为6度，建筑结构设计使用年限为50年。除说明外，本工程所标标高以米为单位，所有尺寸以毫米为单位。除说明外。本工程所标屋面标高为结构标高，其余均为建筑标高。

3. 工程做法

1）墙面做法

（1）除特殊说明外，外墙填充墙体采用240厚混凝土多孔砖，用M7.5混合砂浆砌筑。

（2）内墙填充墙体采用200厚或100厚(楼梯间及电梯间周围采用240厚混凝土多孔砖)，用M5混合砂浆砌筑。

（3）长度不大于120的墙垛均与结构柱整浇。

（4）外墙2(仿真石面砖面层，用于国税局办公楼部分一层)(由内向外)：墙面清理，界面剂一道；15厚聚合物保温砂浆；10厚1∶2.5抗裂防水砂浆粘结层；外墙面砖(材料及色彩看样定)。

（5）外墙3(仿真石面砖面墙，用于非国税局办公楼部分)(由内向外)：墙面清理，水泥砂浆一道(内掺水泥质量3%的建筑胶)；15厚1∶3水泥砂浆找平层；10厚1∶2.5水泥砂浆粘贴层；外墙面砖(材料及色彩看样定)。

（6）内墙：见装修表

2）门窗工程

（1）店铺外门采用80系列PVC塑料门，白框，6厚无色浮法玻璃；汽车库门采用铝合金卷帘门。

（2）国税局办公楼进户门采用普通防盗门，自行车库门采用普通钢板门，国税局办公楼单元门采用电控对讲安全门，式样由专业单位设计，甲方自理。

（3）国税局办公楼室内木门为胶合板木门，阳台门为PVC塑料双层玻璃门(带窗纱)。

（4）所有外窗采用88系列PVC塑料窗(带纱窗)，白框，窗玻璃采用5厚无色浮法玻璃。

（5）所有木门与开启方向一侧墙面立平，塑钢门窗与墙中线立平(注明者除外)。

（6）门窗五金除注明者外均按有关标准图所规定的零件配齐。

3）油漆工程。

均由用户自理。

4）其他

① 国税局办公楼封闭阳台内墙及顶棚按相应做法施工。

② 燃气设施由甲方选定的专业公司配合设计，并及时提供预留安装条件。

③ 本工程的绿化景观由专业单位设计，并及时配合施工。

④ 本说明未提及处，须及时与设计人员联系，未经设计人员签字认可的改动均无效。

⑤ 本工程应按图施工，密切配合总图、给排水、电气、暖通等专业图纸，并按国家现行施工及验收规范进行验收。

特别提示

引例(1)的解答：一套完整的国税局办公楼建筑施工图主要包括住宅施工图首页、平面图、立面图、剖面图、建筑详图等。引例(2)的解答：国税局办公楼建筑详图一般包括楼梯建筑详图、屋面外墙建筑详图等。

7.1.3 总平面图识图实践

该办公楼总平面图如图7.3所示识图过程如下。

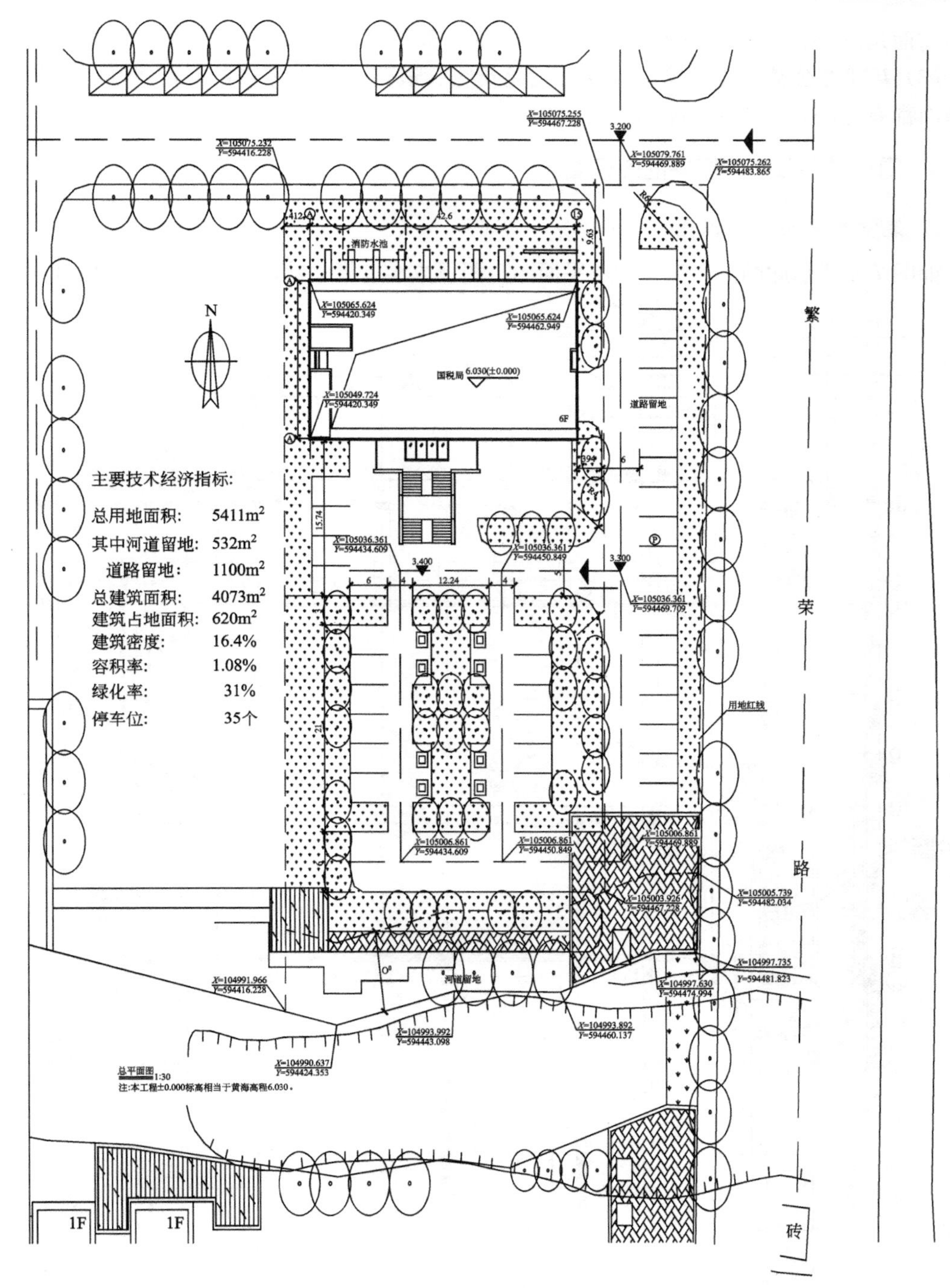

图 7.3 办公楼总平面图

(1) 办公楼的朝向、位置和范围。在国税局图的左上边角画出了该地区的指北针，按指北针所指的方向，可以知道这个办公楼坐南朝北；在国税局图的三个角画出了画出的坐标，标注了建筑物位置。

(2) 新建办公楼的平面轮廓形状、大小、朝向、层数、位置和室内外地面的标高。以粗实线画出的这栋新建办公楼，显示出了它的平面形状呈矩形，南北朝向，办公楼共有 6

层，前面是室外台阶，办公楼的底层室内标高为 6.03m。

（3）新建办公楼周围环境以及附近的建筑物、道路、绿化等布置。新建办公楼的北面和西面都有道路，空地上都有绿化。

7.1.4 国税局办公楼建筑平面图识图

1. 架空层平面图的识图

如图 7.4 所示此图图名为架空层平面图。图下方绘有指北针，可知房屋坐北朝南。平面

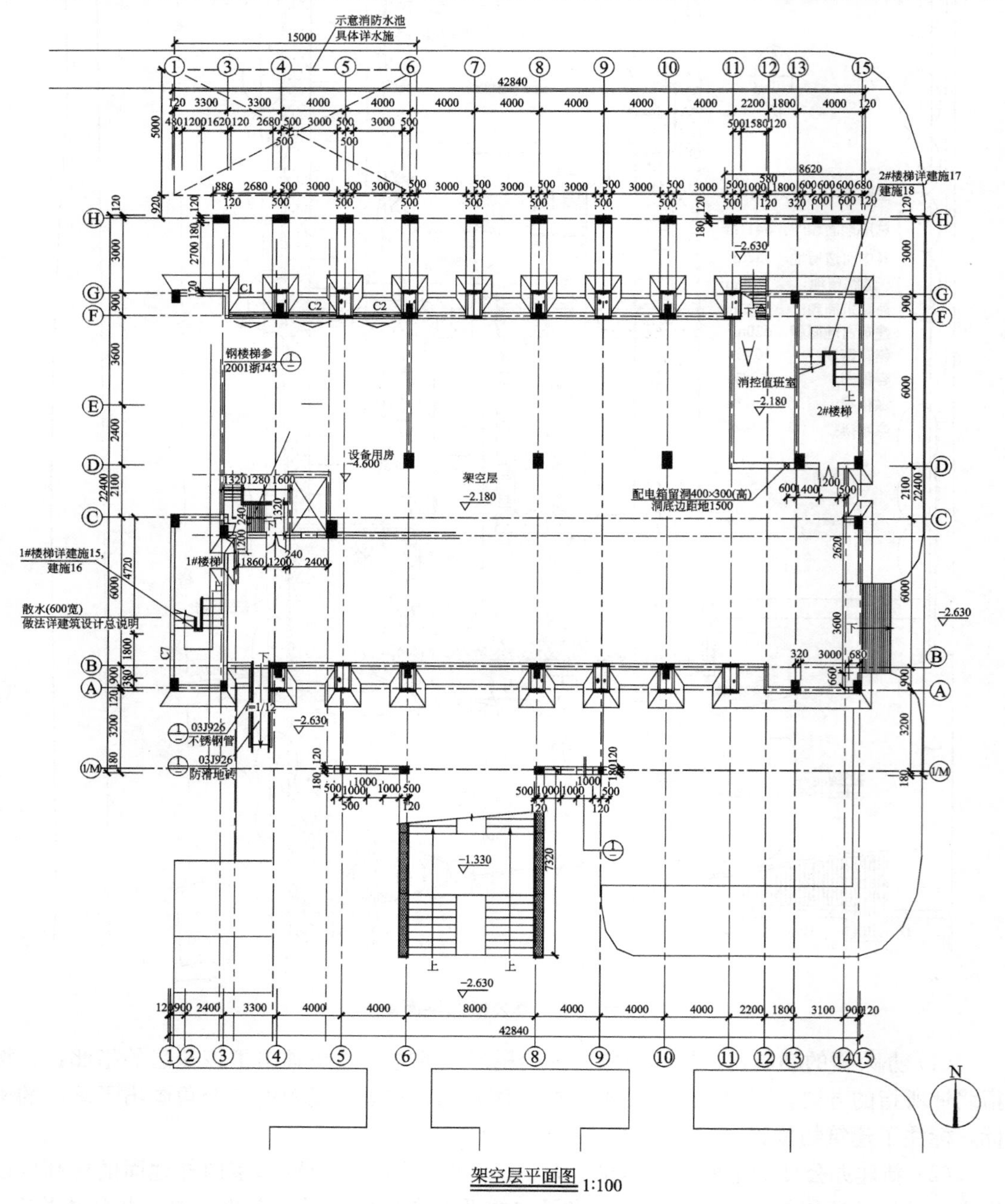

图 7.4 架空层平面图

图的形状为矩形，总长 42840mm，总宽 22400mm，通过总尺寸可计算出房屋的占地面积。

2. 一层平面图识图

如图 7.5 所示此图图名为一层平面图。

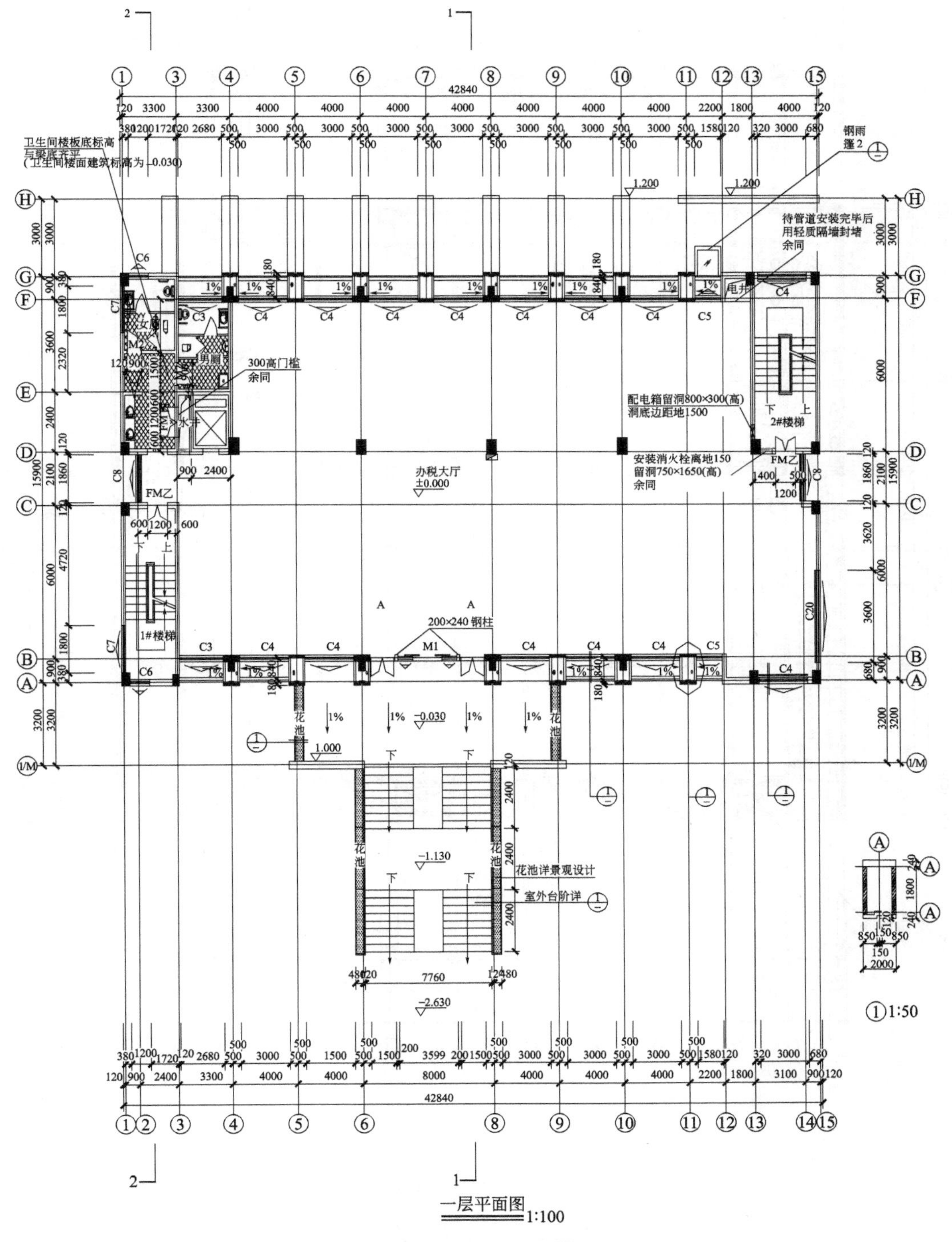

图 7.5 一层平面图

3. 二、三层平面图识图

如图 7.6 所示此图图名为二、三层平面图。

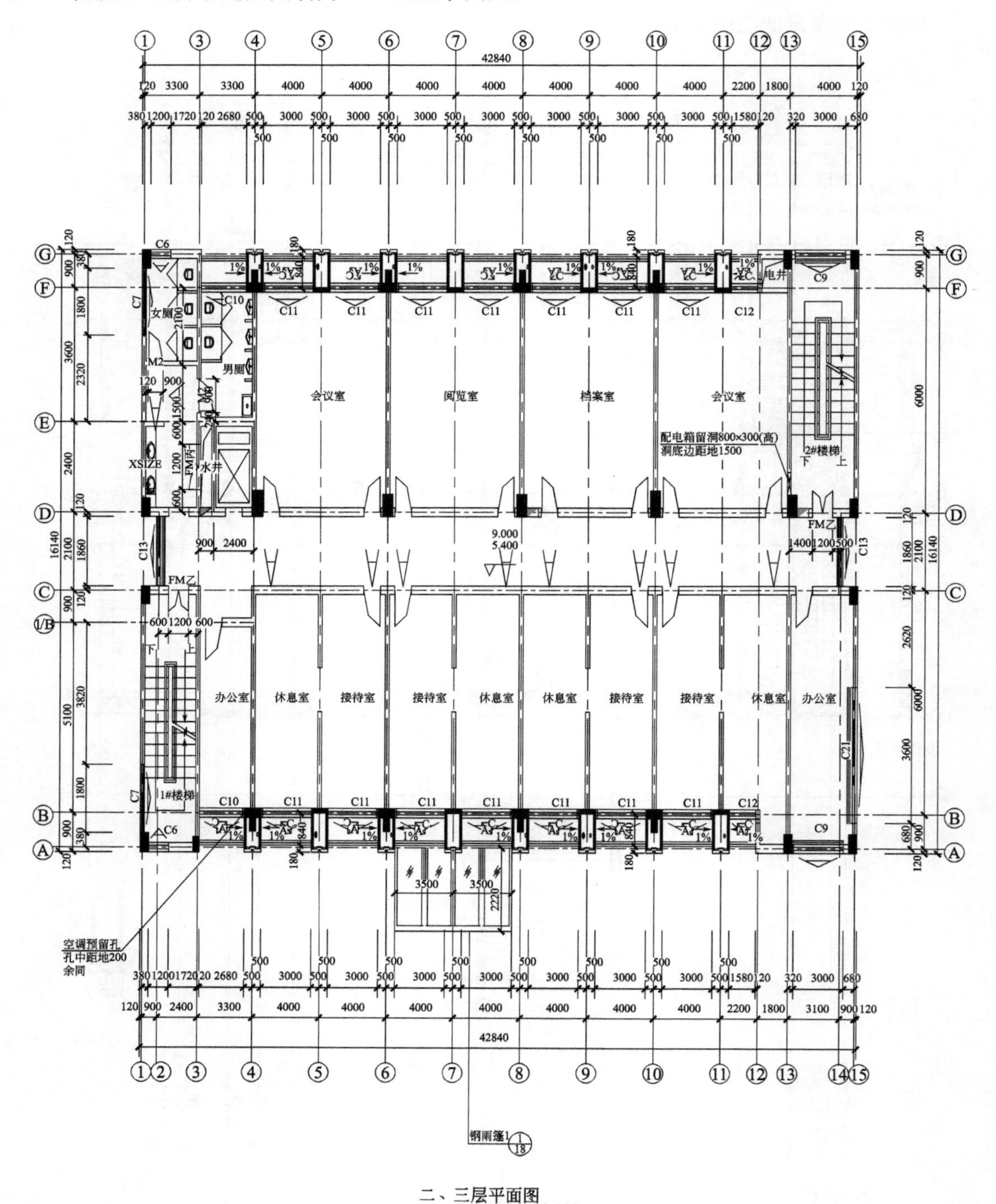

图 7.6　二、三层平面图

4. 四层平面图识图

如图 7.7 所示此图图名为四层平面图。

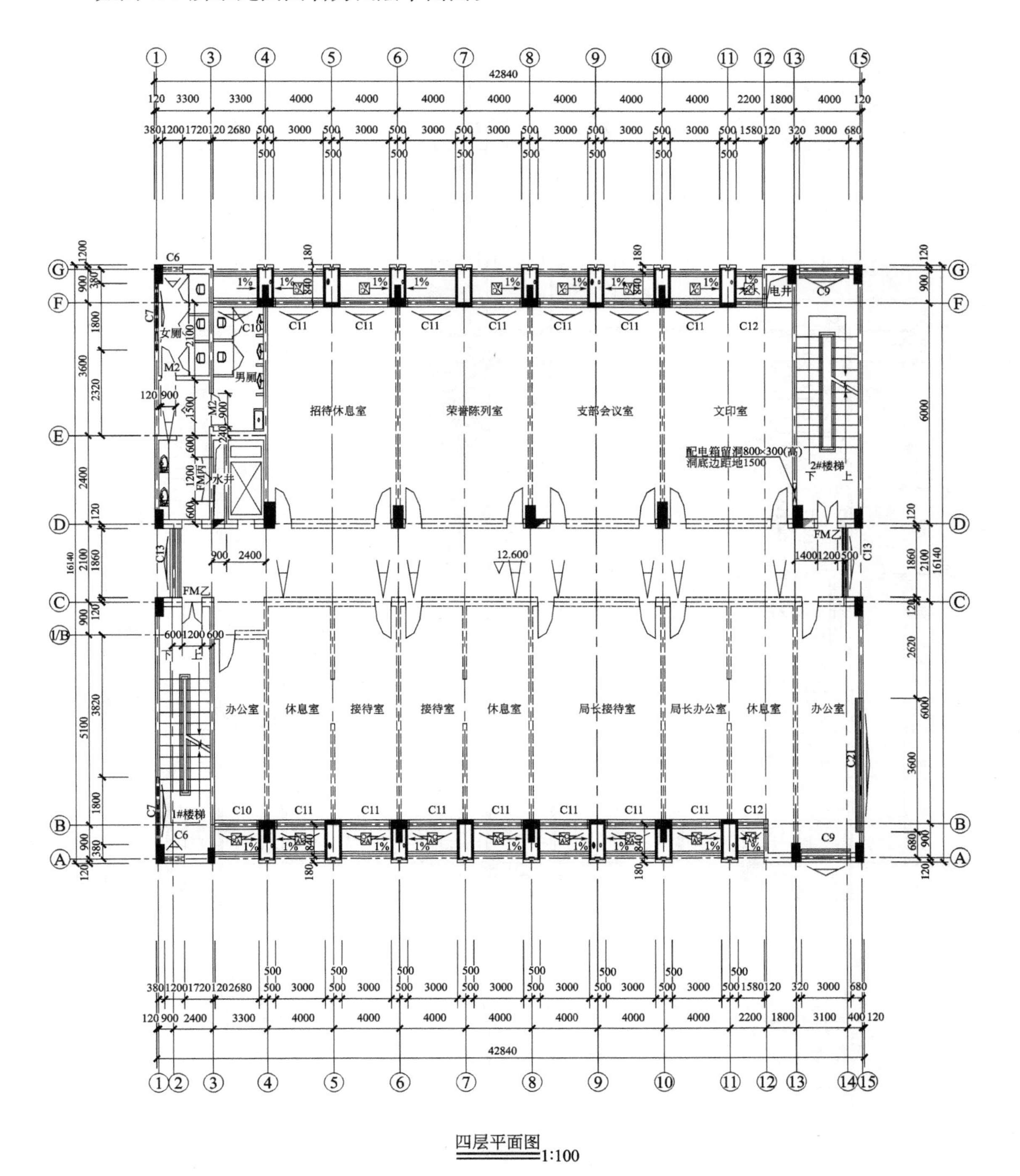

图 7.7 四层平面图

5. 五层平面图识图

如图 7.8 所示此图图名为六层平面图，比例是 1∶100。

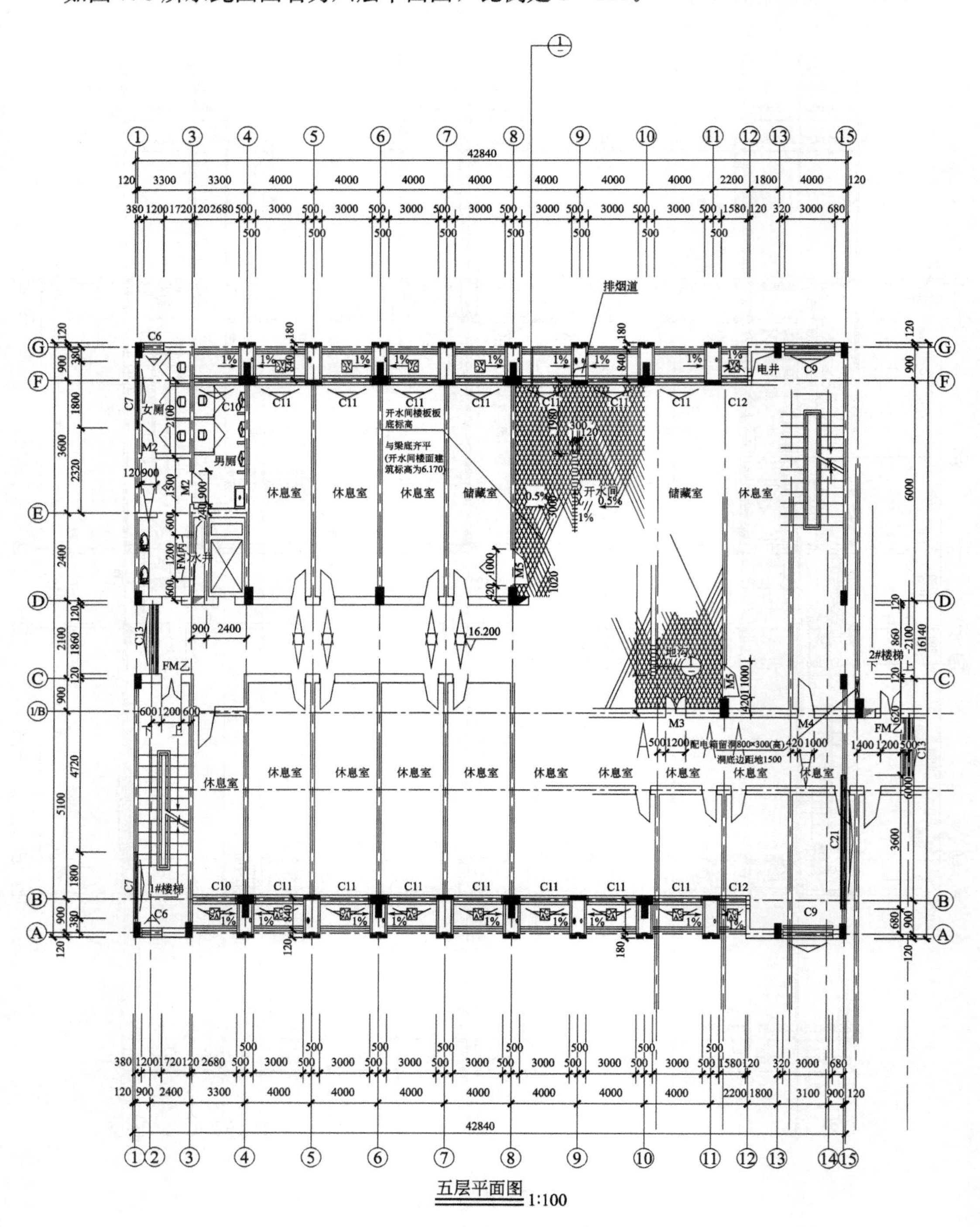

图 7.8　五层平面图

6. 六层平面图识图

如图 7.9 所示此图图名为六层平面图，比例是 1：100。

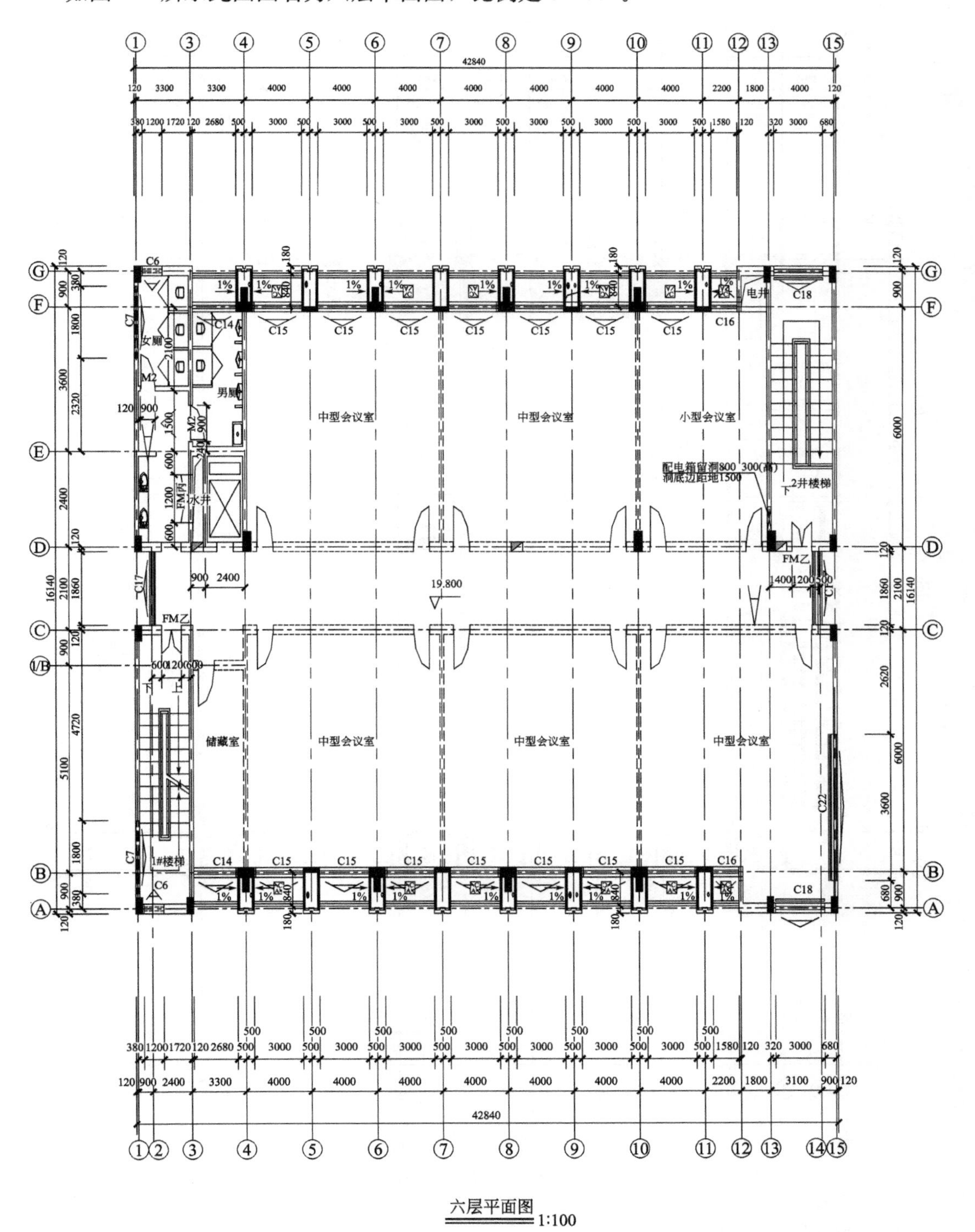

图 7.9 六层平面图

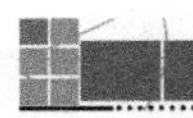

7. 机房层平面图识图

如图 7.10 所示此图图名为机房层平面图，比例是 1∶100。

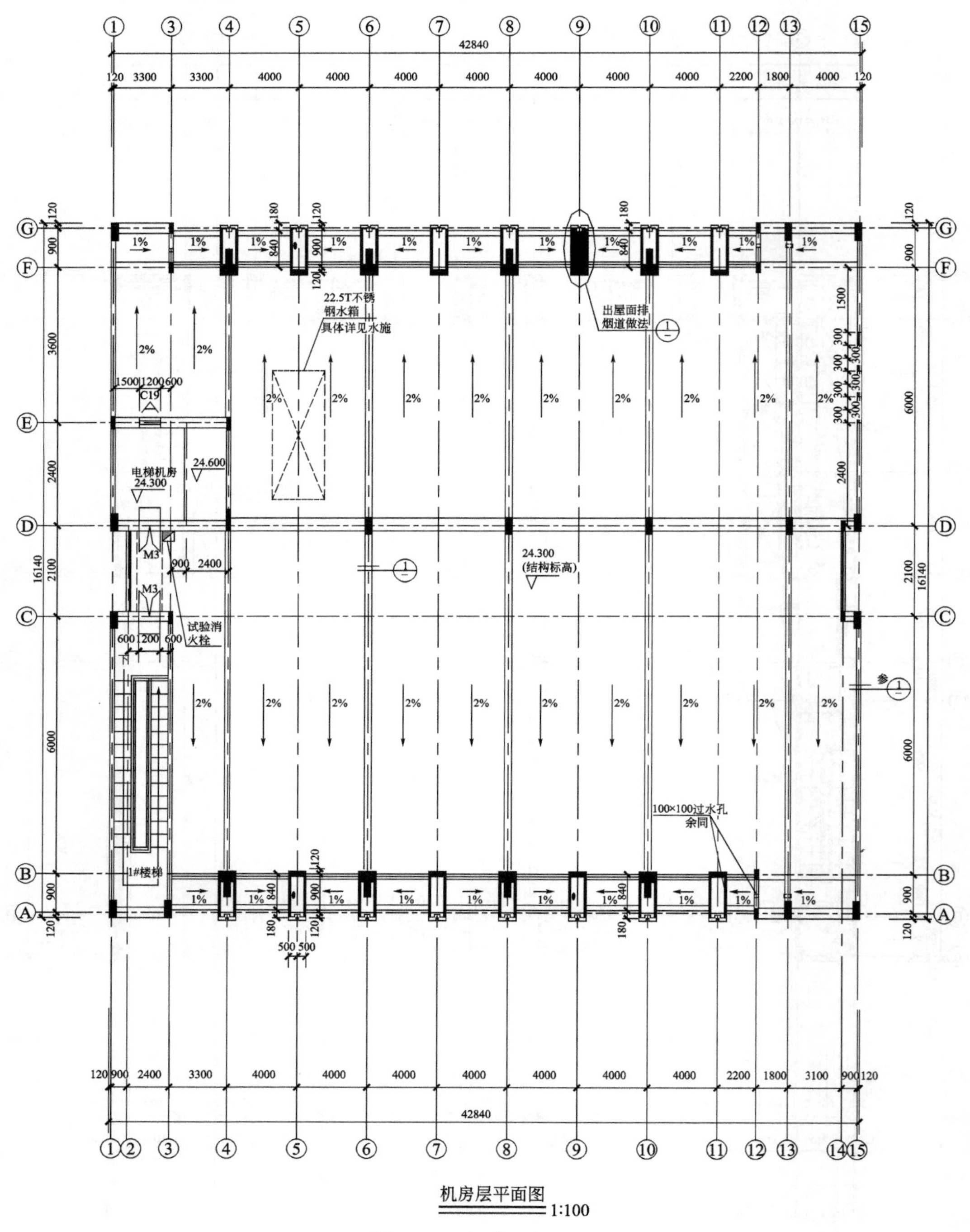

图 7.10 机房层平面图

8. 屋顶层平面识图

如图 7.11 所示此图图名为屋顶层平面图，比例是 1∶100。

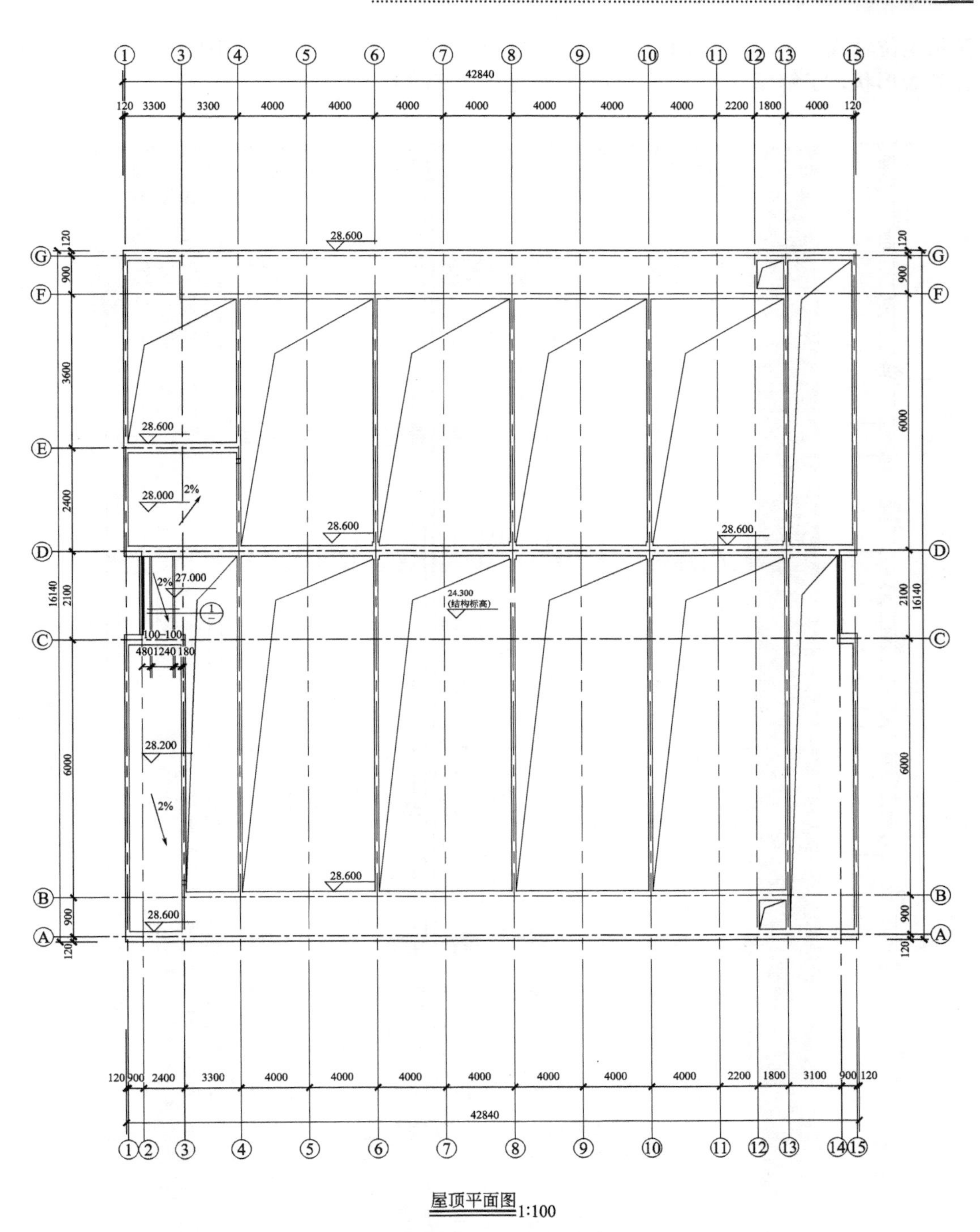

图 7.11 屋顶层平面图

7.1.5 建筑立面图识图

1. 南立面图识图

如图 7.12 所示图名为南立面图，采用 1∶100 的比例绘制。本立面图绘出建筑两端的两根定位轴线①、⑮，用于标定立面，以便与平面图对照识读。从图中可看到房屋的正立面外貌形状，了解屋顶、门窗、阳台、雨篷等细部的形式和位置。

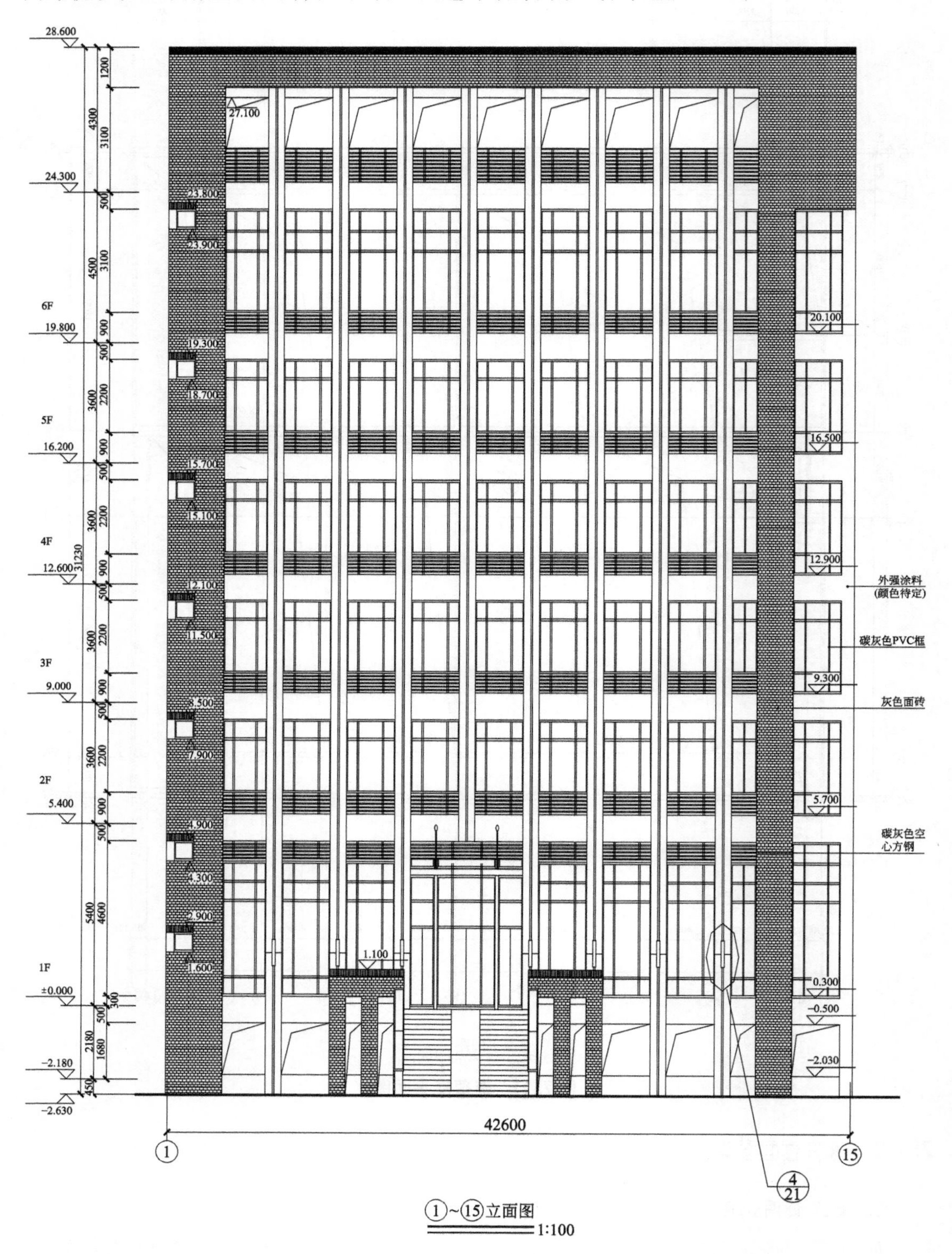

图 7.12 南立面图

2. 北立面图识图

如图 7.13 所示此图图名为北立面图，采用 1∶100 的比例绘制。

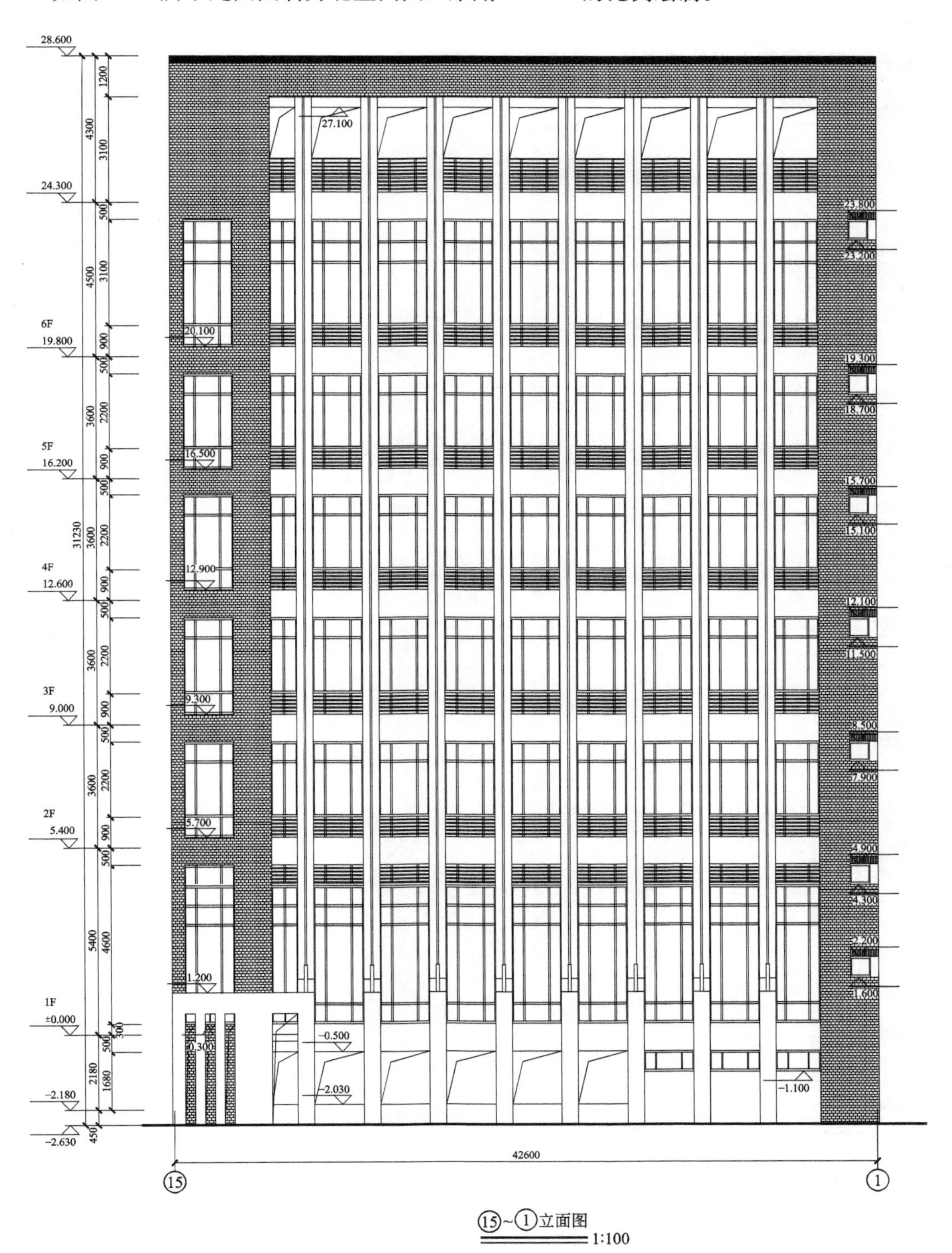

图 7.13 北立面图

3．侧立面图识图

如图 7.14 和图 7.15 所示分别为左侧立面图和右侧立面图，采用 1∶100 的比例绘制。本立面图绘出建筑两端的两根定位轴线Ⓐ、Ⓖ，用于标定立面，以便与平面图对照识读。从图中可看到房屋的侧立面外貌形状，了解屋顶、门窗、阳台、雨篷等细部的形式和位置。

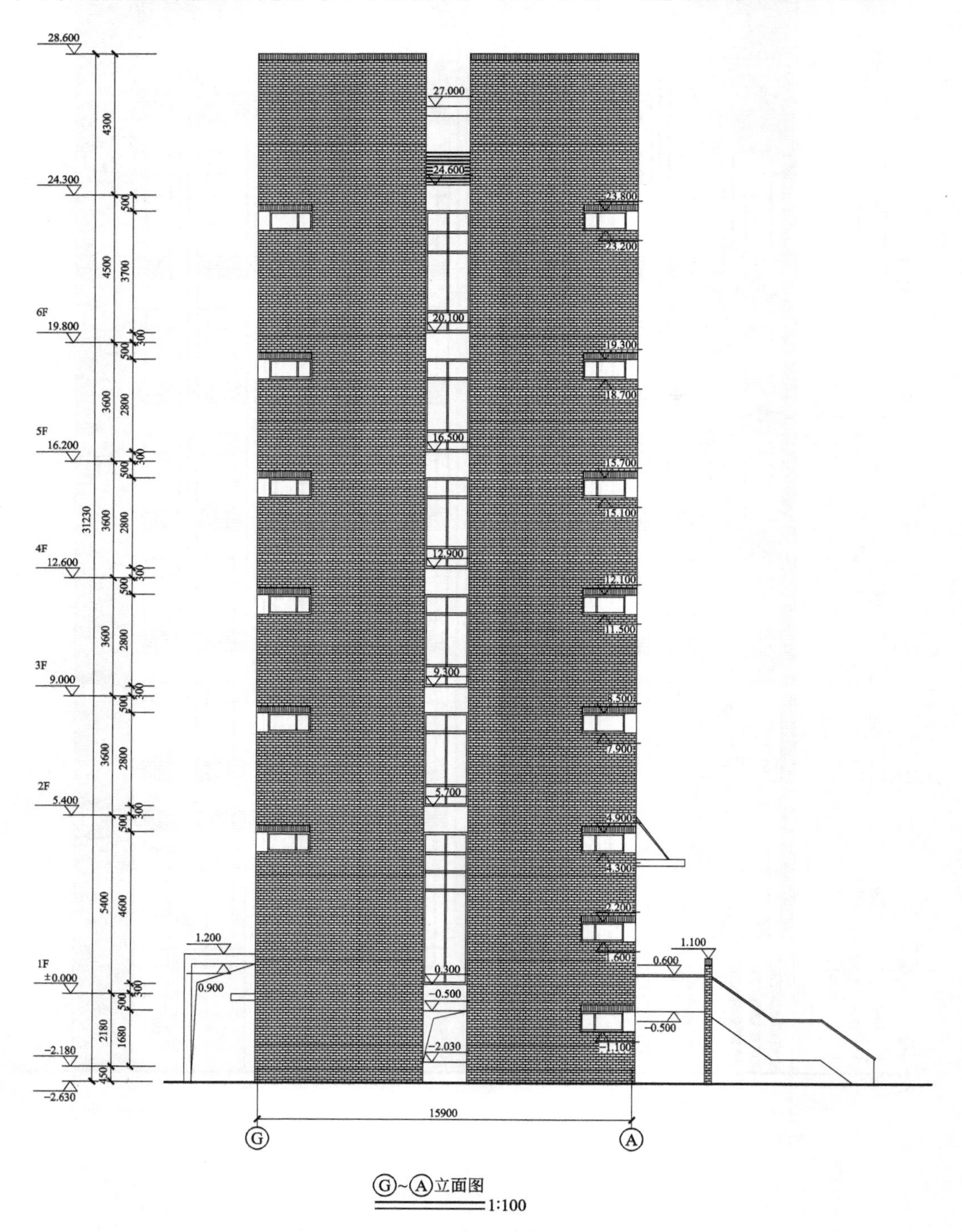

图 7.14　左侧立面图

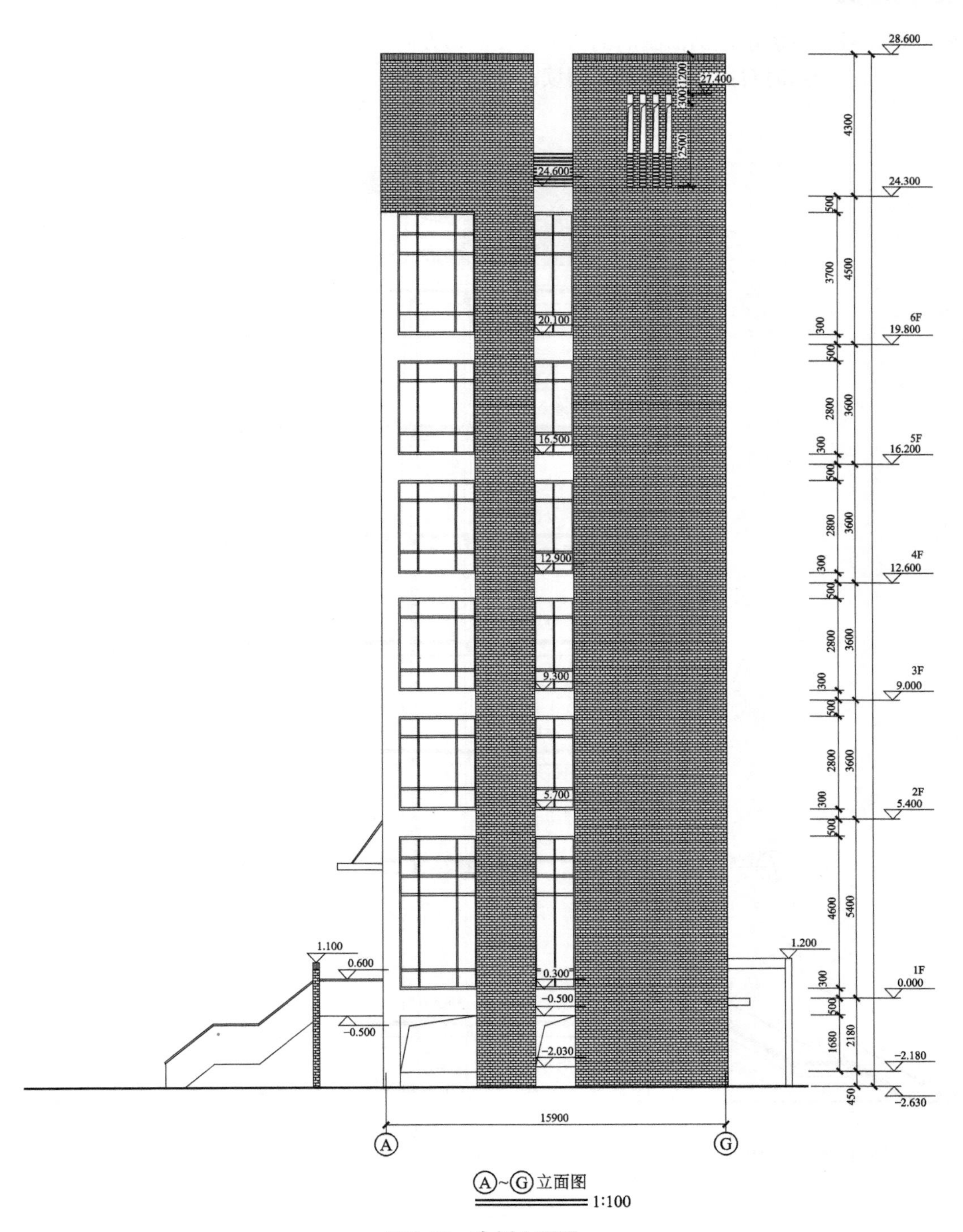

图 7.15 右侧立面图

7.1.6 剖面图识图

1. 1—1 剖面图识图

如图 7.16 所示此图图名是 1—1 剖面图，比例是 1∶100，翻看一层平面图，找到相应的剖切符号，以确定该剖面图的剖切位置和剖切方向。在识读过程中，也不能离开各层平面图，而应当随时对照，便于对照阅读。

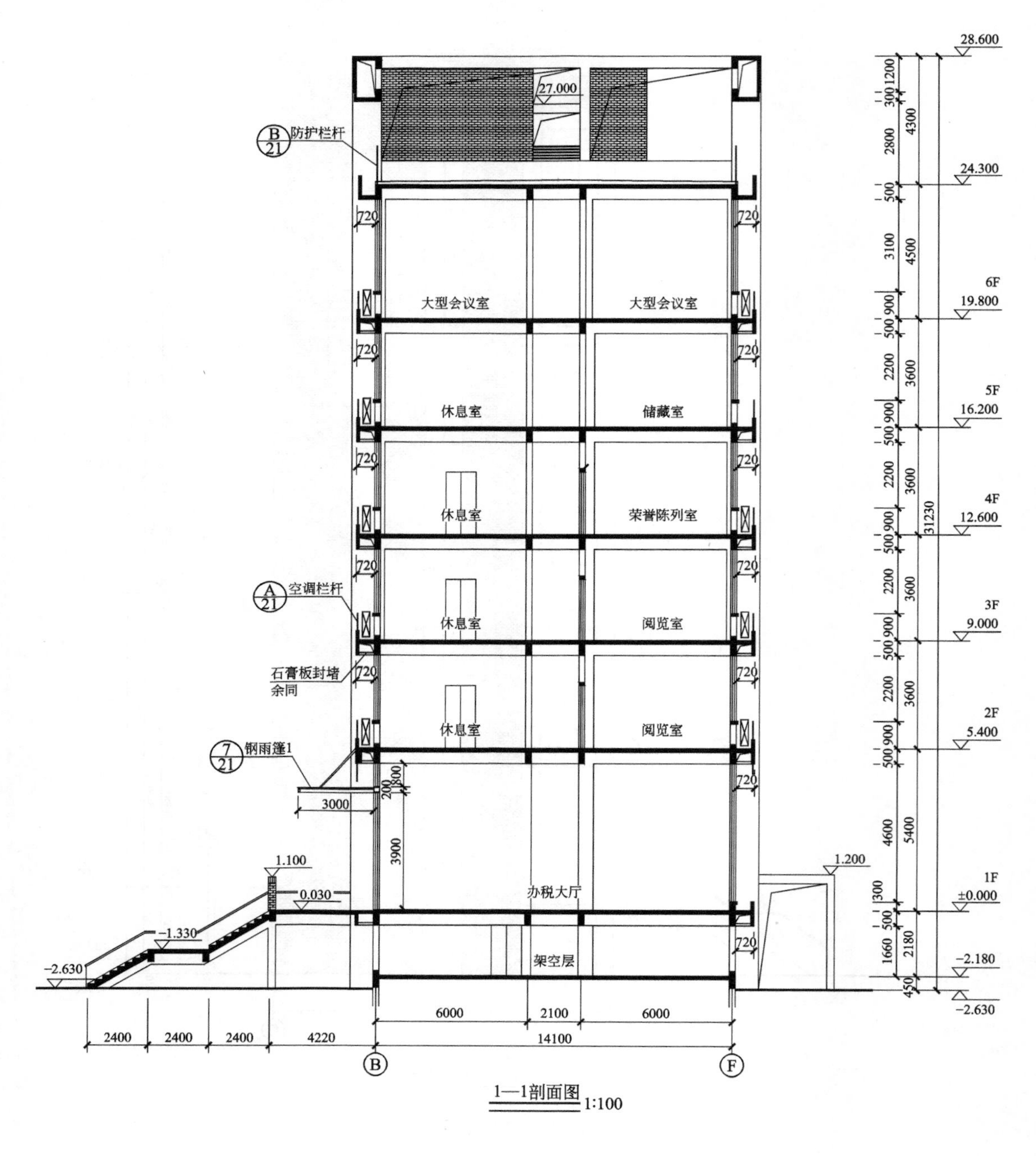

图 7.16　1—1 剖面图

2. 2—2 剖面图识图

如图 7.17 所示此图图名是 2—2 剖面图，比例是 1∶100。

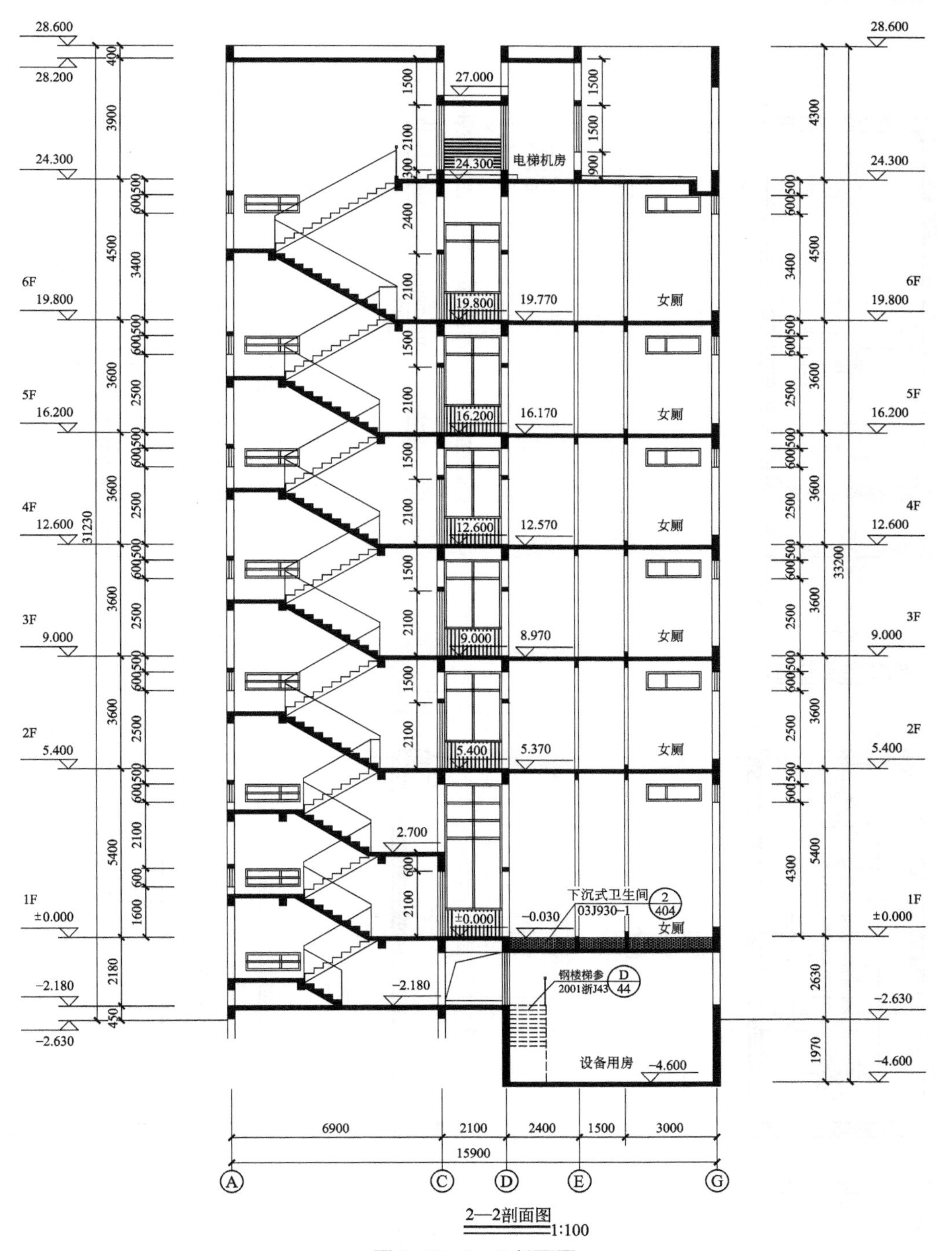

图 7.17　2—2 剖面图

7.1.7　楼梯建筑详图

1. 1＃楼楼梯详图识图

1) 1＃楼楼梯平面图

如图 7.18 所示此图图名为 1＃楼楼梯平面图，比例为 1∶50。

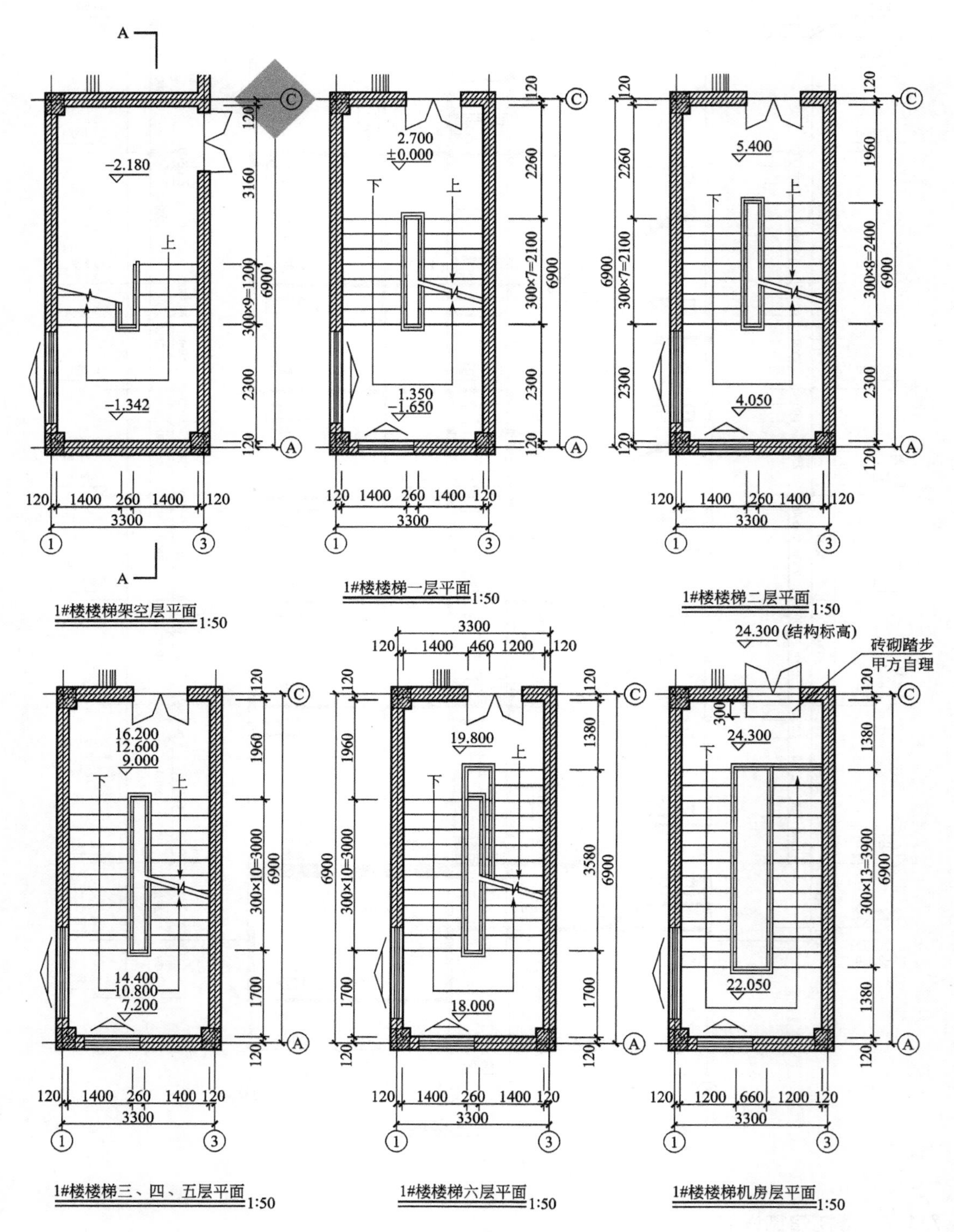

图 7.18　1#楼楼梯平面图

2）1#楼楼梯 A—A 剖面图

如图 7.19 所示此图图名为 A—A 剖面图，比例为 1∶50。

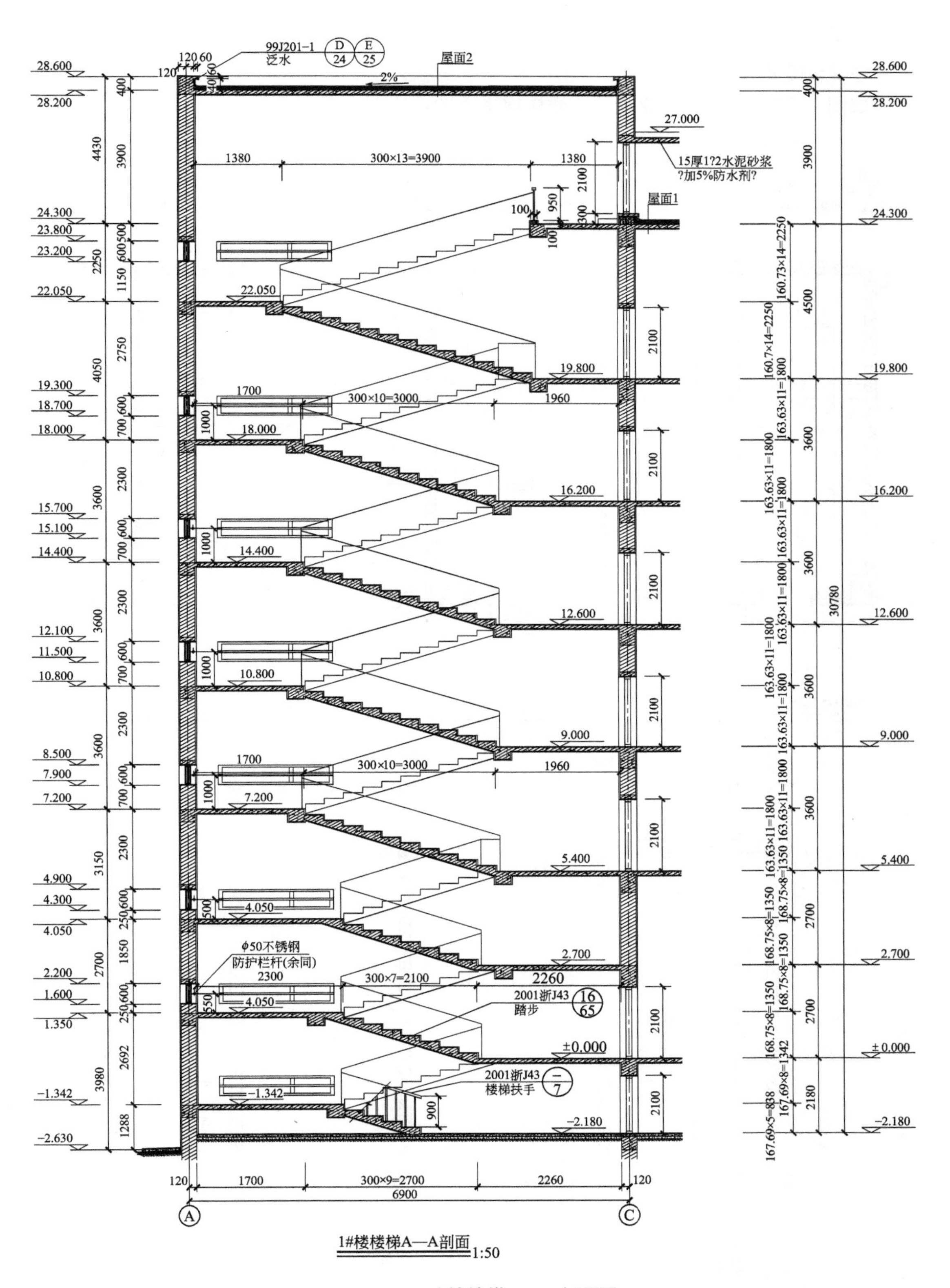

图 7.19 1#楼楼梯 A—A 剖面图

2. 2#楼楼梯详图

1）2#楼楼梯平面图

如图 7.20 所示此图图名为 2#楼楼梯平面图，比例为 1∶50。

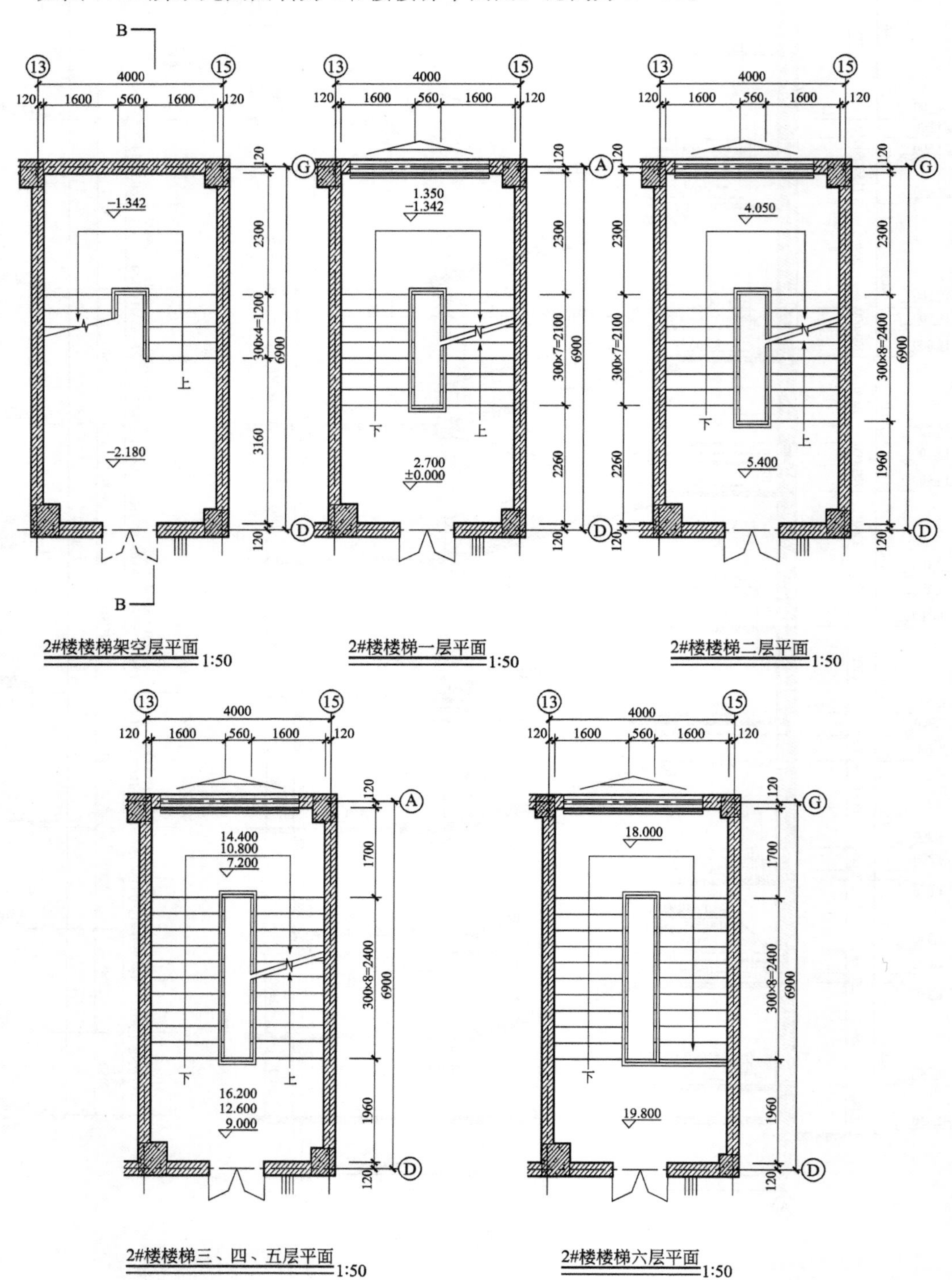

图 7.20　2#楼楼梯平面图

2）2＃楼楼梯 B—B 剖面图

如图 7.21 所示此图图名为 2＃楼楼梯 A—A 剖面图，比例为 1∶50。

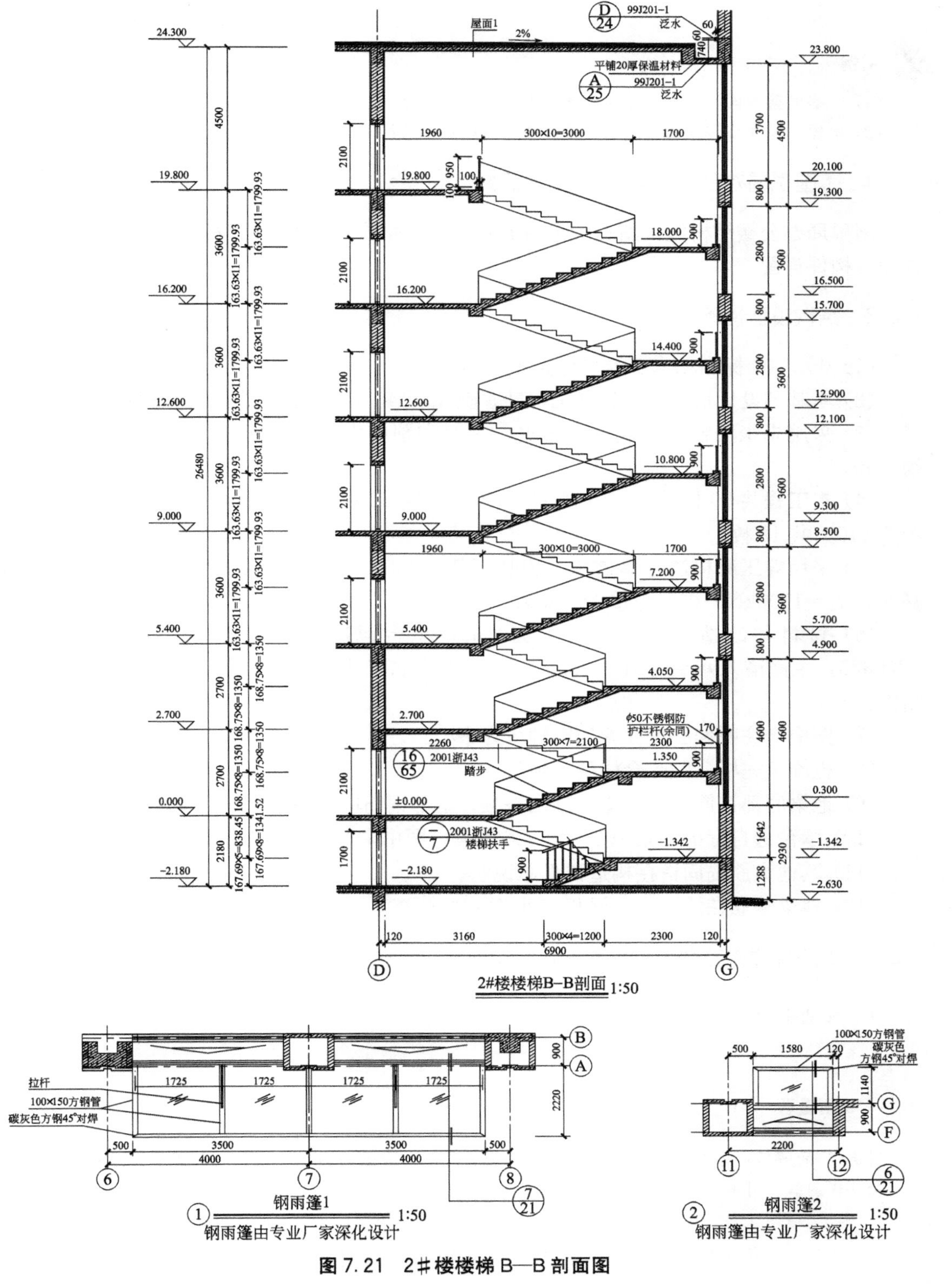

图 7.21　2＃楼楼梯 B—B 剖面图

7.2 某国税局办公楼结构施工图识图实践

引例

(1) 一套完整的国税局办公楼结构施工图包括哪些内容?

(2) 本国税局办公楼结构施工图是哪种构造类型的基础?

7.2.1 本国税局办公楼结构施工图的内容

国税局办公楼结构施工图一般包括下列三个方面的内容：结构设计说明、结构平面布置图、构件详图。

7.2.2 结构设计说明

(1) ±0.000 标高相当于绝对标高 6.030m。

(2) 本基础设计根据浙江省某工程勘察院 2007 年 9 月提供的岩土工程资料。

(3) 采用先张法预应力混凝土管桩(ϕ550)和预应力混凝土管桩(ϕ550，ϕ600)，桩长约 60m。

(4) 本工程共 80 枚桩，其中 PTC－550(70)共 62 枚，PC－A600(100)共 6 枚，PC－A550(100)共 12 枚。

(5) 采用静压沉桩法，单桩承载力特征值：ϕ550，R_a＝1000kN，桩架配重 1500kN；ϕ600，R_a＝1100kN，桩架配重 1600kN；

(6) 材料与改造：桩身混凝土为 C60，承台混凝土为 C25，Φ为 HPB235 或者 HRB335，主筋锚入承台不小于 35d，管桩填芯混凝土为 C30，其余详见 2002 浙 G22 图集。

(7) 图中未注明偏心尺寸者均以轴线为中心。

(8) 桩施工完毕，验收合格后可施工承台。

(9) 地梁底部钢筋应在支座范围内搭接，上部钢筋应在跨中 1/3 范围内。

(10) 承台选自标准图集 2004 浙 G24 图集，图中未注明地梁 DL。

(11) 其他纵筋锚固搭接构造详见总说明。

(12) 地梁箍筋在承台边，梁相交处各加密 3@50，吊筋弯起角度为 45°。

7.2.3 本国税局办公楼结构平面布置图识图

1. 基础平面图识图

特别提示

引例(1)的解答：办公楼结构施工图一般包括下列三个方面的内容：结构设计说明、结构平面布置图、构件详图等。引例(2)的解答：桩基础类型的基础。

如图 7.22 所示此图为办公楼桩位平面布置图，比例为 1∶100。如图 7.23 所示此图为办公楼基础结构平面布置图，比例为 1∶100。如图 7.24 所示此图为办公楼基础详图。

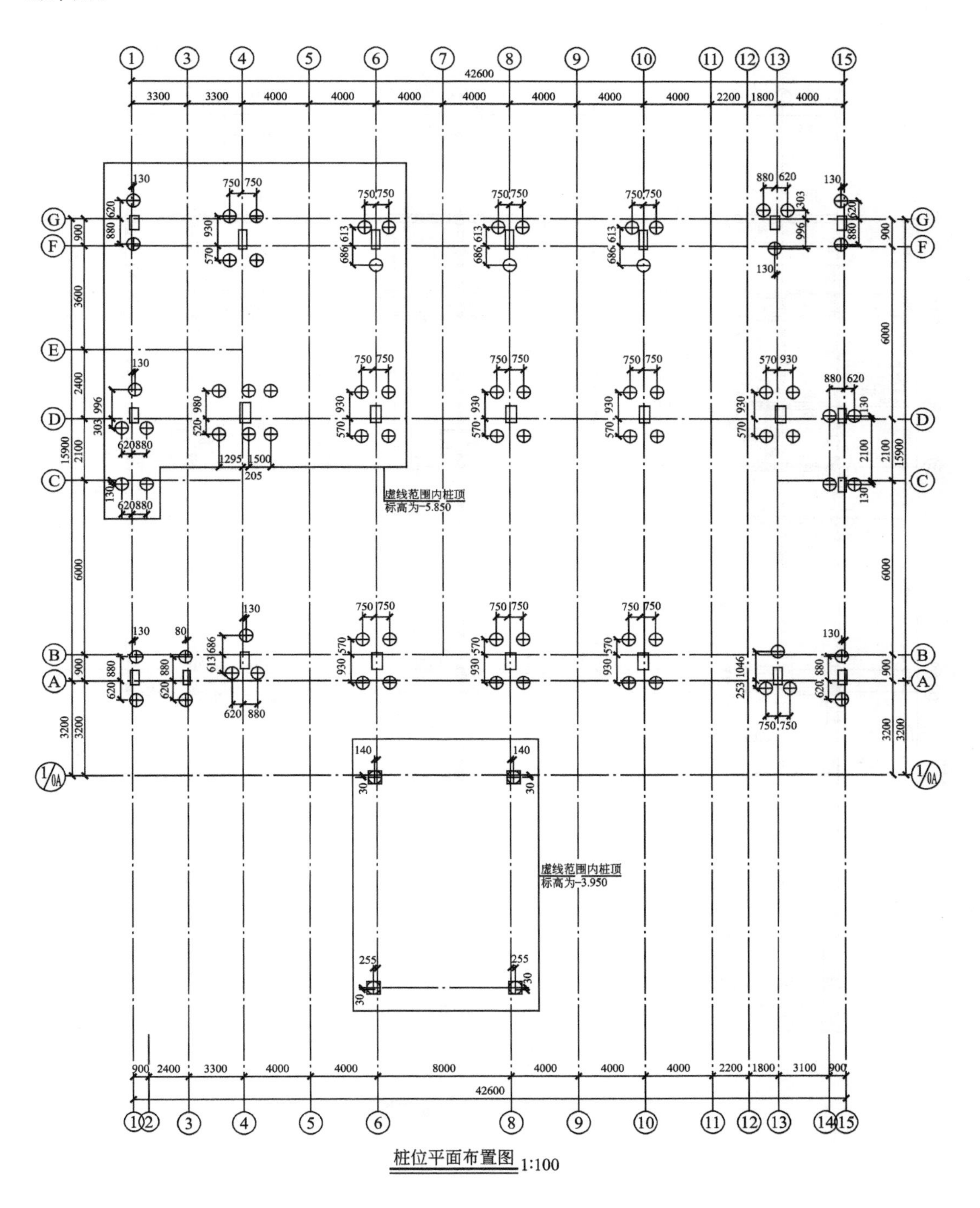

图 7.22　办公楼桩位平面布置图

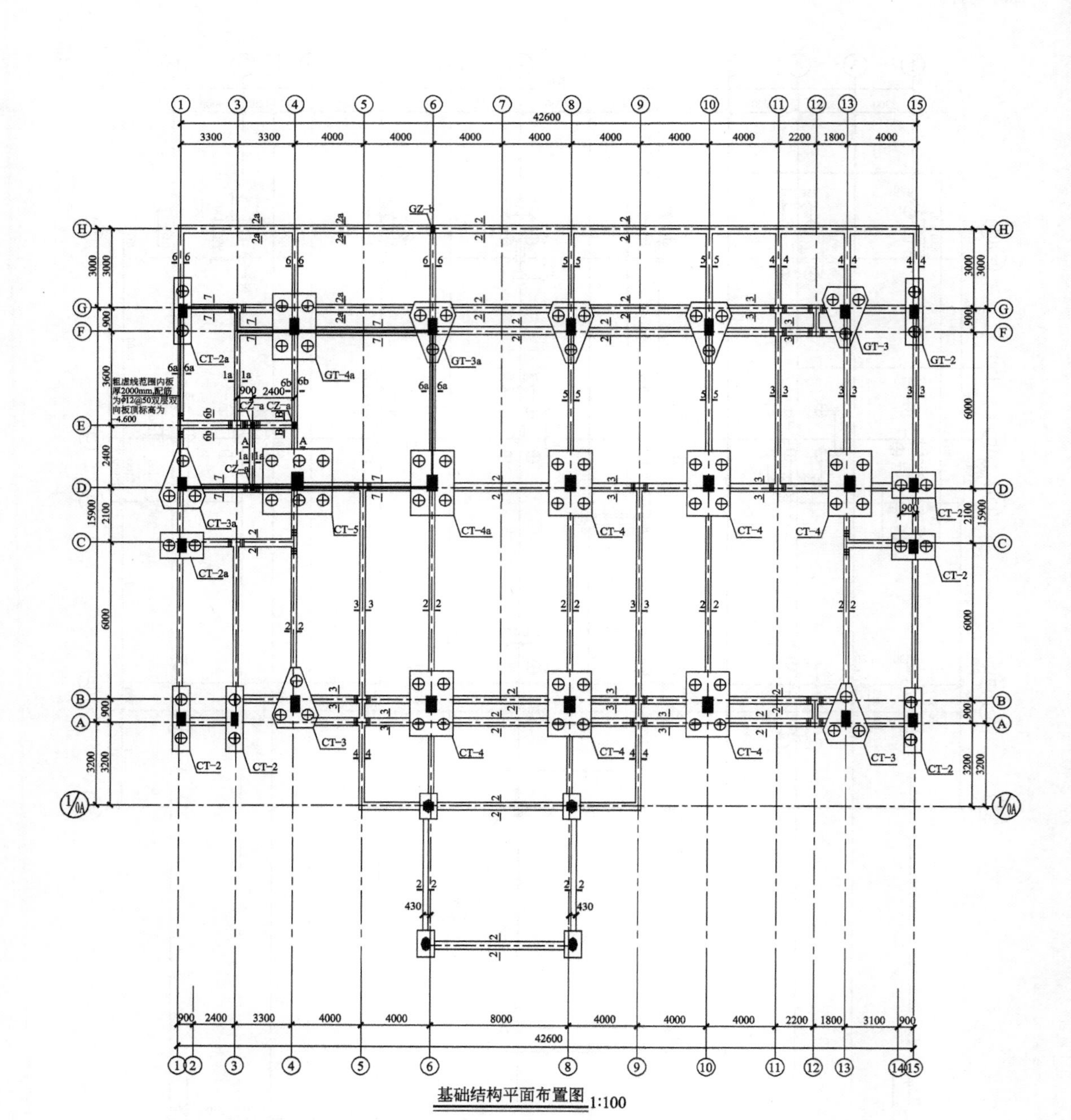

图 7.23　基础结构平面布置图

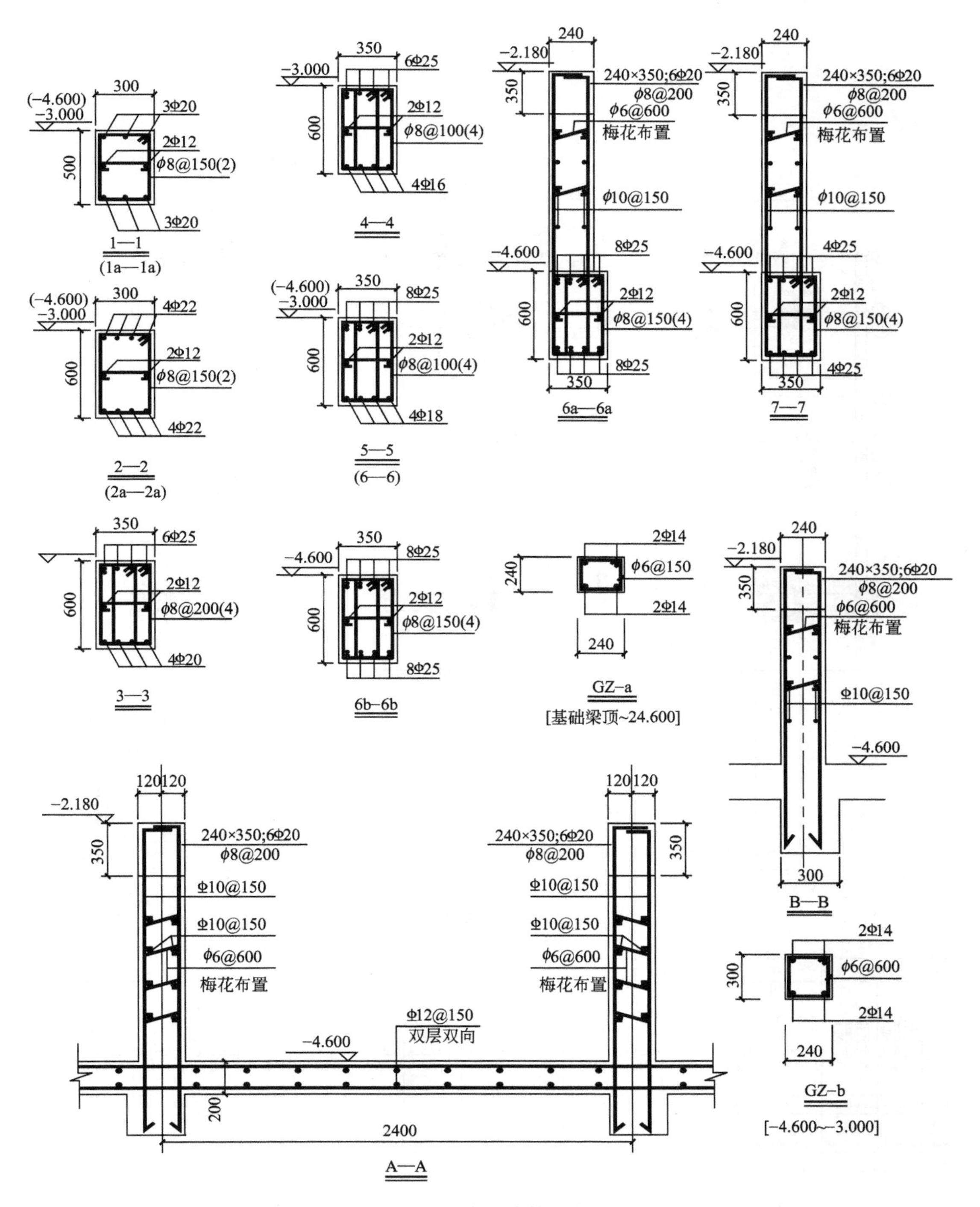

图 7.24 办公楼基础详图

2. 楼层结构平面布置图

1）柱网平面布置图

如图 7.25～图 7.27 所示，这些图为某办公楼柱网平面布置图及配筋详图。

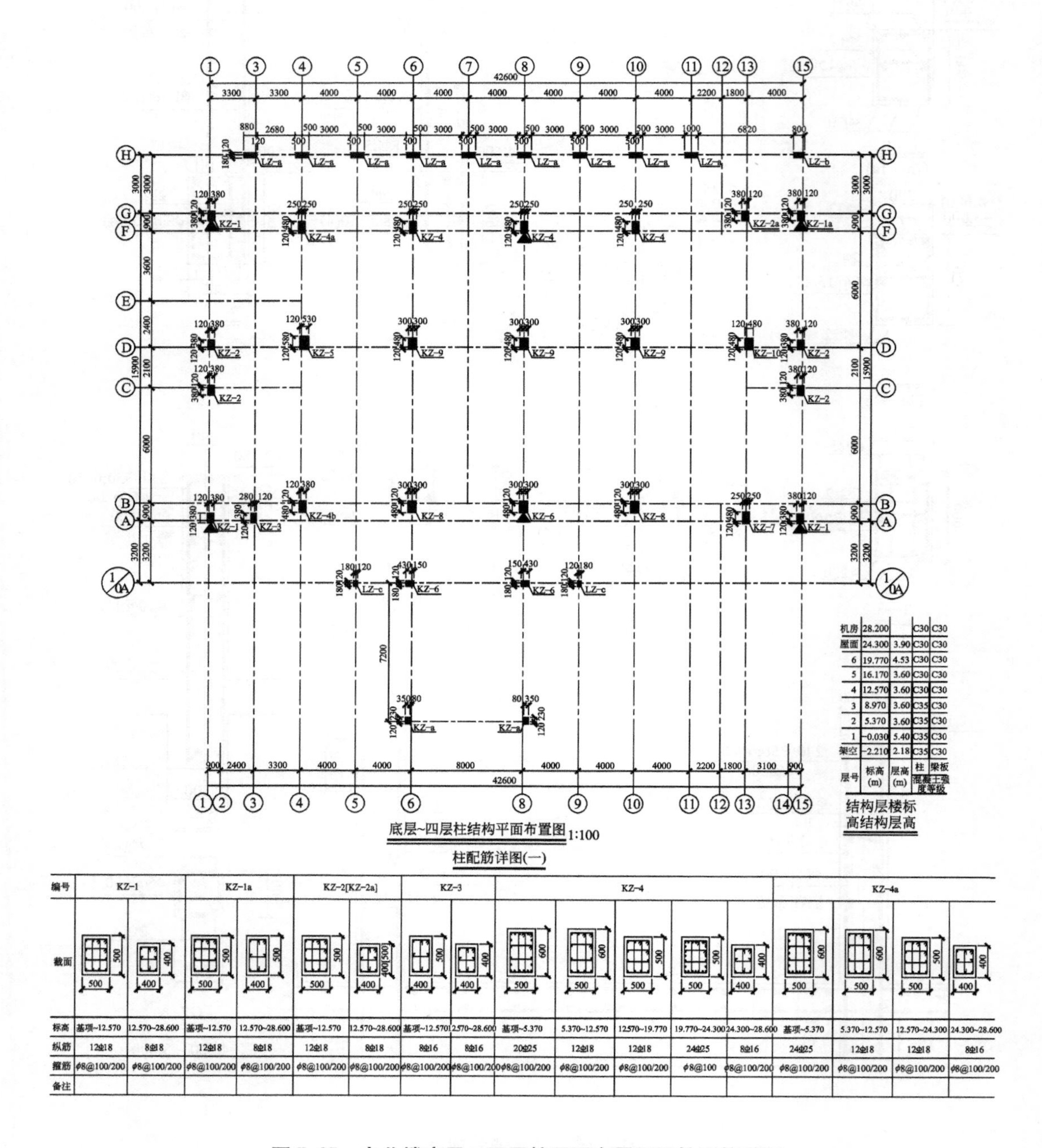

机房	28.200		C30	C30
屋面	24.300	3.90	C30	C30
6	19.770	4.53	C30	C30
5	16.170	3.60	C30	C30
4	12.570	3.60	C30	C30
3	8.970	3.60	C35	C30
2	5.370	3.60	C35	C30
1	-0.030	5.40	C35	C30
架空	-2.210	2.18	C35	C30
层号	标高(m)	层高(m)	柱	梁板
			混凝土强度等级	

结构层楼标高结构层高

编号	KZ-1		KZ-1a		KZ-2[KZ-2a]		KZ-3		KZ-4					KZ-4a			
截面	500×500	400×400	500×500	400×500	500×500	400×400[500]	400×500	400×400	500×600	500×600	500×500	500×500	400×400	500×600	500×600	500×500	400×400
标高	基项~12.570	12.570~28.600	基项~12.570	12.570~28.600	基项~12.570	12.570~28.600	基项~12.570	12570~28.600	基项~5.370	5.370~12.570	12570~19.770	19.770~24.300	24.300~28.600	基项~5.370	5.370~12.570	12.570~24.300	24.300~28.600
纵筋	12Φ18	8Φ18	12Φ18	8Φ18	12Φ18	8Φ18	8Φ16	8Φ16	20Φ25	12Φ18	12Φ18	24Φ25	8Φ16	24Φ25	12Φ18	12Φ18	8Φ16
箍筋	φ8@100/200	φ8@100/200	φ8@100/200	φ8@100/200	φ8@100/200	φ8@100/200	φ8@100/200	φ8@100/200	φ8@100/200	φ8@100/200	φ8@100/200	φ8@100	φ8@100/200	φ8@100/200	φ8@100/200	φ8@100/200	φ8@100/200
备注																	

图 7.25　办公楼底层～四层柱平面布置图及柱配筋详图

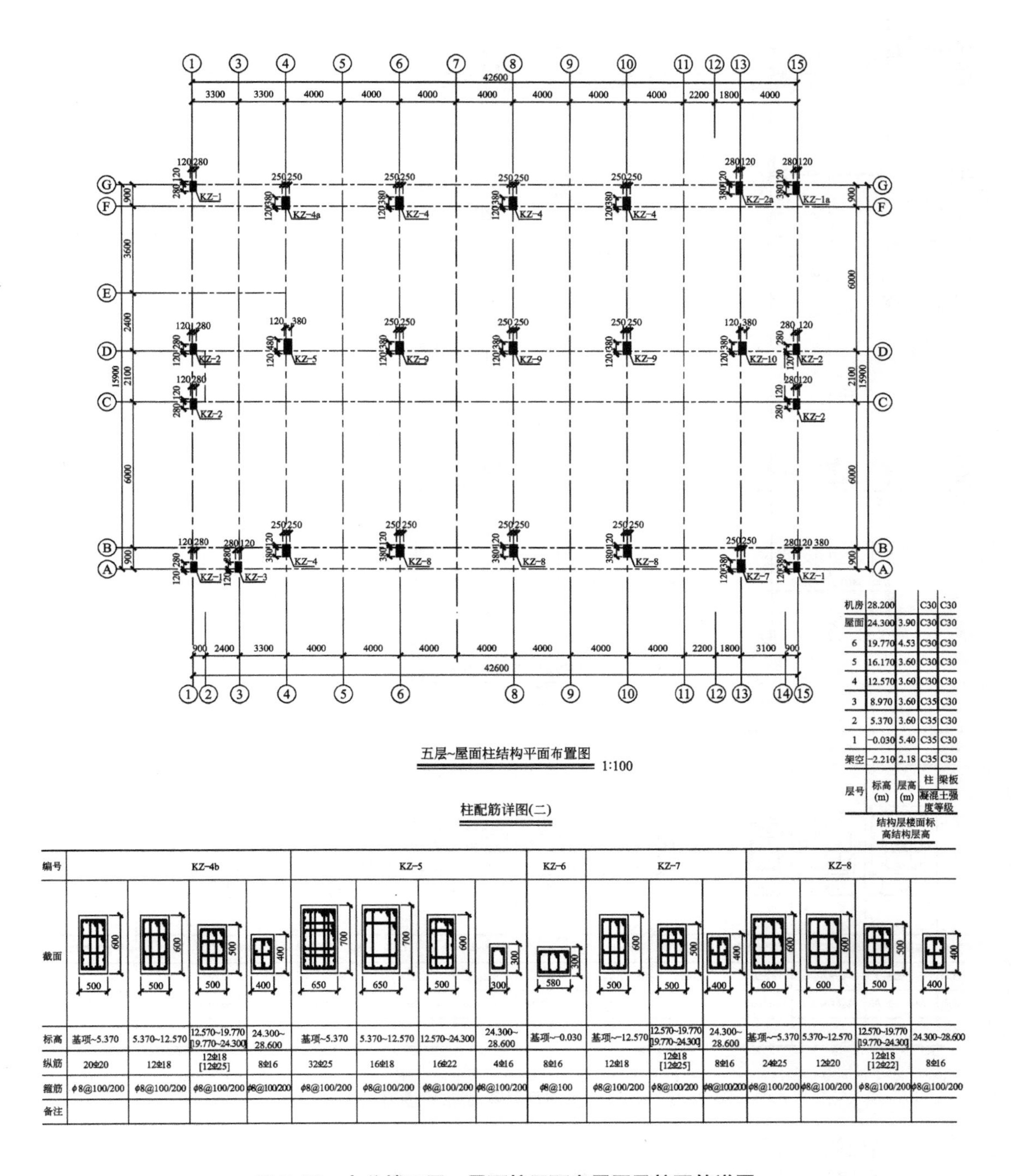

层号	标高(m)	层高(m)	柱 凝混土强度等级	梁板 凝混土强度等级
机房	28.200		C30	C30
屋面	24.300	3.90	C30	C30
6	19.770	4.53	C30	C30
5	16.170	3.60	C30	C30
4	12.570	3.60	C30	C30
3	8.970	3.60	C35	C30
2	5.370	3.60	C35	C30
1	-0.030	5.40	C35	C30
架空	-2.210	2.18	C35	C30

结构层楼面标高结构层高

编号	KZ-4b				KZ-5				KZ-6
截面	500 600	500 600	500 500	400 400	650 700	650 700	500 600	300 300	580 300
标高	基项~5.370	5.370~12.570	12.570~19.770 [19.770~24.300]	24.300~28.600	基项~5.370	5.370~12.570	12.570~24.300	24.300~28.600	基项~-0.030
纵筋	20⌀20	12⌀18	12⌀18 [12⌀25]	8⌀16	32⌀25	16⌀18	16⌀22	4⌀16	8⌀16
箍筋	ϕ8@100/200	ϕ8@100/200	ϕ8@100/200	ϕ8@100/200	ϕ8@100/200	ϕ8@100/200	ϕ8@100/200	ϕ8@100/200	ϕ8@100
备注									

编号	KZ-7			KZ-8			
截面	500 600	500 500	400 400	600 600	600 600	500 500	400 400
标高	基项~-12.570	12.570~19.770 [19.770~24.300]	24.300~28.600	基项~-5.370	5.370~12.570	12.570~19.770 [19.770~24.300]	24.300~28.600
纵筋	12⌀18	12⌀18 [12⌀25]	8⌀16	24⌀25	12⌀20	12⌀18 [12⌀22]	8⌀16
箍筋	ϕ8@100/200	ϕ8@100/200	ϕ8@100/200	ϕ8@100/200	ϕ8@100/200	ϕ8@100/200	ϕ8@100/200
备注							

图 7.26　办公楼五层～屋面柱平面布置图及柱配筋详图

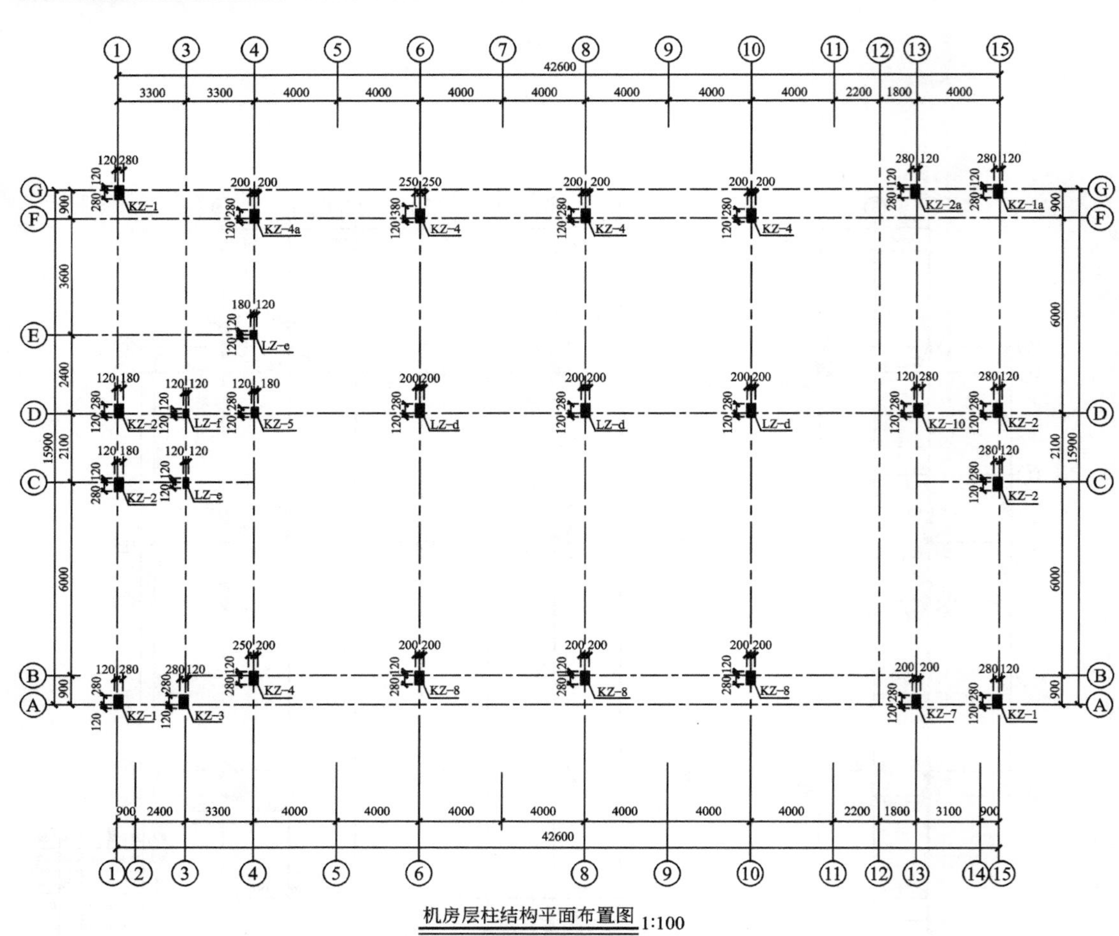

柱配筋详图(三)

编号	KZ-9			KZ-10				LZ-a[LZ-b]	LZ-c	LZ-d	LZ-e	LZ-f	KZ-a
截面	600×600	600×600	500×500	600×600	600×600	500×500	400×400	1000[800]×300	300×300	400×400	240×300	240×240	350×350
标高	基项~5.370	5.370~12.570	12.570~19.770	基项~5.370	5.370~12.570	12.570~19.770 [19.770~24.300]	24.300~28.600	基项~1.200	基项~1.100	24.300~28.600	24.300~ 28.600	24.300~ 27.000	基项~???????????????
纵筋	24Φ25	12Φ20	12Φ25	20Φ25	12Φ18	12Φ18 [12Φ22]	8Φ16	10Φ12	4Φ16	8Φ18	4Φ16	4Φ12	4Φ16
箍筋	φ8@100/200	φ8@100/200	φ8@100/200	φ8@100/200	φ8@100/200	φ8@100/200	φ8@100/200	φ6@100/200	φ6@100/200	φ8@100/200	φ6@100/200	φ6@100 /200	φ8@100
备注													

图 7.27　办公楼机房层柱平面布置图及柱配筋详图

2）梁配筋平面布置图

（1）二层梁配筋平面图识图。如图 7.28 所示，此图为办公楼二层梁配筋平面图。

（2）三、四层梁配筋平面图识图。如图 7.29 所示此图为办公楼三、四层梁配筋平面图。

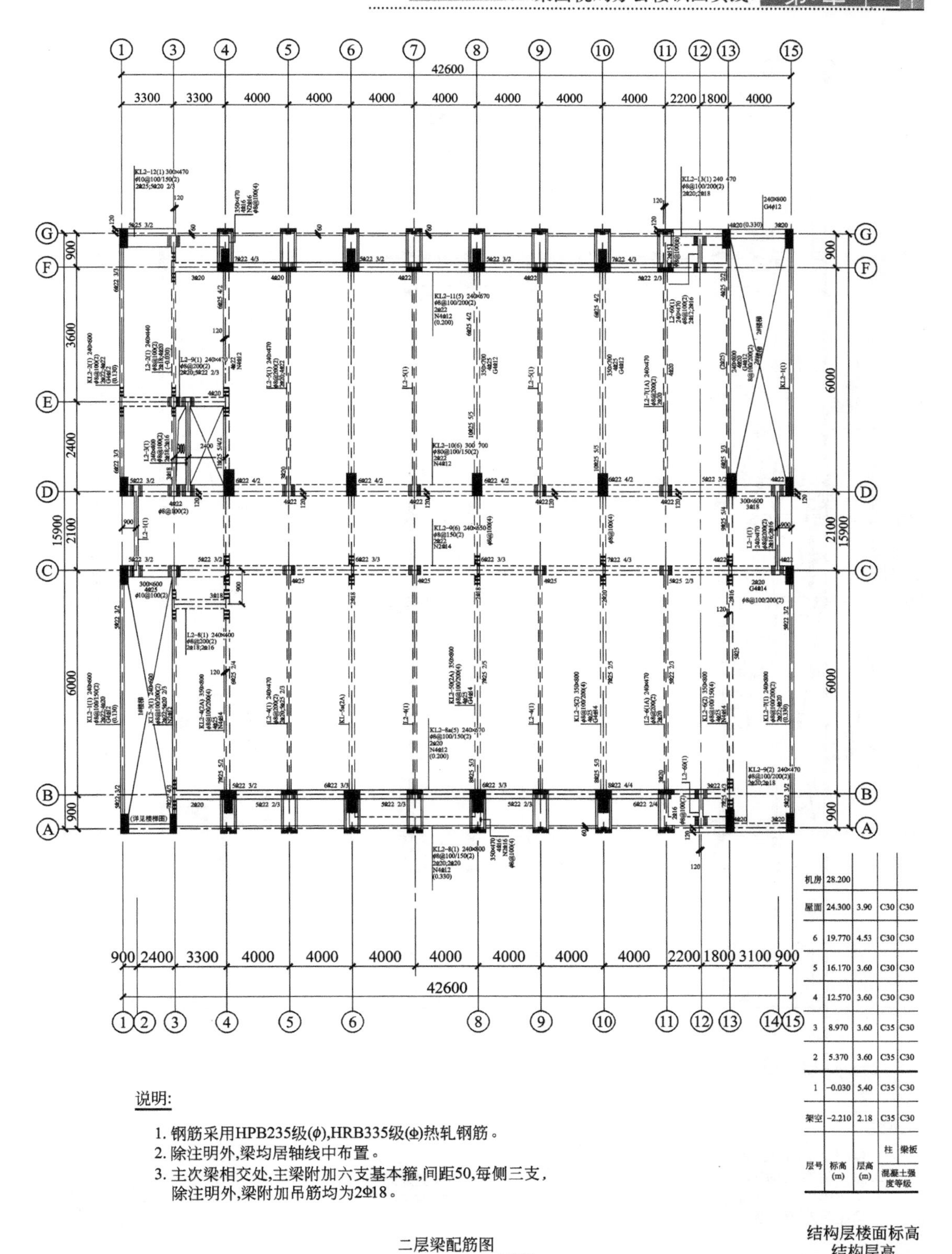

层号	标高(m)	层高(m)	柱	梁板
			混凝土强度等级	
机房	28.200			
屋面	24.300	3.90	C30	C30
6	19.770	4.53	C30	C30
5	16.170	3.60	C30	C30
4	12.570	3.60	C30	C30
3	8.970	3.60	C35	C30
2	5.370	3.60	C35	C30
1	-0.030	5.40	C35	C30
架空	-2.210	2.18	C35	C30

结构层楼面标高
结构层高

说明:

1. 钢筋采用HPB235级(ϕ),HRB335级(Φ)热轧钢筋。
2. 除注明外,梁均居轴线中布置。
3. 主次梁相交处,主梁附加六支基本箍,间距50,每侧三支,除注明外,梁附加吊筋均为2Φ18。

图 7.28 办公楼二层梁配筋平面图

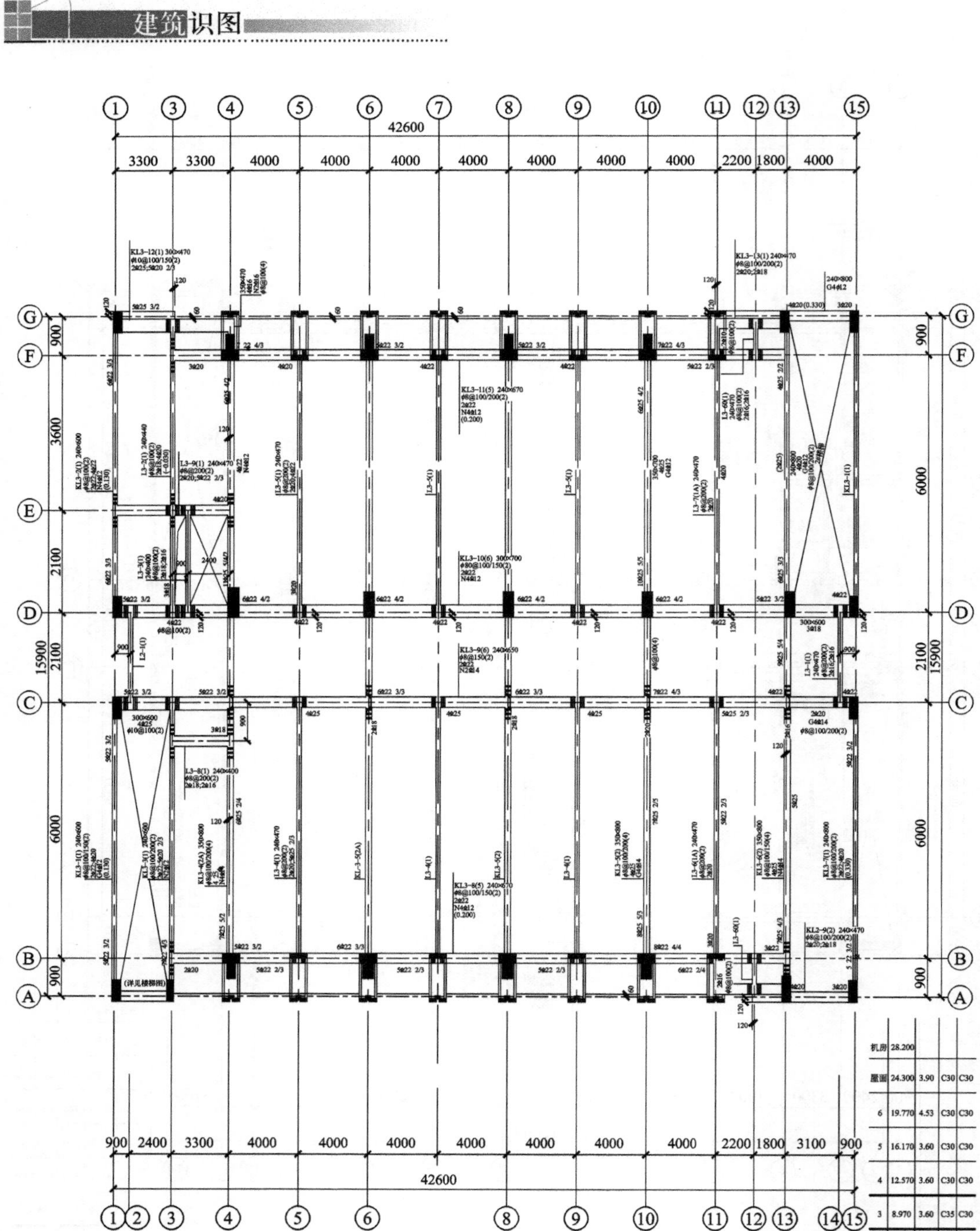

说明:

1. 钢筋采用HPB235级(ϕ),HRB335级(Φ)热轧钢筋。
2. 除注明外,梁均居轴线中布置。
3. 主次梁相交处,主梁附加六支基本箍,间距50,每侧三支,除注明外,梁附加吊筋均为2Φ18。

三四层梁配筋图 1:100

层号	标高(m)	层高(m)	柱	梁板
			混凝土强度等级	
机房	28.200			
屋面	24.300	3.90	C30	C30
6	19.770	4.53	C30	C30
5	16.170	3.60	C30	C30
4	12.570	3.60	C30	C30
3	8.970	3.60	C35	C30
2	5.370	3.60	C35	C30
1	-0.030	5.40	C35	C30
架空	-2.210	2.18	C35	C30

结构层楼面标高
结构层高

图 7.29 办公楼三、四层梁配筋平面图

(3) 五层梁配筋平面图识图。如图 7.30 所示此图为办公楼五层梁配筋平面图。

(4) 六层梁配筋平面图识图。

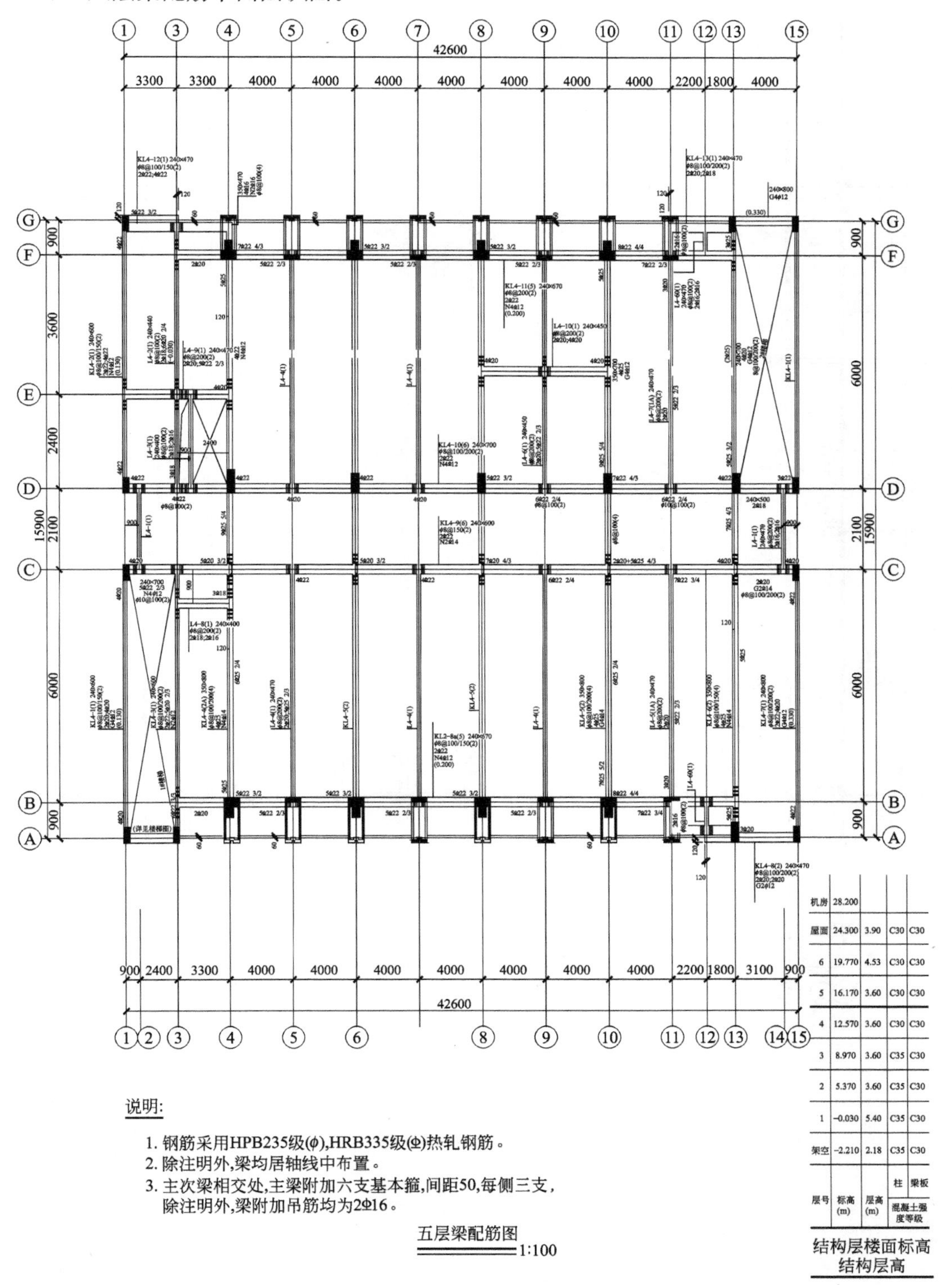

层号	标高(m)	层高(m)	柱	梁板
			混凝土强度等级	
机房	28.200			
屋面	24.300	3.90	C30	C30
6	19.770	4.53	C30	C30
5	16.170	3.60	C30	C30
4	12.570	3.60	C30	C30
3	8.970	3.60	C35	C30
2	5.370	3.60	C35	C30
1	-0.030	5.40	C35	C30
架空	-2.210	2.18	C35	C30

结构层楼面标高
结构层高

图 7.30 办公楼五层梁配筋平面图

如图 7.31 所示此图为办公楼六层梁配筋平面图。

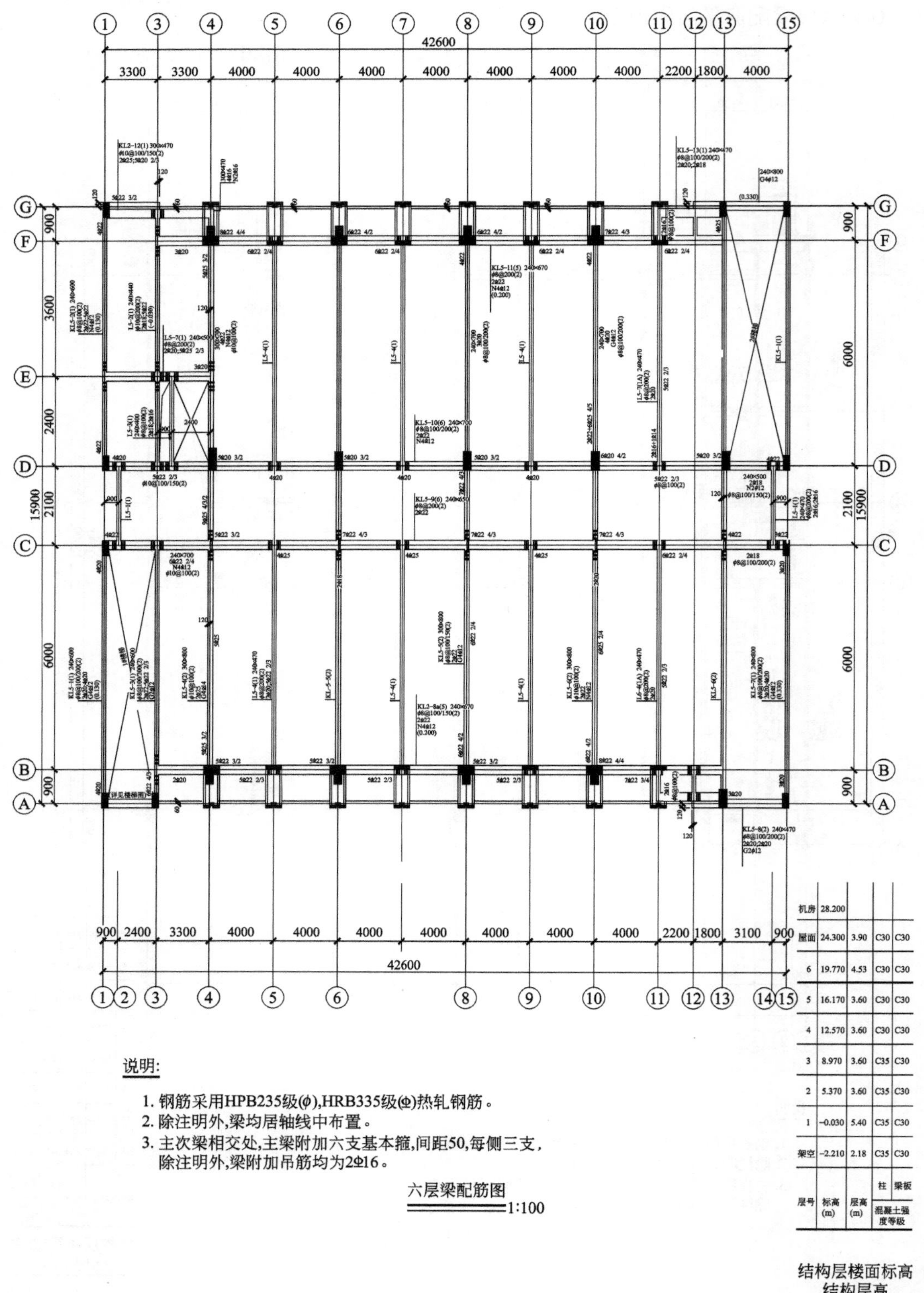

图 7.31　办公楼六层梁平面布置图

（5）机房层梁配筋平面图识图。如图 7.32 所示此图为办公楼机房层梁配筋平面图。

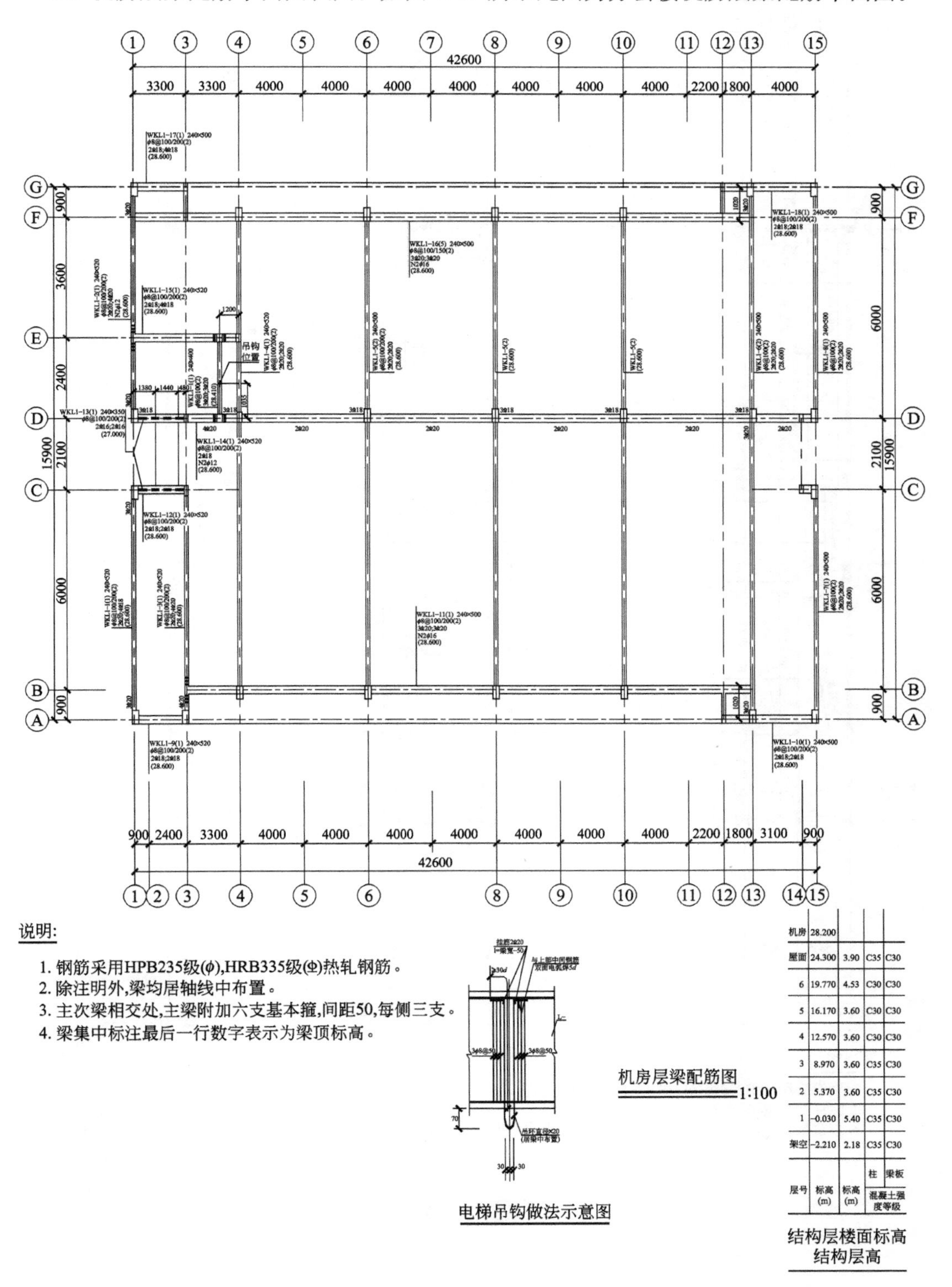

图 7.32　办公楼机房层梁配筋平面图

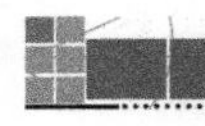

3）现浇板平面布置图

（1）二层楼板结构平面图识图。如图 7.33 所示此图办公楼二层现浇板配筋图。

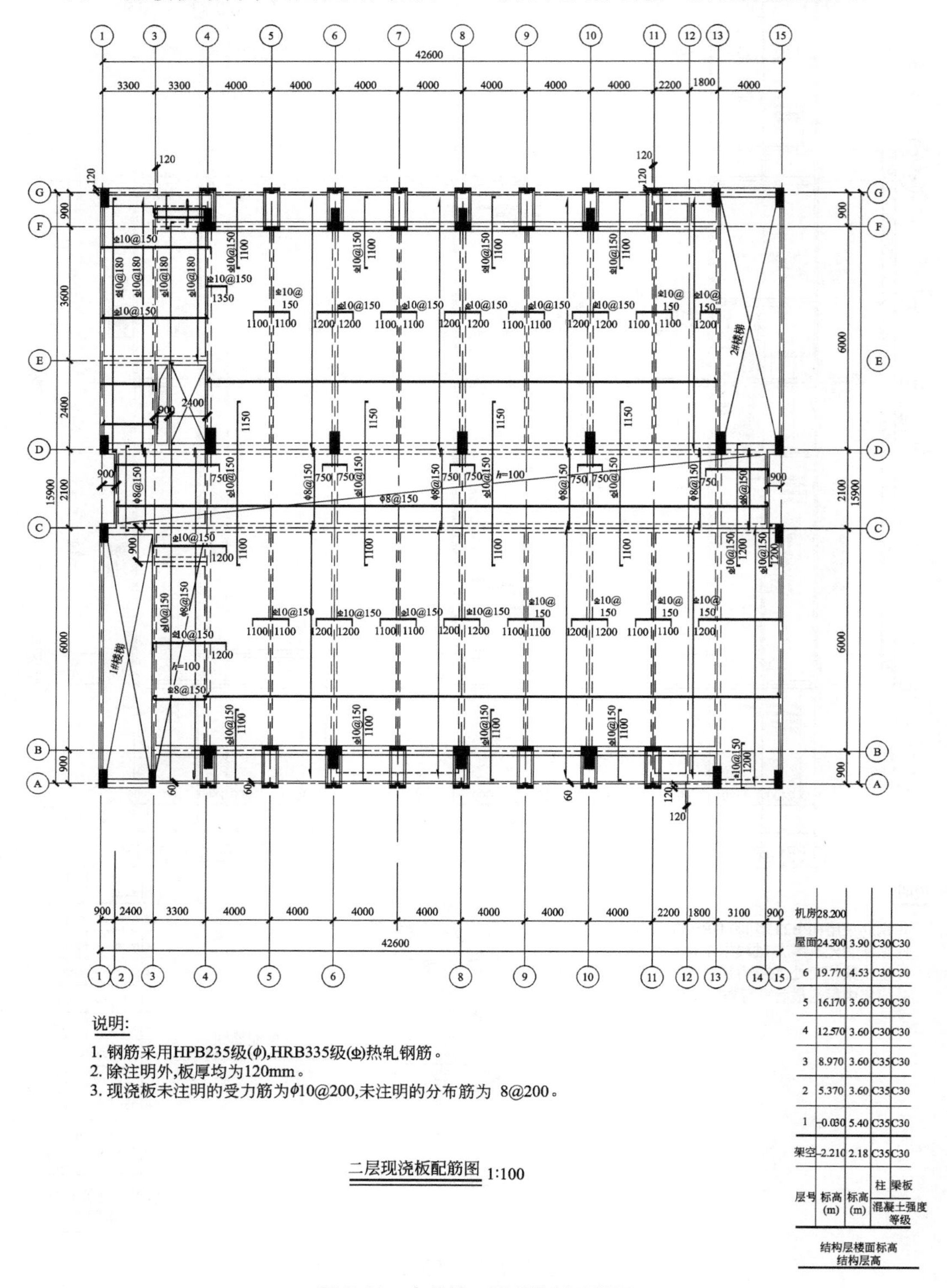

层号	标高(m)	标高(m)	柱	梁板
机房	28.200			
屋面	24.300	3.90	C30	C30
6	19.770	4.53	C30	C30
5	16.170	3.60	C30	C30
4	12.570	3.60	C30	C30
3	8.970	3.60	C35	C30
2	5.370	3.60	C35	C30
1	-0.030	5.40	C35	C30
架空	-2.210	2.18	C35	C30
			混凝土强度等级	

结构层楼面标高
结构层高

图 7.33　办公楼二层现浇板配筋图

（2）三、四层楼板结构平面图识图。如图 7.34 所示此图为办公楼三四层现浇板配筋图。

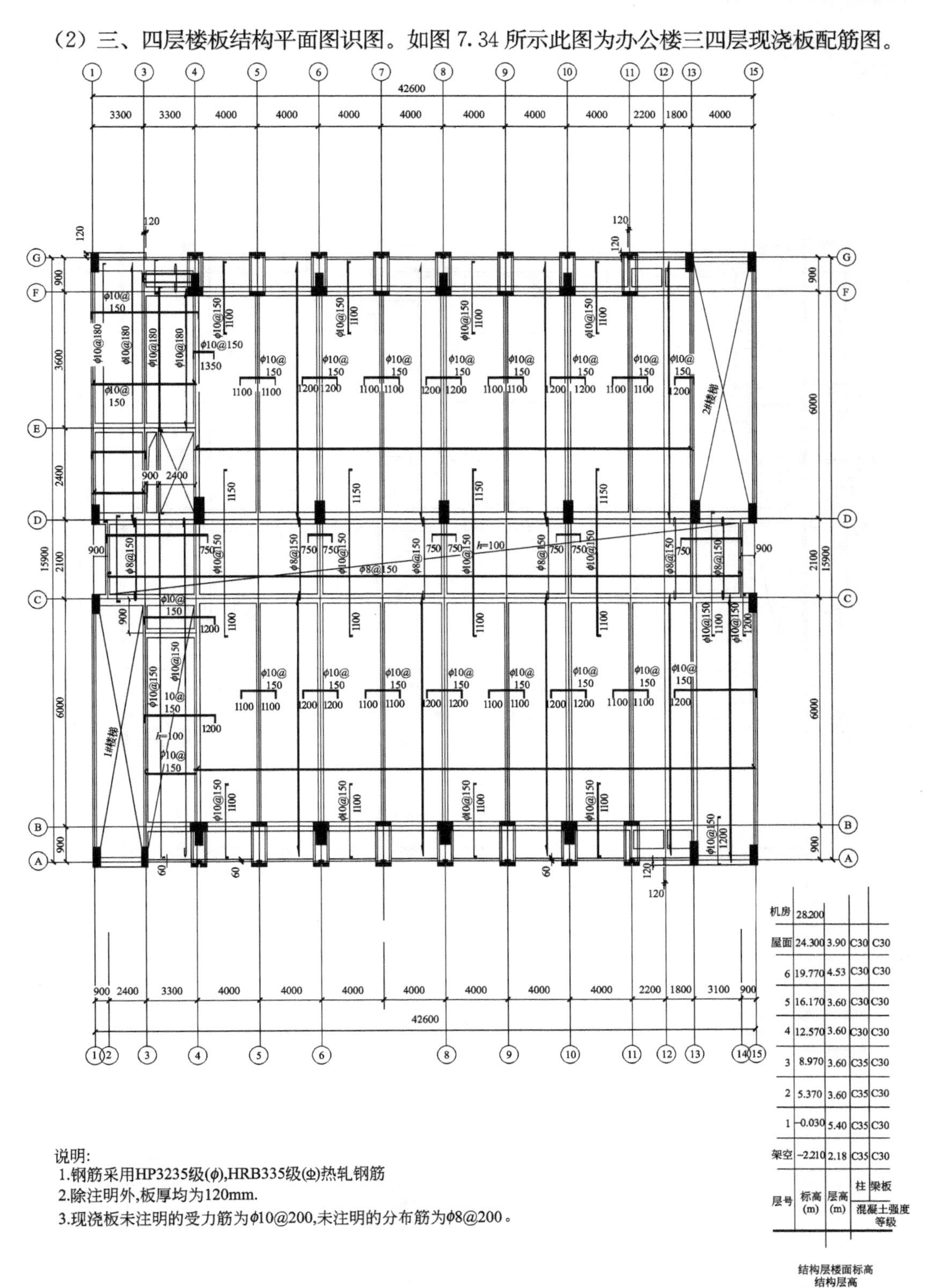

三四层现浇板配筋图 1:100

图 7.34　办公楼三、四层现浇板配筋图

(3) 五层楼板结构平面图识图。如图 7.35 所示此图为办公楼五层现浇板配筋图及节点详图。

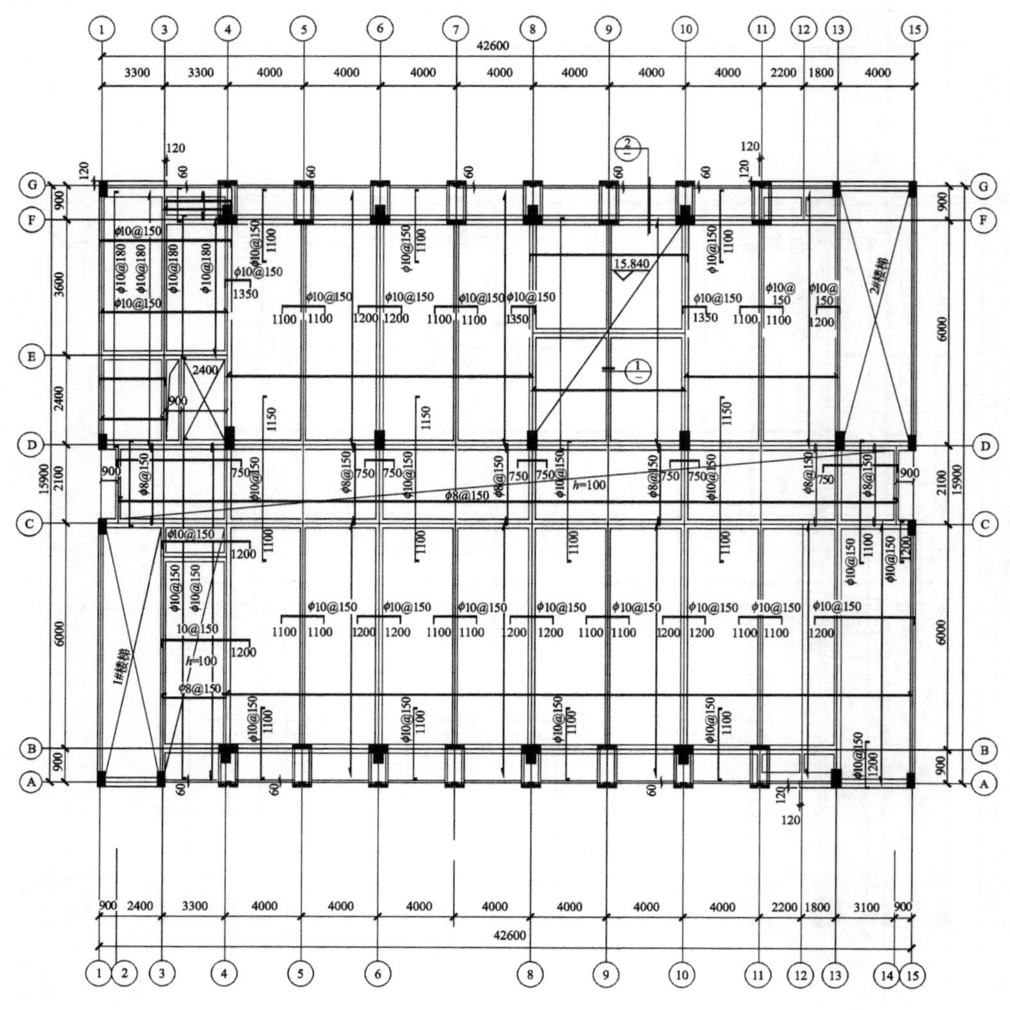

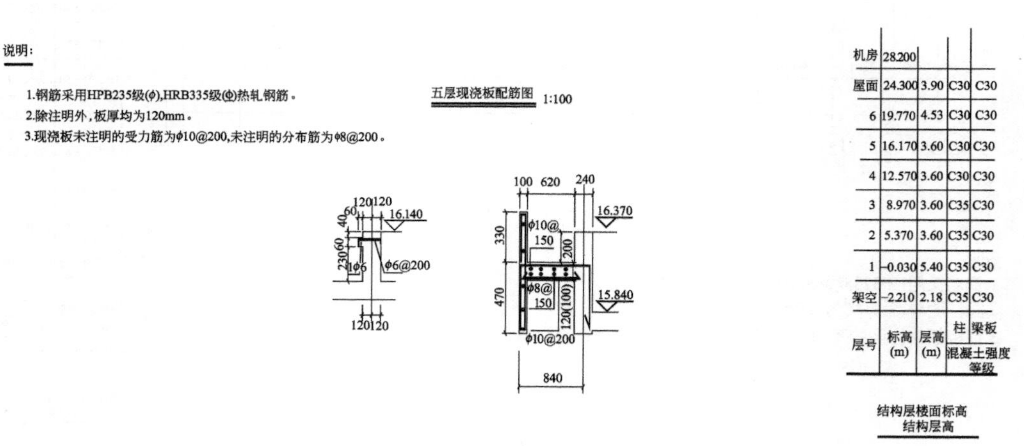

层号	标高(m)	层高(m)	柱	梁板
			混凝土强度等级	
机房	28.200			
屋面	24.300	3.90	C30	C30
6	19.770	4.53	C30	C30
5	16.170	3.60	C30	C30
4	12.570	3.60	C30	C30
3	8.970	3.60	C35	C30
2	5.370	3.60	C35	C30
1	-0.030	5.40	C35	C30
架空	-2.210	2.18	C35	C30

图 7.35 办公楼五层现浇板配筋图及节点详图

(4) 六层楼板结构平面图识图。如图 7.36 所示此图为办公楼六层现浇配筋结构平面图。

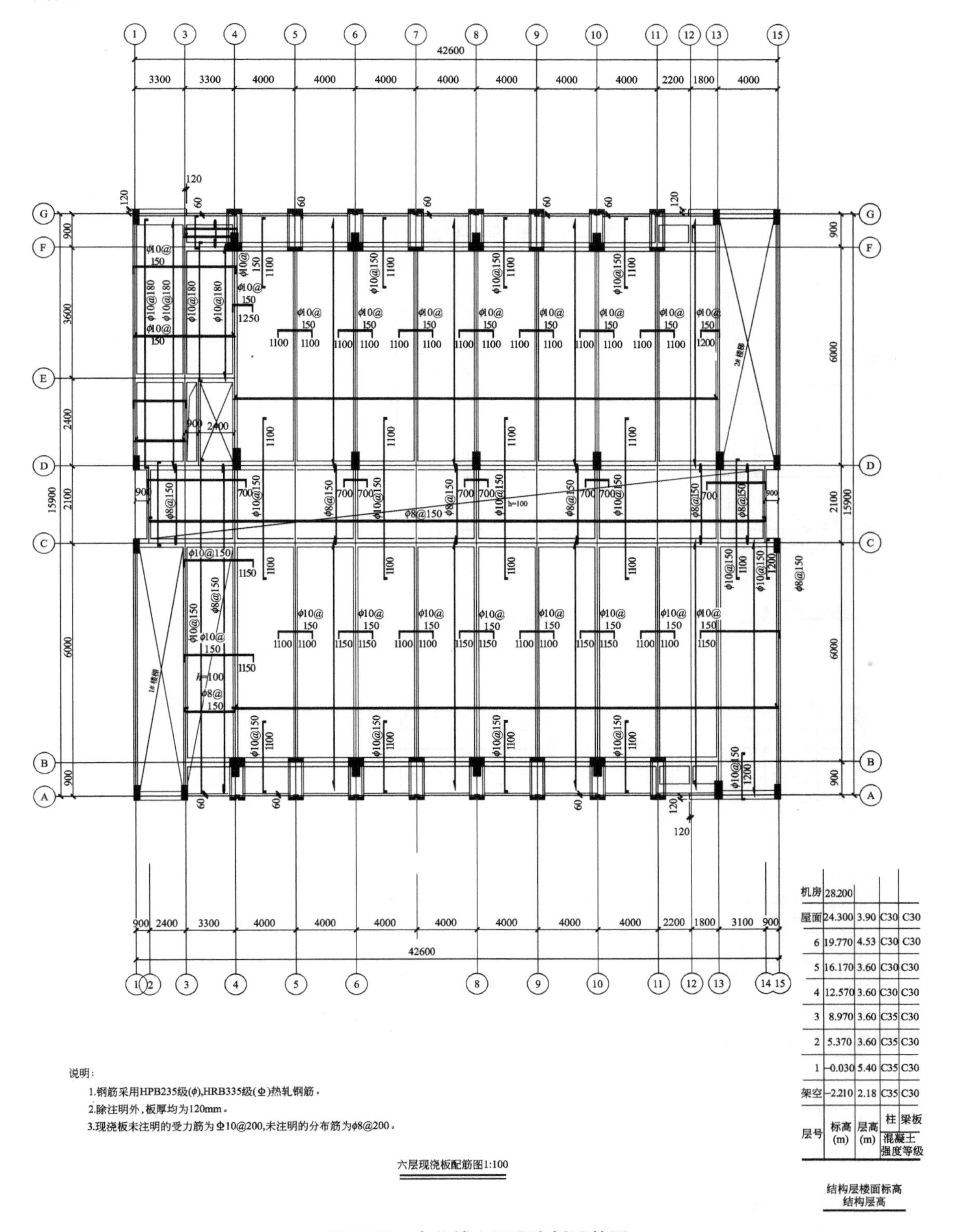

层号	标高(m)	层高(m)	柱	梁板
机房	28.200			
屋面	24.300	3.90	C30	C30
6	19.770	4.53	C30	C30
5	16.170	3.60	C30	C30
4	12.570	3.60	C30	C30
3	8.970	3.60	C35	C30
2	5.370	3.60	C35	C30
1	−0.030	5.40	C35	C30
架空	−2.210	2.18	C35	C30
			混凝土强度等级	

图 7.36 办公楼六层现浇板配筋图

3. 楼梯结构图

1）1＃楼楼梯结构平面图

如图 7.37 所示此图为 1＃楼楼梯结构平面图，比例为 1：50。

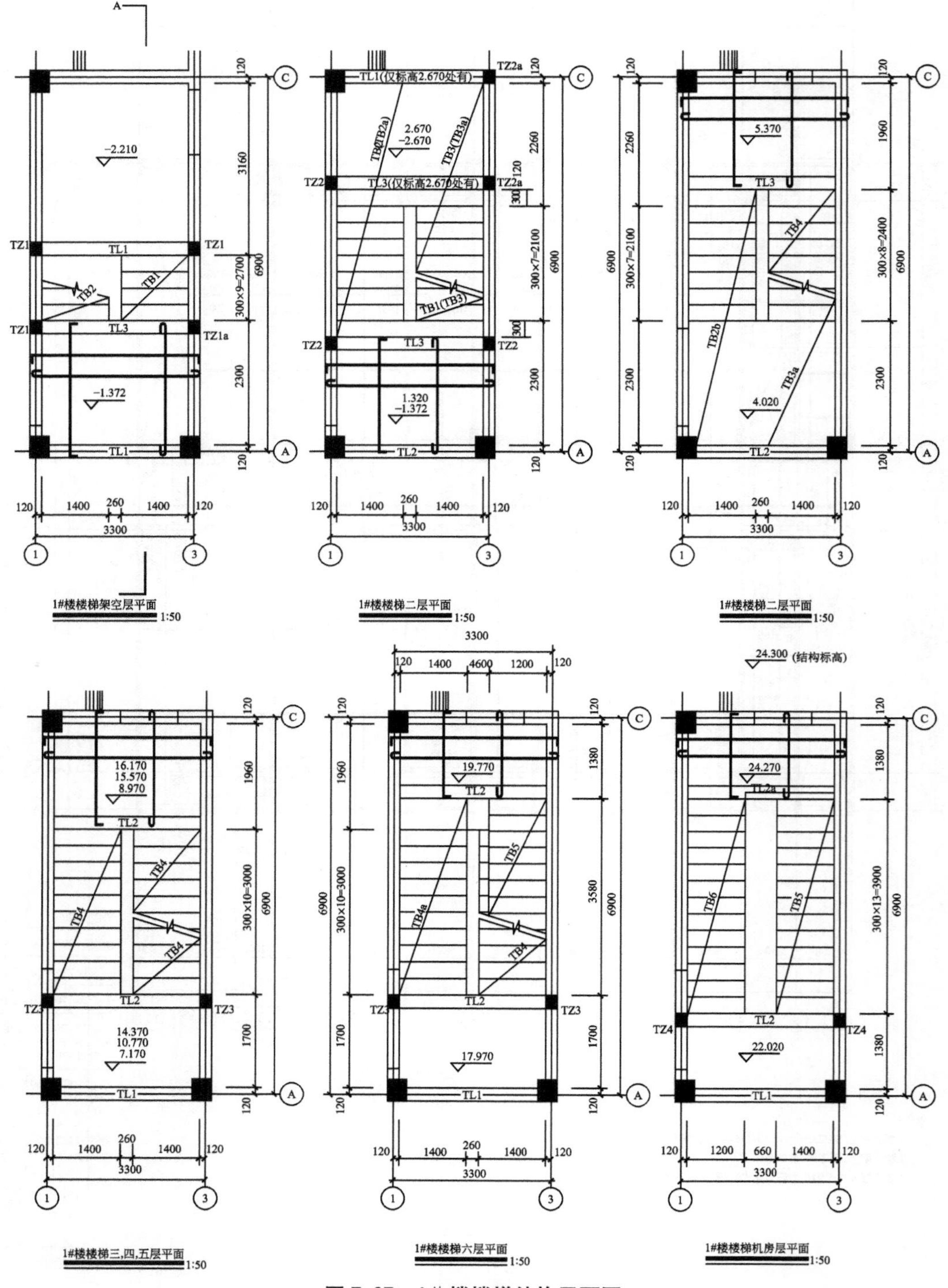

图 7.37　1＃楼楼梯结构平面图

2）1＃楼楼梯剖面结构详图

如图 7.38 所示此图为 1＃楼楼梯剖面结构详图，比例为 1：50。

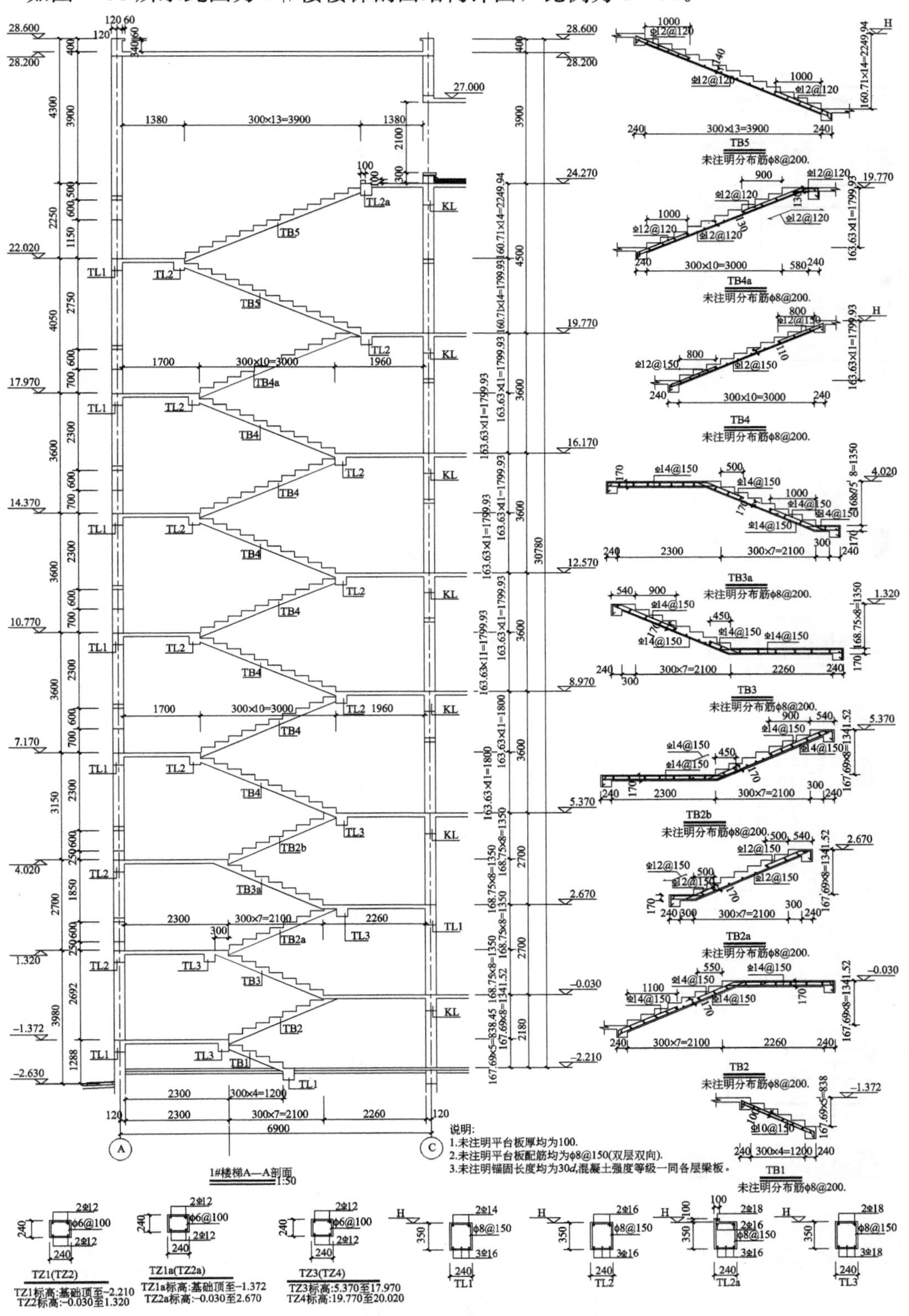

图 7.38　1＃楼楼梯剖面结构详图

3）2＃楼楼梯平面结构图

如图 7.39 所示此图为 2＃楼楼梯结构平面图，比例为 1∶50。

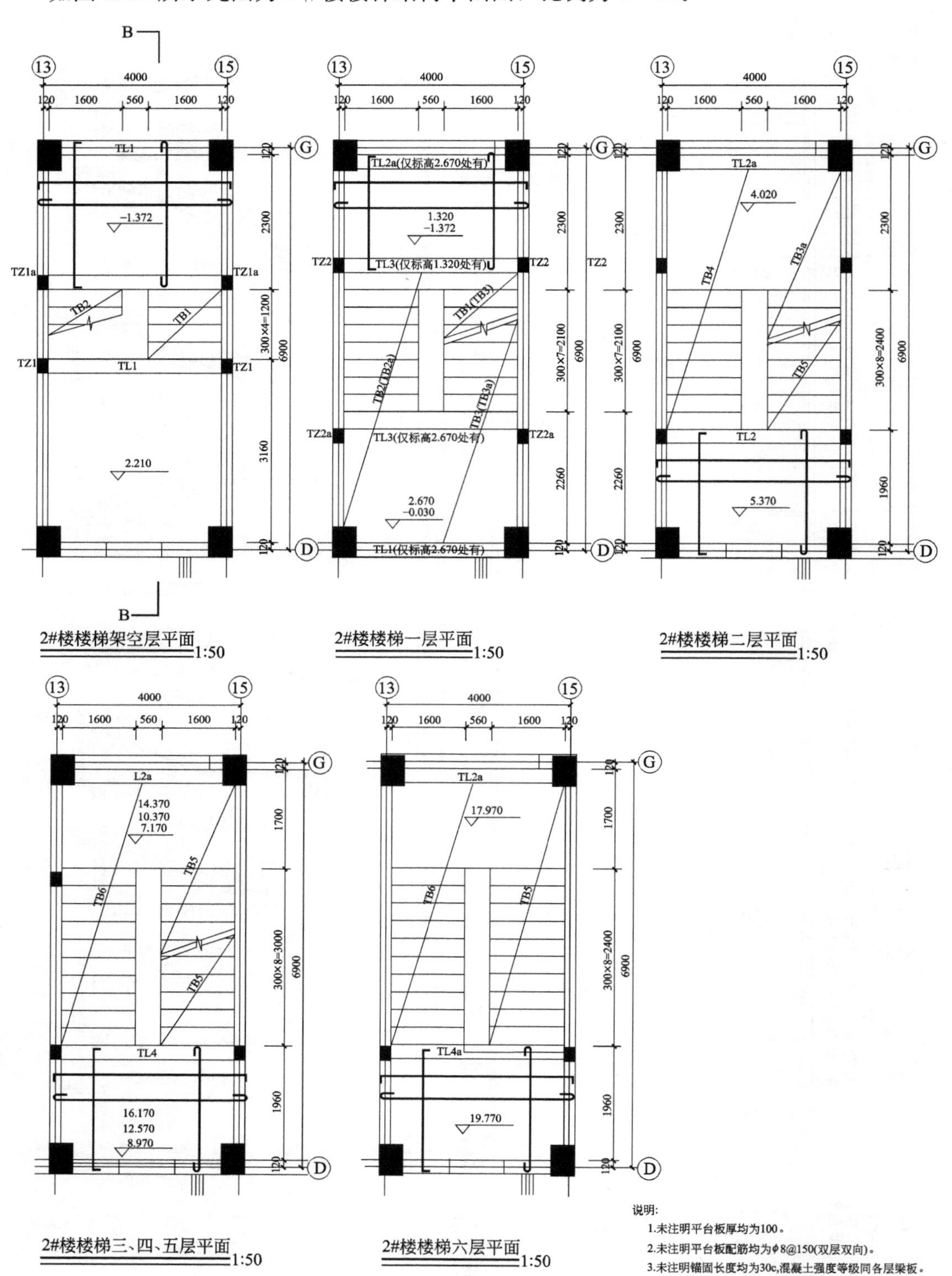

图 7.39　2＃楼楼梯结构平面图

4）2＃楼楼梯结构详图

如图 7.40 所示此图为 2＃楼楼梯结构详图，比例为 1：50。

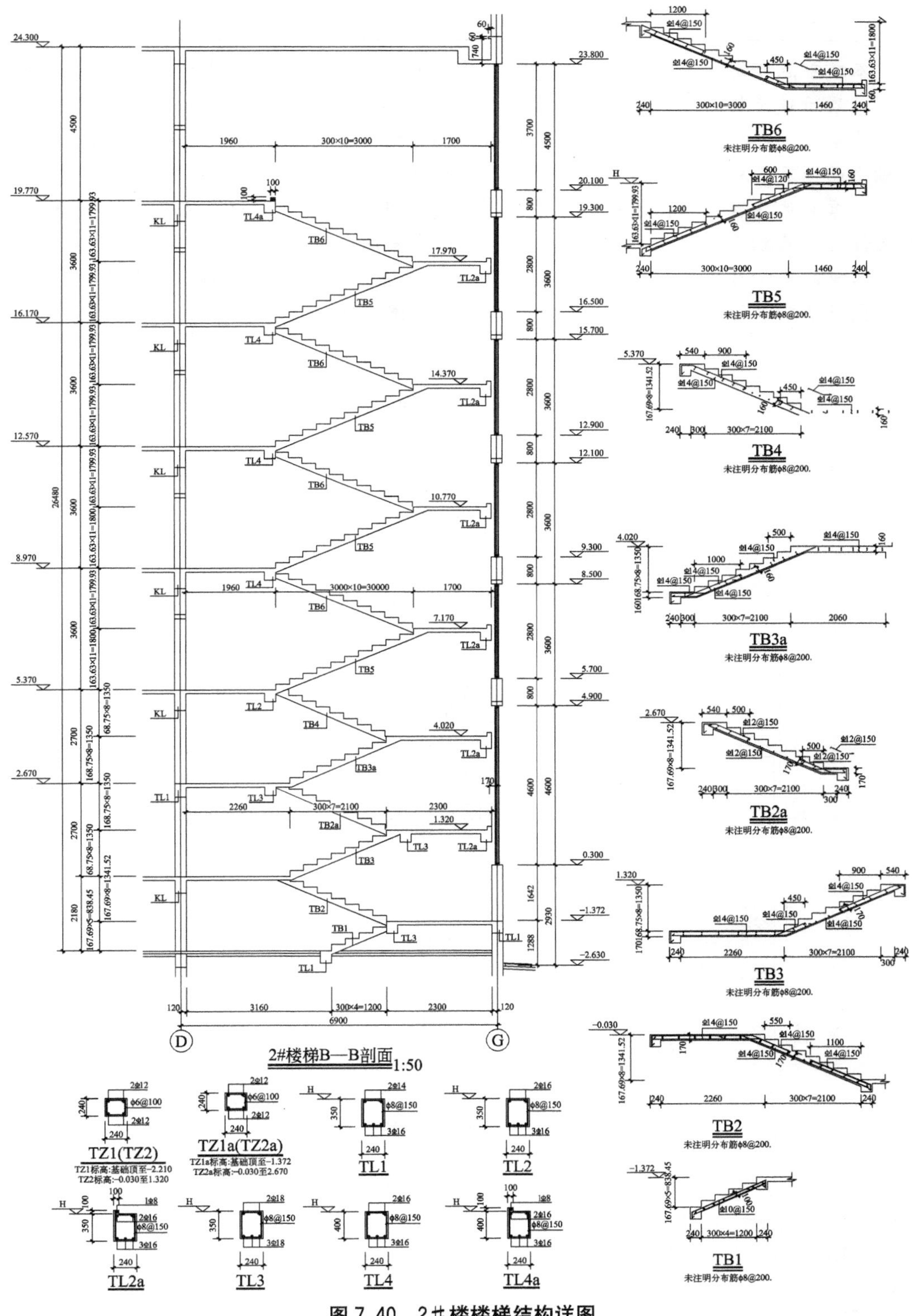

图 7.40　2＃楼楼梯结构详图

本章小结

本章重点介绍了某办公楼建筑施工图和结构施工图的识图实践。办公楼建筑施工图用来表示建筑物的规划位置、外部造型、内部各房间布置、内外构造、工程做法及施工要求等。办公楼结构施工图用来表示楼层结构平面图整体标注的图示方法与要求，基础平面图及基础详图的图示方法，钢筋混凝土构配件的画法和尺寸标注。

本章具体内容包括：建筑施工图首页、建筑各层平面图、建筑立面图、建筑剖面图及详图、基础平面图及基础详图；结构平面布置图；现浇钢筋混凝土梁柱平法图。

本章的教学目标是掌握建筑各层平面图、建筑立面图、建筑剖面图及详图、基础平面图及基础详图，结构平面布置图，现浇钢筋混凝土梁柱平法图的识图方法。

习　　题

1. 阅读如图 7.41 所示为结构施工图，问答问题。

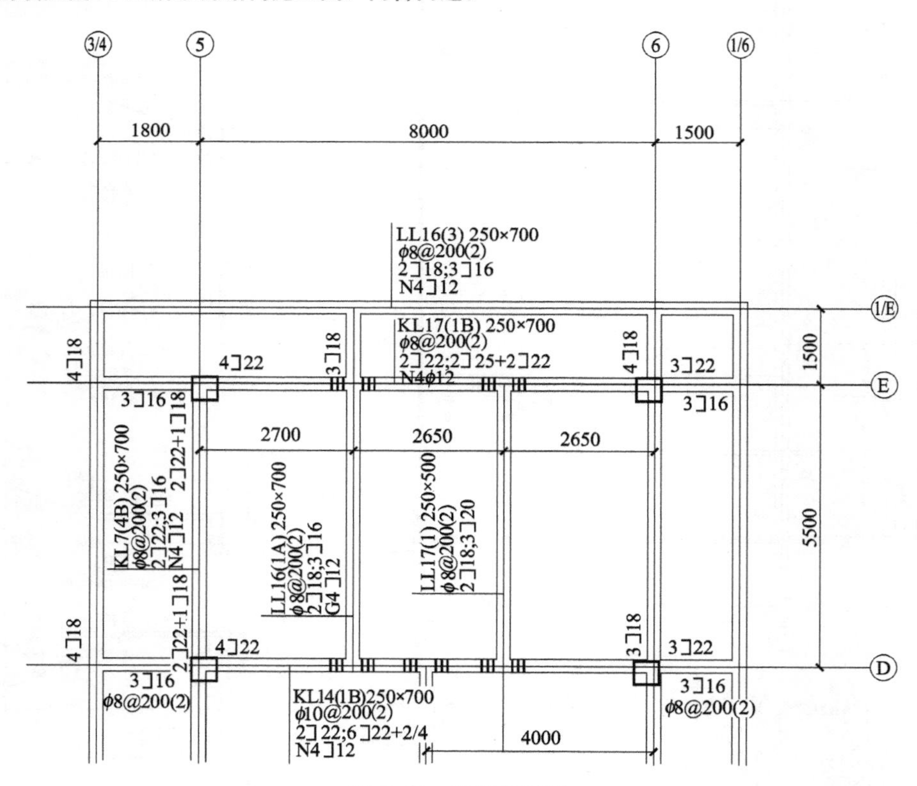

图 7.41　结构施工图

(1) 这张结构施工图是什么图?

(2) LL16 的截面尺寸是多少？有几跨?

(3) 解释一下下面字符代表的含义。

KL17(1B)250×700

ϕ8@200(2)

2⌉22；2⌉25+2⌉22

N4⌉12

(4) 绘制 1—1 断面图。

(5) 绘制 2—2 断面图。

2. 阅读如图 7.42 所示为建筑施工图，回答问题。

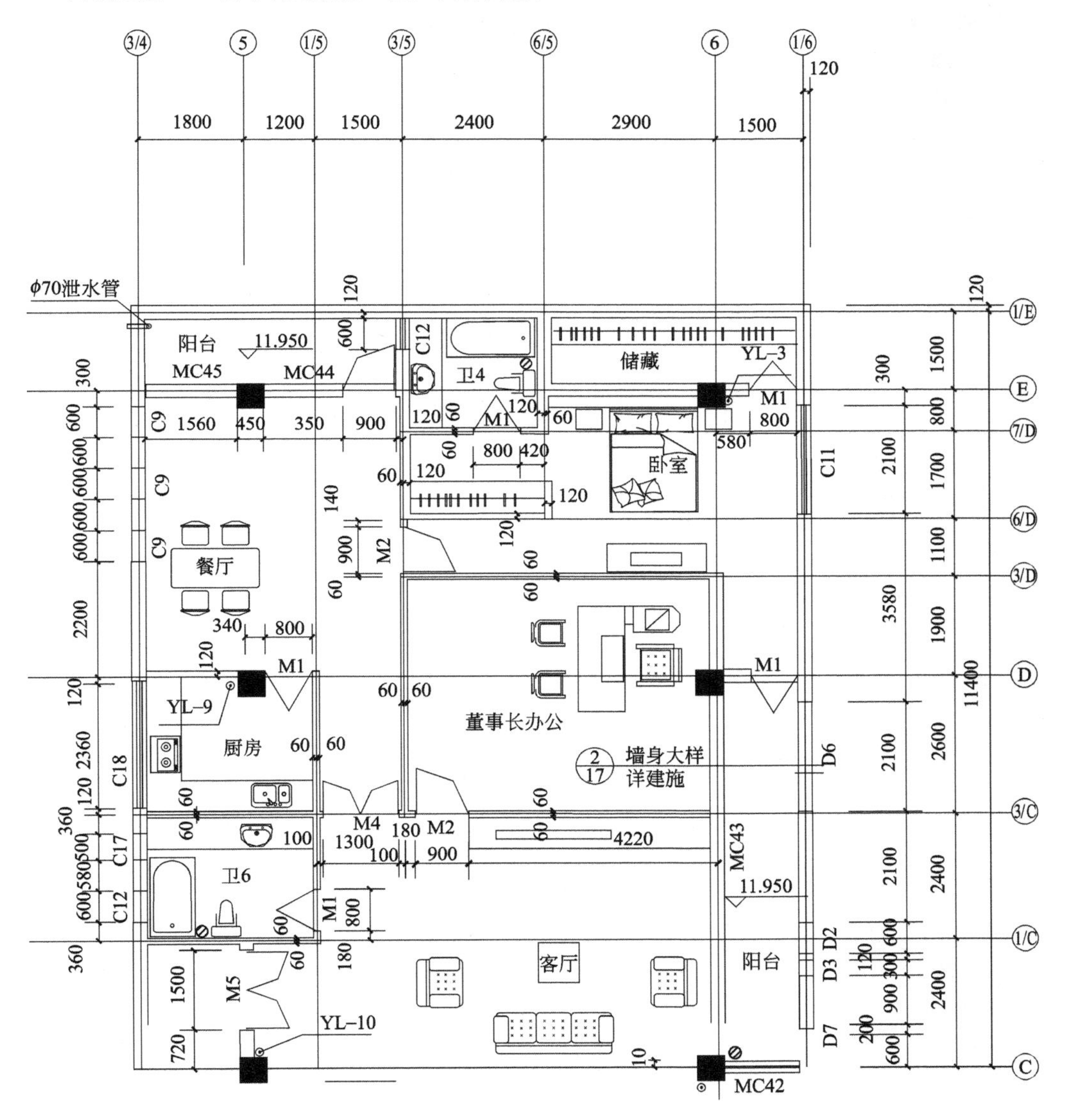

图 7.42 建筑施工图

(1) 董事长办公室的开间和进深是多少？

(2) M2 和 M4 的宽度各是多少？

(3) 卫生间有哪些设施？

(4) 房间高度是多少？

(5) 阳台宽度是多少？

(6) 房屋内墙厚度是多少？

参 考 文 献

[1] 宋莲琴. 建筑制图与识图 [M]. 2版. 北京：清华大学出版社，1995.
[2] 许光. 建筑识图与房屋构造 [M]. 重庆：重庆大学出版社，2008.
[3] 李延龄. 建筑制图 [M]. 北京：中国建筑工业出版社，2008.
[4] 王强. 建筑制图 [M]. 北京：人民交通出版社，2007.
[5] 张会平. 土木工程制图 [M]. 北京：北京大学出版社，2009.
[6] 王其均. 中国建筑图解词典 [M]. 北京：机械工业出版社，2007.
[7] 陈达飞. 平法识图与钢筋计算释疑解惑 [M]. 北京：中国建筑工业出版社，2007.

北京大学出版社高职高专土建系列教材书目

序号	书　名	书　号	编著者	定价	出版时间	配套情况
“互联网+”创新规划教材						
1	建筑构造(第二版)	978-7-301-26480-5	肖　芳	42.00	2016.1	ppt/APP/二维码
2	建筑装饰构造(第二版)	978-7-301-26572-7	赵志文等	39.50	2016.1	ppt/二维码
3	建筑工程概论	978-7-301-25934-4	申淑荣等	40.00	2015.8	ppt/二维码
4	市政管道工程施工	978-7-301-26629-8	雷彩虹	46.00	2016.5	ppt/二维码
5	市政道路工程施工	978-7-301-26632-8	张雪丽	49.00	2016.5	ppt/二维码
6	建筑三维平法结构图集	978-7-301-27168-1	傅华夏	65.00	2016.8	APP
7	建筑三维平法结构识图教程	978-7-301-27177-3	傅华夏	65.00	2016.8	APP
8	建筑工程制图与识图(第2版)	978-7-301-24408-1	白丽红	34.00	2016.8	APP/二维码
9	建筑设备基础知识与识图(第2版)	978-7-301-24586-6	靳慧征等	47.00	2016.8	二维码
10	建筑结构基础与识图	978-7-301-27215-2	周　晖	58.00	2016.9	APP/二维码
11	建筑构造与识图	978-7-301-27838-3	孙　伟	40.00	2017.1	APP/二维码
12	建筑工程施工技术(第三版)	978-7-301-27675-4	钟汉华等	66.00	2016.11	APP/二维码
13	工程建设监理案例分析教程(第二版)	978-7-301-27864-2	刘志麟等	50.00	2017.1	ppt
14	建筑工程质量与安全管理(第二版)	978-7-301-27219-0	郑　伟	55.00	2016.8	ppt/二维码
15	建筑工程计量与计价——透过案例学造价(第2版)	978-7-301-23852-3	张　强	59.00	2014.4	ppt
16	城乡规划原理与设计(原城市规划原理与设计)	978-7-301-27771-3	谭婧婧等	43.00	2017.1	ppt/素材
17	建筑工程计量与计价	978-7-301-27866-6	吴育萍等	49.00	2017.1	ppt/二维码
18	建筑工程计量与计价(第3版)	978-7-301-25344-1	肖明和等	65.00	2017.1	APP/二维码
19	市政工程计量与计价(第三版)	978-7-301-27983-0	郭良娟等	59.00	2017.2	ppt/二维码
20	高层建筑施工	978-7-301-28232-8	吴俊臣	65.00	2017.4	ppt/答案
21	建筑施工机械(第二版)	978-7-301-28247-2	吴志强等	35.00	2017.5	ppt/答案
22	市政工程概论	978-7-301-28260-1	郭　福等	46.00	2017.5	ppt/二维码
23	建筑工程测量(第二版)	978-7-301-28296-0	石　东等	51.00	2017.5	ppt/二维码
24	工程项目招投标与合同管理(第三版)	978-7-301-28439-1	周艳冬	44.00	2017.7	ppt/二维码
25	建筑制图(第三版)	978-7-301-28411-7	高丽荣	38.00	2017.7	ppt/APP/二维码
26	建筑制图习题集(第三版)	978-7-301-27897-0	高丽荣	35.00	2017.7	APP
27	建筑力学(第三版)	978-7-301-28600-5	刘明晖	55.00	2017.8	ppt/二维码
“十二五”职业教育国家规划教材						
1	★建筑工程应用文写作(第2版)	978-7-301-24480-7	赵立等	50.00	2014.8	ppt
2	★土木工程实用力学(第2版)	978-7-301-24681-8	马景善	47.00	2015.7	ppt
3	★建设工程监理(第2版)	978-7-301-24490-6	斯　庆	35.00	2015.1	ppt/答案
4	★建筑节能工程与施工	978-7-301-24274-2	吴明军等	35.00	2015.5	ppt
5	★建筑工程经济(第2版)	978-7-301-24492-0	胡六星等	41.00	2014.9	ppt/答案
6	★建设工程招投标与合同管理(第3版)	978-7-301-24483-8	宋春岩	40.00	2014.9	ppt/答案/试题/教案
7	★工程造价概论	978-7-301-24696-2	周艳冬	31.00	2015.1	ppt/答案
8	★建筑工程计量与计价(第3版)	978-7-301-25344-1	肖明和等	65.00	2017.1	APP/二维码
9	★建筑工程计量与计价实训(第3版)	978-7-301-25345-8	肖明和等	29.00	2015.7	
10	★建筑装饰施工技术(第2版)	978-7-301-24482-1	王　军	37.00	2014.7	ppt
11	★工程地质与土力学(第2版)	978-7-301-24479-1	杨仲元	41.00	2014.7	ppt
基础课程						
1	建设法规及相关知识	978-7-301-22748-0	唐茂华等	34.00	2013.9	ppt
2	建设工程法规(第2版)	978-7-301-24493-7	皇甫婧琪	40.50	2014.8	ppt/答案/素材
3	建筑工程法规实务(第2版)	978-7-301-26188-0	杨陈慧等	49.50	2017.6	ppt
4	建筑法规	978-7-301-19371-6	董伟等	39.00	2011.9	ppt
5	建设工程法规	978-7-301-20912-7	王先恕	32.00	2012.7	ppt
6	AutoCAD 建筑制图教程(第2版)	978-7-301-21095-6	郭　慧	38.00	2013.3	ppt/素材
7	AutoCAD 建筑绘图教程(第2版)	978-7-301-24540-8	唐英敏等	44.00	2014.7	ppt
8	建筑 CAD 项目教程(2010版)	978-7-301-20979-0	郭　慧	38.00	2012.9	素材
9	建筑工程专业英语(第二版)	978-7-301-26597-0	吴承霞	24.00	2016.2	ppt
10	建筑工程专业英语	978-7-301-20003-2	韩薇等	24.00	2012.2	ppt
11	建筑识图与构造(第2版)	978-7-301-23774-8	郑贵超	40.00	2014.2	ppt/答案
12	房屋建筑构造	978-7-301-19883-4	李少红	26.00	2012.1	ppt
13	建筑识图	978-7-301-21893-8	邓志勇等	35.00	2013.1	ppt

序号	书 名	书 号	编著者	定价	出版时间	配套情况
14	建筑识图与房屋构造	978-7-301-22860-9	贠禄等	54.00	2013.9	ppt/答案
15	建筑构造与设计	978-7-301-23506-5	陈玉萍	38.00	2014.1	ppt/答案
16	房屋建筑构造	978-7-301-23588-1	李元玲等	45.00	2014.1	ppt
17	房屋建筑构造习题集	978-7-301-26005-0	李元玲	26.00	2015.8	ppt/答案
18	建筑构造与施工图识读	978-7-301-24470-8	南学平	52.00	2014.8	ppt
19	建筑工程识图实训教程	978-7-301-26057-9	孙 伟	32.00	2015.12	ppt
20	建筑工程制图与识图(第2版)	978-7-301-24408-1	白丽红	34.00	2016.8	APP/二维码
21	建筑制图习题集(第2版)	978-7-301-24571-2	白丽红	25.00	2014.8	
22	◎建筑工程制图(第2版)(附习题册)	978-7-301-21120-5	肖明和	48.00	2012.8	ppt
23	建筑制图与识图(第2版)	978-7-301-24386-2	曹雪梅	38.00	2015.8	ppt
24	建筑制图与识图习题册	978-7-301-18652-7	曹雪梅等	30.00	2011.4	
25	建筑制图与识图(第二版)	978-7-301-25834-7	李元玲	32.00	2016.9	ppt
26	建筑制图与识图习题集	978-7-301-20425-2	李元玲	24.00	2012.3	ppt
27	新编建筑工程制图	978-7-301-21140-3	方筱松	30.00	2012.8	ppt
28	新编建筑工程制图习题集	978-7-301-16834-9	方筱松	22.00	2012.8	
	建筑施工类					
1	建筑工程测量	978-7-301-16727-4	赵景利	30.00	2010.2	ppt/答案
2	建筑工程测量(第2版)	978-7-301-22002-3	张敬伟	37.00	2013.2	ppt/答案
3	建筑工程测量实验与实训指导(第2版)	978-7-301-23166-1	张敬伟	27.00	2013.9	答案
4	建筑工程测量	978-7-301-19992-3	潘益民	38.00	2012.2	ppt
5	建筑工程测量	978-7-301-13578-5	王金玲等	26.00	2008.5	
6	建筑工程测量实训(第2版)	978-7-301-24833-1	杨凤华	34.00	2015.3	答案
7	建筑工程测量	978-7-301-22485-4	景 铎等	34.00	2013.6	ppt
8	建筑施工技术(第2版)	978-7-301-25788-7	陈雄辉	48.00	2015.7	ppt
9	建筑施工技术	978-7-301-12336-2	朱永祥等	38.00	2008.8	ppt
10	建筑施工技术	978-7-301-16726-7	叶 雯等	44.00	2010.8	ppt/素材
11	建筑施工技术	978-7-301-19499-7	董 伟等	42.00	2011.9	ppt
12	建筑施工技术	978-7-301-19997-8	苏小梅	38.00	2012.1	ppt
13	建筑施工机械	978-7-301-19365-5	吴志强	30.00	2011.10	ppt
14	基础工程施工	978-7-301-20917-2	董 伟等	35.00	2012.7	ppt
15	建筑施工技术实训(第2版)	978-7-301-24368-8	周晓龙	30.00	2014.7	
16	土木工程力学	978-7-301-16864-6	吴明军	38.00	2010.4	ppt
17	PKPM软件的应用(第2版)	978-7-301-22625-4	王 娜等	34.00	2013.6	
18	◎建筑结构(第2版)(上册)	978-7-301-21106-9	徐锡权	41.00	2013.4	ppt/答案
19	◎建筑结构(第2版)(下册)	978-7-301-22584-4	徐锡权	42.00	2013.6	ppt/答案
20	建筑结构学习指导与技能训练(上册)	978-7-301-25929-0	徐锡权	28.00	2015.8	ppt
21	建筑结构学习指导与技能训练(下册)	978-7-301-25933-7	徐锡权	28.00	2015.8	ppt
22	建筑结构	978-7-301-19171-2	唐春平等	41.00	2011.8	ppt
23	建筑结构基础	978-7-301-21125-0	王中发	36.00	2012.8	ppt
24	建筑结构原理及应用	978-7-301-18732-6	史美东	45.00	2012.8	ppt
25	建筑结构与识图	978-7-301-26935-0	相秉志	37.00	2016.2	
26	建筑力学与结构(第2版)	978-7-301-22148-8	吴承霞等	49.00	2013.4	ppt/答案
27	建筑力学与结构(少学时版)	978-7-301-21730-6	吴承霞	34.00	2013.2	ppt/答案
28	建筑力学与结构	978-7-301-20988-2	陈水广	32.00	2012.8	ppt
29	建筑力学与结构	978-7-301-23348-1	杨丽君等	44.00	2014.1	ppt
30	建筑结构与施工图	978-7-301-22188-4	朱希文等	35.00	2013.3	ppt
31	生态建筑材料	978-7-301-19588-2	陈剑峰等	38.00	2011.10	ppt
32	建筑材料(第2版)	978-7-301-24633-7	林祖宏	35.00	2014.8	ppt
33	建筑材料与检测(第2版)	978-7-301-25347-2	梅 杨等	35.00	2015.2	ppt/答案
34	建筑材料检测试验指导	978-7-301-16729-8	王美芬等	18.00	2010.10	
35	建筑材料与检测(第二版)	978-7-301-26550-5	王 辉	40.00	2016.1	ppt
36	建筑材料与检测试验指导(第二版)	978-7-301-28471-1	王 辉	23.00	2017.7	ppt
37	建筑材料选择与应用	978-7-301-21948-5	申淑荣等	39.00	2013.3	ppt
38	建筑材料检测实训	978-7-301-22317-8	申淑荣等	24.00	2013.4	
39	建筑材料	978-7-301-24208-7	任晓菲	40.00	2014.7	ppt/答案
40	建筑材料检测试验指导	978-7-301-24782-2	陈东佐等	20.00	2014.9	ppt
41	◎建设工程监理概论(第2版)	978-7-301-20854-0	徐锡权等	43.00	2012.8	ppt/答案
42	建设工程监理概论	978-7-301-15518-9	曾庆军等	24.00	2009.9	ppt
43	◎地基与基础(第2版)	978-7-301-23304-7	肖明和等	42.00	2013.11	ppt/答案
44	地基与基础	978-7-301-16130-2	孙平平等	26.00	2010.10	ppt
45	地基与基础实训	978-7-301-23174-6	肖明和等	25.00	2013.10	ppt
46	土力学与地基基础	978-7-301-23675-8	叶火炎等	35.00	2014.1	ppt
47	土力学与基础工程	978-7-301-23590-4	宁培淋等	32.00	2014.1	ppt
48	土力学与地基基础	978-7-301-25525-4	陈东佐	45.00	2015.2	ppt/答案

序号	书　　名	书　　号	编著者	定价	出版时间	配套情况
49	建筑工程质量事故分析(第 2 版)	978-7-301-22467-0	郑文新	32.00	2013.9	ppt
50	建筑工程施工组织设计	978-7-301-18512-4	李源清	26.00	2011.2	ppt
51	建筑工程施工组织实训	978-7-301-18961-0	李源清	40.00	2011.6	ppt
52	建筑施工组织与进度控制	978-7-301-21223-3	张廷瑞	36.00	2012.9	ppt
53	建筑施工组织项目式教程	978-7-301-19901-5	杨红玉	44.00	2012.1	ppt/答案
54	钢筋混凝土工程施工与组织	978-7-301-19587-1	高　雁	32.00	2012.5	ppt
55	钢筋混凝土工程施工与组织实训指导(学生工作页)	978-7-301-21208-0	高　雁	20.00	2012.9	ppt
56	建筑施工工艺	978-7-301-24687-0	李源清等	49.50	2015.1	ppt/答案
工程管理类						
1	建筑工程经济(第 2 版)	978-7-301-22736-7	张宁宁等	30.00	2013.7	ppt/答案
2	建筑工程经济	978-7-301-24346-6	刘晓丽等	38.00	2014.7	ppt/答案
3	施工企业会计(第 2 版)	978-7-301-24434-0	辛艳红等	36.00	2014.7	ppt/答案
4	建筑工程项目管理(第 2 版)	978-7-301-26944-2	范红岩等	42.00	2016. 3	ppt
5	建设工程项目管理(第二版)	978-7-301-24683-2	王　辉	36.00	2014.9	ppt/答案
6	建设工程项目管理(第 2 版)	978-7-301-28235-9	冯松山等	45.00	2017.6	ppt
7	建筑施工组织与管理(第 2 版)	978-7-301-22149-5	翟丽旻等	43.00	2013.4	ppt/答案
8	建设工程合同管理	978-7-301-22612-4	刘庭江	46.00	2013.6	ppt/答案
9	建筑工程资料管理	978-7-301-17456-2	孙　刚等	36.00	2012.9	ppt
10	建筑工程招投标与合同管理	978-7-301-16802-8	程超胜	30.00	2012.9	ppt
11	工程招投标与合同管理实务	978-7-301-19035-7	杨甲奇等	48.00	2011.8	ppt
12	工程招投标与合同管理实务	978-7-301-19290-0	郑文新等	43.00	2011.8	ppt
13	建设工程招投标与合同管理实务	978-7-301-20404-7	杨云会等	42.00	2012.4	ppt/答案/习题
14	工程招投标与合同管理	978-7-301-17455-5	文新平	37.00	2012.9	ppt
15	工程项目招投标与合同管理(第 2 版)	978-7-301-24554-5	李洪军等	42.00	2014.8	ppt/答案
17	建筑工程商务标编制实训	978-7-301-20804-5	钟振宇	35.00	2012.7	ppt
18	建筑工程安全管理(第 2 版)	978-7-301-25480-6	宋　健等	42.00	2015.8	ppt/答案
19	施工项目质量与安全管理	978-7-301-21275-2	钟汉华	45.00	2012.10	ppt/答案
20	工程造价控制(第 2 版)	978-7-301-24594-1	斯　庆	32.00	2014.8	ppt/答案
21	工程造价管理(第二版)	978-7-301-27050-9	徐锡权等	44.00	2016.5	ppt
22	工程造价控制与管理	978-7-301-19366-2	胡新萍等	30.00	2011.11	ppt
23	建筑工程造价管理	978-7-301-20360-6	柴　琦等	27.00	2012.3	ppt
24	建筑工程造价管理	978-7-301-15517-2	李茂英等	24.00	2009.9	
25	工程造价案例分析	978-7-301-22985-9	甄　凤	30.00	2013.8	ppt
26	建设工程造价控制与管理	978-7-301-24273-5	胡芳珍等	38.00	2014.6	ppt/答案
27	◎建筑工程造价	978-7-301-21892-1	孙咏梅	40.00	2013.2	ppt
28	建筑工程计量与计价	978-7-301-26570-3	杨建林	46.00	2016.1	ppt
29	建筑工程计量与计价综合实训	978-7-301-23568-3	龚小兰	28.00	2014.1	
30	建筑工程估价	978-7-301-22802-9	张　英	43.00	2013.8	ppt
31	安装工程计量与计价(第 3 版)	978-7-301-24539-2	冯　钢等	54.00	2014.8	ppt
32	安装工程计量与计价综合实训	978-7-301-23294-1	成春燕	49.00	2013.10	素材
33	建筑安装工程计量与计价	978-7-301-26004-3	景巧玲等	56.00	2016.1	ppt
34	建筑安装工程计量与计价实训(第 2 版)	978-7-301-25683-1	景巧玲等	36.00	2015.7	
35	建筑水电安装工程计量与计价(第二版)	978-7-301-26329-7	陈连姝	51.00	2016.1	ppt
36	建筑与装饰装修工程工程量清单(第 2 版)	978-7-301-25753-1	翟丽旻等	36.00	2015.5	ppt
37	建筑工程清单编制	978-7-301-19387-7	叶晓容	24.00	2011.8	ppt
38	建设项目评估	978-7-301-20068-1	高志云等	32.00	2012.2	ppt
39	钢筋工程清单编制	978-7-301-20114-5	贾莲英	36.00	2012.2	ppt
40	混凝土工程清单编制	978-7-301-20384-2	顾　娟	28.00	2012.5	ppt
41	建筑装饰工程预算(第 2 版)	978-7-301-25801-9	范菊雨	44.00	2015.7	ppt
42	建筑装饰工程计量与计价	978-7-301-20055-1	李茂英	42.00	2012.2	ppt
43	建设工程安全监理	978-7-301-20802-1	沈万岳	28.00	2012.7	ppt
44	建筑工程安全技术与管理实务	978-7-301-21187-8	沈万岳	48.00	2012.9	ppt
45	工程造价管理(第 2 版)	978-7-301-28269-4	曾　浩等	38.00	2017.5	ppt/答案
建筑设计类						
1	中外建筑史(第 2 版)	978-7-301-23779-3	袁新华等	38.00	2014.2	ppt
2	◎建筑室内空间历程	978-7-301-19338-9	张伟孝	53.00	2011.8	
3	建筑装饰 CAD 项目教程	978-7-301-20950-9	郭　慧	35.00	2013.1	ppt/素材
4	建筑设计基础	978-7-301-25961-0	周圆圆	42.00	2015.7	
5	室内设计基础	978-7-301-15613-1	李书青	32.00	2009.8	ppt
6	建筑装饰材料(第 2 版)	978-7-301-22356-7	焦　涛等	34.00	2013.5	ppt
7	设计构成	978-7-301-15504-2	戴碧锋	30.00	2009.8	ppt

序号	书　　名	书　　号	编著者	定价	出版时间	配套情况
8	基础色彩	978-7-301-16072-5	张　军	42.00	2010.4	
9	设计色彩	978-7-301-21211-0	龙黎黎	46.00	2012.9	ppt
10	设计素描	978-7-301-22391-8	司马金桃	29.00	2013.4	ppt
11	建筑素描表现与创意	978-7-301-15541-7	于修国	25.00	2009.8	
12	3ds Max 效果图制作	978-7-301-22870-8	刘　晗等	45.00	2013.7	ppt
13	3ds max 室内设计表现方法	978-7-301-17762-4	徐海军	32.00	2010.9	
14	Photoshop 效果图后期制作	978-7-301-16073-2	脱忠伟等	52.00	2011.1	素材
15	3ds Max & V-Ray 建筑设计表现案例教程	978-7-301-25093-8	郑恩峰	40.00	2014.12	ppt
16	建筑表现技法	978-7-301-19216-0	张　峰	32.00	2011.8	ppt
17	建筑速写	978-7-301-20441-2	张　峰	30.00	2012.4	
18	建筑装饰设计	978-7-301-20022-3	杨丽君	36.00	2012.2	ppt/素材
19	装饰施工读图与识图	978-7-301-19991-6	杨丽君	33.00	2012.5	ppt
		规划园林类				
1	居住区景观设计	978-7-301-20587-7	张群成	47.00	2012.5	ppt
2	居住区规划设计	978-7-301-21031-4	张　燕	48.00	2012.8	ppt
3	园林植物识别与应用	978-7-301-17485-2	潘利等	34.00	2012.9	ppt
4	园林工程施工组织管理	978-7-301-22364-2	潘利等	35.00	2013.4	ppt
5	园林景观计算机辅助设计	978-7-301-24500-2	于化强等	48.00	2014.8	ppt
6	建筑·园林·装饰设计初步	978-7-301-24575-0	王金贵	38.00	2014.10	ppt
		房地产类				
1	房地产开发与经营(第 2 版)	978-7-301-23084-8	张建中等	33.00	2013.9	ppt/答案
2	房地产估价(第 2 版)	978-7-301-22945-3	张　勇等	35.00	2013.9	ppt/答案
3	房地产估价理论与实务	978-7-301-19327-3	褚菁晶	35.00	2011.8	ppt/答案
4	物业管理理论与实务	978-7-301-19354-9	裴艳慧	52.00	2011.9	ppt
5	房地产测绘	978-7-301-22747-3	唐春平	29.00	2013.7	ppt
6	房地产营销与策划	978-7-301-18731-9	应佐萍	42.00	2012.8	ppt
7	房地产投资分析与实务	978-7-301-24832-4	高志云	35.00	2014.9	ppt
8	物业管理实务	978-7-301-27163-6	胡大见	44.00	2016.6	
9	房地产投资分析	978-7-301-27529-0	刘永胜	47.00	2016.9	ppt
		市政与路桥				
1	市政工程施工图案例图集	978-7-301-24824-9	陈亿琳	43.00	2015.3	pdf
2	市政工程计价	978-7-301-22117-4	彭以舟等	39.00	2013.3	ppt
3	市政桥梁工程	978-7-301-16688-8	刘　江等	42.00	2010.8	ppt/素材
4	市政工程材料	978-7-301-22452-6	郑晓国	37.00	2013.5	ppt
5	道桥工程材料	978-7-301-21170-0	刘水林等	43.00	2012.9	ppt
6	路基路面工程	978-7-301-19299-3	偶昌宝等	34.00	2011.8	ppt/素材
7	道路工程技术	978-7-301-19363-1	刘　雨等	33.00	2011.12	ppt
8	城市道路设计与施工	978-7-301-21947-8	吴颖峰	39.00	2013.1	ppt
9	建筑给排水工程技术	978-7-301-25224-6	刘　芳等	46.00	2014.12	ppt
10	建筑给水排水工程	978-7-301-20047-6	叶巧云	38.00	2012.2	ppt
11	市政工程测量(含技能训练手册)	978-7-301-20474-0	刘宗波等	41.00	2012.5	ppt
12	公路工程任务承揽与合同管理	978-7-301-21133-5	邱　兰等	30.00	2012.9	ppt/答案
13	数字测图技术应用教程	978-7-301-20334-7	刘宗波	36.00	2012.8	ppt
14	数字测图技术	978-7-301-22656-8	赵　红	36.00	2013.6	ppt
15	数字测图技术实训指导	978-7-301-22679-7	赵　红	27.00	2013.6	ppt
16	水泵与水泵站技术	978-7-301-22510-3	刘振华	40.00	2013.5	ppt
17	道路工程测量(含技能训练手册)	978-7-301-21967-6	田树涛等	45.00	2013.2	ppt
18	道路工程识图与 AutoCAD	978-7-301-26210-8	王容玲等	35.00	2016.1	ppt
		交通运输类				
1	桥梁施工与维护	978-7-301-23834-9	梁　斌	50.00	2014.2	ppt
2	铁路轨道施工与维护	978-7-301-23524-9	梁　斌	36.00	2014.1	ppt
3	铁路轨道构造	978-7-301-23153-1	梁　斌	32.00	2013.10	ppt
4	城市公共交通运营管理	978-7-301-24108-0	张洪满	40.00	2014.5	ppt
5	城市轨道交通车站行车工作	978-7-301-24210-0	操　杰	31.00	2014.7	ppt
		建筑设备类				
1	建筑设备识图与施工工艺(第 2 版) (新规范)	978-7-301-25254-3	周业梅	44.00	2015.12	ppt
2	建筑施工机械	978-7-301-19365-5	吴志强	30.00	2011.10	ppt
3	智能建筑环境设备自动化	978-7-301-21090-1	余志强	40.00	2012.8	ppt
4	流体力学及泵与风机	978-7-301-25279-6	王　宁等	35.00	2015.1	ppt/答案

注：★为“十二五”职业教育国家规划教材；◎为国家级、省级精品课程配套教材，省重点教材；为“互联网+”创新规划教材。

相关教学资源如电子课件、电子教材、习题答案等可以登录 www.pup6.com 下载或在线阅读。如您需要样书用于教学，欢迎登录第六事业部门户网(www.pup6.cn)申请，并可在线登记选题来出版您的大作，也可下载相关表格填写后发到我们的邮箱，我们将及时与您取得联系并做好全方位的服务。

联系方式：010-62756290，010-62750667，85107933@qq.com，pup_6@163.com，欢迎来电来信咨询。网址：http://www.pup.cn，http://www.pup6.cn